U0895004

Construction Project Management
(2nd Edition)

建设工程项目管理
（第2版）

田元福 主编

清华大学出版社
北 京

内容简介

本书参照住房和城乡建设部工程管理专业指导委员会制定的四年制本科教学大纲的要求，以《建设工程项目管理规范》(GB/T 50326—2006)为编写主线，从施工单位的视角，重点阐述了施工阶段项目管理的内容。主要内容包括：施工项目管理概述、施工项目招投标与合同管理、施工项目进度控制、施工项目质量控制、施工项目成本控制、施工项目职业健康安全与环境管理、施工项目信息管理和施工项目竣工验收及评价。

本书跟踪国内外工程项目管理的最新成果，融汇了国家在工程建设领域最新出台的法律法规精神，力求反映出施工现场管理的全过程。

本书可作为高等院校工程管理专业、土木工程专业在校学生相关课程教材，也可作为从事工程管理工作的技术人员的参考书。

图书在版编目(CIP)数据

建设工程项目管理/田元福主编. --2 版. --北京：清华大学出版社，2010.1(2023.1重印)
ISBN 978-7-302-21831-9

Ⅰ. ①建… Ⅱ. ①田… Ⅲ. ①建筑工程—项目管理 Ⅳ. ①TU72

中国版本图书馆 CIP 数据核字(2010)第 002667 号

责任编辑：徐晓飞 李 嫚
责任校对：赵丽敏
责任印制：曹婉颖

出版发行：清华大学出版社
网 址：http://www.tup.com.cn，http://www.wqbook.com
地 址：北京清华大学学研大厦 A 座 **邮 编**：100084
社 总 机：010-83470000 **邮 购**：010-62786544
投稿与读者服务：010-62776969，c-service@tup.tsinghua.edu.cn
质 量 反 馈：010-62772015，zhiliang@tup.tsinghua.edu.cn
印 装 者：北京九州迅驰传媒文化有限公司
经 销：全国新华书店
开 本：203mm×253mm **印 张**：24 **字 数**：566 千字
版 次：2010 年 1 月第 2 版 **印 次**：2023 年 1 月第 12 次印刷
定 价：68.00 元

产品编号：032980-05

前　言

本教材是在清华大学出版社和北京交通大学出版社联合出版的《建设工程项目管理》(2005年)的基础上进行修订编写的。教材根据住房和城乡建设部工程管理专业指导委员会制定的该专业四年制本科教学大纲的要求,以施工单位的视角,以《建设工程项目管理规范》(GB/T 50326—2006)为主线,融汇了国家在工程建设管理领域出台的法律法规的思想,例如《建筑法》、《招标投标法》、《合同法》、《质量管理条例》、《安全管理条例》、《标准施工招标文件(2007年版)》等,同时跟踪国际建筑工程管理的新发展,力求反映施工现场管理知识的全过程。本教材内容紧跟时代步伐,富有时代气息,不仅可以满足大学生步入工程管理知识殿堂所需的基本管理技能,同时也为现场从事工程管理的技术人员提供了一本实用参考书。

本书由田元福教授主编,并负责全书的统稿及修改工作。各章节的修订编写具体分工如下:田元福负责第1、3章,贾新堂负责第2章,李晓钟负责第4章,鲍学英负责第5章,顾伟红负责第6章,马镭负责第7章,樊燕燕负责第8章。以上教师均为副教授以上职称,多年从事建设工程项目管理的教学与科研工作。

在本书撰写的过程中,参阅了大量相关文献,在此向有关的著作者表示衷心的感谢。

受编者水平、经验之限,书中难免存在不足之处,恳请广大读者批评指正。

编　者

2009年12月

第1版前言

本教材是根据中华人民共和国建设部工程管理专业指导委员会制定的该专业四年制本科教学大纲的要求而编写的。教材在编写过程中，以《建设工程项目管理规范》(GB/T 50326—2001)为编写主线，吸纳了国家在工程建设管理领域最新出台的一系列法律法规精神，例如《建筑法》、《招标投标法》、《合同法》、《质量管理条例》、《安全管理条例》等，同时跟踪国际建筑工程管理的新发展，力求反映出施工现场管理知识的全过程。本教材内容紧跟时代步伐，富有时代气息，不仅可以满足大学生步入工程管理知识殿堂需要的基本管理技能，同时也为现场从事工程管理的技术人员提高理论知识提供了一本实用参考书。

本书由田元福主编，并负责全书的统稿及修改工作。具体分工如下：田元福编写第1、第3章，王恩茂编写第5、第8章，莫俊文编写第4、第7章，贾新堂编写第2章，顾伟红编写第6章。本书承蒙西安建筑科技大学博士生导师李慧民教授主审，在此表示诚挚的谢意。

本书在撰写过程中，参阅了大量相关书籍，在参考文献中一一列出，在此向这些书的作者以及支持该书出版的中国铁道出版社的同志表示衷心的感谢。

由于水平、经验有限，书中存在的不足之处，恳请读者批评指正。

编　者

2005年1月

目　录

第1章

管理概述

本章提要 本章首先介绍了工程项目管理涉及的基本管理理论，包括目标管理理论、行为科学管理理论、行政管理理论及现代管理理论的一些主要代表性理论与观点，接着概括地介绍了施工项目管理的基本概念、阶段、内容、程序和管理模式。最后介绍了施工项目管理组织的概念、组织形式、项目经理责任制与项目经理部等内容。

1.1 工程项目管理涉及的基本管理理论

工程项目管理，既有自身的基本理论，又涉及社会科学和自然科学多方面的理论。这些理论在管理实践中有着普遍的指导意义，本节概括地介绍工程项目管理涉及的基本管理理论。

1.1.1 目标管理理论

1. 目标管理与目标的性质

1) 目标管理的产生与发展

目标管理是在企业管理实践中逐渐形成的。德鲁克(P. Dmcker)对目标管理的发展并成为一个理论体系作出了重大贡献。1954年，他在《管理的实践》一书中首先提出了“目标管理和自我控制的理论”，并对目标管理的原理作了较全面的概括。他认为，企业的目的和任务必须转化为目标，各级主管人员必须通过目标对下级进行领导并以此来保证企业总目标的实现，如果一个领域没有特定的目标，这个领域必然会被忽视；如果没有方向一致的分目标来指导每个人的工作，则企业的规模越大、人员越多时，发生冲突和浪费的可能性就越大。每个主管人员或员工的分目标既是企业总目标对他的要求，同时也是他对企业总目标的贡献，又是主管人员对下级进行考核和奖励的依据。他还主张，在目标实施阶段，应充分信任下属人员，实行权力下放和民主协商，使下属人员发挥其主动性和创造性，进行自我控制，独立自主地完成各自的任务。德鲁克的这些主张在企业界和管理界产生了极大的影响，对形成和推广目标管理起了巨大的推动作用。目前,目标管理已成为世界上比较流行的一种企业管理方式。其基本思想是:让组织内各层次、各部门、各单位的管理人员,以及各个工作人员都根据实现总目标的需要,自己制定或者主动承担各自的工作目标,并在实现目标的过程中实行"自我控制"。

目标管理的实质是:以目标作为各项管理活动的指南,以目标来形成组织的向心力和综合力,以目标来激励和调动组织成员的积极性,以目标的实现程度来评价每个部门和个人的工作好坏、贡献大小。

2) 目标的性质

目标表示最后结果,它可细分为许多子目标。作为任务分配、自我管理、业绩考核和奖惩实施的目标具有以下特征。

(1) 目标的层次性

组织目标形成一个有层次的体系,以广泛的战略目标到特定的个人目标。总目标必须进一步细化为更多的具体行动目标,如分公司目标、部门目标、个人目标等。

(2) 目标的系统性

以专业化协作为原则进行细分后的目标必须建立起有机的联系,形成目标网络。组织的总目标是通过相互制约的各项工作来实现的。因此,细分以后的目标应具有系统性,根据系统化的要求确定与每一项分目标相对应的权利和责任,形成各级组织之间的有机联系。

(3) 目标的多样性

任务和组织的主要目标通常是多种多样的。同样,在目标层次体系中的每个层次的具体目标也是多种多样的。因此,在考虑确定多个目标时,必须对各目标的相对重要程度进行区分。

(4) 目标的可考核性

按目标的可考核性可以将目标分为定性目标和定量目标。使目标具有可考核性的最方便的办法就是使之定量化。但许多不可缺少的目标是不宜用数量来表示的,称为定性目标或者模糊目标。定性目标可以通过对目标加以详细说明、用一组相关目标的特征、规定目标的完成日期、采用评分法等办法来提高其可考核性。

(5) 目标的时间性

目标的时间性既要求长期目标短期化,又要求短期目标长期化。忽视长期目标短期化就无法确定长期目标实现的先后次序,甚至使制定的目标成为一纸空文。忽视短期目标长期化,则可能使短期目标不仅无助于长期目标,而且事实上会阻碍长期目标的实现,甚至以放弃长期目标为代价。

(6) 目标的可接受性和挑战性

一个目标对其接受者要产生激发作用的话,这个目标必须是可接受的,可以完成的。对一个目标完成者来说,如果目标超过其能力所及的范围,则该目标对其没有激励作用。反之,如果一项工作很容易完成,对接受者来说,是件轻而易举的事情,那么,接受者也就没有动力去完成该项工作。

2. 目标管理的过程

1) 目标管理的过程

目标管理主要由目标体系的建立、目标实施和目标成果评价3个阶段形成一个周而复始的循环。

(1) 目标体系的建立

实行目标管理,首先要建立一套以组织总目标为中心的一贯到底的目标体系。最高层目标的建立应首先充分分析和研究组织的外部环境和内部条件,根据组织可供利用的机会和面临的威胁,以及组织自身的优势和弱点,通过上级主管人员的意图与员工意图的上下沟通,对目标进行反复商讨、评价、修改取得统一意见,最终形成组织目标。

组织的总目标制定以后,就要把它分解落实到下属各部门、各单位直至员工个人,即目标展开。目标展开的方法是自上而下层层展开,自下而上层层保证。上下级的目标之间是一种"目的-手段"的关系:某一级的目标,需要一定的手段来实现,这些手段又成为下一级的次目标,按级顺推下去,直到作业层的作业目标,从而构成组织目标体系。

(2) 目标实施

建立了组织自上而下的目标体系之后,组织中的成员就要紧紧围绕确立的目标、赋予的责任、授予的权利,运用固有的技术和专业知识,为实现目标寻找最有效的途径。为保证目标的顺利实现,目标管理强调在目标实施过程中权力下放和自我控制。

(3) 目标成果评价

对各级目标的完成情况,要按事先规定的期限,定期进行检查和评价,以确认成果和考核业绩,并与个人的利益和待遇结合起来。目标成果评价一般实行自我评价与上级评价相结合,共同确认成果。

2) 目标管理的优点和局限性

(1) 目标管理的优点

目标管理形成了一个全员参与、全过程管理、全面负责、全方位落实的管理体系,它的优点非常突出。

① 目标管理极大地提高了员工的士气。目标管理的一个最显著的特点是体现了参与管理的意识。由于员工参与了自己目标的制定,有机会将自己的想法加入计划中,目标体现了员工的个人需要,因此,更容易为员工所接受。在实现目标的过程中,员工能得到授权和来自上级的帮助,为了实现自己的承诺目标,他将以极大的主动性和创造性去工作。由于员工参与成果的评价,而评价的标准是目标的达成程度,这种评价比较公正、客观,有利于个人工作能力的提高。

② 有利于提高组织的应变能力。在目标管理下各级管理人员有了实现其目标所必须的自主权限,就能够对它所面对的环境和各种意料不到的变化,灵活地采取各种措施,从而增强了组织在基层更加自主、灵活这一意义上的应变能力。

③ 有利于提高组织的协同效应。如果没有明确的、方向一致的、系统化的目标体系来整合各个单位乃至各个工作人员的工作,则极易形成结构刚性、组织僵化和工作混乱。开展目标管理有利于动态地把组织中的各种力量集中在总目标的实现上。

(2) 目标管理的局限性

① 设置目标的困难。在许多情况下,真正可考核的目标很难确定,许多岗位工作难以使目标定量化。同时,过分强调定量化目标,可能导致一些定量性不明显的指标难以确定。为了保证目标实现的可

能性并使目标具有激励作用,目标必须既具有挑战性又是可以实现的。这一切导致设置目标比较困难。

② 组织整体上缺乏灵活性。目标管理要取得成效,就必须保持目标的明确性和肯定性。但是计划是面向未来的,而未来存在着许多可变因素和不确定因素,需要组织保持整体上的灵活性。这是与目标管理的要求相矛盾的。

③ 强调上下协商可能会影响工作效率。由于可考核的目标难以确定、整体与个体的利益难以一致、同级主管的目标难以平衡等诸多因素,往往使得上下协调需要漫长的过程,从而影响工作效率。

尽管目标管理中存在着一些困难,但在实践中,目标管理被公认为是一种必不可少的管理方式。

1.1.2 行为科学管理理论

到20世纪20年代,随着科技发展,生产规模进一步扩大,经营管理工作日趋复杂,人的因素对企业的发展起到十分重要的影响,因此行为科学管理理论应运而生,并逐步得到发展。行为科学是运用人类学、社会学、心理学、管理学的理论和方法,对人们的行为以及产生这些行为原因进行研究的一门综合性科学。它强调人的动机、态度以及人们在组织内的关系和行为问题。行为科学管理理论主要由以下理论为代表:

1. 梅奥的人际关系理论

梅奥(E. Mayo,1880—1949)是人际关系理论的创始人,他出生在澳大利亚,后移居美国,任哈佛大学企业管理学院产业研究室主任、教授。他1927—1932年在芝加哥西方电气公司霍桑工厂进行了有名的"霍桑实验",先后出版了《工业文明的人性问题》、《工业文明的社会问题》两部专著,提出了以下观点:

① 以前的管理是把人假设为"经济人",认为金钱是刺激积极性的唯一动力。霍桑实验证明,人是"社会人",是复杂的社会关系的成员。因此,要调动工人的生产积极性,还必须从社会、心理方面去努力。

② 以前的管理认为生产效率主要受工作方法和工作条件的制约,霍桑实验证实了工作效率主要取决于职工的积极性,取决于职工的家庭和社会生活及组织中人与人的关系。

③ 以前的管理只注意组织机构、职权划分、规章制度等,霍桑实验发现除了正式团体外,职工中还存在着非正式团体,这种无形组织有它特殊的感情和倾向,左右着成员的行为,对生产率的提高有举足轻重的影响。

④ 以前的管理把物质刺激作为唯一的激励手段,而霍桑实验发现工人所要满足的需要中,金钱只是其中的一部分,大部分的需要是感情上的慰藉、安全感、和谐、归属感。因此,新型的领导者应能提高职工的满足感,善于倾听职工的意见,使正式团体的经济需要与非正式团体的社会需要取得平衡。

⑤ 以前的管理对工人的思想感情漠不关心,管理人员单凭自己个人的复杂性和嗜好进行工作,而霍桑实验证明:管理人员,尤其是基层管理人员应该像霍桑实验人员那样重视人际关系,设身处地地关心下属,通过积极的意见交流,达到感情的上下沟通。

霍桑实验及梅奥的见解提出了管理中另一个值得重视的新领域,即人际关系的整合。霍桑实验之后,大批的研究者和实践者继续从心理学、社会学、人类学和管理科学的角度对人际关系进行综合研究,从而建立了关于人的行为及其调控的一般理论。

2. 马斯洛的需求层次理论

马斯洛(A. H. Maslow,1908—1970)是美国著名心理学家和行为学家,他在1943年发表的《人类动机的理论》一书中,提出激励可以看成是对具体的社会系统中未满足的需要进行刺激的行为过程,因此,如果能找出未被满足的人的需要,并对这些需要进行分类、排序,就可以找出对人进行激励的途径。马斯洛的需求层次理论有两个基本出发点:其一,人是有需要的动物,人的需要取决于他已经得到了什么,还缺少什么,只有尚未满足的需要能够影响行为;其二,人的需要都有层次,某一层次的需要得到满足后,另一层次的需要才会出现。在此基础上,马斯洛认为,在特定时刻,人的一切需要如果都未能得到满足,那么,满足最主要的需要就比满足其他需要更迫切。只有前面的需要得到充分满足后,后面的需要才会显示出其激励作用。

基于以上论点,马斯洛提出了人的需要可分成5种基本类型,每种类型处于一个特定的层次上。

① 生理的需要。生理的需要是任何动物都有的需要,只是不同动物的这种需要的表现形式不同而已。对人类来说,这是最基本的需要,如衣、食、住、行等。所以,在经济欠发达的社会,必须首先研究并满足这方面的需要。

② 安全的需要。安全的需要是保护自己免受身体和情感伤害的需要。它又可以分为两类:一类是现在安全的需要;另一类是对未来安全的需要,即一方面要求自己现在的社会生活的各方面均能有所保证;另一方面希望未来生活能有所保障。

③ 社交的需要。社交的需要包括友谊、爱情、归属及接纳方面的需要,这主要产生于人的社会性。马斯洛认为,人是一种社会动物,人们的生活和工作都不是孤立进行的,这已由20世纪30年代的行为科学研究所证明(指霍桑实验)。这说明,人们希望在一种被接受或有归属的情况下工作,属于某一群体,而不希望在社会中成为离群的孤鸟。

④ 尊重的需要。尊重的需要分为内部尊重和外部尊重。内部尊重因素包括自尊、自主和成就感;外部尊重包括地位、认可和关注或者说受人尊重。自尊是指在自己取得成功时有一种自豪感,它是驱使人们奋发向上的推动力。受人尊重,是指当自己作出贡献时能得到他人的承认。

⑤ 自我实现的需要。自我实现的需要包括成长与发展、发挥自身潜能、实现理想的需要。这是一种追求个人能力极限的内驱力。这种需要一般表现在两个方面:一是胜任感方面,有这种需要的人力图控制事物或环境,而不是等事物被动地发生与发展;二是成就感方面,对于有这种需要的人来说,工作的乐趣在于取得成果和成功,他们需要知道自己工作的效果,成功后的喜悦要远比其他任何报酬都重要。

马斯洛认为,以上这5种类型的需要在人的需求层次中,按照生理的需要—安全的需要—社交的需要—尊重的需要—自我实现的需要的顺序排列,只有较低层次的需要得到满足后,较高层次的需要才会出现。这5个层次的需要还可以归纳为两个级别:生理的需要和安全的需要属于较低级需要,而社交的需要、尊重的需要和自我实现的需要则属于较高级需要。高级需要主要是从内部使人得到满足,低级需要则主要从外部使人得到满足。

3. 人性理论

1) 道格拉斯·麦格雷戈(Douglas Mcgregor)的"X理论—Y理论"。

麦格雷戈是美国麻省理工学院教授,社会心理学家,他提出对人的本性的认识存在两种截然不同的观点:一种是消极的"X理论",另一种是积极的"Y理论"。

(1) X理论的观点

① 一般人的本性是好逸恶劳的,只要有可能就会逃避工作。

② 人生下来就以自我为中心,对组织需要漠不关心。

③ 大多数人缺乏进取心,怕负责任,没有雄心壮志而宁愿被人领导。

④ 人们都趋向保守,安于现状,把安全看得高于一切。

麦格雷戈认为,传统的管理都以X理论为指导,或者用强硬的管理方法,包括强迫和威胁、严格的监督及对员工行为的严格控制;或者用松弛的管理方法,包括采取温和的态度,顺应职工的要求和保持一团和气等。事实证明,这两种办法都没有起到调动职工积极性的作用。不改变对人的本性的看法,用惩罚和控制来进行管理,都不能激励人的行为。要达到激励的目的,就必须探讨新的管理理论,即"Y理论"。

(2) Y理论的观点

① 对人来说,在工作中应用体力和脑力如同休息、娱乐一样自然。

② 人们对于自己参与的目标,会进行自我指导和自我控制,以完成任务。

③ 在适当条件下,每个人不但能承担责任,而且能主动承担责任。

④ 大多数人都有解决问题的丰富的想象力和创造力,在现代工业条件下,一般人的潜力只能得到部分地发挥。

麦格雷戈根据Y理论,提出了激励人行为的具体措施,具体如下。

① 分权与授权。给下级一定的权利,让他们能较自由地支配自己的活动,承担责任。更为重要的是,通过分权与授权,为人们满足自我的需要创造条件。

② 扩大工作范围。为员工提供富有挑战性和责任感的工作,鼓励处在基层的人员多承担责任,并为满足人们的社会需要和实现自我抱负、发挥自己的才能创造条件。

③ 采取参与制。鼓励员工积极参与决策,尤其在作与下级管理人员有直接影响的决策时,要给他们发言权,激励人们为实现组织的目标进行创造性的劳动,建立良好的群体关系。

④ 提倡自我评价。鼓励职工对自己的贡献进行自我评价,使他们为组织目标的实现承担更大的责任,有助于员工发挥自己的才能,满足自我实现的需求。

2) 威廉·大内(William G. Ouchi)的"Z理论"。

美国的威廉·大内是加州大学洛杉矶分校管理学院教授。他在研究日美两国管理经验后,于1981年提出"Z理论"。他认为,企业应建立民主的组织结构,以坦诚、开放、沟通作为基本原则管理企业。这种组织结构主要有以下特点:①企业实行长期或终身雇佣制度;②对员工实行长期考察和逐步提升制度;③对员工加强知识的全面培训,使员工具有多方面的工作才能;④管理过程中既要运用必要的控制手段，又要注重对人的经验和潜能进行细致而积极的启发诱导；⑤上下级之间的关系要融洽，员工之间平等相待，领导者要对员工全面关心，使他们心情舒畅、安居乐业；⑥采取集体研究与个人负责相结合的决策方式，鼓励员工参与管理活动。

除上述介绍的理论以外，行为科学管理理论还有很多，如美国库尔特·卢因(Kurt Lewin)的研究非正式组织的"团体动力学理论"；美国赫英伯格(F. Herzberg)的研究需要对行为积极影响的"双因素理论"；美国一些管理学家提出的"领导方式理论"等。这些理论和学派，基本上都是研究如何从人际关系和人的行为上去激发动力的管理理论，基础都是建立在梅奥的人际关系学说之上。

1.1.3 行政管理理论

马克思·韦伯(Max Weber)出生在德国的一个工人家庭，1884 年毕业于德国海德堡大学。韦伯一生对社会学、政治学、经济学和宗教学都有研究，他对管理学组织领域的巨大贡献，使他获得了"古典组织理论之父"的称号。19 世纪以前的德国，经济上比英、法落后，主要以家族企业为主，而英、法当时已出现了大规模的现代工业企业组织。其后，德国在战争中取得胜利，为德国资本主义的发展扫清了道路，经济得到迅速发展。为了适应经济发展的需要，古典管理理论在德国兴盛起来，韦伯的行政管理理论正是其中的杰出代表。

韦伯的行政管理理论有以下论点。

1. 建立明确的职能分工。把一个组织的全部活动进行专业化的职能分工，作为公务分配给组织体系的各个成员，并明文规定其权力和责任范围。这些规定适用于所有处于管理职位的人，组织内的所有人员都必须承担一项职能。除了某些必须由选举产生的职位以外，其他管理人员都是任命的。所有管理人员都不是终身制的，是可以撤换的。

2. 建立明确的等级制度。各种公职和职位按照职权的等级原则组织起来，形成一个严密的指挥体系或其中每个成员都要为自己的决定和行动对上级负责，同时，受上级的控制和监督。另外，为使每个管理人员都能完成其所承担的责任，必须给予相应的权力，使其有权对其下级发号施令。这样就能维持组织的稳定，并保证强而有力。

3. 建立有关职权和职责的法规和规章。把组织各项业务的运行都纳入这些法规和规章之中，要求组织内的每个成员必须按照这些法规和规章从事职务活动，必须受统一的法规和规章的约束，使组织中一切人员的职务行为规范化。这样，就能排除在各项业务活动中个人的随意判断，从而保证了各项业务处理的统一性和整体性；就能排除在各项业务活动中的不一致和不连续，从而保证了在不同的时间和地点处理业务的一贯性。

4. 组织内的所有职务均由受过专门训练的专业人员担任，对他们的选拔和提升也均以其技术能力为依据。由于组织内部的所有职务都是按职能分工的原则确定的，因而要求占据每项职位的人员都必须具有相应的技术能力。因此，必须通过公开的考试来选择和录用人员，以是否具有必备的技术能力作为选择和录用人员的客观标准。由于组织有了明确、合理的分工，并配备训练有素的专业人员各司其职，从而保证组织的各项业务活动都能准确、高效率、持续协调地运行。

5. 管理人员都是根据一定的标准聘用的。组织发给他们固定的薪金,保障他们应得的权益,同时,也拥有随时解雇他们的权力。这样,才能激励他们尽心尽力地工作,也有利于培养他们的集体精神,促进他们为集体的发展和组织的利益作出贡献。管理人员的升迁和报酬都有明文规定,以工作业绩和工作年限为标准。

6. 组织的每个成员都必须恪尽职守,以主人的态度忘我工作。他们必须排除个人感情的干扰,以超脱和冷静的态度处事,从而保证组织内的人与人之间都是一种非人格化的关系,或者说,保证组织内的人与人之间都只是职务关系,而不是个人之间的私人关系。组织建立起这种人与人之间的关系,就能保证其成员的一切行为都服从一个统一的理性准则,以便客观、合理地判断是非,决定问题。这样不仅是为了提高组织活动的效率,而且是为了防止组织内人与人之间可能发生的摩擦,而维持一种和谐的相互关系,借以保证组织的整体真正能够经常地像一架机器那样协调、准确地运行。

7. 业务的处理和传递均以书面文件为准。即使对于可以通过口头方式联系的业务活动,也不能以个人之间的口头联系方式做最后处理,而必须通过如指示、申请、报告等各种符合规范的书面文件形式处理。这样,就能保证业务处理的准确性。同时,还可以防止个人处理业务时可能出现的随意性和模棱两可的态度,从而保证组织的各项业务活动的规范性。

韦伯认为,由于理想的行政管理体制具有上述特征或优点,使它能够适应一切现代的大规模社会组织的需要。实践经验表明,这种理想的行政管理体制能够获得最大限度的效率,能够保证对人实行最合理的控制,此外,还能够实现最优的精确性、稳定性、纪律性和可靠性。

韦伯提出的理想的行政组织体系理论虽然在20世纪四五十年代以前,并没有受到欧美各国的重视,然而,随着资本主义经济的发展,企业和社会规模的扩大,人们越发认识到韦伯提出的理想的行政管理的价值。今天,这种管理体制已成为各类正式组织的一种典型结构,一种主要的组织形式,并被人们广泛应用于各种组织设计中,发挥着有效的指导作用。而他那些精辟的理论观点,也对后来管理理论的发展,产生了广泛而又深刻的影响。

1.1.4 现代管理理论

第二次世界大战以后,随着科学技术的进步,生产力的巨大发展,生产社会化程度的日益提高,西方企业管理理论在科学管理理论和行为科学理论的基础上又出现了一系列新的学派。美国管理学家孔茨把这种情况叫做“管理理论的丛林”,认为它是“走向统一的管理理论”的必经过程。

1) 社会系统理论

代表人物是美国切斯特·欧文·巴纳德(Chester Irving Barnard,1886—1961)。巴纳德使用社会的系统的观点来分析管理问题,把组织看成一个复杂的社会系统,建立了现代组织理论体系。他的主要观点和内容有以下几个方面。

(1) 组织是一个协作系统。巴纳德认为,协作系统是由组织系统、物质系统、社会系统、人的系统构成的一个综合体,是以组织为核心,以协作的目的出发,通过组织活动,协调各系统关系。

(2) 组织的要素。巴纳德认为,协作意愿、共同目标和信息沟通构成正式组织的三个基本要素,组织为实现自己的目标，必须要获得各组织成员的协作意愿，明确共同目标。同时，个人协作意愿和组织共同目标只有通过信息沟通才能使两者联系和统一起来，为此需要建立一条明确、快捷、完整、高效、权威的信息渠道。

(3) 关于非正式组织。正式组织是由为实现组织的一定目标的人们按一定秩序构成的，而非正式组织则是独立于正式组织之外，不受正式组织管理的个人联系和相互作用的团体，是感情和习惯的反映。巴纳德认为，非正式组织对组织目标的实现有非常重要的作用。

(4) 职权接受论。巴纳德认为，管理人员的权力只有当下属人员主观上承认才有效，也才具有影响力。要使职权有效，必须满足四个条件：①个人能够明确理解所传达的命令；②接受者认为命令同他们所了解和期望的组织目标相一致；③命令能体现组织个人的利益；④接受者在精神上和体力上能遵守这个命令。

(5) 经理人员的职能。巴纳德认为，经理人员在系统中作为相互联系的中心应具有三项职能：①制定组织目标；②获得组织成员的努力；③提供信息交流系统。

2) 决策理论学派

代表人物是美国著名管理学家、1978 年诺贝尔经济奖获得者赫伯特・西蒙(Herbert A. Simon)。决策理论学派的主要内容可归纳为以下几个方面。

(1) 管理就是决策。西蒙认为，管理的全过程就是一个完整的决策过程，决策贯穿于管理的各个方面和全部过程。

(2) 决策的步骤。西蒙认为决策包括四个阶段，即决策和理由，可能的行动方案，在诸方案中选择，对选择的方案进行评价。

(3) 关于程序和非程序化决策。西蒙把决策分为两类，把有规律可循的、重复出现的决策称为程序化决策。另一类是新颖的，非例行的决策称为非程序化决策。西蒙认为，两类决策应区别对待，但他同时又指出："世界大部分是灰色的，只有少数几块地方是纯黑和纯白的。"西蒙的代表作有《组织》和《管理决策新科学》。

3) 管理科学理论

这一学派的代表人物主要有美国的埃尔伍德・布法(Elwood S. Buffa)等人。他们在科学管理理论的基础上发展形成了管理科学理论。他们认为，管理就是用数学模式或程序来表示计划、组织、控制、决策等合乎逻辑的程序，求出最优的解答，以达到企业目标。其特点是：①强调科学方法；②用系统分析法解决问题；③设计解决问题的模型；④强调数量化与利用数学和设计程序；⑤注重经济技术方面，而不重视心理社会等方面；⑥使用电子计算机；⑦强调分析方法；⑧在具有相同程度不确定性的情况下探索合理的决定；⑨倾向于设计标准化的模型，而不是描述性的模型。布法的代表作有《生产管理基础》。20 世纪 60 年代管理科学理论发展十分迅速，现在发展重点已转向实际应用。

管理科学应用的科学方法主要有：数学规划理论；决策树图法；工程经济分析法、网络计划技术；存储控制模型；预测技术等。这些科学方法的应用，使管理过程不断向定量化、实用化发展，在解决实际管理问题方面取得了明显成效。

4) 权变理论

代表人物有美国的弗雷德·卢桑斯(Fred Luthars)等人。他们认为,在企业管理中,要根据企业所处的内外部环境的不同随机应变,没有什么一成不变和普遍适用的"最好的"管理理论和方法。如果某种环境存在或发生,就要采用某种相应的管理思想、管理方法和技术,以便有效地实现组织目标。内部环境指企业的正式组织系统,它包括组织结构、决策程序、联系与控制、科技状况等因素。外部环境包括一般的外部环境和特定的外部环境。一般的外部环境包括社会、科学技术、政治、经济、法律等因素,它对组织的影响是间接的。特定的外部环境包括供应商、顾客、竞争者等方面的因素,它直接对组织发生影响。

1.1.5 现代管理的特点

管理是科学与艺术的统一。管理作为科学,是指它是一种系统化的知识体系,遵循和依靠相应的科学理论方法(例如决策原理、工程经济学原理、数学规划的应用、预测技术等);管理作为艺术,是指管理的实践,企业所处的内外部环境不一样,所面临的问题和解决问题的方法也不一样,能够有效地解决各种各样管理问题的方法就是一种艺术。通过有效地管理,实现决策和计划、组织和指挥、控制和协调、教育和鼓励、挖潜和创新的职能。随着计算机的发明及广泛应用,科学技术和世界经济得到了突飞猛进的发展,国际垄断企业乃至全球化企业的出现,使得信息和知识成为企业的战略性资源和真正的财富。企业如何在市场化、多元化、信息化的基础上充满活力地运转,已成为现代管理迫切需要解决的问题。为适应这些变化,近一二十年出现了以下管理的新思想。

1. 人本管理

突出对人的管理方法和技术的研究,认为人已不再是传统管理中的"经济人",而是具有感情、主动性和自主性的"复杂人"。在管理上强调要善于运用各种激励手段联络员工感情,最大限度地满足职工的社会心理需要,建立一种全员参与的新型管理模式,调动全体职工的工作主动性,并且在保持必要的集中控制的同时,更多地注意权力分散,使下级人员拥有足够的完成任务的自主权。

2. 变革管理

变革管理是以变革为对象和内容的管理方法,是对期望实现的变革进行计划、组织、控制、实施等一系列活动。变革可以是短期的,也可以是长期的,可以是微调式的,也可以是彻底的转变。变革开始时,效率、效益和士气有可能暂时降低,但随着变革的进一步深入,人们就会逐渐适应新的变化,效率、效益与士气等将会大大提高并稳定在新的水平上。

3. 无形资源管理

传统企业管理中,只重视有形资源(如设备、资金等)的管理,而现代社会,无形资源对企业的影响却越来越大。对无形资源进行投资、开发、利用已成为企业发展壮大的重要条件。无形资源包括技术专利、信息、科技成果、企业文化、企业精神、公共关系及企业形象等。先进的技术成果,充足的信息资源,能使企业保持行业领先地位，把握事物发展的本质规律，减少决策失误，使企业立于不败之地；而企业文化、企业精神则是企业的灵魂，是企业全体成员素质的集中体现，直接决定着企业的凝聚力，经营机制，进而决定企业兴衰；企业良好的公共关系以及形象，能极大地促进企业目标的实现和企业自身的发展，是现代企业极其重要的“软资源”。

4. 创新管理

科学技术日新月异的发展，市场竞争的风云莫测的变化，都要求管理工作不断创新，保持企业青春焕发，不断成长。所谓创新管理包含三层含义：一是对企业自身要求创新，即把战略创新、制度创新、组织创新、技术创新、观念创新贯穿于整个管理过程之中；二是对企业管理者要求每个管理者都应成为创新者，管理者应将主要精力从低层次的监督工作转向创造性劳动，研究新问题、新动向、新思路，成为创新型的管理者；三是为全体员工的创造潜能的自由发挥建立良好的环境和机制，激励人们不畏艰险，勇于开拓创新。

5. 知识和学习管理

现代社会中，企业发展壮大，离不开信息和知识。知识带动生产力的发展已成为社会经济发展的关键因素，成为企业存在和创造财富的基础。因此，知识一方面成为管理的主要对象；另一方面又是管理自身赖以发展的基础。如何挖掘新知识或从网络中获取有价值的信息和知识，或借用“外脑”（专家智囊团）辅助决策等，成为现代管理的必然趋势。知识极其重要的作用和知识量的急剧增长，要求企业的管理者乃至员工要不断探索、不断学习、不断更新知识。当代著名管理学家彼得·圣吉（Peter M. Senge）提出：未来成功的组织，尤其是企业，将是“学习型组织”，即能够设法使各阶层人员全身心投入学习的组织。

1.2　施工项目管理的基本原理

1.2.1　施工项目

1. 施工项目的定义及分类

1）定义。施工项目是指为完成依法立项的各类工程而进行的有起止日期的、达到规定要求的一组相互关联的受控活动的特定过程，包括策划、勘察、设计、采购、施工、试运行、竣工验收和考核评价等过程，简称为项目。从施工企业角度是指施工企业按限定时间、限定资源和限定质量标准等约束条件完成的具有明确目标的一次性任务，即施工企业自工程施工投标开始到保修期满为止的全过程中完成的项目。

2）分类。施工项目按不同标准可划分为许多类别。

(1) 施工项目按其建设性质可分为基本建设项目（新建、扩建、改建、迁建、重建等扩大再生产的项目）和技术改造项目（以改进技术、增加产品品种、提高质量、治理“三废”、改善劳动安全、节约资源为主要目的的项目)。

(2) 按施工项目的规模大小,基本建设项目划分为大型、中型、小型三类,技术改造项目分为限额以上和限额以下两类。其具体划分标准,根据各个时期经济发展和实际管理工作的需要而有所变化。现行的国家有关规定是:按投资额标准划分的建设项目,基本建设生产性建设项目中能源、交通、原材料部门的项目投资额达到5 000万元人民币以上,其他部门和全部非生产性建设项目投资额达到3 000万元人民币以上的为大中型建设项目,在此限额以下的为小型建设项目;按生产能力或使用效益标准划分的建设项目,国家对各行各业都有具体规定。技术改造项目投资额达到5 000万元人民币以上的为限额以上项目,以下的为限额以下项目。

(3) 施工项目按功能、用途分可为工业建设项目、民用建设项目和基础设施项目等。工业建设项目是生产性建设,类型繁多,例如冶金工业的钢铁厂、机电工业的精密机器厂、石化工业的炼油厂、纺织工业的织布厂等。根据不同生产工艺和产品规模的需要,一般分为单层工业厂房、多层工业厂房以及单跨工业厂房、多跨工业厂房和其他构筑物等。工厂厂房按用途可分为生产厂房、辅助生产厂房、动力用厂房、仓库等。民用建设项目是供人们工作、学习、生活、文化娱乐、居住等方面活动的建筑工程,一般称为非生产性建设。其中常见的住宅、集体宿舍、公寓、别墅等称为居住建筑;供人们进行政治、经济、文化和科学技术交流活动所需的办公楼、体育场馆、医院、学校、商场、旅馆、车站、海空港等称为公共建筑。基础设施项目是指煤炭、石油、电力、天然气等能源项目;铁路、公路、管道、水运、航空等交通运输项目;邮电、电信枢纽、通信、信息网络等邮电通信项目;防汛、排涝、灌溉、引水、水土保持、水利枢纽等水利项目;道路、桥梁、地铁和轨道交通、污水排放、垃圾处理、地下管道、公共停车场及供水、供电、供气、供热等城市设施项目。

(4) 施工项目按隶属关系可分为中央项目、地方项目、合资项目等,其中合资项目有中央与地方合资,国内企业与国外企业合资,国内不同地区、不同行业、不同经济类型企业共同投资联合兴建的建设项目等多种形式。国外施工项目还可分为政府项目、私人项目等。

(5) 施工项目按其构成一般可划分为单项工程、单位工程、分部工程、分项工程四个层次。

① 单项工程。单项工程一般指具有独立设计文件的、建成后可以单独发挥生产能力或效益的一组配套齐全的工程项目。单项工程从施工的角度也就是一个独立的可交付工程系统,在建设项目总体施工部署和管理目标的指导下,形成自身的项目管理方案和目标,按其投资和质量的要求,如期建成交付生产和使用。一个建设项目有时包括多个单项工程,但也可能仅有一个单项工程,即该单项工程就是建设项目的全部内容。单项工程的施工条件往往具有相对的独立性,因此一般单独组织施工和竣工验收。构成单项工程的是若干单位工程。单项工程体现了建设项目的主要建设内容和新增生产能力或工程效益的基础。

② 单位工程。单位工程是单项工程的组成部分。一般情况下单位工程是指一个单体的建筑物或构筑物;民用住宅工程也可能包括一栋以上同类设计、位置相邻、同时施工的房屋建筑或一栋主体建筑及其附带辅助建筑物共同构成一个单位工程。建筑物单位工程由建筑工程和建筑设备工程组成;住宅小区或工业厂区的室外工程,按照施工质量检验评定统一标准的划分,一般分为包括道路、围墙、建筑小

品在内的室外建筑单位工程，电缆、线路、路灯等的室外电气单位工程，以及给水、排水、供热、煤气等的建筑采暖卫生与煤气单位工程。一个单位工程往往不能单独形成生产能力或发挥工程效益，只有在几个有机联系、互为配套的单位工程全部建成竣工后才能提供生产和使用，例如民用建筑物单位工程必须与室外各单位工程构成一个单项工程系统；工业车间厂房必须与工业设备安装单位工程以及室外各单位工程配套完成，形成一个单项工程交工系统才能提供生产。

③ 分部工程。分部工程是单位工程的组成部分。一般建筑工程按照工程的主要部位划分为地基与基础、主体结构、地面与楼面、门窗、建筑装饰装修、屋面、建筑给水、排水及采暖、建筑电气、智能建筑、通风与空调、电梯 9 个分部工程；桥涵工程按主要部位划分为地基与基础工程、墩台工程、梁部工程、桥面工程、有线顶进桥涵工程、附属工程等；公路工程的路基工程可划分为路基土石方工程、排水工程、小桥与涵洞、挡土墙等分部工程；路面工程以每 1～3km 路段为一分部工程。

④ 分项工程。分项工程一般是按工种工程划分，也是形成建筑产品基本构件的施工过程，例如钢筋工程、模板工程、混凝土工程、砌砖工程、木门窗制作等。建筑设备安装工程的分项工程一般是按工种种类及设备组别等划分，同时也可按系统、区段来划分，如管道安装可按给水、排水系统划分，也可按楼层或单元划分；桥涵工程的桥面分部工程的钢梁桥面、混凝土桥面；公路工程的路基土石方工程中有土方、石方、软土地基处理等。分项工程是建筑施工生产活动的基础，也是计量工程用工用料和机械台班消耗的基本单元，是工程质量形成的直接过程。分项工程既有其作业活动的独立性，又有相互联系、相互制约的整体性。

2. 施工项目的特点

1）唯一性。工程施工项目具有明确的目标——提供特定的产品。施工项目的唯一性是由其产品的单件性决定的。由于工程项目建设的时间、地点、条件等都会有若干差别，都涉及某些以前没有做过的事情，所以它总是唯一的。例如，尽管建造了成千上万座住宅楼，但每一座都是唯一的。

2）一次性。每个工程项目都有其确定的终点，所有工程项目的实施都将达到其终点。从这个意义来讲，它们都是一次性的。当一个工程项目的目标已经实现，或者已经明确知道该工程项目的目标不再需要或不可能实现时，该工程项目即达到了它的终点。一次性并不意味着时间短，实际上许多工程项目要经历若干年。然而，在任何情况下工程项目的期限都是有限的，它不是一种持续不断的工作。当一个工程项目达到其终点的时候，该工程项目也就停止了。

施工项目的一次性也体现在以下几个方面。

项目——一次性的成本中心。

项目经理——一次性的授权管理者。

项目经理部——一次性的施工生产临时组织机构。

作业层——一次性的项目劳务构成。

3）整体性。一个工程项目往往由多个单项工程和多个单位工程组成，彼此之间紧密相关，必须结合到一起才能发挥工程项目的整体功能。

4）固定性。工程项目都含有一定的建筑或建筑安装工程，都必须固定在一定的地点，都必须受项目所在地的资源、气候、地质等条件制约，接受当地政府以及社会文化的干预和影响。施工项目的固定性决定了施工人员和施工机械设备的流动性。

5) 目标的明确性。人类有组织的活动都有其目的性。项目作为一类特别设立的活动，也有其明确的目标。从上面对项目概念的剖析可以看到，项目目标一般由成果性目标与约束性目标组成。其中，成果性目标是项目的来源，也是项目的最终目标，在项目实施过程中，成果性目标被分解成为项目的功能性要求，是项目全过程的主导目标；约束性目标通常又称限制条件，是实现成果性目标的客观条件和人为约束的统称，是项目实施过程中必须遵循的条件，从而成为项目实施过程中管理的主要目标。可见，项目的目标正是两者的统一，没有明确的目标，行动就没有方向，也就不称其为一项任务，也就不会有项目的存在。

1.2.2 施工项目管理

1. 施工项目管理的定义

施工项目管理是指运用系统的理论和方法，对建设工程项目进行的计划、组织、指挥、协调和控制等专业化活动。一个项目往往由许多参与单位承担不同的建设任务，通常包括业主(建设单位)、勘察、设计、监理、施工和供货商等，而各参与单位的工作性质和工作任务不同，形成不同类型的项目管理。由于业主方是施工项目生产过程总的组织者和集成者，因此业主方的项目管理是整个项目管理的核心。

施工方(承包商)的项目管理是站在施工企业自身的角度，通过施工投标取得工程承包任务，按照与业主签订的工程承包合同所界定的工程范围，从项目整体利益和其自身利益出发，所进行的项目管理。其管理对象是施工承包合同所界定的施工项目。施工企业为履行工程承包合同和落实企业生产经营方针目标，在项目经理负责制的条件下，依靠企业技术和管理的综合实力，根据施工项目的内在规律，对工程施工全过程进行管理。

2. 施工项目管理的阶段

1) 投标签约阶段

这是施工项目管理的第一阶段，承包商根据业主发出的招标公告(或招标邀请函)，从经营战略的高度作出投标决策，收集与项目相关的建筑市场、现场、竞争对手、企业自身信息，编制标书参与投标直至中标，与招标方谈判，并按照平等互利、等价有偿的原则依法签订工程承包合同。

2) 施工准备阶段

承包商在中标后应立即组建项目经理部，根据工程管理的需要建立机构，配备人员。以项目经理部为主，与企业经营层和管理层、业主单位相配合，进行施工准备，使工程具备开工和连续施工的基本条件，具体工作包括：编制施工组织设计，主要是施工方案、施工进度计划和施工平面图，用以指导施工准备和施工；制定施工项目管理规划，以指导施工项目管理活动；进行施工现场准备，使现场具备施工条件，利于进行文明施工；编写并上报开工申请报告，待批开工。

3）施工阶段

在项目开工至竣工的全过程中，项目经理部既是决策机构，又是责任机构。企业经营管理层、业主单位、监理单位的作用是支持、监督与协调。这一阶段的目标是完成合同规定的全部施工任务，达到验收、交工的条件。施工单位主要进行的工作是：按施工组织设计的安排进行施工；施工中努力做好动态控制工作，保证质量目标、进度目标、成本目标、安全目标的实现；严格履行工程承包合同，管理好施工现场，实行文明施工。

4）验收、交工与竣工结算阶段

这一阶段的目标是对项目成果进行总结、评价，对外结清债权债务，结束交易关系。主要工作是：进行工程收尾和试运转；在预验收的基础上接受正式验收；整理、移交竣工文件，进行财务结算，总结工作，编制竣工报告；办理工程交付手续；项目经理部解体。

5）用后服务阶段

这是施工项目管理的最后阶段，即在交工验收后，按合同规定的责任期进行用后服务、回访与保修，其目的是保证使用单位正常使用，发挥效益。其主要工作有：为保证工程的正常使用，应向用户进行必要的技术咨询和服务；进行工程回访，听取使用单位意见，总结经验教训，观察使用中的问题，进行必要的维护、维修和保修；进行沉陷、抗震性能等观察。

3. 施工项目管理的内容

项目管理的内容与程序应体现企业管理层和项目管理层参与的项目管理活动。项目管理的每一过程，都应体现计划、实施、检查、处理（PDCA）的持续改进过程。项目经理部的管理内容应由企业法定代表人向项目经理下达的“项目管理目标责任书”确定，并应由项目经理负责组织实施。在项目管理期间，由发包人或其委托的监理工程师或企业管理层按规定程序提出的、以施工指令形式下达的工程变更导致的额外施工任务或工作，均应列入项目管理范围。

项目管理的内容应包括：编制“项目管理规划大纲”和“项目管理实施规划”，项目目标控制，项目范围管理，项目合同管理，项目采购管理，项目的职业健康安全管理，项目环境管理，项目资源管理，项目信息管理，项目风险管理，项目沟通协调，项目收尾管理。

1）项目管理规划大纲

项目管理规划大纲是项目管理工作中具有战略性、全局性和宏观性的指导文件。项目管理规划大纲应由企业管理层依据下列资料编制：

（1）可行性研究报告。

（2）设计文件、标准、规范与有关规定。

（3）招标文件及有关合同文件。

（4）相关市场信息与环境信息。

项目管理规划大纲一般应包括下列内容：

（1）项目概况。

（2）项目范围管理规划。

(3) 项目管理目标和组织结构规划。

(4) 项目成本管理规划。

(5) 项目进度管理规划。

(6) 项目质量管理规划。

(7) 项目职业健康安全与环境管理规划。

(8) 项目采购与资源管理规划。

(9) 项目信息管理规划。

(10) 项目沟通管理规划。

(11) 项目风险管理规划。

(12) 项目收尾管理规划。

2) 项目管理实施规划

项目管理实施规划是指在开工之前由项目经理主持编制的,旨在指导施工项目实施阶段管理的文件。项目管理实施规划编制应依据项目管理规划大纲、项目条件和环境分析资料和施工合同及相关文件进行编制,是对项目管理规划大纲的细化,可使其具有可操作性。其应包括下列内容。

(1) 工程概况。工程概况包括工程特点,建设地点及环境特征,施工条件以及项目管理特点及总体要求。

(2) 总体工作计划。总体工作计划应包括项目的质量、进度、成本及安全目标;拟投入的最高人数和平均人数;分包计划,劳动力使用计划,材料供应计划,机械设备供应计划;施工程序;项目管理总体安排等内容。

(3) 施工方案。施工方案应包括施工流向和施工顺序,施工阶段划分,施工方法和施工机械选择等内容。对危险性较大的工程作业,要编制专项施工方案,并进行安全验证。

(4) 施工进度计划。施工进度计划分为施工总进度计划、分阶段进度计划、子项目进度计划和单体进度计划、年(季)度计划、分部分项工程进度计划、月(旬)作业计划等。各类进度计划均应包括:编制说明、进度计划表以及资源需要量及供应平衡表。

(5) 施工质量计划。施工质量计划包括确定施工质量目标和要求,质量管理组织和职责,所需的过程、文件和资源,产品(或过程)所要求的评审、验证、确认、监视、检验和实验活动,接收准则,各项质量记录的要求和所采取的措施。施工质量计划可分为施工准备阶段的质量计划、施工过程中的质量计划和竣工验收的质量计划。

(6) 职业健康安全与环境管理计划。职业健康安全计划是为项目实施人员和相关人员规避损害或影响健康风险而进行的计划安排,包括工程概况,控制目标,控制程序,组织结构,职责权限,规章制度,资源配置,安全措施,检查评价和奖惩制度以及对分包的安全管理等内容。对结构复杂、施工难度大、专业性强的项目,必须制订项目总体、单位工程或分部、分项工程的安全计划。

环境管理计划是为合理使用和有效保护现场及周边环境而进行的计划安排,包括环境管理工作的总体策划和部署,项目环境管理组织机构制度,环境管理组织培训计划等。

(7) 施工成本计划。施工成本计划是以货币形式编制施工项目在计划期内的生产费用、成本水平、成本降低率以及为降低成本所采取的主要措施和规划的书面方案,是建立施工项目成本管理责任制、开展成本控制和核算的基础。施工成本计划可按照成本组成、项目构成以及进度分别编制成本计划。

(8) 资源需求计划。资源需求计划指人力资源需求计划,主要材料和周转材料需求计划,机械设备需求计划,预制品订货和需求计划,技术和资金需求计划。内容包括建立资源管理制度,编制资源使用计划、供应计划和处置计划,规定控制程序和责任体系。

(9) 项目风险管理过程和规划。项目风险管理过程包括项目实施全过程的风险识别、风险评估、风险响应和风险控制。项目风险管理规划应包括风险因素识别一览表,风险可能出现的概率及损失值估计,风险管理重点,风险防范对策,风险管理责任。

(10) 信息管理计划。信息管理计划应包括信息需求分析,信息编码系统,信息流程,信息管理制度以及信息的来源、内容、标准、时间要求、传递途径、反馈的范围、人员以及职责和工作程序等内容,其目的是使企业及项目部及时、准确地获得所需的信息并快捷、安全、可靠地使用。

(11) 项目沟通管理计划。是指为确保有效、及时地生成、收集、储存、处理和使用项目的信息,以及及时合理地沟通而开展的计划管理工作。项目沟通管理的对象应是项目所涉及的内部和外部有关组织及个人,包括建设单位和勘察设计、施工、监理、咨询服务等单位以及其他相关组织。项目沟通管理计划就是要确定项目相关方的信息和沟通需求,包括信息沟通方式和途径,信息收集归档格式,信息的发布与使用权限,沟通管理计划的调整以及约束条件和假设等内容。

(12) 项目收尾管理计划。包括竣工项目名称,竣工项目收尾具体内容,竣工项目质量要求,竣工项目进度计划安排,竣工项目文件档案资料整理要求等。

(13) 项目现场平面布置图。施工平面图应按现行制图标准和制度要求进行绘制,内容应包括施工平面图说明,施工平面图,施工平面图管理规划。

(14) 项目目标控制措施。项目目标控制措施应包括保证进度目标、质量目标、成本目标、安全目标的措施;保证季节施工的措施;保护环境的措施;文明施工措施等。各项措施具体包括技术措施、组织措施、经济措施、合同措施及信息措施。

(15) 技术经济指标。技术经济指标的计算与分析应包括规划的指标,规划指标水平高低的分析和评价,实施难点的对策等。

3) 项目目标控制

项目目标控制是指为实现项目管理目标而实施的收集数据、与计划目标对比分析、采取措施纠正偏差等活动,包括项目进度控制、项目质量控制、项目成本控制。项目目标控制的共性问题主要有以下几方面。

(1) 项目目标控制的责任主体是项目经理,因此,应组织以项目经理为首的目标控制体系,且应由项目经理和相应的专业管理人员及各专业的相关人员组成各目标控制分体系,集体履行目标控制的责任。

(2) 项目目标控制应遵循 P-D-C-A(计划—实施—检查—处理)循环法则,进行事先控制、事中控制和事后控制的全过程控制活动,以实现目标控制的持续改进。因此,目标控制应按规定程序依次操作。

(3) 项目目标控制的基本方法是"目标管理方法",其本质是以目标指导行动。因此,首先确定控制总目标,然后自上而下地进行目标分解,落实责任、制定措施,按措施控制实现目标的活动,从而自下而上地实现项目管理目标责任书中确定的责任目标。

(4) 目标和控制措施是在项目管理实施规划的基础上确定的。项目管理实施规划以项目管理目标责任书中确定的目标为依据编制。因此,项目管理规划的质量极大地影响着目标控制的效果。

(5) 项目目标是各自独立的,它们之间是对立统一的关系。过于强调哪一个都会影响到其他指标的实现。因此,确定目标必须进行认真设计和科学决策。要进行动态控制,搞好协调。总的要求是:不求全优,要做到"综合优",在保证质量的前提下使进度合理、成本节约。

(6) 项目目标控制要以执行法律、法规、标准、规范、制度等作为灵魂,以组织协调为动力,以合同管理、信息管理为手段,以现场管理和生产要素管理为保证。

(7) 进行各项目标控制必须防范风险。防范风险要以项目管理规划中的目标规划为依据,实施风险对策方案,加强检查,不断进行信息反馈。

(8) 实行总分包的项目,目标控制由总承包人全面负责,分包人对分包的任务进行目标控制并向总包人负责。对分包人发生的问题,总包人对发包人承担连带责任。

4) 项目范围管理

项目范围管理指对合同中约定的项目工作范围进行的定义、计划、控制和变更等活动。项目范围管理应是项目管理的基础工作,贯穿于施工项目的全过程。施工企业及项目部应确定项目范围管理的工作职责和程序,并对范围的变更进行检查、分析和处置。项目范围管理的对象包括为完成项目所必需的专业工作和管理工作,过程应包括项目范围的确定、项目结构分析、项目范围控制等。

(1) 项目范围的确定

项目实施前,企业和项目部首先应明确界定项目的范围,给出项目范围说明文件并以此作为进行项目计划、实施和评价的依据。项目范围主要依据项目目标的定义或范围说明文件、环境条件调查资料、项目的限制条件和制约因素、同类项目的相关资料确定。

(2) 项目结构分析

施工企业根据项目范围说明文件进行项目的结构分析。项目结构分析包括项目分解、工作单元定义、工作界面分析。

项目分解可借助工作分解结构(work breakdown structure,WBS)技术进行,将项目逐层分解至工作单元(工作包),形成树形项目结构图或项目工作任务表。项目分解时需注意内容要完整,不重复,不遗漏;一个工作单元只能从属于一个上层单元;每个工作单元应有明确的工作内容和责任者,工作单元之间的界面应清晰;要有利于项目实施和管理,便于考核评价。

工作单元是分解结果的最小单位,也是面向可交付成果的项目元素的集合,它组织并定义了整个项目范围,未列入工作分解结构的工作将排除在项目范围之外。通常对每一个工作单元进行唯一指定编码,这些编码可以为成本和资源的分层汇总提供条件。

工作界面分析要求工作单元之间的接口合理，必要时应对工作界面进行书面说明，注意界面之间的联系和制约以及在项目的实施中应注意变更对界面的影响。

(3) 项目范围控制

施工企业应严格按照项目的范围和项目分解结构文件进行项目的范围控制，在项目范围控制中，要及时跟踪检查已批准的WBS所确认的项目范围是否发生变更，一旦发生变更，要对范围的变更和影响进行分析与处理。范围变更经常要求对成本、进度、质量和其他项目目标进行调整，因此应将范围变更及时反馈到计划的编制过程，相关文档根据需要进行更新，并将更新的内容通知有关项目相关人。在项目的结束阶段，应验证项目范围，检查项目范围规定的工作是否完成和交付成果是否完备，并对项目范围管理的经验教训进行总结。

5) 项目合同管理

项目合同管理是指对施工合同、分包合同、买卖合同、租赁合同和借款合同的订立、履行、变更、索赔、终止和争议处理等进行的管理。施工合同管理的主体是发包人和承包人，其法律行为由双方的法定代表人行使。项目经理作为承包人在施工项目上的委托代理人，应按照承包人订立的施工合同认真完成所承接的施工任务，按照合同的约定承担义务、行使权利，项目经理部合同管理的主要责任是实施或履行合同，项目经理部履行施工合同的原则是全面履行原则和诚实信用原则。项目经理部应向各职能部门人员进行合同交底，落实合同目标，要用合同指导工程实施和项目管理工作，注意积累索赔的依据，按规定进行合同变更、索赔、转让和终止。

6) 项目采购管理

项目采购管理是指对项目需要的各种资源的采购工作进行的计划、组织、指挥、协调和控制等活动。施工企业或项目部应设置专门的采购部门，制订采购管理制度、工作程序和采购计划。采购管理应遵循下列程序。

(1) 明确采购产品或服务的基本要求、采购分工及有关责任。

(2) 进行采购策划，编制采购计划。采购计划应包括：采购工作范围、内容及管理要求，产品或服务的数量、技术标准和质量要求信息，检验方式和标准，供应方资质审查要求，采购控制目标及措施等。

(3) 进行市场调查，选择合格的产品供应或服务单位，建立名录。

(4) 采用招标或协商等方式实施评审工作，确定供应或服务单位。

(5) 签订采购合同。

(6) 运输、验证、移交采购产品或服务。

(7) 处置不合格产品或不符合要求的服务。

(8) 采购资料归档。

7) 项目职业健康安全管理

项目职业健康安全管理是指为使项目实施人员和相关人员规避损害或影响健康风险而进行的计划、组织、指挥、协调和控制等活动。施工企业要遵照《建设工程安全生产管理条例》和《职业健康安全管理体系》标准，坚持安全第一、预防为主与防治结合的方针，建立并持续改进职业健康安全管理体系。项目经理负责项目职业健康安全的全面管理工作。项目负责人、专职安全生产管理人员要持证上岗。施工企业及项目部应根据风险预防要求和项目的特点,制订职业健康安全生产技术措施计划,确定职业健康安全生产事故应急救援预案,完善应急准备措施,建立相关组织。发生事故后,应按照国家有关规定,向有关部门报告。在处理事故时,要防止二次伤害。

8) 项目环境管理

项目环境管理是指为合理使用和有效保护现场及周边环境而进行的计划、组织、指挥、协调和控制等活动。施工企业应遵照《环境管理体系——要求及使用指南》的要求,建立并持续改进环境管理体系。项目部通过对环境因素的识别和评估,确定管理目标及主要指标,并在整个施工阶段贯彻实施。施工项目部要按照现场文明施工的要求做好现场管理。

9) 项目资源管理

项目资源管理是指对项目所需人力、材料、机具、设备、技术和资金所进行的计划、组织、指挥、协调和控制等活动,包括人力资源管理、材料管理、机械设备管理、技术管理和资金管理。项目资源管理的全过程包括项目资源的计划、配置、控制和处置,目的是降低消耗、减少支出,节约物化劳动和活劳动。施工企业应建立并持续改进项目资源管理体系,完善管理制度、确定管理责任、规范管理程序。

项目资源的供应权应主要集中在企业管理层,有利于利用法人在市场中的地位优势、企业信誉、供应体制和服务作用。因此,企业应建立生产要素配置机制。项目资源的使用权应掌握在项目管理层手中,这有利于在使用中节约、核算和降低成本。项目管理层应及时编制资源需用量计划,报企业管理层批准并优化配置。项目管理层和企业管理层不应建立合同关系和承包关系,而应充分发挥企业行政体制、运转机制和责任制度体系的作用。

(1) 施工项目人力资源管理

人力资源指能够推动经济和社会发展的体力劳动者和脑力劳动者的能力。人力资源管理是指施工企业或项目经理部对项目形成过程的各个环节和各个方面的人员进行合理的计划、组织、指挥、协调、控制等工作。现代项目管理把人力资源看作企业生存与发展的一种重要战略资源,而不再将企业员工仅仅作为简单的劳动力对待。人力资源管理计划包括人力资源需求计划、人力资源配置计划和人力资源培训计划;人力资源管理控制应包括人力资源的选择、订立劳务分包合同、教育培训和考核等;人力资源管理考核应以有关管理目标或约定为依据,对人力资源管理方法、组织规划、制度建设、团队建设、使用效率和成本管理等进行分析和评价。

项目经理部在编制和报送劳动力需求计划时,应根据施工进度计划和作业特点。由于一般总承包企业和专业承包企业不设置作业人员,故企业应同选中的劳务分包公司签订劳务分包合同,再按计划供应到项目经理部。如果由于项目经理部远离企业管理层需要自行与劳务分包公司签订劳务分包合同,应经企业法定代表人授权。项目经理部对施工现场的劳动力进行动态管理应做到以下几点:随项目的进展进行劳动力跟踪平衡,根据需要进行补充或减员,向企业劳动管理部门提出申请计划。为了作业班组有计划地进行作业,项目经理部向班组下达施工任务书,根据执行结果进行考核、支付费用和进行激励。项目经理部应加强对劳务人员的教育培训、思想管理,对作业效率和质量进行检查。

(2) 施工项目材料管理

施工项目材料管理是项目经理部为顺利完成工程项目施工任务，合理使用和节约材料，努力降低材料成本所进行的材料计划、订货采购、运输、库存保管、供应加工、使用、回收等一系列的组织和管理工作。材料管理计划包括材料需求计划、材料使用计划和分阶段材料计划；材料管理控制应包括材料供应单位的选择、订立采购供应合同、出厂或进场验收、储存管理、使用管理及不合格品处置等；材料管理考核工作应对材料计划、使用、回收以及相关制度进行效果评价。材料管理考核应坚持计划管理、跟踪检查、总量控制、节超奖罚的原则。

项目所需的主要材料、大宗材料(A 类材料)一般由企业物资部门订货或从市场中采购，按计划供应给项目经理部。项目经理部向企业物资部门提供主要材料的需求计划，除非企业法定代表人授权，项目经理部无权自行采购。项目所需特殊材料和零星材料(B 类和 C 类材料)可按承包人授权由项目经理部采购，并事先编制采购计划，报企业材料主管部门备案，所采购的材料必须符合《项目管理目标责任书》的约定。

项目材料管理具有最重要的节约意义，节约的重点是 A 类材料，节约的关键环节是材料的供应。项目经理部的材料管理应满足下列要求：按计划供应材料，编制各种材料需用量计划，选好库址，把好材料进场关，保证计量设备质量，使材料的实验、检验符合质量要求，做好材料库存管理，建立限额领料制度和材料使用台账，实施材料使用监督制度、退料和回收制度。

项目经理部的材料管理应满足下列要求。

① 材料需要量计划应包括材料需要量总计划、年计划、季计划、月计划、日计划，按计划保质、保量、及时供应材料。

② 材料仓库的选址应有利于材料的进出和存放，符合防火、防雨、防盗、防风、防变质的要求。

③ 进场的材料应进行数量验收和质量认证，做好相应的验收记录和标识。不合格的材料应更换、退货或让步接收(降级使用)，严禁使用不合格的材料。进入现场的材料应有生产厂家的材质证明(包括厂名、品种、出厂日期、出厂编号、实验数据)和出厂合格证。要求复检的材料要有取样送检证明报告。新材料未经实验鉴定，不得用于工程中。现场配制的材料应经试配，使用前应经认证。

④ 材料的计量设备必须经具有资格的机构定期检验，确保计量所需要的精确度。检验不合格的设备不允许使用。

⑤ 材料储存应按型号、品种分区堆放，并分别编号、标识；易燃易爆的材料应专门存放、专人负责保管，并有严格的防火、防爆措施；有防湿、防潮要求的材料，应采取防湿、防潮措施，并做好标识；有保质期的库存材料应定期检查，防止过期，并做好标识；易损坏的材料应保护好外包装，防止损坏。

⑥ 应建立材料使用限额领料制度。超限额的用料，用料前应办理手续，填写领料单，注明超耗原因，经项目经理部材料管理人员审批。

⑦ 建立材料使用台账，记录使用和节超状况。

⑧ 应实施材料使用监督制度。材料管理人员应对材料使用情况进行监督；做到工完、料净、场清；建立监督记录；对存在的问题应及时分析和处理。

⑨ 班组应办理剩余材料退料手续。设施用料、包装物及容器应回收,并建立回收台账。

⑩ 制定周转材料保管、使用制度。

(3) 项目机械设备管理

施工项目机械设备管理是指项目经理部根据所承担施工项目的具体情况,科学优化选择和配备施工机械,并在生产过程中合理使用、维修保养等各项管理工作。项目机械设备管理主要包括机械设备管理的计划、控制和考核。机械设备管理计划包括机械需求计划、机械使用计划和机械保养计划;机械设备管理控制包括机械设备购置与租赁管理、使用管理、操作人员管理、报废和出场管理等;机械设备管理考核应对项目机械设备的配置、使用、维护以及技术安全措施、设备使用效率和使用成本等进行分析和评价。

项目所需机械设备尽量从企业自有机械设备中选用,自有机械无法满足项目需要时,企业可按照项目经理部所报的机械设备使用计划,从市场上租赁或购买提供给项目经理部。机械设备管理的重点在使用,使用的关键是提高效率,提高效率的办法是提高完好率和利用率。项目经理部机械管理的职责是:编制使用计划报企业管理层审批,对进场的机械进行安装验收,做好机械设备维护和管理,采用技术、经济、组织、合同等手段保证机械设备合理使用。机械设备操作人员应持证上岗、实行岗位责任制,严格按照操作规范作业,搞好班组核算,加强考核和激励。

(4) 项目技术管理

施工项目技术管理是项目经理部在项目施工的过程中,对各项技术活动过程和技术工作的各种要素进行科学管理的总称。技术活动过程指技术管理计划、技术管理控制以及技术管理考核等。技术管理计划包括技术开发计划、设计技术计划和工艺技术计划;技术管理控制包括技术开发管理,新产品、新材料、新工艺的应用管理,项目管理实施规划和技术方案的管理,技术档案管理,测试仪器管理等;项目技术管理考核包括对技术管理工作计划的执行、技术方案的实施、技术措施的实施、技术问题的处置,技术资料收集、整理和归档以及技术开发,新技术和新工艺应用等情况进行分析和评价。

施工项目技术管理的任务有四项:一是正确贯彻国家和行政主管部门的技术政策,贯彻上级对技术工作的指示与决定;二是研究、认识和利用技术规律,科学地组织各项技术工作,充分发挥技术的作用;三是确立正常的生产技术秩序,进行文明施工,以技术保证工程质量;四是努力提高技术工作的经济效果,使技术与经济有机地结合。

项目经理部进行技术管理应符合下列要求:进行图纸审查,参加图纸会审,进行工程变更洽商,编制施工方案,进行技术交底,对分包人技术管理进行服务和监督,对后续工序质量有决定作用的测量与放线、模板、翻样、预制构件吊装、设备基础、各种基层、预留孔、预埋件、施工缝等进行施工预验,对各类隐蔽工程进行隐检,做好隐验记录,实施技术措施计划,管理好技术资料。

(5) 项目资金管理

施工项目资金管理是指施工项目经理部根据工程项目施工过程中资金运动的规律,进行资金收支预测、编制资金计划、筹集投入资金、资金使用、资金核算与分析等一系列资金管理工作。项目资金管理的目的是保证收入、节约支出、防范风险和提高经济效益。项目经理部负责资金的使用管理,因此要编制资金收支计划上报审批，配合企业财务部门及时进行资金计收，控制资金使用，以收定支，节约开支，坚持做好资金分析进行计划收支与实际收支对比，找出差异，分析原因，改进资金管理。资金管理计划包括项目资金流动计划和财务用款计划，具体可编制年、季、月度资金管理计划；资金管理控制包括资金收入与支出管理、资金使用成本管理、资金风险管理等；资金管理考核应通过对资金分析工作，计划收支与实际收支对比，找出差异，分析原因，改进资金管理。在项目竣工后，应结合成本核算与分析工作进行资金收支情况和经济效益分析，并上报企业财务主管部门备案。企业应根据资金管理效果对有关部门或项目经理部进行奖惩。

10）项目信息管理

项目信息管理是指施工项目实施过程中，对项目信息进行的收集、整理、分析、处置、储存和使用等活动。信息管理涉及项目管理的质量和生命，是施工项目"沟通管理"的媒介和手段，是现代项目管理的支柱。施工项目信息管理的基本要求是：适应施工项目管理的需要，建立施工项目信息管理系统，及时收集信息并准确、完整地传递给使用单位和人员，配置信息管理人员。为了有效地进行信息管理，应以项目经理为中心建立施工项目信息管理系统，对全部信息进行分类、分解、编码，形成文档和信息目录结构图。施工项目信息管理系统应具有可靠性、安全性、及时性、适用性、可扩充性、先进性，能够满足项目经理部的全部管理需要。

11）项目风险管理

项目风险是指通过调查、分析、论证，预测其发生概率、后果很可能使项目产生损失的未来不确定性因素。现代施工项目具有一次性、投资大、周期长、要求高等特点，其施工过程是在复杂的自然和社会环境中进行，受众多因素的影响，是一个充满各种风险的过程；因此，必须加强项目的风险管理，确保项目总目标的实现。项目风险管理是指对项目的风险所进行的识别、评估、响应和控制等活动。

（1）项目风险的识别

风险识别是项目风险管理的基础。风险识别是指风险管理人员在收集资料和调查研究之后，运用各种方法对尚未发生的潜在风险以及客观存在的各种风险进行系统归类和全面识别。工程施工项目主要有以下几类风险。

① 费用超支风险

在施工过程中，由于通货膨胀、环境、新的规定等原因，致使工程施工的实际费用超出原来的预算。

② 工期拖延风险

在施工过程中，由于设计错误、施工能力差、自然灾害等原因致使项目不能按期建成。

③ 质量风险

在施工过程中，由于原材料、构配件质量不符合要求，技术人员或操作人员水平不高，违反操作规程等原因而产生质量问题。

④ 技术风险

在施工项目中采用的技术不成熟，或采用新技术、新设备、新工艺时未掌握要点致使项目出现质量、工期、成本等问题。

⑤ 资源风险

在项目施工中因人力、物力、财力不能按计划供应而影响项目顺利进行时造成的损失。

⑥ 自然灾害和意外事故风险

自然灾害风险是指由火灾、雷电、龙卷风、洪水、暴风雨、地震、雪灾、地陷等一系列自然灾害所造成的损失；意外事故风险是指由人们的过失行为或侵权行为给施工项目带来的损失。

⑦ 财务风险

由于业主经济状况不佳而拖欠工程款致使工程无法顺利进行，或由于意外使项目取得外部贷款发生困难，或已接受的贷款因利率过高而无法偿还。

(2) 项目风险的评估

项目风险评估是项目风险管理的第二步。项目风险评估包括风险估计与风险评价两个内容。风险评估的主要任务是确定风险发生概率的估计和评价，风险后果严重程度的估计和评价，风险影响范围大小的估计和评价，以及对风险发生时间的估计和评价。风险评估的方法有定性风险评估和定量风险评估。

(3) 项目风险应对计划与决策

项目风险应对计划是针对风险分析的结果，为提高实现项目目标的机会，降低风险的负面影响而制定的风险应对策略和应对措施的过程。项目风险决策常用的策略有以下几种。

① 回避风险

考虑到风险事件的存在和发生的可能性，主动放弃或拒绝实施可能导致风险损失的方案。通过回避风险，可以在风险事件发生之前完全彻底地消除某一特定风险可能造成的种种损失，而不仅仅是减少损失的影响程度。回避风险是对所有可能发生的风险尽可能地规避，这样可以直接消除风险损失。回避风险具有简单、易行、全面、彻底的优点，能将风险的概率保持为零，从而保证项目的安全运行。

回避风险的具体方法有：放弃或终止某项活动；改变某项活动的性质。如放弃某项不成熟工艺：初冬时期，为避免混凝土受冻，不用矿渣水泥而改用硅酸盐水泥。

在采取回避风险时，应注意以下几点。

a. 当风险可能导致损失频率和损失幅度极高，且对此风险有足够的认识时，这种策略才有意义。

b. 当采用其他风险策略的成本和效益的预期值不理想时，可采用回避风险的策略。

c. 不是所有的风险都可以采取回避的策略，如地震、洪灾、台风等。

d. 由于回避风险只是在特定范围内及特定的角度上才有效，因此，避免了某种风险，可能又产生另一种新的风险。

② 转移风险

转移风险是指一些单位和个人为避免承担风险损失，而有意识地将损失或与损失有关的财务后果转嫁给另外的单位或个人去承担。转移风险有控制型非保险转移、财务型非保险转移和保险三种形式。

a. 控制型非保险转移。控制型非保险转移，转移的是损失的法律责任，它通过合同或协议，消除或减少转让人对受让人的损失责任和对第三者的损失责任。一般有三种形式：第一种是出售形式，即通过买卖合同将风险转移给其他单位和个人。这种方式的特点是在出售项目所有权的同时也就把与之有关的风险转移给了受让人。第二种是分包形式，即转让人通过分包合同，将他认为项目风险较大时部分转移给非保险业的其他人。如一个大跨度网架结构项目，对总包单位来讲，他们认为高空作业多，吊装复杂，风险较大。因此，可以将网架的拼装和吊装任务分包给有专用设备和经验丰富的专业施工单位来承担。第三种是采取开脱责任合同，通过开脱责任合同，风险承受者免除转移者对承受者承受损失的责任。

b. 财务型非保险转移。财务型非保险转移是转让人通过合同或协议寻求外来资金补偿其损失。有两种形式：一是免责约定。免责约定是合同不履行或不完全履行时，如果不是由于当事人一方的过错引起，而是由于不可抗力的原因造成的，违约者可以向对方请求部分或全部免除违约责任。例如，《经济合同法》第三十四条第三款第四项规定：建筑工程项目未验收，发包方提前使用，发现质量问题，承包方享有免除责任的权利；再如，建筑安装工程承包合同中，发包方无故不按合同规定的期限验收合格的建设工程项目而造成损失的，承包方可免除责任，并有权要求发包方偿付逾期违约金。二是保证合同。保证合同是由保证人提供保证，使债权人获得保障。通常保证人以被保证人的财产抵押来补偿可能遭受到的损失。

c. 保险。保险是通过专门的机构，根据有关法律，运用大数法则签订保险合同，当风险事故发生时，就可以获得保险公司的补偿，从而将风险转移给保险公司。例如建筑工程一切险、安装工程一切险和建筑安装工程第三者责任险。

③ 损失控制

损失控制是指损失发生前消除损失可能发生的根源，并减少损失事件的频率，在风险事件发生后减少损失的程度。故损失控制的基本点在于消除风险因素和减少风险损失，即损失预防和损失抑制。

a. 损失预防。损失预防是指损失发生前为了消除或减少可能引起损失的各种因素而采取的各种具体措施，也就是设法消除或减少各种风险因素，以降低损失发生的频率。常用的方法有三种。一是以工程技术为手段，通过对物质因素的处理，来达到损失控制的目的。具体的措施包括：预防风险因素的产生、减少已存在的风险因素、改变风险因素的基本性质、改善风险因素的空间分布、加强风险单位的防护能力等。二是通过安全教育培训，来消除人为的风险因素，防止不安全行为的出现，来达到损失控制的目的。例如，进行安全法制教育、安全技能教育和风险知识教育等。三是以制度化的程序作业方式进行损失控制，其实质是通过加强管理，从根本上对风险因素进行处理。例如，制定安全管理制度、制定设备定期维修制度和定期进行安全检查等。

b. 损失抑制。损失抑制是指损失发生时或损失发生后，为了缩小损失幅度所采取的各项措施。常用的方法有将某一风险单位分割成许多独立的、较小的单位，以达到减小损失幅度的目的。例如，同一公司的高级领导者不同时乘坐同一交通工具，这是一种化整为零的措施。另一种方法是增加风险单位。例如，储存某项备用财产或人员，以及复制另一套资料或拟订另一套备用计划。当原有财产、人员、资料及计划失效时，这些备用的人、财、物、资料可立即使用。

④ 自留风险

自留风险又称承担风险，它是一种由项目组织自己承担风险事故所致损失的措施。自留风险可分为主动自留风险与被动自留风险,或全部自留风险和部分自留风险。

使用自留风险策略,需要建立内部意外损失基金,即建立一笔意外损失专项基金,当损失发生时,由该基金补偿。或者从外部取得应急贷款或特别贷款,应急贷款是在损失发生之前,通过谈判达成应急贷款协议,一旦损失发生,项目组织就可立即获得必要的资金,并按已商定的条件偿还贷款。特别贷款事故发生后,以高利率或其他苛刻条件接受贷款,以弥补损失。

(4) 项目风险监控

项目风险监控就是跟踪已识别的风险,监视剩余风险和识别新的风险,保证风险计划的执行,并评估削减风险的有效性。风险监控是建立在项目风险的阶段性、渐进性和可控性基础上的一种管理工作。通过对项目风险的识别和分析,以及对风险信息的收集,就可以采取正确的风险应对措施,从而实现对项目风险的有效控制。

12) 项目沟通管理

项目沟通管理是指对项目内、外部关系的协调及信息交流所进行的策划、组织和控制等活动。施工企业及项目部应建立项目沟通管理体系,健全管理制度,采用适当的方法和手段与相关各方进行有效沟通与协调,对项目管理中产生的关系进行疏通,对产生的干扰和障碍予以排除。对项目目标控制来说,沟通管理就是为实现目标提供动力。

被沟通协调的"关系"有两种:一是企业内部关系,是一种行政关系;二是企业外部关系,指由合同或由法律和社会公德确立的在项目管理中产生的关系。例如施工企业与建设单位、勘察设计单位、监理单位、物资设备供应单位的关系,施工企业与政府监督部门之间的关系等。施工企业及项目部根据项目的实际需要,预见可能出现的矛盾和问题,制订沟通与协调计划,明确原则、内容、对象、方式、途径、手段和所要达到的目标,同时针对不同阶段出现的矛盾和问题,调整沟通计划。沟通与协调的内容涉及与项目实施有关的信息,包括项目各相关方共享的核心信息、项目内部和项目相关组织产生的有关信息。

(1) 项目沟通计划

项目沟通计划应由项目经理部组织编制。编制项目沟通计划应依据项目合同文件、各相关组织的信息需求、项目的实际情况、组织结构、沟通方案的约束条件、假设以及适用的沟通技术来确定。项目沟通计划包括信息沟通方式和途径,信息收集归档格式,信息的发布与使用权限,沟通管理计划的调整以及约束条件和假设等内容。项目部应定期对项目沟通计划进行检查、评价和调整。

(2) 内部关系的沟通管理

项目内部关系的沟通包括项目经理部与施工企业管理层、项目经理部内部的各部门和相关成员之间的沟通与协调。内部沟通应依据项目沟通计划、规章制度、项目管理目标责任书、控制目标等进行。内部沟通可采用授权、会议、文件、培训、检查、项目进展报告、思想教育、考核与激励及电子媒体等方式。

(3) 外部关系的沟通管理

项目外部沟通应由企业或项目部与项目相关方进行沟通。外部沟通应依据项目沟通计划、有关合同和合同变更资料、相关法律法规、伦理道德、社会责任和项目具体情况等进行。外部沟通可采用电话、传真、召开会议、联合检查、宣传媒体和项目进展报告等方式。外部关系中应把与发包人关系的协调作为重点，并贯穿于项目管理的全过程，协调的目的是搞好协作，协调的方法是执行合同，协调的重点是资金问题、质量问题和进度问题。以项目经理部为主，充分利用合同，分别对发包人、监理单位、设计单位、供应单位、公用部门、分包人等近外层单位进行有针对性的协调。此外，项目部要严格守法，遵守公共道德，充分利用中介组织和社会管理机构的力量，处理好与远外层的关系。

(4) 项目沟通障碍与冲突管理

项目沟通达到的目的就是要减少干扰、消除障碍、解决冲突，保持沟通与协调途径畅通、信息真实。通过选择适宜的沟通与协调途径及反馈机制消除沟通存在的障碍。一旦发生冲突，通常采用的方法有协商、让步、缓和、强制和退出；为解决冲突，要使项目的相关方了解项目计划，明确项目目标，平时搞好变更管理。

13) 项目的收尾管理

项目收尾阶段应是项目管理全过程的最后阶段，项目收尾管理是指对项目的收尾、试运行、竣工验收、竣工结算、竣工决算、考核评价、回访保修等进行的计划、组织、协调和控制等活动。

项目经理部全面负责项目竣工收尾工作，组织编制项目竣工计划，报上级主管部门批准后按期完成，做好竣工验收、结算等各项工作。施工企业在项目结束后做好项目的考核评价及回访保修工作。

4. 施工项目管理的程序

项目管理的程序应依次为：编制项目管理规划大纲，编制投标书并进行投标，签订施工合同，选定项目经理，项目经理接受企业法定代表人的委托组建项目经理部，企业法定代表人与项目经理签订"项目管理目标责任书"，项目经理部编制"项目管理实施规划"，进行项目开工前的准备，施工期间按"项目管理实施规划"进行管理，在项目竣工验收阶段进行竣工结算、清理各种债权债务、移交资料和工程，进行经济分析，作出项目管理总结报告并送企业管理层有关职能部门，企业管理层组织考核委员会对项目管理工作进行考核评价并兑现"项目管理目标责任书"中的奖惩承诺，项目经理部解体，在保修期满前企业管理层根据"工程质量保修书"的约定进行项目回访保修。

其中编制项目管理规划大纲，编制投标书并进行投标，签订施工合同，选定项目经理，考核评价并兑现"项目管理目标责任书"中的奖惩承诺，项目经理部解体，项目回访保修等步骤应由施工企业完成，其余步骤由项目经理部完成。

项目管理程序体现了项目管理的有序性和规律性，进行项目管理要严格按程序进行，做到项目管理程序化，并在此前提下实现项目管理信息化和计算机化。

5. 施工项目管理的模式

1) 建设单位自行组织工程项目管理机构进行管理

多年来，我国建设项目的管理多采用这种模式，由业主(或建设单位)组建基建办、筹建处、指挥部进行管理。由建设单位自己完成项目的前期各项工作，负责组织勘察、设计单位、监理单位、施工单位的招标工作，对项目的勘察、设计、监理、施工工作进行协调、监督和管理，对建设单位的管理能力有较高的要求。在这种模式下，监理单位一般仅在施工阶段完成建设单位委托的部分管理工作，而大部分工作由建设单位自己完成,而建设单位临时组建的工程项目管理班子,在项目完成后就解散,因此往往是只有一次教训,没有二次经验,容易造成项目的浪费和损失。

2) 委托咨询公司协助业主进行项目管理模式

这种工程项目管理模式在国际上最为通用,世界银行、亚洲开发银行贷款工程项目和采用国际咨询工程师联合会(FIDIC)《施工合同条件》和《生产设备和设计、施工合同条件》的工程项目均采用这种模式。在这种模式下,业主委托咨询工程师进行前期的各项有关工作(如进行机会研究、可行性研究等),待工程项目评估决策后再进行设计,在设计阶段进行招标文件准备,随后通过招标选择设备承包商和施工承包商。业主和承包商订立工程施工合同,有关工程部位的分包和材料的采购一般都由承包商与分包商和供应商单独订立合同并组织实施。业主单位聘请咨询工程师或监理工程师对工程进行监理。咨询工程师/监理工程师和承包商没有合同关系。此模式的各方关系如图1-1所示。

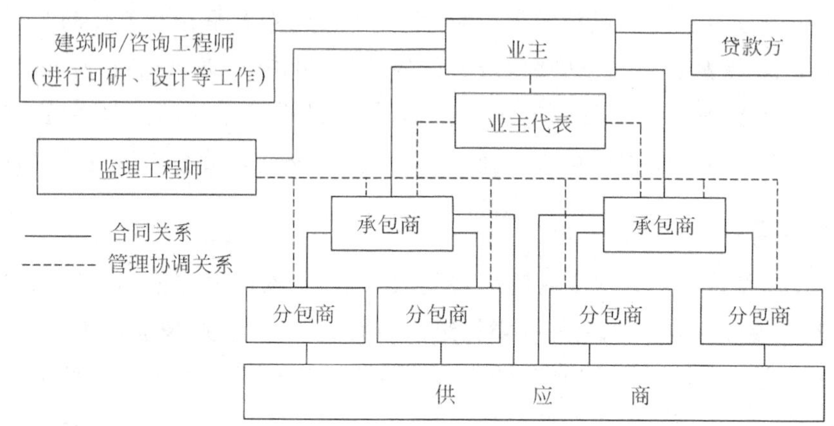

图1-1　委托咨询公司协助业主进行项目管理模式

这种模式的优点是:由于该模式长期、广泛地在世界各地被采用,因而管理方法比较成熟,各方对有关程序都很熟悉;咨询设计人员,长期从事建设项目的咨询和管理工作,经验比较丰富,协助业主管理有利于保证质量、进度和节约投资。

3) 设计—采购—建造(EPC)交钥匙项目管理模式

EPC是Engineering-Procurement-Construction的缩写,这种模式是在项目决策以后,从设计开始,经过招标,委托一家工程公司对设计—采购—建设进行总承包。EPC也被称为交钥匙工程模式。在这种模式下,按照承包合同规定的固定总价或可调总价方式,由工程公司负责对工程项目的进度、费用、质量、安全管理和控制,并按合同约定完成工程。这种模式有利于实现设计、采购、施工各阶段的合理交叉与融合,可提高效率,降低成本。但承包商要承担大部分风险。为了减少业主和承包商双方的风险,大型工程项目一般都在基础工程设计完成,主要技术和主要设备均已确定的情况下进行承包,因为这时投资的准确度比较高,风险较小。在工程总承包模式下,通常由总承包商完成工程的主体设计,允许总承包商把局部或细部设计分包出去,也允许总承包商把建筑安装施工全部分包出去,所有的分包工作都由总承包商对业主负责,业主不与分包商直接签订合同。此模式的各方关系如图1-2所示。

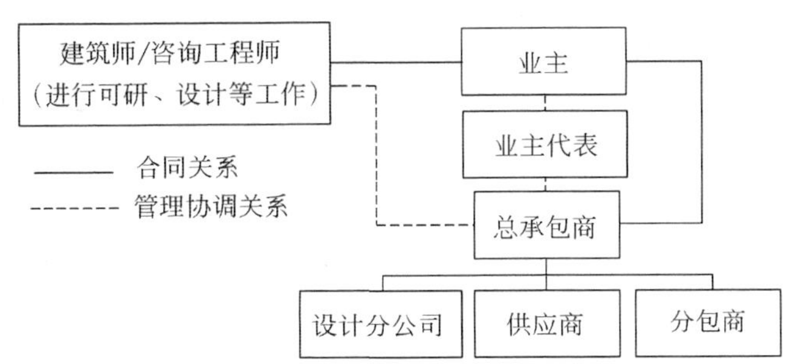

图 1-2　交钥匙项目管理模式

4）由专业机构进行项目管理

由业主委托专业机构(咨询公司或项目管理公司)代表业主进行项目管理是国际工程项目管理的一种新的趋势，由于专业机构有丰富的项目管理经验，不仅可以大大减轻业主的负担，并且可以取得较好的投资效果。有以下两种方式。

(1) PM(Project Management)方式

PM 方式也称代理管理，是按照合同约定，全过程代表业主进行管理。在工程项目决策阶段为业主编制可行性研究报告，进行可行性分析和项目筹划；在项目实施阶段为业主提供招标代理、设计管理、采购、施工管理和试运行等服务，代表业主对工程项目的安全、质量、进度、费用、合同、信息进行管理和控制。

(2) PMC(Project Management Contractor)方式

PMC 方式也称项目管理承包，这种方式是由业主聘请管理承包商作为业主代表或业主的延伸，对项目进行集成化管理。工作分两段，在项目决策阶段，项目管理承包单位代表业主对项目的前期阶段进行管理，负责项目建设方案的优化，代表业主或协助业主进行融资；对项目风险对策进行优化管理，分散或减少项目风险；负责组织或完成基础设计；确定所有技术方案、专业设计方案；确定设备、材料的规格与数量；作出相当准确的估算(正负 10%)，并编制出工程设计、施工的招标书；最终确定工程中各个项目的总承包商(EPC)。在项目的实施阶段，由中标的 EPC 总承包商负责执行详细设计、采购和建造工作，PMC 则代表业主全面负责全部项目的管理协调和监理，直到项目完成。在各个阶段，PMC 应及时向业主报告工作，业主则派出少量人员对 PMC 的工作进行监督和检查。在报酬上，采用成本加奖励的办法，把管理承包单位的权益建立在业主的成功之上。能不能在工期、费用、质量、安全上取得超出业主目标的成功，成为项目管理承包单位有没有效益的关键。此模式的各方关系如图 1-3 所示。

5）BOT 模式

BOT(Build-Operate-Transfer)即建造—运营—移交模式。在这种模式下，东道国政府开放本国基础设施建设和运营市场，吸收国外资金，授给工程项目公司以特许权，由该公司负责融资和组织建设，建成后负责运营及偿还贷款，在特许期满时将工程移交给东道国政府。目前在世界上许多国家都在研究或已开始采用 BOT 方式。最早完工的 BOT 工程项目是 1992 年的香港第一海底隧道工程，其他如菲律宾和巴基斯坦的电厂工程项目，泰国和马来西亚的高速公路，英法海底隧道和澳大利亚的悉尼隧道等数

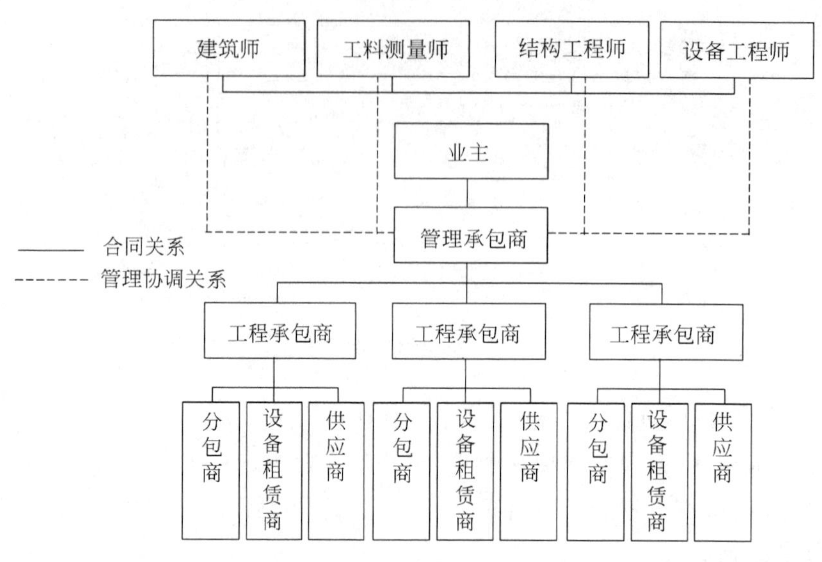

图 1-3 PMC 项目管理模式

十个 BOT 工程项目在建或运营。在中国,第一个参照 BOT 模式建成运营的是深圳沙角电厂 B 厂。

(1) BOT 模式的结构框架和运作程序

① 工程项目的提出与招标

拟采用 BOT 模式建设的基础设施工程项目,大型工程项目由中央政府部门审批,一般工程项目由地方政府审批,往往委托一家咨询公司对工程项目进行了初步的可行性研究,随后,颁布特许意向,准备招标文件,公开招标。BOT 模式的招标程序与一般工程项目招标程序相同,包括资格预审、招标、评标和通知中标等。

② 工程项目发起人组织投标

工程项目发起人往往是强有力的咨询公司和大型的工程公司的联合体。BOT 工程项目的投标比一般工程项目的投标复杂得多,需要对 BOT 工程项目进行深入的技术和财务的可行性分析,才有可能向政府提出有关实施方案。BOT 工程项目的资金一般来自两个方面:一方面是工程项目公司股东的股本金,约占整个资金的 10%～30%;余下的 70%～90%则向金融机构融资,因而事先要与金融机构接洽,使自己的实施方案,特别是融资方案得到金融机构的认可,才可正式递交投标书。工程项目发起人常常要聘用专业咨询机构协助编制投标文件,投标费用花费巨大。

③ 成立工程项目公司,签署各种合同与协议

中标的工程项目发起人往往就是工程项目公司的组织者。工程项目公司参与各方一般包括工程项目发起人、大型承包商、设备材料供应商、东道国国有企业等,有时当地政府也可入股。此外,还有一些不直接参加工程项目公司经营管理的独立股东,如保险公司、金融机构等。我国目前在 BOT 试点阶段,国家计委规定:一律以外方独资形式组建工程项目公司。

工程项目发起人一般要提供组建工程项目公司的可行性报告,经过股东讨论,签订股东协议和公司章程,同时向当地政府工商管理和税收部门注册。工程项目发起人首先和政府谈判、草签特许权协议,

然后组建工程项目公司，完成融资交割，最后工程项目公司与政府正式签署特许权协议。然后工程项目公司与各个参与方谈判签订总承包合同，运营养护合同，保险合同，工程监理合同和各类专业咨询合同等，有时需独立签订设备供货合同。

④ 工程项目建设和运营

这一阶段工程项目公司主要任务是委托工程监理公司对总承包商的工作进行监理，保证工程项目的顺利实施和资金支付。有的工程（如发电厂、高速公路等），在完成一部分之后即可交由运营公司开始运营，以早日回收资金。有时还要组建综合性的开发公司进行综合工程项目开发服务以便从多方面赢利。在工程项目部分或全部投入运营后，即应按照原定协议优先向金融机构归还贷款和利息，同时逐步考虑向股东分红。

⑤ 工程项目移交

在特许期满之前，应做好必要的维修以及资产评估等工作，以便按时将 BOT 工程项目移交政府运行。政府可以仍旧聘用原有的运营公司或另组运营公司来运行工程项目。BOT 模式的典型结构框架见图 1-4。

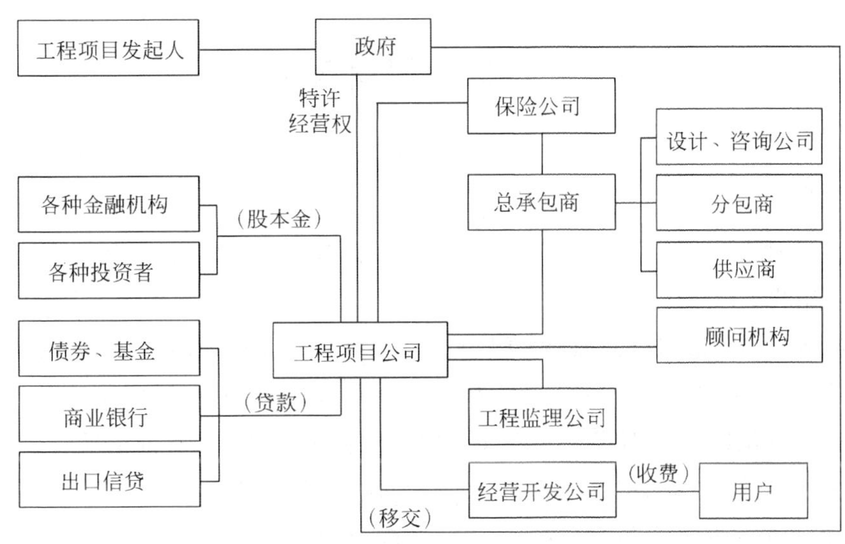

图 1-4 BOT 模式典型结构框架

(2) BOT 工程项目有关各方的职责和义务

① 政府。政府是 BOT 工程项目的最终所有者，其职责为：确定工程项目，颁布支持 BOT 工程项目的政策；通过招标选择工程项目发起人；颁布 BOT 工程项目特许权；批准成立工程项目公司；签订特许权协议；对工程项目宏观管理；特许期满后接收工程项目；委托工程项目运营管理部门继续工程项目的运行。

② 工程项目公司。工程项目公司的主要职责有：工程项目融资；工程项目建设；工程项目运营；组织综合工程项目开发经营；偿还债务（贷款、利息等）及股东利润分配；特许期终止时，移交工程项目与工程项目固定资产。

③ 金融机构。包括商业银行、国际基金组织等。一般一个BOT工程项目由多个国家的财团参与贷款以分散风险。金融机构的作用是：确定对工程项目贷款的模式、条件及分期投入方案；在发起人拟定的股本金投入与债务比例下，对工程项目的现金流量偿债能力作出分析，确定财团投入；必要时利用财团信誉帮助工程项目公司发行债券；资金运用监督；与工程项目公司签订融资抵押担保协议；组织专项基金会为某些重点工程项目融资。

④ 设计、咨询公司。负责工程项目的设计、对工程项目融资方案等提供咨询。

⑤ 法律顾问公司。替政府(或工程项目公司)谈判签订合同。

⑥ 总承包商。指负责工程项目设计—施工的总承包商，一般也负责设备采购。

⑦ 工程监理公司。对总承包商的工作进行监理。

⑧ 运营公司。主要负责工程项目建成后的运营管理、收费、维修、保养。收费标准和制度由运营公司与工程项目公司签订。

⑨ 开发公司。负责特许权协议中其他工程项目的开发，如沿公路房地产、商业网点等。

⑩ 保险公司。为各个参与方提供保险，担保特许权协议无法预计的其他风险。

1.3 施工项目管理组织

1.3.1 施工项目管理组织的概念

施工项目管理组织是指为实施施工项目管理建立的组织机构，以及该机构为实现施工项目目标所进行的各项组织工作的总称。

施工项目管理组织作为组织机构，是根据项目管理目标通过科学设计而建立的组织实体——项目经理部。该机构是由一定的领导体制、部门设置、层次划分、职责分工、规章制度、信息管理系统等构成的有机整体，承担项目实施的管理任务和目标实现的全面责任。项目经理部由项目经理领导，接受企业组织职能部门的指导、监督、检查、服务和考核，并负责对项目资源进行合理使用和动态管理。一个以合理、有效的组织机构为框架所形成的权力系统、责任系统、利益系统、信息系统是实施施工项目管理及实现最终目标的组织保证。作为组织工作，它是以法定形式形成的权力系统，通过所具有的组织力、影响力，在施工项目管理中，集中统一指挥，合理配置生产要素，协调内外部及人员之间关系，发挥各项业务职能的能动作用，确保信息畅通，推进施工项目目标的优化实现等全部管理活动。施工项目管理组织机构及其所进行的管理活动的有机结合才能充分发挥施工项目管理的职能。

1.3.2 施工项目管理组织的主要形式

施工项目管理组织形式是指在施工项目管理组织中处理管理层次、管理跨度、部门设置和上下级关系的组织结构的类型。其主要有直线式项目管理组织、职能式项目管理组织、矩阵式项目管理组织三种形式。

1. 直线式项目管理组织

通常独立的单个中小型工程项目都采用直线式组织形式。这种组织结构形式与项目的结构分解图有较好的对应性。如一般中小型的建设工程项目组织采用如图 1-5 所示的直线式项目组织形式。

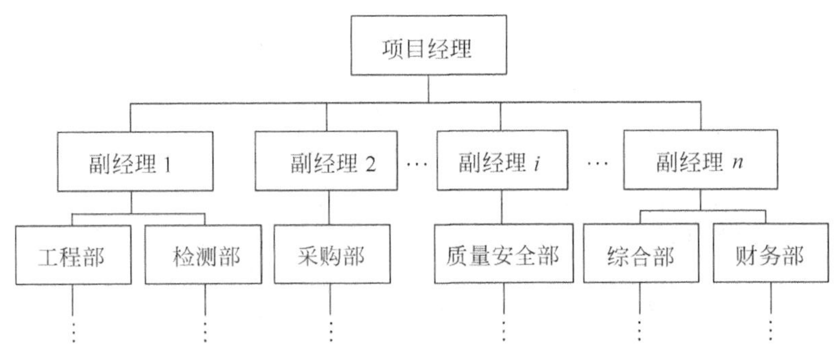

图 1-5　直线式项目组织

1）直线式项目组织的优点

（1）保证单头领导，每个组织单元仅向一个上级负责，一个上级对下级直接行使管理和监督的权力即直线职权，一般不能越级下达指令。项目工作任务、责任、权力明确，指令唯一，这样可以减少扯皮和纠纷，协调方便，信息流通快。

（2）项目经理有指令权，决策迅速，能直接控制资源，向业主负责。

（3）组织结构形式与项目结构分解图式基本一致。这使得目标分解和责任落实比较容易，不会遗漏项目工作，组织障碍较小，协调费用低。

（4）项目任务分配明确，责权利关系清楚。

2）直线式项目组织的缺点

（1）当项目比较大、由很多的子项目组成时，每个子项目对应一个完整独立的组织机构，使资源不能达到合理使用。

（2）项目经理责任较大，一切决策信息都集中于项目经理处，这就要求其能力强、知识全面、经验丰富，否则决策容易出错。

（3）不能保证项目组织成员之间信息流通速度和质量，造成合作障碍和困难。

（4）在直线式组织中，如果专业化分工太细，会造成多级分包，进而造成组织层次的增加。

2. 职能式项目组织形式

它通常适用于工程项目很大，但子项目又不多的情况。如图 1-6 所示某工程项目的职能式组织形式。

在职能式组织结构中，每一个职能部门可根据它的管理职能对其直接和非直接的下属工作部门下达工作指令。因此，每一个工作部门可能得到其直接和非直接的上级工作部门下达的工作指令，有时会形成多个矛盾的指令源。

职能式项目组织的优点是项目内的职能管理专业化，能够提高项目管理水平和效率，项目经理主要

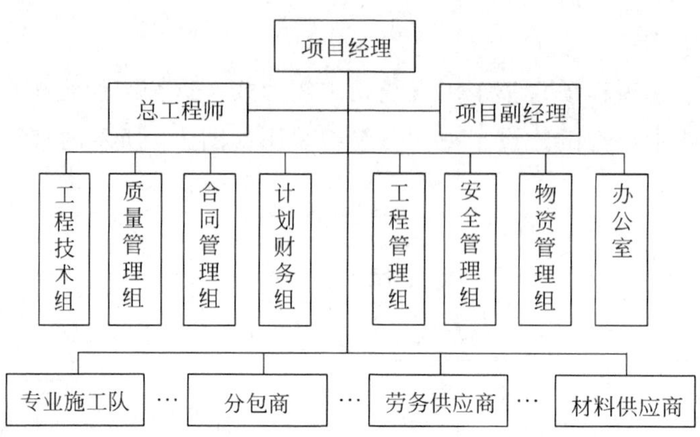

图 1-6 职能式项目组织

负责协调，适应大型的工程项目的管理。缺点是工作中常出现交叉和矛盾的工作指令关系，有时会严重影响项目管理机制的运行和项目目标的实现。

3. 矩阵式项目组织形式

当进行一个特大型项目的实施，而这个项目可分为许多自成体系、能独立实施的子项目时，可以将各子项目看作独立的项目，则相当于进行多项目的实施，此时设置矩阵式项目组织形式较为有利。如图 1-7 所示。

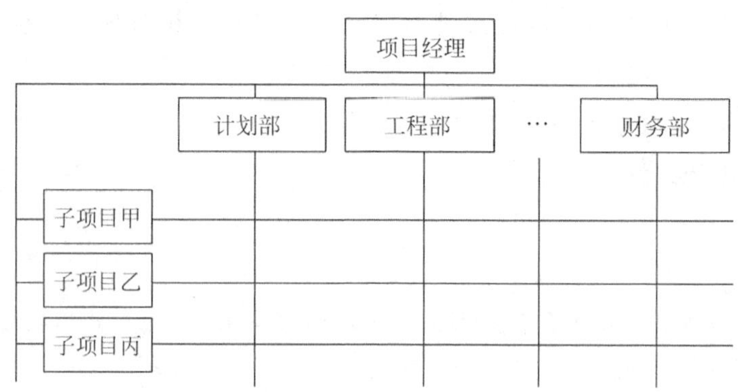

图 1-7 矩阵式项目组织

矩阵式项目管理组织是按照职能原则和项目原则结合起来建立的项目管理组织，既能发挥职能部门的纵向优势又能发挥项目组织的横向优势，多个项目组织的横向系统与职能部门的纵向系统形成了矩阵结构。这种组织结构，有利于项目经理在各职能部门的支持下，将参与本项目组织的人员在横向上有效地组织在一起，为实现项目目标协同工作，项目经理对其有权控制和使用，在必要时可对其进行调换或辞退。矩阵中的成员接受原单位负责人和项目经理的双重领导，可根据需要和可能为一个或多个项目服务，并可在项目之间调配，充分发挥专业人员的作用，因此，在项目管理中提倡建立矩阵式项目管理组织。

矩阵式项目管理组织主要适用于大型、复杂需要多部门、多技术、多工种配合施工，在不同施工阶段，对不同人员有不同的数量和搭配需求的施工项目；或是企业同时承担多个施工项目时，各项目对专业技术人才和管理人员都有需求。在矩阵式项目组织形式下，职能部门就可根据需要和可能将有关人员派到一个或多个项目上去工作，可充分利用有限的人才对多个项目进行管理。

1）矩阵式项目管理组织的优点

（1）兼有按部门控制和按对象控制两方面的优点，将职能原则和项目原则融为一体，实现企业长期例行性管理和项目一次性管理的一致。

（2）能通过对人员的及时调配，以尽可能少的人力实现多个项目管理的高效率，有利于充分利用人才和培养人才。

（3）项目组织具有弹性和应变能力，方便调整与解体。

2）矩阵式项目管理组织的缺点

（1）矩阵式项目组织的结合部多，组织内部的人际关系、业务关系、沟通渠道等都较复杂，容易造成信息量膨胀，引起信息流不畅或失真，需要依靠有力的组织措施和规章制度规范管理。若项目经理和职能部门负责人双方产生重大分歧难以统一时，还需企业领导出面协调。

（2）项目组织成员接受原单位负责人和项目经理的双重领导，当领导之间发生矛盾、意见不一致时，当事人将无所适从，影响工作。在双重领导下，若组织成员过于受控于职能部门，将削弱其在项目上的凝聚力，影响项目组织作用的发挥。

（3）在项目施工高峰期，一些服务于多个项目的人员，可能应接不暇而顾此失彼。

1.3.3　项目经理责任制与项目经理部

1. 项目经理责任制

项目经理责任制是指企业制定的、以项目经理为责任主体，确保项目管理目标实现的责任制度。实施项目经理责任制是搞好项目管理的关键，也是评价项目经理绩效的依据。

1）项目经理责任制的作用

（1）项目经理责任制确定了项目经理在企业中的地位，项目经理是企业法定代表人在承包的建设工程项目上的委托代理人。

（2）项目经理责任制确定了企业的层次及其相互关系。现代建筑施工企业分为企业管理层、项目管理层和劳务作业层。企业管理层首先应制定和健全施工项目管理制度，规范项目管理；其次应加强计划管理，保证资源的合理分布和有序流动，并为项目生产要素的优化配置和动态管理服务；再次，应对项目管理层的工作进行全过程的指导、监督和检查。项目管理层对资源优化配置和动态管理，执行和服从企业管理层对项目管理工作的监督、检查和宏观调控。企业管理层与劳务作业层应签订劳务分包合同。项目管理层与劳务作业层应建立共同履行劳务分包合同的关系。

（3）项目经理责任制确定了项目经理在项目管理中的地位。项目经理是项目管理的核心人物，是项目管理目标的承担者和实现者，对项目的实施进行控制，既要对项目的成果性目标对建设单位负责，又要对项目管理的效益性目标向企业负责。

(4) 项目经理责任制用制度确定了项目经理的具体责任、权限和利益。项目经理的具体责任、权限和利益由企业法定代表人通过"项目管理目标责任书"确定。"项目管理目标责任书"是由企业法定代表人规定项目经理应达到的控制目标的责任文件,是责任书,不是承包书,不是合同,是从企业全局利益出发,根据合同和经营管理目标的要求来确定的。

"项目管理目标责任书"应包括下列内容:

① 企业各业务部门与项目经理部之间的关系。

② 项目经理部使用作业队伍的方式,项目所需材料供应方式和机械设备供应方式。

③ 应达到的项目进度目标、项目质量目标、项目安全目标和项目成本目标。

④ 在企业制度规定以外的、由法定代表人向项目经理委托的事项。

⑤ 企业对项目经理部人员进行奖惩的依据、标准、办法及应承担的风险。

⑥ 项目经理解职和项目经理部解体的条件及方法。

"项目管理目标责任书"中的主要内容是项目经理应达到的目标要求,是全面的目标,由集体承担,为使项目经理有条件承担责任,应明确项目经理的权限和利益。

2) 项目经理责任制的内容

项目经理责任制的内容包括:企业各层之间的关系;项目经理的地位和素质要求;项目经理目标责任书的制定和实施;项目经理的责、权、利;项目管理的目标责任体系等。有三种项目管理目标责任制:一是项目经理的目标责任制;二是项目经理部各部门的目标责任制;三是项目经理部各成员的目标责任制。也可建立针对施工对象的目标责任制,如项目的目标责任制,栋号的目标责任制,班组的施工目标责任制等。

2. 项目经理

项目经理是由企业法定代表人任命,并根据法定代表人授权的范围、期限和内容,履行管理职责,并对项目实施全过程、全面管理。项目经理是企业法定代表人在承包的建设工程施工项目上的委托代理人。项目经理进行项目管理的基本要求是:第一,根据企业法定代表人的授权范围、时间和内容;第二,项目管理是从开工准备到竣工验收阶段的全过程管理;第三,必须按照工程项目管理内在规律和现代化管理方法组织施工。

项目经理一旦受聘,即成为某工程项目管理组织的领导者,项目经理一般不能同时承担两个或两个以上未完项目领导岗位的工作。在项目运行正常的情况下,施工企业不得随意撤换项目经理。特殊原因需要撤换项目经理时,应进行审计并按有关合同规定报告相关方。大中型项目的项目经理必须取得工程建设类相应专业注册执业资格证书。

1) 项目经理在企业中的地位

(1) 接受企业法定代表人的领导。

(2) 接受企业管理层、发包人和监理机构的检查与监督。

(3) 是企业在工程项目上的委托授权代理人和责任主体。

(4) 除了施工项目发生重大安全、质量事故或项目经理违法、违纪，企业不得随意撤换项目经理。

2) 项目经理的素质要求

(1) 符合项目管理要求的能力，善于进行组织协调与沟通。

(2) 相应的项目管理经验和业绩。

(3) 项目管理需要的专业技术、管理、经济、法律和法规知识。

(4) 良好的职业道德和团队协作精神，遵纪守法、爱岗敬业、诚信尽责。

(5) 精力充沛，身体健康，思维敏捷，具有良好的心理素质。

3) 项目经理的责、权、利

施工企业对所派出的施工项目经理，应明确其工作职责、权利和各项管理的责任目标。一般应该在工程承包合同正式签约之后，施工企业由负责工程投标和合同管理的部门主持一个经营会议，对承建工程的投标过程，中标原因、合同条件等向相关管理部门进行沟通传达，并对工程的施工与管理目标进行酝酿讨论，以便各部门从不同的角度，参照以往施工管理经验教训，对该承建工程的施工指导方针及具体目标提出建议，最后集中综合考虑，形成企业对施工项目经理下达的责任目标——项目经理的责任目标体系即质量、成本、工期和安全指标。当然，提出责任目标必须建立在相应施工技术组织措施的基础上，并经过充分论证和分析其可行性之后，对项目经理进行交底协商，项目经理也必须经过自己或组织项目经理部人员进行讨论分析和理解之后，在取得共识的基础上接受企业所提出的责任目标，以此作为今后组织施工项目管理的依据，这个明确具体责任的过程，也可能需要多次反复协商，其目的是将责任和目标建立在可行的基础上。

(1) 项目经理应履行的职责

① 代表企业实施施工项目管理，贯彻执行国家法律、法规、方针、政策和强制性标准，执行企业的管理制度，维护企业的合法权益。

② 履行“项目管理目标责任书”规定的任务。

③ 组织编制项目管理实施规划。

④ 对进入现场的生产要素进行优化配置和动态管理。

⑤ 建立质量管理体系和安全管理体系并组织实施。

⑥ 在授权范围内负责与企业管理层、劳务作业层、各协作单位、发包人、分包人和监理工程师等的协调，解决项目中出现的问题。

⑦ 按“项目管理目标责任书”处理项目经理部与国家、企业、分包单位以及职工之间的利益分配。

⑧ 进行现场文明施工管理，发现和处理突发事件。

⑨ 参与工程竣工验收，准备结算资料和分析总结，接受审计，处理项目经理部的善后工作。

⑩ 协助企业进行项目的检查、鉴定和评奖申报。

(2) 项目经理应具有的权限

① 参与企业进行的施工项目投标和签订施工合同。

② 经授权组建项目经理部确定项目经理部的组织结构，选择、聘任管理人员，确定管理人员的职

责,并定期进行考核、评价和奖惩。

③ 在企业财务制度规定的范围内,根据企业法定代表人授权和施工项目管理的需要,决定资金的投入和使用,决定项目经理部的计酬办法。

④ 在授权范围内,按物资采购程序性文件的规定行使采购权。

⑤ 根据企业法定代表人授权或按照企业的规定选择、使用作业队伍。

⑥ 主持项目经理部工作,组织制定施工项目的各项管理制度。

⑦ 根据企业法定代表人授权,协调和处理与施工项目管理有关的内部与外部事项。

(3) 项目经理应享有的利益

① 获得基本工资、岗位工资和绩效工资。

② 除按“项目管理目标责任书”可获得物质奖励外,还可获得表彰、记功、优秀项目经理等荣誉称号。

③ 经考核和审计,未完成“项目管理目标责任书”确定的项目管理责任目标或造成亏损的,应按其中有关条款承担责任,并接受经济或行政处罚。

3. 项目经理部的设立

大、中型施工项目,承包人必须在施工现场设立项目经理部;小型施工项目,可由企业法定代表人委托一个项目经理部兼管,但不得削弱其项目管理职责。项目经理部直属项目经理的领导,接受企业业务部门指导、监督、检查和考核,在项目竣工验收、审计完成后解体。

1) 项目经理部的设立步骤:

(1) 根据企业批准的“项目管理规划大纲”,确定项目经理部的管理任务和组织形式。

(2) 确定项目经理部的层次,设立职能部门与工作岗位。

(3) 确定人员、职责、权限。

(4) 由项目经理根据“项目管理目标责任书”进行目标分解。

(5) 组织有关人员制定规章制度和目标责任考核、奖惩制度。

2) 项目经理部的规章制度主要包括:

(1) 项目管理人员岗位责任制度。

(2) 项目技术管理制度。

(3) 项目质量管理制度。

(4) 项目安全管理制度。

(5) 项目计划、统计与进度管理制度。

(6) 项目成本核算制度。

(7) 项目材料、机械设备管理制度。

(8) 项目现场管理制度。

(9) 项目分配与奖励制度。

(10) 项目例会及施工日志制度。

(11) 项目分包及劳务管理制度。

(12) 项目组织协调制度。

(13) 项目信息管理制度。

4. 项目经理部的运行

项目经理要组织项目经理部成员学习项目的规章制度，随时检查执行情况和效果，并根据反馈信息改进管理。同时，项目经理根据项目管理人员岗位责任制度对管理人员的责任目标进行检查、考核和奖惩，对作业队伍和分包人实行合同管理，并加强控制与协调。

5. 项目经理部的解体

企业工程管理部门是施工项目经理部组建、解体、善后处理工作的主管部门。当施工项目临近结尾时，项目经理部的解体工作即列入议事日程。项目经理部解体应具备下列条件：

(1) 工程已经竣工验收。

(2) 与各分包单位已经结算完毕。

(3) 已协助企业管理层与发包人签订了“工程质量保修书”。

(4) “项目管理目标责任书”已经履行完成，经企业管理层审计合格。

(5) 已与企业管理层办理了有关手续。

(6) 现场最后清理完毕。

项目经理部解体及善后工作的具体内容和程序如表 1-1 所示。

表 1-1　项目经理部解体及善后工作的内容和程序

程　　序	工 作 内 容
成立善后工作小组	组长：项目经理 留守人员：主任工程师、技术、预算、财务、材料各一人
提交解体申请报告	在施工项目全部竣工验收合格签字之日起 15 天内，项目经理部上报解体申请报告，提交善后留用、解聘人员名单和时间 经主管部门批准后立即执行
解聘人员	陆续解聘工作业务人员，原则上返回原单位，预发两个月岗位效益工资
预留保修费用	保修期限一般为竣工使用后一年 由经营和工程部门根据工程质量、结构特点、使用性质等因素，确定保修费预留比例，一般为工程造价的 1.5%～5.0% 保修费用由企业工程部门专款专用、单独核算、包干使用
剩余物资处理	剩余材料原则上让售处理给企业物资设备处，对外让售须经企业主管领导批准；让售价格，按质论价、双方协商 自购的通信、办公用小型固定资产要如实建立台账，按质论价，移交企业
债权债务处理	留守小组负责在解体后 3 个月处理完工程结算、价款回收、加工订货等债权债务 未能在限期内处理完，或未办理任何符合法规手续的，其差额部分计入项目经理部的成本亏损
经济效益审计	由审计部门牵头，预算、财务、工程部门参加，以合同结算为依据，查收入、支出是否正确，财务、劳资是否违反财经纪律 要求解体后 4 个月内向经理办公会提交经济效益审计评价报告

续表

程　序	工作内容
业绩审计奖惩处理	对项目经理和经理部成员进行业绩审计,作出效益审计评估 盈余者:盈余部分可按比例提成作为经理部管理奖 亏损者:亏损部分由项目经理负责,按比例从其管理人员风险抵押金和工资中扣除 亏损数额大时,按规定给项目经理行政和经济处分,乃至追究其刑事责任
有关纠纷裁决	所有仲裁的依据原则上是双方签订的合同和有关的签证 当项目经理部与企业有关职能部门发生矛盾时,由企业办公会议裁决 与劳务、专业分公司、栋号作业队发生矛盾时,按业务分工,由企业劳动部门、经营部门、工程管理部门裁决

思　考　题

1. 梅奥的人际关系理论的要点有哪些?
2. 韦伯的行政管理理论主要有哪些论点?
3. 管理具有哪些职能?
4. 什么是施工项目及施工项目管理?
5. 简述施工项目管理的内容。
6. 常见的施工项目管理的模式有哪些?它们各自的特点是什么?
7. 什么是施工项目管理组织?
8. 施工项目管理组织的主要形式有哪几种?它们各自的特点及适用范围是什么?
9. 简述项目经理责任制的含义及作用。
10. 简述项目经理责、权、利的主要内容。

第 2 章

施工项目招投标与合同管理

本章提要 本章主要阐述了施工项目招投标的概念，施工项目招投标文件，施工项目招投标的程序，施工项目招投标的有关法律责任；合同法原理，施工合同的订立、履行、终止及合同争议的解决，《建设工程施工合同(示范文本)》；国际工程招投标的概念及投标程序，FIDIC 合同条件简介，FIDIC 施工合同条件。

2.1 施工项目招标和投标

2.1.1 施工项目招标

施工项目招标是指招标人率先提出工程的条件和要求，发布招标广告吸引或直接邀请众多投标人参加投标并按照规定程序从中选择中标人的行为。

1. 施工项目招标范围

我国于 1999 年 8 月 30 日全国人大常委会通过了《中华人民共和国招标投标法》，并于 2000 年 1 月 1 日起施行。

《招标投标法》指出：凡在中华人民共和国境内进行下列工程建设项目包括项目的勘察、设计、施工、管理以及与工程建设有关的重要设备、材料等的采购，必须进行招标。具体包括以下项目。

1) 大型基础设施、公用事业等关系社会公共利益、公众安全的项目。

2) 全部或者部分使用国有资金投资或者国家融资的项目。

3) 使用国际组织或者外国政府贷款、援助资金的项目。

国家发展计划委员会为此颁布了《工程建设项目招标范围和规模标准规定》，确定了必须进行招标的工程建设项目的具体范围和规模标准。

1) 关系社会公共利益、公众安全的基础设施项目的范围包括如下内容。

(1) 煤炭、石油、天然气、电力、新能源等能源项目。

(2) 铁路、公路、管道、水运、航空以及其他交通运输业等交通运输项目。

(3) 邮政、电信枢纽、通信、信息网络等邮电通信项目。

(4) 防洪、灌溉、排涝、引(供)水、滩涂治理、水土保持、水利枢纽等水利项目。

(5) 道路、桥梁、地铁和轻轨交通、污水排放及处理、垃圾处理、地下管道、公共停车场等城市设施项目。

(6) 生态环境保护项目。

(7) 其他基础设施项目。

2) 关系社会公共利益、公众安全的公用事业项目的范围包括以下各项。

(1) 供水、供电、供气、供热等市政工程项目。

(2) 科技、教育、文化等项目。

(3) 体育、旅游等项目。

(4) 卫生、社会福利等项目。

(5) 商品住宅,包括经济适用住房。

(6) 其他公用事业项目。

3) 使用国有资金投资项目的范围包括以下各项。

(1) 使用各级财政预算资金的项目。

(2) 使用纳入财政管理的各种政府性专项建设基金的项目。

(3) 使用国有企业、事业单位自有资金,并且国有资产投资者实际拥有控制权的项目。

4) 国家融资项目的范围包括以下内容。

(1) 使用国家发行债券所筹资金的项目。

(2) 使用国家对外借款或者担保所筹资金的项目。

(3) 使用国家政策性贷款的项目。

(4) 国家授权投资主体融资的项目。

(5) 国家特许的融资项目。

5) 使用国际组织或者外国政府资金的项目范围包括以下各项。

(1) 使用世界银行、亚洲开发银行等国际组织贷款资金的项目。

(2) 使用外国政府及其机构贷款资金的项目。

(3) 使用国际组织或者外国政府援助资金的项目。

6) 上述规定范围内的各类工程建设项目,包括项目的勘察、设计、施工、监理以及与工程建设有关的重要设备、材料等的采购,达到下列标准之一的,必须进行招标。

(1) 施工单项合同估算价在200万元人民币以上的。

(2) 重要设备、材料等货物的采购,单项合同估算价在100万元人民币以上的。

(3) 勘察、设计、监理等服务的采购,单项合同估算价在50万元人民币以上的。

(4) 单项合同估算价低于第(1)～(3)项规定的标准。但项目总投资额在3 000万元人民币以上的。

省、自治区、直辖市人民政府根据实际情况，可以规定本地区必须进行招标的具体范围和规模标准，但不得缩小本规定确定的必须进行招标的范围。

2. 施工项目招标方式

1）公开招标

公开招标又称为无限竞争性招标，是指招标人以招标公告的方式邀请不特定的法人或者其他组织投标。建设工程项目一般应采用公开招标方式。

公开招标的优点是招标人有较大的选择范围，可在众多的投标人中选择报价合理、工期较短、信誉良好的承包商，有助于打破垄断，实行公平竞争。其缺点是由于投标的承包商多，招标工作量大，组织工作复杂，需投入较多的人力、物力，招标过程所需时间较长。

2）邀请招标

邀请招标又叫有限竞争性招标，是指招标人以投标邀请书的方式邀请三个以上（含三个）特定的法人或者其他组织投标。

有下列情形之一的，经批准可以进行邀请招标。

（1）项目技术复杂或有特殊要求，只有少量几家潜在投标人可供选择的。

（2）受自然地域环境限制的。

（3）涉及国家安全、国家秘密或者抢险救灾，适宜招标但不宜公开招标的。

（4）拟公开招标的费用与项目的价值相比，不值得的。

（5）法律、法规规定不宜公开招标的。

邀请招标方式的优点是目标集中，招标的组织工作较容易，工作量比较小。其缺点是由于参加的投标单位较少，竞争性较差，可能会失去报价上和技术上有竞争力的投标者。

实行公开招标的工程，必须在有形建筑市场或建设行政主管部门指定的报刊上发布招标公告，也可以同时在其他全国性或国外报刊上刊登招标公告。实行邀请招标的工程，也应在有形建筑市场发布招标信息，由招标单位向符合承包条件的单位发出邀请。凡按照规定应该招标的工程不进行招标，应该公开招标的工程而不公开招标的，招标单位所确定的承包单位一律无效，建设行政主管部门按照《建筑法》规定，不予颁发许可证；对于违反规定擅自施工的，依据《建筑法》规定，追究其法律责任。

3. 施工项目招标条件

1）施工项目招标建设单位应当具备的条件如下。

（1）招标单位是法人或依法成立的其他组织。

（2）有与招标工程相适应的经济、技术、管理人员。

（3）有组织编制招标文件的能力。

（4）有审查投标单位资质的能力。

（5）有组织开标、评标、定标的能力。

不具备上述（2）～（5）项条件的，须委托具有相应资质的咨询、监理等单位代理招标。上述 5 条中，前两条是对单位资格的规定,后三条则是对招标人能力的要求。

我国《招标投标法》规定,招标代理机构应当具备下列条件。

(1) 有从事招标代理业务的营业场所和相应资金。

(2) 有能够编制招标文件和组织评标的相应专业力量。

(3) 有满足《招标投标法》规定条件的可以作为评标委员会成员人选的技术、经济等方面的专家库。专家应为从事相关领域工作满8年并具有高级职称或具有同等专业水平。

(4) 已经取得我国建设行政主管部门核发的招标代理、标底编制、工程咨询和监理等资质证书。

2) 施工项目招标建设项目应当具备的条件如下。

(1) 招标人已经依法成立。

(2) 初步设计及概算应当履行审批手续的,已经批准。

(3) 招标范围、招标方式和招标组织形式等应当履行核准手续的,已经核准。

(4) 有相应资金或资金来源已经落实。

(5) 有招标所需的设计图纸及技术资料。

上述规定的主要目的在于促使建设单位严格按基本程序办事,确保招标工作的顺利进行。

4. 施工项目招标文件

施工项目招标文件是由招标单位或其委托的招标代理机构编制并发布的进行工程招标的纲领性、实施性文件。它既是投标单位编制投标文件的依据,也是招标单位与将来中标单位签订工程承包合同的基础。招标文件对招标单位自身同样具有法律约束力。

1) 施工项目招标文件的内容

根据国家发展和改革委员会、财政部、建设部、铁道部、交通部等九部委颁布的《标准施工招标文件(2007年版)》(2008年5月1日起施行)的规定,招标文件的内容如下。

(1) 招标公告(或投标邀请书)。

(2) 投标人须知。

(3) 评标办法。

(4) 合同条款及格式。

(5) 工程量清单。

(6) 图纸。

(7) 技术标准和要求。

(8) 投标文件格式。

公开招标和邀请招标的招标文件内容除第(1)部分招标公告(或投标邀请书)不同外,其他部分完全相同,下面以公开招标为例,介绍招标文件的内容。

(1) 招标公告

招标公告内容包括招标条件、项目概况与招标范围、投标人资格要求、招标文件的获取、投标文件的递交、发布公告的媒介及联系方式。

(2) 投标人须知

投标人须知是招标文件中非常重要的部分，投标人在投标时必须仔细阅读和理解，按投标须知中的要求进行投标。一般在投标人须知前有投标人须知前附表，将投标须知中的重要条款规定内容列出，以便投标人在投标过程中严格遵守。

投标人须知中主要包括：总则、招标文件、投标文件、投标、开标、评标、授予合同、重新招标和不再招标、纪律和监督、需要补充的其他内容。投标人须知前附表见表 2-1。

表 2-1　投标人须知前附表

条款号	条 款 名 称	编 列 内 容
1.1.2	招标人	名　称：________地址：________ 联系人：________电话：________
1.1.3	招标代理机构	名　称：________地址：________ 联系人：________电话：________
1.1.4	项目名称	
1.1.5	建设地点	
1.2.1	资金来源	
1.2.2	出资比例	
1.2.3	资金落实情况	
1.3.1	招标范围	
1.3.2	计划工期	计划工期：________日历天 计划开工日期：____年____月____日 计划竣工日期：____年____月____日
1.3.3	质量要求	
1.4.1	投标人资质条件、能力和信誉	资质条件：________财务要求：________ 业绩要求：________信誉要求：________ 项目经理(建造师，下同)资格：________ 其他要求：____________________
1.4.2	是否接受联合体投标	□不接受 □接受，应满足下列要求：________
1.9.1	踏勘现场	□不组织 □组织，踏勘时间：____________________ 踏勘集中地点：________________
1.10.1	投标预备会	□不召开 □召开，召开时间：____________________ 召开地点：____________________
1.10.2	投标人提出问题的截止时间	
1.10.3	招标人书面澄清的时间	
1.11	分包	□不允许 □允许，分包内容要求：________________ 分包金额要求：________________ 接受分包的第三人资质要求：________
1.12	偏离	□不允许 □允许
2.1	构成招标文件的其他材料	

续表

条款号	条 款 名 称	编 列 内 容
2.2.1	投标人要求澄清招标文件的截止时间	
2.2.2	投标截止时间	________年____月____日____时____分
2.2.3	投标人确认收到招标文件澄清的时间	
2.3.2	投标人确认收到招标文件修改的时间	
3.1.1	构成投标文件的其他材料	
3.3.1	投标有效期	
3.4.1	投标保证金	投标保证金的形式:________ 投标保证金的金额:________
3.5.2	近年财务状况的年份要求	________年
3.5.3	近年完成的类似项目的年份要求	________年
3.5.5	近年发生的诉讼及仲裁情况的年份要求	________年
3.6	是否允许递交备选投标方案	□不允许 □允许
3.7.3	签字或盖章要求	
3.7.4	投标文件副本份数	________份
3.7.5	装订要求	
4.1.2	封套上写明	招标人的地址:________ 招标人名称:________ ________(项目名称)________标段投标文件 在____年____月____日____时____分前不得开启
4.2.2	递交投标文件地点	
4.2.3	是否退还投标文件	□否 □是
5.1	开标时间和地点	开标时间:同投标截止时间 开标地点:________
5.2	开标程序	密封情况检查:________ 开标顺序:________
6.1.1	评标委员会的组建	评标委员会构成:____人,其中招标人代表____人,专家____人; 评标专家确定方式:________
7.1	是否授权评标委员会确定中标人	□是 □否,推荐的中标候选人数:________
7.3.1	履约担保	履约担保的形式:________ 履约担保的金额:________
10	需要补充的其他内容	
…	…	

(3) 评标办法

在招标文件中要说明采用的评标办法。我国采用的评标办法有综合评估法和经评审的最低投标价法。

(4) 合同条款及格式

合同条款包括通用条款和专用条款。合同条件可采用国家工商行政管理和建设部最新颁发的《建设工程施工合同(示范文本)》中的"合同条件"或 FIDIC 合同条件。

合同文件格式包括合同协议书、履约担保、预付款担保等格式。

(5) 工程量清单

建设工程施工招标投标的计价方式分为定额计价方式和工程量清单计价方式。采用工程量清单计价方式进行施工招投标时,招标人应当按要求提供工程量清单。

工程量清单是根据招标文件中包括的、有合同约束力的图纸以及有关工程量清单的国家标准、行业标准、合同条款中约定的工程量计算规则编制。约定计量规则中没有的子目,其工程量按照有合同约束力的图纸所标示尺寸的理论净量计算。

工程量清单的工程量是编制招标工程标底和投标报价的依据。工程量清单为投标人提供一个公开、公平、公正的竞争环境,是评标的基础,也是为竣工时调整工程量、办理工程结算及工程索赔提供的重要依据。

工程量清单是对招投标双方都具有约束力的重要文件,是招标投标活动的重要依据。由于专业性强,内容复杂,所以对编制人的业务技术水平要求高。因此,工程量清单应由具有编制能力的人员(造价工程师)和具有工程造价咨询资质并按规定的业务范围承担工程造价咨询业务的中介机构编制。

工程量清单内容包括工程量清单表、计日工表、暂估价表、投标报价汇总表、工程量清单单价分析表。

(6) 图纸

图纸是招标文件的重要组成部分。图纸是进行施工的依据,也是进行工程管理的基础,招标人应将全部施工图纸编入招标文件,供投标人编制投标文件。招标人应按图纸内容编制图纸目录。图纸涉及标准图集的,招标人可列出标准图集清单,作为图纸的重要组成部分。

(7) 技术标准和要求

依据设计文件的要求,招标人应提出招标工程项目的材料、设备、施工须达到的现行中华人民共和国以及省、自治区、直辖市或行业的工程建设标准、规范的要求。

对于根据工程设计要求,该项工程项目的材料、施工除必须达到以上标准外,还要求达到的特殊施工标准和要求以及国内没有相应标准、规范的项目,由招标人提出施工工艺要求及验收标准,由投标人在中标后,提出具体的施工工艺和做法,经招标人批准执行。

(8) 投标文件格式

投标文件格式内容包括投标函及投标函附录、法定代表人身份证明、授权委托书、联合体协议书、投标保证金、已标价工程量清单、施工组织设计、项目管理机构、拟分包项目情况表、资格审查资料及其他材料。

2) 资格预审文件的内容

资格预审是由招标人对申请参加投标的潜在投标人进行资质条件、业绩、信誉、技术、资金等多方面的情况进行资格审查。根据国家发展和改革委员会、财政部、建设部、铁道部、交通部等九部委颁布的《标准施工招标资格预审文件(2007年版)》(2008年5月1日起施行)的规定,标准施工招标资格预审文件包括以下内容。

(1) 资格预审公告

资格预审公告包括招标条件、项目概况与招标范围、申请人资格要求、资格预审方法、资格预审文件的获取、资格预审申请文件的递交、发布公告的媒介及联系方式等内容。

(2) 申请人须知

申请人须知是资格预审文件中非常重要的部分,申请人必须按申请人须知中的要求编制资格预审文件。一般在申请人须知前有申请人须知前附表,将申请人须知中的重要条款规定内容列出。

申请人须知包括总则、资格预审文件、资格预审申请文件的编制、资格预审申请文件的递交、资格预审申请文件的审查、通知和确认、申请人的资格改变、纪律与监督等内容。申请人须知前附表如表2-2所示。

表 2-2 申请人须知前附表

条款号	条款名称	编列内容
1.1.2	招标人	名称:________地址:________ 联系人:________电话:________
1.1.3	招标代理机构	名称:________地址:________ 联系人:________电话:________
1.1.4	项目名称	
1.1.5	建设地点	
1.2.1	资金来源	
1.2.2	出资比例	
1.2.3	资金落实情况	
1.3.1	招标范围	
1.3.2	计划工期	计划工期:________日历天 计划开工日期:____年____月____日 计划竣工日期:____年____月____日
1.3.3	质量要求	
1.4.1	申请人资质条件、能力和信誉	资质条件:________财务要求:________ 业绩要求:________信誉要求:________ 项目经理(建造师,下同)资格:________ 其他要求:________________________
1.4.2	是否接受联合体资格预审申请	□不接受 □接受,应满足下列要求:________________
2.2.1	申请人要求澄清资格预审文件的截止时间	
2.2.2	招标人澄清资格预审文件的截止时间	
2.2.3	申请人确认收到资格预审文件澄清的时间	
2.3.1	招标人修改资格预审文件的截止时间	
2.3.2	申请人确认收到资格预审文件修改的时间	

续表

条款号	条 款 名 称	编 列 内 容
3.1.1	申请人需补充的其他材料	
3.2.4	近年财务状况的年份要求	________年
3.2.5	近年完成的类似项目的年份要求	________年
3.2.7	近年发生的诉讼及仲裁情况的年份要求	________年
3.3.1	签字或盖章要求	
3.3.2	资格预审申请文件副本份数	________份
3.3.3	资格预审申请文件的装订要求	
4.1.2	封套上写明	招标人的地址：________________ 招标人名称：________________ ________(项目名称)____标段投标文件 在____年____月____日____时____分前不得开启
4.2.1	申请截止时间	____年____月____日____时____分
4.2.2	递交资格预审申请文件的地点	
4.2.3	是否退还资格预审申请文件	
5.1.2	审查委员会人数	
5.2	资格审查方法	
6.1	资格预审结果的通知时间	
6.3	资格预审结果的确认时间	
9	需要补充的其他内容	
…	…	

(3) 资格审查办法

资格审查办法有合格制和有限数量制两种资格审查方法，招标人根据招标项目具体特点和实际需要选择适用。如无特殊情况，鼓励招标人采用合格制。

(4) 资格预审申请文件格式

资格预审申请文件格式包括资格预审申请函、法定代表人身份证明、授权委托书、联合体协议书、申请人基本情况表、近年财务状况表、近年完成的类似项目情况表、正在施工的和新承接的项目情况表、近年发生的诉讼及仲裁情况和其他材料。

(5) 项目建设概况

项目建设概况主要说明项目基本情况、建设条件、建设要求等内容。

5. 施工项目招标程序

招标程序是指招标活动的内容的逻辑关系。施工项目公开招标的程序，共有 15 个环节，具体步骤如下。

1) 施工项目报建

施工项目的立项批准文件或年度投资计划下达后，按照《工程建设项目报建管理办法》规定具备条件的，向建设行政主管部门报建备案，并填写“工程建设项目报建登记表”。

办理工程报建时应交验的文件资料有：立项批准文件或年度投资计划、固定资产投资许可证、施工项目规划许可证、资金证明等。

2) 审查建设单位资质

审查建设单位是否具备招标条件,不具备有关条件者,必须委托具有相应资质的招标代理机构代理招标,建设单位与招标机构签订委托代理招标的协议,报招标管理机构备案。

3) 招标申请

招标单位填写"施工项目施工招标申请表"并经上级主管部门批准后,连同"工程建设项目报建登记表"报招标管理机构审批。

4) 资格预审文件、招标文件的编制与送审

公开招标时,要求进行资格预审的只有通过资格预审的投标人才可以参加投标。

资格预审文件和招标文件须报招标管理机构审查,审查同意后可刊登资格预审公告、招标公告。

5) 工程标底价格的编制

当招标文件的商务条款一经确定,设有标底时,即可进入标底编制阶段。

6) 发布资格预审公告、招标公告

公开招标要在指定媒介上发布"资格预审公告"或"招标公告"。

7) 资格预审

《招标投标法》规定,招标人可根据招标项目本身的要求,在招标公告或投标邀请书中,要求潜在投标人提供有关资质证明文件和业绩情况,并对潜在投标人进行资格审查。国家对投标人的资格条件有规定的,遵循其规定。招标人不得以不合理的条件限制或者排斥潜在投标人,不得对潜在投标人实行歧视待遇。

8) 发售招标文件

招标文件、图纸和有关技术资料发放给通过资格预审获得投标资格的投标单位,投标单位收到招标文件、图纸和有关资料后,应认真核对,核对无误后以书面形式予以确认。

招标单位对招标文件所作的任何修改和补充,也是招标文件的组成部分,对招投标双方起约束作用。

9) 踏勘现场

招标人组织投标单位进行踏勘现场的目的在于了解周围环境和工程场地情况,以获取投标人认为有必要的信息。为便于投标人提出问题并得到解答,踏勘现场一般安排在投标预备会的前1～2天。投标人若在踏勘现场有疑问,应在投标预备会前以书面形式向招标人提出。

10) 投标预备会

投标预备会的目的在于澄清招标文件中的疑问,解答投标人对招标文件和踏勘现场中所提出的问题。在投标预备会上还应对图纸进行交底和解释。

投标预备会结束后,由招标人整理会议记录和解答内容,报招标管理机构核准同意后,尽快以书面形式将问题及解答送到所有获得招标文件的投标人。

11) 投标文件的编制与递交

《招标投标法》规定,投标人应当在招标文件要求递交投标文件的截止时间前,将投标文件送达投标

地点，招标人收到投标文件后，应当签收保存，不得开启。在招标文件要求递交投标文件的截止时间后送达的投标文件，招标人应当拒收。投标人少于 3 个的，招标人应当依照本法重新招标。

12）开标

我国《招标投标法》规定，开标应当在招标文件确定的递交投标文件截止时间的同一时间公开进行，开标地点应当为招标文件中预先确定的地点。开标由招标人主持，邀请所有投标人参加。

(1) 开标程序

主持人按下列程序进行开标。

① 宣布开标纪律。

② 公布在投标截止时间前递交投标文件的投标人名称，并点名确认投标人是否派人到场。

③ 宣布开标人、唱标人、记录人、监标人等有关人员姓名。

④ 按照投标人须知前附表规定检查投标文件的密封情况。

⑤ 按照投标人须知前附表的规定确定并宣布投标文件开标顺序。

⑥ 设有标底的，公布标底。

⑦ 按照宣布的开标顺序当众开标，公布投标人名称、标段名称、投标保证金的递交情况、投标报价、质量目标、工期及其他内容，并记录在案。

⑧ 投标人代表、招标人代表、监标人、记录人等有关人员在开标记录上签字确认。

⑨ 开标结束。

(2) 无效标函

开标时，投标文件有下列情况之一者视为无效标函，即废标。

① 逾期送达的或者未送达指定地点的。

② 未按招标文件要求密封的。

③ 无单位盖章并无法定代表人或法定代表人授权的代理人签字或盖章的。

④ 未按规定的格式填写，内容不全或关键字迹模糊、无法辨认的。

⑤ 投标人递交两份或多份内容不同的投标文件，或在一份投标文件中对同一招标项目报有两个或多个报价，且未声明哪一个有效(按招标文件规定递交备选投标方案的除外)。

⑥ 投标人名称或组织机构与资格预审时不一致的。

⑦ 未按招标文件要求递交投标保证金的。

⑧ 联合体投标未附联合体各方共同投标协议的。

开标后，任何投标者均不能改变投标文件内容和报价，也不得进行任何补充，仅可要求进行不改变投标实质的澄清。

13）评标

(1) 设立评标机构

我国《招标投标法》规定，评标由招标人依法组建的评标委员会负责，依法必须进行招标的项目，其评标委员会由招标人的代表和有关技术、经济等方面的专家组成，成员人数为 5 人以上单数，其中技术、经济等方面的专家不得少于成员总数的三分之二。评标委员会成员人数以及技术、经济等方面专家的确定方式按投标人须知前附表的规定执行。评标委员会成员的名单在中标结果确定前应当保密。

评标委员会成员有下列情形之一的,应当回避。

① 招标人或投标人的主要负责人的近亲属。

② 项目主管部门或者行政监督部门的人员。

③ 与投标人有经济利益关系,可能影响对投标公正评审的。

④ 曾因在招标、评标以及其他与招标投标有关活动中从事违法行为而受过行政处罚或刑事处罚的。

(2) 评标原则

我国《招标投标法》规定,招标人应当采取必要的措施,保证评标在严格保密的情况下进行,任何单位和个人不得非法干预,影响评标的过程和结果。

评标活动遵循公平、公正、科学和择优的原则。

评标委员会可以要求投标人对投标文件中含义不明确的内容作必要的澄清或者说明,但是澄清或者说明不得超出投标文件的范围或者改变投标文件的实质性内容,评标委员会应当按照招标文件确定的评标标准和方法,对投标文件进行评审和比较。设有标底的,应当参考标底。评标委员会完成评标后,应当向投标人提出书面评标报告,并推荐合格的中标候选人。招标人根据评标委员会提出的书面评标报告和推荐的中标候选人确定中标人,招标人也可以授权评标委员会直接确定中标人。评标委员会成员应当客观、公正地履行职务,遵守职业道德,对所提出的评审意见承担个人责任。评标委员会成员不得私下接触投标人,不得收受投标人的财物或者其他好处。评标委员会成员和参与评标的有关工作人员不得透露对投标文件的评审和比较、中标候选人的推荐情况以及与评标有关的其他情况。

(3) 评标方法

评标委员会应按照招标文件确定的评标标准和方法,对实质上响应招标文件要求的投标文件进行评审,向招标人提出书面评标报告,并推荐合格的中标候选人。评标委员会成员对评标结果签字确认。

评标方法可以采用综合评估法、经评审的最低投标价法或者法律法规允许的其他评标方法。

① 综合评估法,即最大限度地满足招标文件中规定的各项综合评价标准,将报价、施工组织设计、质量保证、工期保证、业绩与信誉等赋予不同的权重,用打分或折算货币的方法,评出中标人。

② 经评审的最低投标价法,即能满足招标文件的实质性要求,选择经评审的最低投标价格(投标价格低于成本的除外)的投标人为中标人。

评标委员会经评审,认为所有投标都不符合招标文件要求的,可以否决所有投标。依法必须进行招标的项目的所有投标被否决的,招标人应当依法重新招标。

(4) 评标程序

评标只对有效投标进行评审。

评标按两阶段进行,即初步评审和详细评审。

① 初步评审包括形式评审、资格评审、响应性评审、施工组织设计和项目管理机构评审。

形式评审的主要评审内容有：投标人名称是否与营业执照、资质证书、安全生产许可证一致；投标函是否按规定有法定代表人或其委托代理人签字盖章或加盖单位章；投标文件格式是否符合招标文件的要求；如有联合体投标，是否提交联合体协议书，并明确联合体牵头人；报价是否唯一等。

资格评审的主要评审内容有：是否具备有效的营业执照和安全生产许可证；资质等级、项目经理、财务状况、类似项目业绩、信誉等是否满足"投标人须知"的要求；如有联合体投标，是否满足投标人须知的规定和要求等。

响应性评审的主要评审内容有：投标内容、工期、工程质量、投标有效期、投标保证金是否符合"投标人须知"中的规定；已标价工程量清单是否符合招标文件中"工程量清单"给出的范围及数量；技术标准和要求是否符合招标文件的要求等。

施工组织设计和项目管理机构评审的主要评审内容有：施工方案与技术措施；质量管理体系与措施；安全管理体系与措施；环境保护管理体系与措施；工程进度计划与措施；资源配备计划；技术负责人；其他主要人员；施工设备；实验、检测仪器设备等。

② 详细评审

a. 评标委员会按评标办法中规定的量化因素和分值进行打分，并计算出综合评估得分。适用于综合评估法。

b. 评标委员会按评标办法中规定的量化因素和标准进行价格折算，计算出评标价，并编制价格比较一览表。适用于经评审的最低投标价法。

评标委员会发现投标人的报价明显低于其他投标报价，或者在设有标底时明显低于标底，使得其投标报价可能低于其个别成本的，应当要求该投标人作出书面说明并提供相应的证明材料。投标人不能合理说明或者不能提供相应证明材料的，由评标委员会认定该投标人以低于成本报价竞标，其投标作废标处理。

③ 提出评标报告

评标报告是评标委员会评标结束后递交给招标人的一份重要文件。评标委员会按照招标文件的规定完成评标后，应向招标人提出书面评审报告，阐明评标委员会对各投标文件的评审和比较意见，并向招标人推荐中标候选人。评标报告由评标委员会全体成员签字。

评标报告的内容应包括：基本情况和数据表；评标委员会成员名单；开标记录；符合要求的投标一览表；废标情况说明；评标标准；评标方法或者评标因素一览表；经评审的价格或者评分比较一览表；经评审的投标人排序；推荐的中标候选人名单与签订合同前要处理的事宜；澄清、说明、补正事项纪要。

评标报告被批准后，可确定中标单位。

14）定标

定标是招标人最后决定中标人的行为。

招标人以评标委员会提出的书面评标报告为依据，对评标委员会推荐的中标候选人进行比较，从中择优确定中标人。评标委员会推荐的中标候选人应当限定在1～3人,并标明排列顺序。招标人应当接受评标委员会推荐的中标候选人,不得在评标委员会推荐的中标候选人之外确定中标人。依法必须招标的工程项目,招标人应当按照中标候选人的排序确定中标人。当确定中标的中标人放弃中标或者因不可抗力提出不能履行合同的,招标人可以依序确定其他中标候选人为中标人。

招标人可以授权评标委员会直接确定中标人。

经评标委员会论证,认定该投标人的报价低于成本的,不能推荐为中标候选人或者中标人。

中标人确定后,招标人应当向中标人发出中标通知书,并同时将中标结果通知所有未中标的投标人。中标通知书对招标人和中标人具有法律效力。中标通知书发出后,招标人改变中标结果的,或者中标人放弃中标项目的,应当依法承担法律责任。招标文件要求中标人递交履约保证金或者其他形式履约担保的,中标人应当递交;拒绝递交的,视为放弃中标项目。招标人要求中标人提供履约保证金或其他形式履约担保的,招标人应当同时向中标人提供工程款支付担保。

招标人与中标人签订合同后5个工作日内,应当向未中标的投标人退还投标保证金。

依法必须进行施工招标的项目,招标人应当自发出中标通知书之日起15日内,向有关行政监督部门递交招标投标情况的书面报告。

15）签订合同

《招标投标法》规定,招标人和中标人应当自中标通知书发出之日起30日内,按照招标人和中标人的投标文件订立书面合同。招标人和中标人不得再行订立背离合同实质性内容的其他协议。

2.1.2 施工项目投标

施工项目投标是指投标人在同意招标人拟订好的招标文件的前提下,对招标项目提出自己的报价和相应条件,通过竞争以求获得招标项目的行为。

1.《招标投标法》关于投标人条件的规定

1）投标人是响应招标,参加投标竞争的法人或者其他组织。

2）投标人应具备承担招标项目的能力,国家有相关规定或者招标文件对投标人资格条件有规定的,投标人应当具备规定的资格条件。

3）投标人应当按照招标文件的要求编制投标文件,投标文件应当对招标文件提出的要求作出实质性响应。

4）投标人应当在招标文件所要求递交投标文件的截止时间前,将投标文件送达投标地点。

5）投标人在招标文件要求递交文件截止时间前,可以补充、修改或者撤回已递交的投标文件,并书面通知招标人。补充、修改的内容为投标文件的组成部分。

6）投标人根据招标文件载明的项目实行情况,拟在中标后将中标项目的部分非主体、非关键性工作交由他人完成的,应当在投标文件中说明。

7）两个以上法人或者其他组织可以组成一个联合体,以一个投标人的身份共同投标。

8）投标人不得相互串通投标报价,不得排挤其他投标人的公平竞争,损害招标人或者他人的合法权益。

9）投标人不得以低于合理预算成本的报价竞标，也不得以他人名义投标或者以其他方式弄虚作假，骗取中标。

2. 施工项目投标文件的组成

投标文件应完全按照招标文件的各项要求来编制。各部分具体内容应与招标文件相对应。

3. 投标程序

施工项目投标程序由以下环节组成。

1）获取招标信息

投标人可通过有形建筑市场发布的工程招标公告获取招标信息，也可以通过投标人日常建立起的信息网络获取招标信息。

2）报名并参加资格预审

投标人在获取招标信息决定参加投标后，就可以从招标人处领取资格预审调查表，准备并递交资格预审资料，接受招标单位的资格预审。

3）研究招标文件

投标人通过资格预审取得投标资格，按照招标公告规定的时间、地址向招标人购买招标文件。招标文件是投标和报价的重要依据，对其理解的深度将直接影响到投标结果，因此应该组织有力的设计、施工、商务、估价等专业人员仔细分析研究。

(1) 投标人购买招标文件后，首先要检查上述文件是否齐全。

(2) 组织投标班子的全体人员，从头至尾认真阅读一遍。负责技术部分的专业人员，重点阅读技术卷、图纸；商务、估价人员精读投标须知和报价部分。

(3) 认真研读完招标文件后，全体人员相互讨论解答招标文件存在的问题，做好备忘录，等待现场踏勘了解，或在答疑会上以书面形式提出质询，要求招标人澄清。

① 属于招标文件本身的问题，可以在投标截止期前 28 天内，以书面形式向招标人提出质疑，要求给予澄清。

② 与项目施工现场有关的问题，拟出调查提纲，确定重点要解决的问题，通过现场踏勘了解，如果考察后仍有疑问，也可以向招标人提出问题要求澄清。

③ 如果发现的问题对投标人有利。可以在投标时加以利用或在以后提出索赔要求，这类问题投标人一般在投标时是不提的，待中标后情势有利时提出获取索赔。

④ 研究招标文件的要求，掌握招标范围，熟悉图纸、技术规范、工程量清单，熟悉投标书的格式、签署方式、密封方法和标志，掌握投标截止日期，以免错失投标机会。

⑤ 研究评标办法。分析评标办法和合同授予标准，据以采取相应的投标策略。

⑥ 研究合同协议书、通用条款和专用条款。合同形式是总价合同还是单价合同，价格是否可以调整。分析拖延工期的罚款，保修期的长短和保证金的额度。研究付款方式、违约责任等。根据权利义务关系分析风险，将风险考虑到报价中。

4) 踏勘现场

现场踏勘是投标中极其重要的准备工作,招标人一般在招标文件中会明确现场踏勘的时间和地点。现场踏勘除调查施工现场的情况外,还应了解工程所在地的政治形势、经济形势、法律法规、风俗习惯、自然条件、生产和生活条件,调查招标人和竞争对手。通过调查,采取相应对策,提高中标的可能性。

(1) 勘察施工现场

投标人在投标过程中必须充分研究招标文件、调查现场,尽量避免承担风险。勘察施工现场的主要内容有:现场的形状和性质,其中包括地表以下的条件;水文和气候的条件;为工程施工和竣工以及修补其任何缺陷所需的工作和材料的范围和性质;进入现场的手段以及投标人可能需要的食宿条件等。

(2) 调查环境

投标人不仅要勘察施工现场,在报价前还要详尽了解项目所在地的环境,主要包括政治形势、经济形势、法律法规、风俗习惯、自然条件、生产和生活条件等。对政治形势的调查应着重工程所在地和投资方所在地政局的稳定性,如果是国际工程,还要调查工程所在国与邻国的关系,和我国是否友好等。对经济形势的调查应着重了解工程所在地和投资方所在地的经济发展情况,工程所在地金融方面的换汇限制、官方和市场汇率、主要银行及其存款和信贷利率、管理制度等。对自然条件的调查应着重工程所在地的水文地质情况、交通运输条件、是否多发自然灾害、气候状况如何等。对法律法规和风俗习惯的调查应着重工程所在地政府对施工的安全、环保、时间限制等各项管理规定,宗教信仰和节假日等。对生产和生活条件的调查应着重施工现场周围情况,如道路、供电、给排水、通信是否便利,工程所在地的劳务和材料资源是否丰富,生活物资的供应是否充足等。

(3) 调查招标人和竞争对手

对招标人的调查应着重以下几个方面:首先,资金来源是否可靠,避免承担过多的资金风险;其次,项目开工手续是否齐全,提防有些招标人以招标为名,让投标人免费为其估价;再次,是否有明显的授标倾向,招标仅仅是出于政府的压力而不得不采取的形式。

对竞争对手的调查应着重以下几个方面:首先,参加投标的竞争对手有几个,其中有威胁性的都是哪些,特别是工程所在地的投标人,可能会享有评标优惠;其次,根据上述分析,筛选出主要竞争对手,分析其以往同类工程经验、惯用的投标策略、标前会上提出的问题等。投标人必须知己知彼才能制定切实可行的投标策略,提高中标的可能性。

5) 参加投标预备会并提出疑问

研究招标文件后存在的问题,以及在现场踏勘后仍存在的疑问,投标人代表应以书面形式在标前会议上提出,招标人将以书面形式答复。这种书面答复同招标文件同样具有法律效力。

6) 计算和校核工程量

工程量的多少将直接影响到工程计价和中标的机会,无论招标文件是否提供工程量清单,投标人都应该认真按照图纸计算复核工程量,做到心中有数。

7）制定施工规划

在投标过程中编制的施工规划，其深度和广度都比不上施工组织设计。如果中标，再编制施工组织设计。施工规划内容一般包括各分部分项工程施工方法、施工进度计划、施工机械计划、材料设备计划和劳动力安排计划，以及临时生产、生活设施计划。施工规划制定的主要依据是设计图纸、执行的规范、经复核的工程量、招标文件要求的开工竣工日期以及对市场材料、设备、劳动力价格的调查等。

8）确定投标报价

投标报价是根据招标文件的要求和项目的具体特点，结合现场踏勘的情况，按照市场情况和企业实力自主报价。报价是投标竞争的核心，报价过高会失去承包机会，过低可能中标，但会给工程带来亏本的风险。如何作出合适的投标报价，是能否中标的关键性问题。

报价计算方法必须严格按照招标文件的要求和格式，不得改动，科学严谨，简明实用。计算出的价格，只是待定的暂时标价，还不能作为投标价格，还需做以下两方面的工作。

（1）复核报价的准确性

与以往类似工程相比较，复核项目单价的合理性，单位工程造价、单位工程用工用料指标、各分项工程的价值比例、各类费用的比例是否在正常范围。从中发现问题，看是否存在漏算、重复计算的项目。减少和避免报价失误。

（2）根据报价策略调整报价

由于企业的投标目标不同，出发点不同，采取的报价策略也不同。经多方面客观而慎重分析，根据投标报价决策和确定报价策略，调整一些项目的单价、利润、管理费等，重新修正报价，确定一个具有竞争力的报价作为最终的投标报价。

9）编制投标文件

投标文件的组成必须与招标文件的规定一致，不能带有任何附加条件，否则可能导致被否定或作废。编制工程项目施工投标文件的注意事项如下。

（1）投标文件必须使用招标人提供的投标文件格式，不能随意更改。

（2）规定格式的每一空格都必须填写，如有空缺，则被视为放弃意见。若有重要数字不填写的，比如工期、质量、价格未填，将被作为废标处理。

（3）保证计算数字及书写正确无误，单价、合价、总标价及其大、小写数字均应仔细反复核对。按招标人要求修改的错误，应由投标文件原签字人签字并加盖印章证明。

（4）投标文件必须字迹清楚，签名及印鉴齐全，装帧美观大方。

（5）编制投标文件正本一份，副本按招标文件要求份数编制，并注明“正本”、“副本”；当正本与副本不一致时，以正本为准。

（6）投标文件编制完成后应按招标文件的要求整理、装订成册、密封和标志。做好保密工作。

（7）投递标书不宜太早，通常在截止日期前 1～2 天内递标，但也必须防止投递标书太迟，超过截止时间送达的标书是无效的。

10) 递交投标文件

全部投标文件编制好后,按招标文件的要求加盖投标人印章并经法定代表人及委托代理人签字,密封后送达指定地点,逾期作废。

投标文件送达并被确认合格后,投标人应从收件处领取回执作为凭证。投标文件发出后,在规定的截止日期前或开标前,投标人仍可修改标书的某些事项。

招标人要求缴纳投标保证金的,投标人应在递交投标书的同时缴纳。

在招标人评标期间,投标人应对评标人提出的各种质疑给予说明澄清,必要时也要与招标人进行商谈。如最终得到招标人签发的中标通知书,则应在规定时间内与招标人签订合同,并在以后的规定时日内办理履约担保函,最终在合同规定的时间进驻现场。至此,招投标工作即告结束,招投标双方进入合同履行期。

4. 投标技巧

投标技巧是指在投标报价中采用什么样的手段使招标人可以接受,而中标后能获得更多的利润。投标人在工程投标时,主要应该在先进合理的技术方案和较低的投标价格上下工夫,以争取中标,但还有一些投标技巧对中标及中标后的获利有一定的作用。

1) 不平衡报价法

不平衡报价法是指一个工程项目的投标报价,在总价基本确定后,如何调整内部各个项目的报价,以期既不提高总价,不影响中标,又能在结算时得到更理想的经济效益。

(1) 能够早日结账的项目(如开办费、基础工程等)可以报得较高,后期工程项目(如装饰、机电设备安装等)可适当降低。

(2) 经过工程量核算,预计今后工程量会增加的项目,单价适当提高,这样在最终结算时可多赚钱,将工程量可能会减少的项目单价降低,工程结算时损失较少。

(3) 设计图纸不明确,估计修改后工程量要增加的,可以提高单价,而工程内容说不清楚的,单价则可以低一些。

(4) 暂定项目又叫任意项目或选择项目,对这类项目要具体分析,因这一类项目要在开工后由业主研究决定是否实施,由哪一家承包商实施。如果工程不分标,只由一家承包商施工,则其中肯定要做的单价可高些,不一定要做的则应低些。如果工程分标,该暂定项目也可能由其他承包商施工时,则不宜报高价,以免抬高总价。

(5) 单价包干混合制合同中,业主要求有些项目采用包干报价时,宜报高价,一则这类项目多半有风险,二则这类项目在完成后可全部按报价结账,即可以全部结算回来。而其余单价项目则可适当降低。

(6) 有的招标文件要求投标者对工程量大的项目报“单价分析表”。投标时可将单价分析表中的人工费及机械设备费报得较高,而材料费算得较低。这主要是为了今后补充项目报价时可以参考选用“单价分析表”中的较高的人工费和机械设备费。而材料则往往采用市场价,因而可获得较高的效益。

(7) 在投标时,承包商一般要压低单价,这时应该首先压低那些工程量小的单价,这样即使压低了很多个单价,总的标价也不会降低很多,而给业主的感觉却是工程量清单上的单价大幅度下降,承包商很有让利的诚意。

(8) 如果有单纯报计工日或计台班机械单价,可以高些,以便在日后业主用工或者使用机械时可多盈利。但如果计工日表中有一个假定"名义工程量"时,则需要具体分析是否报高价,以免抬高总报价。总之,要分析业主在开工后,可能使用的计工日数量确定报价技巧。

不平衡报价法一定要建立在对工程量仔细核对的基础上,同时一定要控制在合理幅度内(一般在10%左右)。

2) 突然降价法

突然降价法是指先按一般情况报价或表现出自己对该工程兴趣不大,到快要投标截止时,再突然降价,为最后中标打下基础。采用这种方法时,一定要在准备投标报价的过程中考虑好降价的幅度,在临近投标截止日前,根据情报信息与分析判断,再作最后决策。如果中标,因为开始只降总价,在签订合同后可采用不平衡报价的思想调整工程量表内的各项单价或价格,以期取得更高的效益。

3) 根据招标项目的不同特点采用不同报价

投标报价时,既要考虑自身的优势和劣势,也要分析招标项目的特点。

(1) 下列情况可报价高一些:施工条件差的工程;专业要求高的技术密集型工程,而本企业在这方面又有专长,声誉也较高;总价低的小工程,以及自己不愿做,又不方便不投标的工程;工期要求急的工程;投标对手少的工程;支付条件不理想的工程;特殊的工程,如港口码头、地下开挖工程等。

(2) 下列情况可报价低一些:施工条件好的工程;工作简单、工程量大而一般企业都可以做的工程;本企业目前急于打入某一市场、某一地区,或在该地区面临工程结束、机械设备等无工地转移时;本企业在附近有工程,而本项目又可利用该工程的设备、劳务,或有条件短期内突击完成的工程;投标对手多,竞争激烈的工程;非急需工程;支付条件好的工程。

4) 多方案报价法

有时招标文件中规定,可以提一个建议方案;或对于一些招标文件,如果发现工程范围不很明显,条款不清楚或很不公正,或技术规范要求过于苛刻时,则要在充分估计风险的基础上,按多方案报价法处理。即按原招标文件报一个价,然后再提出如果某条款作某些变动,报价可降低的额度。这样可降低总价,吸引业主。

这时投标者应组织有经验的技术专家,对原招标文件的设计和施工方案仔细研究,提出合理的方案以吸引业主,促成自己的方案中标。这种新方案可降低造价或缩短工期或使工程运用更合理。增加建议方案时,不要将方案写得太具体,要保留方案的技术关键,防止业主将此方案交给其他承包商。同时建议方案一定要比较成熟,或过去有这方面的实践经验,以免引起后患。

5) 先亏后盈法

对大型分期施工项目,在第一期工程投标时,可以将部分间接费用摊到第二期工程中去,少计算利润以争取中标。这样在第二期工程投标时,凭借第一期工程的经验、临时设施及创立的信誉,比较容易拿到第二期工程。为了打入某一地区也可采用先亏后盈法。

6) 许诺优惠条件

投标报价附带优惠条件是行之有效的一种手段。招标人评标时,除了主要考虑报价和技术方案外,还要分析其他条件,如工期、质量、支付条件等。在投标时投标人主动提出提前竣工、低息贷款、赠给施工设备、免费转让新技术、免费技术协作、代为培训人员等,均是吸引业主、利于中标的辅助手段。

7) 争取评标奖励

有时招标文件规定,对某些技术指标的评标,投标人提供优于规定指标值时,给予适当的评标奖励。投标人应该使业主比较注重的指标适当地优于规定标准,可以获得适当的评标奖励,有利于在竞争中取胜。

2.1.3 施工项目招投标的有关法律责任

从法律意义上讲,施工项目招标是要约邀请,而投标是要约,中标通知书是承诺。施工项目在招投标过程中若违反《招标投标法》的有关规定,则应受到经济、行政处罚以至追究刑事责任。

1. 招标投标过程

1) 依法必须进行招标的项目而不招标的,将必须进行招标的项目化整为零或者以其他任何方式规避招标的,有关行政监督部门责令限期改正,可以按项目合同金额0.5%以上1%以下进行罚款;对全部或者部分使用国有资金的项目,项目审批部门可以暂停项目执行或者暂停资金拨付;对单位直接负责的主管人员和其他直接负责人员依法给予处分。

2) 招标代理机构非法泄露应当保密且与招标投标活动有关的情况资料的,或者与招标人、投标人串通损害国家利益、社会公共利益或者他人合法权益的,由有关行政监督部门处5万元以上25万元以下罚款,对单位直接负责的主管人员和其他直接负责人员处单位罚款数额5%以上10%以下的罚款;有违法所得的,并处没收违法所得;情节严重的,有关行政监督部门可停止其一定时期内参与相关领域的招标代理业务,资格认定部门可暂停直至取消招标代理资格;构成犯罪的,由司法部门依法追究刑事责任。给他人造成损失的,依法承担赔偿责任。

3) 招标人以不合理的条件限制或者排斥潜在投标人的,对潜在投标人实行歧视待遇的,强制要求投标人组成联合体共同投标的,或者限制投标人之间竞争的,有关行政监督部门责令改正,可处1万元以上5万元以下的罚款。

4) 依法必须进行招标项目的招标人向他人透露已获取招标文件的潜在投标人的名称、数量或者可能影响公平竞争的有关招标投标的其他情况的,或者泄露标底的,有关行政监督部门给予警告,可以并处1万元以上10万元以下的罚款;对单位直接负责的主管人员和其他直接责任人员依法给予处分;构成犯罪的,依法追究刑事责任。

5) 招标人在发布招标公告、发出投标邀请书或者售出招标文件或资格预审文件后终止招标的,除有正当理由外,有关行政监督部门给予警告,根据情节可处3万元以下的罚款;给潜在投标人或者投标人造成损失的,应当赔偿损失。

6) 招标人或者招标代理机构有下列情形之一的,有关行政监督部门责令其限期改正,根据情节可处 3 万元以下的罚款；情节严重的，招标无效。

(1) 未在指定的媒介发布招标公告的。

(2) 邀请招标不依法发出投标邀请书的。

(3) 自招标文件或资格预审文件出售之日起至停止出售之日止，少于 5 个工作日的。

(4) 依法必须招标的项目，自招标文件开始发出之日起至递交投标文件截止之日止，少于 20 个工作日的。

(5) 应当公开招标而不公开招标的。

(6) 不具备招标条件而进行招标的。

(7) 应当履行核准手续而未履行的。

(8) 不按项目审批部门核准内容进行招标的。

(9) 在递交投标文件截止时间后接受投标文件的。

(10) 投标人数量不符合法定要求不重新招标的。

7) 投标人相互串通投标或者与招标人串通投标的，投标人以向招标人或者评标委员会成员行贿的手段谋取中标的，中标无效，由有关行政监督部门处中标项目金额 0.5%以上 1%以下的罚款，对单位直接负责的主管人员和其他直接责任人员处单位罚款数额 5%以上 10%以下的罚款；有违法所得的，并处没收违法所得，情节严重的，取消其 1～3 年内参加依法必须进行招标的项目投标资格并予以公告，直至由工商行政管理机关吊销营业执照；构成犯罪的，依法追究刑事责任。给他人造成损失的，依法承担赔偿责任。

8) 投标人以他人名义投标或者以其他方式弄虚作假，骗取中标的，中标无效，给招标人造成损失的，依法承担赔偿责任；构成犯罪的，依法追究刑事责任。

依法必须进行招标的项目的投标人有以上行为尚未构成犯罪的，处中标项目金额 0.5%以上 1%以下的罚款，对单位直接负责的主管人员和其他直接人员处单位罚款数额 5%以上 10%以下的罚款；有违法所得的，并处没收违法所得，情节严重的，取消其 1～3 年参加依法必须进行招标项目的投标资格并予以公告，直至由工商行政管理机关吊销营业执照。

9) 依法必须进行招标的项目，招标人违反《招标投标法》规定，与投标人就投标价格、投标方案等实质性内容进行谈判的，给予警告，对单位直接负责的主管人员和其他直接责任人员依法给予处分。影响中标结果的，中标无效。

2. 评标过程

评标过程中，标书的评审对招标人和投标人都非常重要，对评标人员也提出了相关要求。客观、公正、具备良好的职业素质是必不可少的，《招标投标法》对评标过程中的法律责任也进行了明确的规定。

1) 评标委员会成员收受投标人的财物或者其他好处的，评标委员会成员或者参加评标的有关工作人员向他人透露投标文件的评审和比较、中标候选人的推荐以及与评标有关的其他情况的，给予警告，没收收受的财物，可以并处 3 000 元以上 5 万元以下的罚款，对有所列违法行为的评标委员会成员取消担任评标委员会的资格，不得再参加任何依法必须进行招标的项目的评标；构成犯罪的，依法追究刑事责任。

2) 评标委员会在评标过程中擅离职守,影响评标程序正常进行,或者在评标过程中不能客观公正地履行职责的,有关行政监督部门给予警告;情节严重的,取消担任评标委员会成员的资格,不得再参与任何项目的评标,并处以1万元以下的罚款。

3) 评标过程有下列情况之一的,评标无效,应当重新进行评标或者重新招标,有关行政监督部门可处3万元以下的罚款。

(1) 使用招标文件没有确定的评标标准和方法的。

(2) 评标标准和方法含有倾向或者排斥投标人的内容,妨碍或者限制投标人之间竞争,且影响评标结果的。

(3) 应当回避担任评标委员会成员的人参与评标的。

(4) 评标委员会的组建及人员组成不符合法定要求的。

(5) 评标委员会及其成员在评标过程中有违法行为,且影响评标结果的。

4) 招标人在评标委员会依法推荐的中标候选人以外确认中标人的,依法必须进行招标的项目在所有投标被评标委员会否决后,自行确定中标人的,中标无效。并责令改正,可以处中标项目金额0.5%以上1%以下的罚款;对单位直接负责的主管人员和其他直接责任人依法给予处分。

3. 合同签订过程

招投标活动的最终目的是招标人和投标人签订合同,在合同签订过程中受到《合同法》和《招标投标法》的规范,如有下列行为应承担一定的经济责任或行政处罚。

1) 招标人不按规定期限确定中标人的,或者中标通知书发出后,改变中标结果的,无正当理由不与中标人签订合同的,或者在签订合同时向中标人提出附加条件或者更改合同实质性内容的,有关行政监督部门给予警告,责令改正,根据情节可处3万元以下的罚款;造成中标人损失的,并应当赔偿损失。

中标通知书发出后,中标人放弃中标项目的,无正当理由不与招标人签订合同的,在签订合同时向招标人提出附加条件或者更改合同实质性内容的,或者拒不递交所要求的履约保证金的,招标人可取消其中标资格,并没收其投标保证金;造成招标人的损失超过投标保证金数额的,中标人应当对超过部分予以赔偿;没有递交投标保证金的,应当对招标人的损失承担赔偿责任。

2) 中标人将中标项目转让给他人的,将中标项目肢解后分别转让给他人的,违法将中标项目的部分主体、关键性工作分包给他人的,或者分包人再次分包的,转让、分包无效,有关行政监督部门处转让、分包项目金额0.5%以上1%以下的罚款;有违法所得的,并处没收违法所得;可以责令停业整顿;情节严重的,由工商行政管理机关吊销营业执照。

3) 招标人与中标人不按照招标文件和中标人的投标文件订立合同的,招标人、中标人订立背离合同实质性内容的协议的,或者招标人擅自提高履约保证金的,有关行政监督部门责令改正;可以处中标项目金额0.5%以上1%以下的罚款。

4) 中标人不履行与招标人订立的合同的,履约保证金不予退还,给招标人造成的损失超过履约保证金数额的,还应当对超过部分予以赔偿;没有递交履约保证金的,应当对招标人的损失承担赔偿责任。中标人不按照与招标人订立的合同履行义务，情节严重的，有关行政监督部门取消其2～5年内参加招标项目的投标资格并予以公告，直至由工商行政管理机关吊销营业执照。

5）招标人不履行与中标人订立的合同的，应当双倍返还中标人的履约保证金；给中标人造成的损失超过返还的履约保证金的，还应当对超过部分予以赔偿；没有递交履约保证金的，应当对中标人的损失承担赔偿责任。

4．在招标投标过程中的其他法律责任

1）依法必须进行施工招标的项目违反法律规定，中标无效的，应当依照法律规定的中标条件从其余投标人中重新确定中标人或者依法重新进行招标。中标无效的，发出的中标通知书和签订的合同自始至终没有法律约束力，但不影响合同中独立存在的有关解决争议方法的条款的效力。

2）任何单位违法限制或者排斥本地区、本系统以外的法人或者其他组织参加投标的，为招标人指定招标代理机构的，强制招标人委托招标代理机构办理招标事宜的，或者以其他方式干涉招标投标活动的，有关行政监督部门责令改正；对单位直接责任的主管人员和其他直接责任人员依法给予警告、记过、记大过的处分，情节较重的，依法给予降级、撤职、开除的处分。

3）对招标投标活动依法负有行政监督职责的国家机关工作人员徇私舞弊、滥用职权或者玩忽职守，构成犯罪的，依法追究刑事责任；不构成犯罪的，依法给予行政处分。

4）任何个人单位对工程建设项目施工招标投标过程中发生的违法行为，有权向项目审批部门或者有关行政监督部门投诉或举报。

2.2 施工项目合同管理

2.2.1 合同法的基本原理

1．合同法的概念和分类

1）概念

合同是平等主体的自然人、法人、其他组织之间设立、变更、终止民事权利义务关系的民事法律行为。合同不是一般的协议。凡是不具有法律意义，不发生民事法律后果的协议，均非合同。因此，合同有以下法律特征：合同是一种民事法律行为；合同是当事人意思表示一致的民事法律行为；合同当事人的法律地位平等；合同以产生民事权利义务关系为目的。

合同法是调整平等主体的自然人、法人、其他组织之间设立、变更、终止民事权利义务关系的法律规范的总称。1999年3月15日，第九届全国人大第二次会议通过了《中华人民共和国合同法》，于1999年10月1日起施行。《合同法》由总则、分则和附则三部分构成。

2）分类

从不同角度可以对合同作出不同的分类。

(1) 合同的基本分类

《合同法》将合同分为买卖合同；供用电、水、气、热力合同；赠与合同；借款合同；租赁合同；融资租赁合同；承揽合同；施工项目合同；运输合同；技术合同；保管合同；仓储合同；委托合同；行纪合同；居间合同15类合同。

(2) 合同的其他分类

合同的其他分类是侧重学术理论分析的，主要分为双务合同和单务合同；有偿合同与无偿合同；诺成性合同与实践性合同；主合同与从合同；有名合同与无名合同等。

2. 合同的订立

1) 合同订立的原则

(1) 必须遵循合法原则

《合同法》规定："当事人订立、履行合同，应当遵守法律、行政法规，尊重社会公德，不得扰乱社会经济秩序，损害社会公共利益。"

(2) 必须遵循平等、自愿、公平、诚实信用的原则。

2) 合同的形式

《合同法》规定："当事人订立合同，有书面形式、口头形式和其他形式。"

3) 合同的内容

合同的内容由当事人约定，一般包括以下条款：当事人的名称或者姓名和住所；标的；数量；质量；价款或者报酬；履行期限、地点和方式；违约责任；解决争议的方法。

4) 合同订立的程序

合同的订立必须经过要约和承诺两个阶段，即当事人双方就合同的一般条款经过协商一致并签署书面协议的过程。

(1) 要约

要约是希望和他人订立合同的意思表示。提出要约的一方为要约人，接受要约的一方为受要约人。

要约的意思表示应当符合下列规定：第一，内容具体确定；第二，表明经受要约人承诺，要约人即受该意思表示约束。

有些合同在要约之前还会有要约邀请行为。要约邀请是希望他人向自己发出要约的意思表示。如寄送的价目表、拍卖公告、招标公告、招股说明书、商业广告等。要约邀请并不是合同成立过程中的必经过程，它是当事人订立合同的预备行为，在法律上无须承担责任。

要约可撤回或撤销。要约撤回，是指要约在发生法律效力之前，欲使其不发生法律效力而取消要约的意思表示。撤回要约的通知应当在要约到达受要约人之前或同时到达受要约人。要约撤销，是指要约在发生法律效力之后，要约人欲使其丧失法律效力而取消该项要约的意思表示。撤销要约的通知应当在受要约人发出承诺通知之前到达受要约人。但有下列情形之一的，要约不得撤销：第一，要约人确定了承诺期限或者以其他形式明示要约不可撤销；第二，受要约人有理由认为要约是不可撤销的，并已经为履行合同作了准备工作。

(2) 承诺

承诺是受要约人同意要约的意思表示。承诺一经生效,合同即告成立。承诺具有以下特征:①承诺必须由受要约人作出;②承诺只能向要约人作出;③承诺的内容应当与要约的内容一致;④承诺必须在承诺期限内发出。

承诺的撤回是承诺人阻止或者消灭承诺发生法律效力的意思表示。撤回承诺的通知应当在承诺通知到达要约人之前或者与承诺通知同时到达要约人。

(3) 要约和承诺的生效

对于要约和承诺的生效,世界各国有不同的规定,但主要有投邮主义、到达主义和了解主义。目前,世界上大部分国家和《联合国国际买卖合同公约》都采用了到达主义。我国也采用到达主义。

5) 缔约过失责任

《合同法》规定,当事人在订立合同过程中有下列情形之一,给对方造成损失的,应当承担损害赔偿责任。

(1) 假借订立合同,恶意进行磋商。

(2) 故意隐瞒与订立合同有关的重要事实或者提供虚假情况。

(3) 有其他违背诚实信用原则的行为。

《合同法》规定,当事人在订立合同过程中知道的商业秘密,无论合同是否成立,不得泄露或者不正当使用。泄露或者不正当地使用该商业秘密给对方造成损失的,应当承担损害赔偿责任。

3. 合同的效力

1) 合同的生效

合同生效是指合同当事人依据法律规定经协商一致,取得合意,双方订立的合同即发生法律效力。

合同订立与合同生效是有效合同的有机结合的两个方面,是两个相对独立的概念。合同订立是合同生效的前提条件;合同生效是合同订立的必然结果。

2) 效力待定合同

效力待定合同是指合同虽已成立,但因其不完全具备有关合同生效条件的规定,其效力能否发生尚待确定,依法须经有权人表示承认方能生效的合同。

3) 无效合同

无效合同是指明虽经合同当事人协商订立,但因其不具备或违反了法定条件,国家法律规定不承认其效力的合同。

4) 可变更、可撤销合同

可变更、可撤销合同是指合同当事人订立的合同欠缺生效条件时,一方当事人可以依照自己的意思,请求人民法院或仲裁机构作出裁定,从而使合同的内容变更或者使合同效力归于消灭的合同。

5) 无效合同或被撤销合同的法律效力

《合同法》规定,无效的合同或者被撤销的合同自始没有法律约束力。合同部分无效,不影响其他部分效力的,其他部分仍然有效。

4. 合同的履行

合同的履行是指合同当事人双方依据合同条款的规定,实现各自享有的权利,并承担各自负有的义务。

1) 合同履行的原则

(1) 全面、适当履行的原则。

(2) 遵循诚实信用的原则。

(3) 公平合理、促进合同履行的原则。

(4) 当事人一方不得擅自变更合同的原则。

2) 合同履行中的债务履行变更

合同履行中,由于客观情况变化,有可能引起合同中债权人或债务人之间关于债务履行的变更,包括以下两种情况。

(1) 由债务人向第三人履行债务

《合同法》规定,当事人约定由债务人向第三人履行债务的,债务人未向第三人履行债务或者履行债务不符合约定,应当向债权人承担违约责任。

(2) 由第三人向债权人履行债务

《合同法》规定,当事人约定由第三人向债权人履行债务的,第三人履行债务或者履行债务不符合约定,应向债权人承担连带责任。

3) 合同履行中当事人的抗辩权

抗辩权是指在双务合同中,当事人一方有依法对抗对方要求或否认对方权利主张的权利。《合同法》中分为同时履行抗辩权、后履行抗辩权与不安抗辩权。

4) 合同履行中债权人的代位权和撤销权

在合同履行过程中,为了保护债权人的合法权益,预防因债务人的财产不当减少,而危害债权人的债权时,法律规定允许债权人保全其债权的实现而采取的法律保障措施。

(1) 债权人的代位权

债权人的代位权是指债权人为了保障其债权不受损害,而以自己的名义代替债务人行使债权的权利。

(2) 债权人的撤销权

债权人的撤销权指债权人对于债务人危害其债权实现的不正当行使,有请求人民法院予以撤销的权利。

5. 合同的变更和转让

1) 合同的变更

合同变更是指合同依法成立后,在尚未履行或尚未完全履行时,当事人依法经过协商,对合同的内容进行修订或调整所达成的协议。

《合同法》规定，当事人协商一致，可以变更合同。因此，当事人变更合同的方式类似订立合同的方式，经过提议和接受两个步骤。任何一方都不得擅自变更合同。

2）合同的转让

合同转让是指合同成立后，当事人依法可以将合同中的全部权利、部分权利或者合同中的全部义务、部分义务转让或转移给第三人的法律行为。合同的转让包括合同权利转让、合同义务转让和合同权利义务一并转让三种情况。

6. 合同的终止

合同终止是指合同当事人双方依法使相互的权利义务终止，又称合同消灭。

1）合同终止的原因

（1）债务已经按照约定履行。

（2）合同解除。

（3）债务相互抵消。

（4）债务人依法将标的物提存。

（5）债权人免除债务。

（6）债权债务同归于一人。

（7）法律规定或者当事人约定的其他情形。

2）合同解除

合同解除是指合同当事人依法行使解除权或者双方协商决定，提前解除合同效力的行为。合同解除包括约定解除和法定解除。

7. 违约责任

违约是指合同当事人完全没有履行合同或者履行合同义务不符合约定的行为。承担违约责任的方式主要有三种：继续履行合同、采取补救措施和赔偿损失。《合同法》对不可抗力事件作出了相关免责规定："因不可抗力不能履行合同的，根据不可抗力的影响，部分或者全部免除责任，但法律另有规定的除外，当事人迟延履行后发生不可抗力的，不能免除责任。"

8. 合同争议的解决

合同争议也称合同纠纷，是指合同当事人对合同规定的权利和义务产生了不同的理解。合同争议的解决方式有协商、调解、仲裁、诉讼四种。

2.2.2　施工项目合同管理

1. 施工合同概述

1）施工合同的概念

施工合同即建筑安装工程承包合同，是发包人和承包人为完成商定的建筑安装工程，明确相互权利、义务关系的合同。依照施工合同,承包人应完成一定的建筑、安装工程任务,发包人应提供必要的施工条件并支付工程价款。

施工合同的当事人是发包人和承包人,双方是平等的民事主体。承发包双方签订施工合同,必须具备相应资质条件和履行施工合同的能力。发包人既可以是建设单位,也可以是取得建设项目总承包资格的项目总承包单位。在施工合同中,实行的是以工程师为核心的管理体系(虽然工程师不是施工合同当事人)。

2) 施工合同的订立

依据《招标投标法》的规定,中标通知书发出30天内,中标单位应与建设单位依据招标文件、投标书等签订工程承发包合同(施工合同)。签订合同的必须是中标的施工企业,投标书中已确定的合同条款在签订时不得更改,合同价应与中标价相一致。如果中标施工企业拒绝与建设单位签订合同,则建设单位将不再返还其投标保证金(如果是由银行等金融机构出具投标保函的,则投标保函出具者应当承担相应的保证责任),建设行政主管部门或其授权机构还可给予一定的行政处罚。

施工合同的订立应遵循以下程序:

(1) 接受中标通知书。

(2) 组成包括项目经理的谈判小组。

(3) 草拟合同专用条件。

(4) 谈判。订立施工合同的谈判,应根据招标文件的要求,结合合同实施中可能发生的各种情况进行周密、充分的准备,按照"缔约过失责任原则"保护企业的合法权益。

(5) 参照发包人拟定的合同条件或施工合同示范文本与发包人订立施工合同。

(6) 合同双方在合同管理部门备案并缴纳印花税。

在施工合履行中,发包人、承包人有关工程洽商、变更等书面协议或文件,应为本合同的组成部分。

3) 施工合同文件的组成及解释顺序

组成建设工程施工合同的文件包括:

(1) 施工合同协议书。

(2) 中标通知书。

(3) 投标书及其附件。

(4) 施工合同专用条款。

(5) 施工合同通用条款。

(6) 标准、规范及有关技术文件。

(7) 图纸。

(8) 具有标价的工程量清单。

(9) 工程报价单或施工图预算书。

双方有关工程的洽商、变更等书面协议或文件视为协议书的组成部分。

上述合同文件应能够互相解释、互相说明。当合同文件中出现不一致时,以上顺序就是合同的优先解释顺序。当合同文件出现含糊不清或者当事人有不同理解时，按照合同争议的解决方式处理。

4)《建设工程施工合同文本》简介

根据有关工程建设施工的法律、法规，结合我国工程建设施工的实际情况，并借鉴了国际上广泛使用的土木工程施工合同(特别是 FIDIC 施工合同条件)，1999 年 12 月 24 日建设部、国家工商行政管理局发布了《建设工程施工合同(示范文本)》(以下简称《施工合同文本》)。《施工合同文本》是各类公用建筑、民用住宅、工业厂房、交通设施及线路管道的施工和设备安装的合同样本。

《施工合同文本》由"协议书"、"通用条款"、"专用条款"三部分组成，并附有三个附件：附件一是"承包人承揽工程项目一览表"、附件二是"发包人供应材料设备一览表"、附件三是"工程质量保修书"。

"协议书"是《施工合同文本》中总纲性的文件。虽然其文字量并不大，但它规定了合同当事人双方最主要的权利、义务，规定了组成合同的文件及合同当事人对履行合同义务的承诺，并且合同当事人在这份文件上签字盖章，因此具有很高的法律效力。"通用条款"是根据《合同法》、《建筑法》、《建设工程施工合同管理办法》等法律、法规对承发包双方的权利、义务作出的规定。它是将建设工程施工合同中共性的一些内容抽象出来编写的一份完整的合同文件。"通用条款"具有很强的通用性，基本适用于各类建设工程。"通用条款"共有 11 部分 47 条组成。考虑到建设工程的内容各不相同，工期、造价也随之变动，承包、发包人各自的能力、施工现场的环境和条件也各不相同，"通用条款"不能完全适用于各个具体工程，因此配之以"专用条款"对其作必要的修改和补充，"专用条款"的条款号与"通用条款"相一致，但主要是空格，由当事人根据工程的具体情况予以明确或者对"通用条款"进行修改、补充。《施工合同文本》的附件则是对施工合同当事人的权利、义务的进一步明确，并且使得施工合同当事人的有关工作一目了然，便于执行和管理。

2. 施工合同的类型

国内外工程管理理论界普遍以付款方式对工程项目合同进行如下分类。

(1) 总价合同

总价合同是指在合同中确定一个完成项目的总价，承包单位据此完成项目全部内容的合同。这种合同类型能够使建设单位在评标时易于确定报价最低的承包商、易于进行支付计算。但这类合同仅适用于工程量不太大且能精确计算、工期较短、技术不太复杂、风险不大的项目。因而采用这种合同类型要求建设单位必须准备详细而全面的设计图纸(一般要求施工详图)和各项说明，使承包人能准确计算工程量。

(2) 单价合同

单价合同是承包人在投标时，按招标文件就分部分项工程所列出的工程量表确定各分部分项工程费用的合同类型。这类合同的适用范围比较宽，其风险可以得到合理的分摊，并且能鼓励承包人通过提高工效等手段从成本节约中提高利润。这类合同能够成立的关键在于双方对单价和工程量计算方法的确认。在合同履行中需要注意的问题则是双方对实际工程量计量的确认。

(3) 成本加酬金合同

成本加酬金合同，是由业主向承包人支付工程项目的实际成本，并按事先约定的某一种方式支付酬金的合同类型。在这类合同中,业主需要承担项目实际发生的一切费用,因此也就承担了项目的全部风险。而承包人由于无风险,其报酬往往也较低。这类合同的缺点是业主对工程总造价不易控制,承包人也往往不注意降低项目成本。这类合同主要适用于以下项目:①需要立即开展工作的项目,如震后的救灾工作;②新型的工程项目,或对项目工程内容及技术经济指标未确定的项目;③风险很大的项目。我国《施工合同文本》在确定合同计价方式时,考虑到我国的具体情况和工程计价的有关管理规定,确定有固定价格合同、可调价格合同和成本加酬金合同。

2.2.3 《建设工程施工合同(示范文本)》的主要内容

1. 双方的一般权利和义务

1) 发包人的工作

根据专用条款约定的内容和时间,发包人应分阶段或一次完成以下工作。

(1) 办理土地征用、拆迁补偿、平整施工场地等工作,使施工场地具备施工条件,并在开工后继续解决以上事项的遗留问题。

(2) 将施工所需水、电、通信线路从施工场地外部接至专用条款约定地点,并保证施工期间的需要。

(3) 开通施工场地与城乡公共道路的通道,以及专用条款约定的施工场地内的主要交通干道,满足施工运输的需要,保证施工期间的畅通。

(4) 向承包人提供施工场地的工程地质和地下管线资料,保证数据真实,位置准确,对资料的真实、准确负责。

(5) 办理施工许可证和临时用地、停水、停电、中断道路交通、爆破作业以及可能损坏道路、管线、电力、通信等公共设施的申请批准手续及其他施工所需的证件(证明承包人自身资质的证件除外)。

(6) 确定水准点与坐标控制点,以书面形式交给承包人,并进行现场交验。

(7) 组织承包人和设计单位进行图纸会审和设计交底。

(8) 协调处理施工现场周围地下管线和邻近建筑物、构筑物(包括文物保护建筑)、古树名木的保护工作,并承担有关费用。

(9) 发包人应做的其他工作,双方在专用条款内约定。

2) 承包人的工作

承包人按专用条款约定的内容和时间完成以下工作。

(1) 根据发包人的委托,在其设计资质允许的范围内,完成施工图设计或与工程配套的设计,经工程师确认后使用,发生的费用由发包人承担。

(2) 向工程师提供年、季、月工程进度计划及相应进度统计报表。

(3) 按工程需要提供和维修非夜间施工使用的照明、围栏设施,并负责安全保卫。

(4) 按专用条款约定的数量和要求,向发包人提供在施工现场办公和生活的房屋及设施,发生费用由发包人承担。

(5) 遵守有关部门对施工场地交通、施工噪声以及环境保护和安全生产等的管理规定,按管理规定办理有关手续,并以书面形式通知发包人。发包人承担由此发生的费用,因承包人责任造成的罚款除外。

(6) 已竣工工程未交付发包人之前,承包人按专用条款约定负责已完工程的成品保护工作,保护期间发生损坏,承包人自费予以修复。要求承包人采取特殊措施保护的工程部位和相应的追加合同价款,在专用条款内约定。

(7) 按专用条款的约定做好施工现场地下管线和邻近建筑物、构筑物(包括文物保护建筑)、古树名木的保护工作。

(8) 保证施工场地清洁并符合环境卫生管理的有关规定。交工前清理现场达到专用条款约定的要求,承担因自身原因违反有关规定造成的损失和罚款。

(9) 承包人应做的其他工作,双方在专用条款内约定。

3) 工程师的产生和职权

工程师包括监理单位委派的总监理工程师或者发包人指定的履行合同的负责人两种情况。

(1) 发包人委托监理。发包人可以委托监理单位全部或者部分负责合同的履行。监理单位委派的总监理工程师在施工合同中称为工程师,是经监理单位法定代表人授权,派驻施工现场监理组织的总负责人。在施工合同专用条款中应当写明总监理工程师的姓名、职务、职责。

(2) 发包人派驻代表。发包人派驻施工场地履行合同的代表在施工合同中也称工程师,是经发包人单位法定代表人授权,派驻施工现场的负责人,其姓名、职务、职责在专用条款内约定,但职责不得与监理单位委派的总监理工程师职责相互交叉。

(3) 工程师更换。发包人应当至少于更换前 7 天以书面形式通知承包人,后任继续履行合同文件约定的前任的权利和义务,不得更改前任作出的书面承诺。

(4) 工程师的职责。工程师在施工合同的履行过程中,应当承担以下职责。

① 工程师可委派或撤回委派工程师代表。工程师代表在工程师授权范围内向承包人发出的任何书面形式的函件,与工程师发出的函件效力相同。工程师代表的委派和撤回均应提前 7 天以书面形式通知承包人。委派令和撤回通知作为合同附件。

② 工程师发布指令、通知。工程师的指令、通知由其本人签字后,以书面形式交给项目经理,项目经理在回执上签署姓名和收到时间后生效。确有必要时,工程师可发出口头指令,并在 48 小时内给予书面确认,若不能及时给予书面确认,承包人应于工程师发出口头指令后 7 天内提出书面确认要求,工程师在承包人提出确认要求后 48 小时内不予答复,应视为口头指令已被确认。承包人认为工程师指令不合理,应在收到指令后 24 小时内提出书面申告,工程师在收到承包人报告后 24 小时内作出修改指令或继续执行原指令的决定,并以书面形式通知承包人。紧急情况下,工程师要求承包人立即执行的指令,或承包人虽有异议,但工程师决定仍继续执行的指令,承包人应予执行。因指令错误发生的费用和给承包人造成的损失由发包人承担,延误的工期相应顺延。对于工程师代表在工程师授权范围内发出的指令和通知,视为工程师发出的指令和通知。但工程师代表发出指令失误时,工程师可以纠正。除工程师或工程师代表外,发包人派驻工地的其他人员无权向承包人发出任何指令。

③ 工程师应当及时完成自己的职责,否则发包人应承担所造成的追加合同价款,并赔偿承包人有关损失,顺延延缓的工期。

④ 工程师作出处理决定。在合同履行中,发生影响承发包双方权利或义务的事件时,负责监理的工程师应依据合同在其职权范围内,客观公正地进行处理。

4) 项目经理的产生和职责

项目经理是由承包人单位法定代表人授权的,派驻施工场地的承包人的总负责人。他代表承包人负责工程施工的组织、实施。项目经理的姓名、职务应在专用条款内约定。

项目经理一旦确定后,承包人不能随意更换,若需更换,承包人应当至少于更换前7天以书面形式通知发包人,后任继续履行合同文件约定的前任的权利和义务,不得更改前任作出的书面承诺。

发包人可以与承包人协商,建议调换其认为不称职的项目经理。

2. 施工组织设计和工期

1) 进度计划

承包人应当按专用条款约定的日期,向工程师递交施工组织设计和工程进度计划。工程师接到承包人递交的进度计划后,应当予以确认或者提出修改意见。如果工程师逾期不确认也不提出书面意见的,则视为已经同意。但是,工程师对进度计划予以确认或者提出修改意见,并不免除承包人施工组织设计和工程进度计划本身的缺陷所应承担的责任。

2) 开工及延期开工

承包人应当按协议书约定的开工日期开始施工。承包人不能按时开工,应在不迟于协议书约定的开工日期前7天,以书面形式向工程师提出延期开工的理由和要求。工程师在接到延期开工申请后的48小时内以书面形式答复承包人,若未做答复,则视为同意承包人的要求,工期相应顺延。因发包人的原因不能按照协议书约定的开工日期开工,可推迟开工日期。承包人对延期开工的通知没有否决权,但发包人应当赔偿承包人因此造成的损失,相应顺延工期。

3) 工期延误

承包人应当按照合同约定完成工程施工,如果由于其自身的原因造成工期延误,应当承担违约责任。但是,因以下原因造成工期延误,经工程师确认,工期可以相应顺延。

(1) 发包人不能按专用条款的约定提供开工条件。

(2) 发包人不能按约定日期支付工程预付款、进度款,致使工程不能正常进行。

(3) 工程师未按合同约定提供所需指令、批准等,致使施工不能正常进行。

(4) 设计变更和工程量增加。

(5) 一周内非承包人原因停水、停电、停气造成停工累计超过8小时。

(6) 不可抗力。

(7) 专用条款中约定或工程师同意工期顺延的其他情况。

承包人在工期可以顺延的情况发生后14天内,就延误的工期向工程师提出书面报告。工程师在收到报告后14天内予以确认,逾期不予确认也不提出修改意见,视为同意顺延工期。

3. 质量和检验

1）工程质量标准

工程质量应当达到协议书约定的质量标准，质量标准的评定以国家或者专业的质量检验为评定标准。达不到约定标准的工程部分，工程师一经发现，应要求承包人拆除和重新施工，直到符合约定标准。

2）施工过程中的检查和返工

在工程施工过程中，承包人应认真按照标准、规范和设计要求以及工程师依据合同发出的指令施工，随时接受工程师及其委派人员的检查检验，为检查检验提供便利条件，并按工程师及其委派人员的要求返工、修改，承担由于自身原因导致返工、修改的费用。工程师的检查检验不应影响施工正常进行，如影响施工正常进行，检查检验不合格时，影响正常施工的费用由承包人承担。除此之外，影响正常施工的追加合同价款由发包人承担，相应顺延工期。

3）隐蔽工程和中间验收

工程具备隐蔽条件和达到专用条款约定的中间验收部位，承包人进行自检，并在隐蔽和中间验收前48 小时以书面形式通知工程师验收。

工程质量符合标准、规范和设计图纸等的要求，验收 24 小时后，工程师不在验收记录上签字，视为工程师已经批准，承包人可进行隐蔽或者继续施工。

工程师如不能按时参加验收，须在开始验收前 24 小时向承包人提出书面延期要求，延期不能超过 2 天。工程师未能按以上时间提出延期要求，不参加验收，承包人可自行组织验收，发包人应承认验收记录。

4）重新检验

无论工程师是否参加验收，当发包人提出对已经隐蔽的工程重新检验的要求时，承包人应按要求进行剥露或者开孔，并在检验后重新覆盖或者修复。检验合格，发包人承担由此发生的全部追加合同价款，赔偿承包人损失，并相应顺延工期。检验不合格，承包人承担发生的全部费用，工期不予顺延。

5）试车

对于设备安装工程，应当组织试车。试车内容应与承包人承包的安装范围相一致。

（1）单机无负荷试车。设备安装工程具备单机无负荷试车条件，由承包人组织试车。承包人应在试车前 48 小时书面通知工程师，发包人根据承包人要求为试车提供必要条件。

（2）联动无负荷试车。设备安装工程具备无负荷联动试车条件，由承包人组织试车。并在试车前48 小时书面通知承包人。

6）材料设备供应

（1）发包人供应材料设备的验收。发包人应当向承包人提供其供应材料设备的产品合格证明。在其所供应的材料设备到货前 24 小时，应以书面形式通知承包人，由承包人派人与发包人共同清点。清点后由承包人妥善保管，发包人支付相应的保管费用。发包人不按规定通知承包人清点，发生的损坏丢失由发包人负责。发包人供应的材料设备使用前，由承包人负责检验或者实验，费用由发包人负责。

发包人供应的材料设备与约定不符时，应当由发包人承担有关责任。

(2) 承包人采购材料设备的验收。承包人根据专用条款的约定及设计和有关标准要求采购工程需要的材料设备,并提供产品合格证明。承包人在材料设备到货前24小时通知工程师清点、验收。

承包人采购的材料设备与设计或者标准要求不符时,工程师可以拒绝验收,由承包人按照工程师要求的时间运出施工场地,重新采购符合要求的产品,并承担由此发生的费用,由此延误的工期不予顺延。

工程师不能按时到场验收,事后发现材料设备不符合设计或者标准要求时,仍由承包人负责修复、拆除或者重新采购,并承担发生的费用,由此造成的工期延误不予顺延。

4. 合同价款与支付

1) 施工合同价款及调整

协议书中的合同价款应依据中标通知书中的中标价格和非招标工程的工程预算书确定,任何一方不得擅自改变。合同价款可以按照固定价格合同、可调价格合同、成本加酬金合同三种方式约定。可调价格合同中价款调整的范围包括如下内容。

(1) 国家法律、法规和政策变化影响合同价款。

(2) 工程造价管理部门公布的价格调整。

(3) 一周内非承包人原因停水、停电、停气造成停工累计超过8小时。

(4) 双方约定的其他调整或增减。

承包人应当在价款可以调整的情况发生后14天内,将调整原因、金额以书面形式通知工程师,工程师确认后作为追加合同价款,与工程款同期支付。工程师收到承包人通知之后14天内不作答复也不提出修改意见,视为该项调整已经同意。

2) 工程预付款

工程预付款主要是用于采购建筑材料。预付额度,建筑工程一般不得超过当年建筑(包括水、电、暖、卫等)工程工作量的30%,大量采用预制构件以及工期在6个月以内的工程,可以适当增加;安装工程一般不得超过当年安装工程量的10%,安装材料用量较大的工程,可以适当增加。双方应当在专用条款内约定发包人向承包人预付工程款的时间和数额,开工后按约定的时间和比例逐次扣回。发包人不按约定预付,承包人在约定预付时间7天后向发包人发出要求预付的通知,发包人收到通知后仍不能按要求预付,承包人可在发出通知后7天停止施工,发包人应从约定应付之日起向承包人支付应付款的贷款利息,并承担违约责任。

3) 工程量的确认

对承包人已完成工程量的核实确认是发包人支付工程款的依据和前提,其具体的确认程序如下:承包人向工程师递交已完工程量的报告。工程师接到报告后7天内按设计图纸核实已完工程量(以下称计量),并在计量前24小时通知承包人,承包人为计量提供便利条件并派人参加。承包人不参加计量,发包人自行进行,计量结果有效。工程师接到承包人报告后7天内未进行计量,从第8天起,承包人报告中开列的工程量即视为被确认。工程师不按约定时间通知承包人,使承包人不能参加计量,计量结果无效。对承包人超出设计图纸范围和因承包人原因造成返工的工程量,工程师不予计量。

4）工程款（进度款）支付

发包人应在双方计量确认后 14 天内，向承包人支付工程款（进度款）。同期用于工程上的发包人供应材料设备的价款、按约定时间发包人应按比例扣回的预付款、合同价款调整、设计变更调整的合同价款及追加的合同价款，与工程款（进度款）同期结算。

5. 竣工验收与结算

1）竣工验收中承发包人双方的具体工作程序和责任

工程具备竣工验收条件时，承包人按国家工程竣工验收有关规定，向发包人提供完整竣工资料及竣工验收报告。发包人收到竣工验收报告后 28 天内组织有关部门验收，并在验收后 14 天内给予认可或提出修改意见。因特殊原因，发包人要求部分单位工程或者工程部位需甩项竣工时，双方另行签订甩项竣工协议，明确各方责任和工程价款的支付办法。建设工程未经验收或验收不合格，不得交付使用。发包人强行使用的，由此发生的质量问题及其他问题，由发包人承担责任。

2）竣工结算

工程竣工验收报告经发包人认可后 28 天，承包人向发包人递交竣工结算报告及完整的结算资料，发包人自收到竣工结算报告及结算资料后 28 天内进行核实，确认后支付工程竣工结算价款，承包人收到竣工结算价款后 14 天内将竣工工程交付发包人。

发包人自收到竣工结算报告及结算资料后 28 天内无正当理由不支付工程竣工结算价款，从第 29 天按承包人同期向银行贷款利率支付拖欠工程价款的利息，并承担违约责任。工程竣工验收报告经发包人认可后 28 天内，承包人未能向发包人递交竣工结算报告及完整的结算资料，造成工程竣工结算不能正常进行或工程竣工结算价款不能及时支付，发包人要求交付工程的，承包人应当交付；发包人不要求交付工程的，承包人承担保管责任。

3）质量保修

建设工程办理交工验收手续后，在规定的期限内，因勘察、设计、施工、材料等原因造成的质量缺陷，应当由施工单位负责维修。

为了保证保修任务的完成，承包人应当向发包人支付保修金，也可由发包人从应付承包人工程款内预留。质量保修金的比例及金额由双方按有关部门规定的比例约定。发包人应当在工程的质量保证期满后 14 天内，将剩余保修金和按约定利率计算的利息返还承包人。

6. 安全施工

承包人按工程质量、安全及消防管理有关规定组织施工，并随时接受行业安全检查人员依法实施的监督检查，采取严格的安全防护措施，承担由于自身的安全措施不力造成事故的责任和因此发生的费用。非承包人责任造成安全事故，由责任方承担责任和发生的费用。

承包人在动力设备、输电线路、地下管道、密封防震车间、易燃易爆地段以及临街交通要道附近施工时，施工开始前应向工程师提出安全保护措施，经工程师认可后实施，防护措施费用由发包人承担。

实施爆破作业，在放射、毒害性环境中施工（含存储、运输、使用）及使用毒害性、腐蚀性物品施工时，承包人应在施工前14天以书面形式通知工程师,并提出相应的安全保护措施,经工程师认可后实施。安全保护措施费用由发包人承担。

7. 专利技术及特殊工艺

发包人要求使用专利技术或特殊工艺,须负责办理相应的申报手续,承担申报、实验、使用等费用。承包人按发包人要求使用,并负责实验等有关工作。承包人提出使用专利技术或特殊工艺,报工程师认可后实施,承包人负责办理申报手续并承担有关费用。擅自使用专利技术侵犯他人专利权,责任者承担全部后果及所发生的费用。

8. 文物和地下障碍物

在施工中发现古墓、古建筑遗址、钱币等文物及化石或其他有考古、地质研究等价值的物品时,承包人应立即保护好现场,并于4小时内以书面形式通知工程师,工程师应于收到书面通知后24小时内报告当地文物管理部门,承发包双方按文物管理部门要求采取妥善保护措施。发包人承担由此发生的费用,延误的工期相应顺延。施工中发现影响施工的地下障碍物时,承包人应于8小时内以书面形式通知工程师,同时提出处置方案,工程师收到处置方案后24小时内予以认可或提出修正方案。发包人承担由此发生的费用,延误的工期相应顺延。

9. 不可抗力、保险和担保

1) 不可抗力

不可抗力是指合同当事人不能预见、不能避免并不能克服的客观情况。建设工程施工中的不可抗力包括因战争、动乱、空中飞行物坠落或其他非发包人责任造成的爆炸、火灾,以及专用条款约定的风、雨、雪、洪水、地震等自然灾害。

不可抗力事件发生后,承包人应在力所能及的条件下迅速采取措施,尽量减少损失,在不可抗力事件结束后48小时内向工程师通报受害情况和损失情况,以及预计清理和修复的费用。发包人应协助承包人采取措施。不可抗力事件持续发生,承包人应每隔7天向工程师报告一次受害情况,并于不可抗力事件结束后14天内,向工程师递交清理和修复费用的正式报告及有关资料。

因不可抗力事件导致的费用及延误的工期由双方按以下方法分别承担:

(1) 工程本身的损害、第三方人员伤亡和财产损失以及运至施工场地用于施工的材料和待安装的设备的损害,由发包人承担。

(2) 承发包双方人员伤亡由其所在单位负责,并承担相应费用。

(3) 承包人机械设备损坏及停工损失,由承包人承担。

(4) 停工期间,承包人应工程师要求留在施工场地的必要的管理人员及保卫人员的费用由发包人承担。

(5) 工程所需清理、修复费用,由发包人承担。

(6) 延误的工期相应顺延。

因合同一方迟延履行合同后发生不可抗力的,不能免除相应责任。

2）保险

施工合同中双方的保险义务分担如下：

（1）工程开工前，发包人应当为建设工程和施工场地内发包人人员及第三方人员生命财产办理保险，支付保险费用。发包人可以将上述保险事项委托承包人办理，但费用由发包人承担。

（2）承包人必须为从事危险作业的职工办理意外伤害保险，并为施工场地内自有人员生命财产和施工机械设备办理保险，支付保险费用。

（3）运至施工场地内用于工程的材料和待安装设备，不论由承发包双方任何一方保管，都应由发包人（或委托承包人）办理保险，并支付保险费用。

保险事故发生时，承发包双方有责任尽力采取必要的措施，防止或者减少损失。

3）担保

承发包双方为了全面履行合同，应互相提供以下担保：

（1）发包人向承包人提供履约担保，按合同约定支付工程价款及履行合同约定的其他义务。

（2）承包人向发包人提供履约担保，按合同约定履行自己的各项义务。

10. 工程分包与转包

1）工程分包

工程分包是指承包人经发包人同意或按照合同约定，可将承包项目的部分非主体工程、非关键工作分包给具备相应的资质条件的分包人完成，并与之订立分包合同。分包人应对承包人负责，承包人对发包人负责。

（1）分包合同应符合下列要求：

① 分包人应按照分包合同的各项规定，实施和完成分包工程，修补其中的缺陷，提供所需的全部工程监督、劳务、材料、工程设备和其他物品，提供履约担保、进度计划、不得将分包工程转让或再分包。

② 承包人应提供总包合同（工程量清单或费率所列承包人的价格细节除外）供分包人查阅。

③ 分包人应当遵守分包合同规定的承包人的工作时间和规定的分包人的设备材料进出场的管理制度。承包人应为分包人提供施工现场及其通道；分包人应允许承包人和监理工程师等在工作时间内合理进入分包工程的现场，并提供方便，做好协助工作。

④ 分包人延长竣工时间应根据下列条件：承包人根据总包合同延长总包合同竣工时间；承包人指示延长；承包人违约。分包人必须在延长开始 14 天内将延长情况通知承包人，同时递交一份证明或报告，否则分包人无权获得延期。

⑤ 分包人仅从承包人处接受指示，并应执行其指示。如果上述指示从总包合同来分析是监理工程师失误所致，则分包人有权要求承包人补偿由此而导致的费用。

⑥ 分包人应根据以下指示变更、增补或删减分包工程：监理工程师根据总包合同作出的指示再由承包人作为指示通知分包人，承包人的指示。

（2）分包合同文件组成及优先解释顺序应符合下列要求：

① 分包合同协议书。

② 承包人发出的分包中标书。

③ 分包人的报价书。

④ 分包合同条件。

⑤ 标准规范、图纸、列有标价的工程量清单。

⑥ 报价单或施工图预算书。

2) 工程转包

工程转包是指不行使承包人的管理职能,不承担技术经济责任,将所承包的工程倒手转给他人承包的行为。工程转包,不仅违反合同,也违反我国有关法律和法规的规定。

下列行为均属转包:

(1) 承包人将承包的工程全部包给其他施工单位,从中提取回扣者。

(2) 承包人将工程的主要部分或群体工程中半数以上的单位工程包给其他施工单位者。

(3) 分包单位将承包的工程再次分包给其他施工单位者。

11. 施工合同的变更与解除

1) 设计变更

施工中发包人如果需要对原工程设计进行变更,应于变更前14天以书面形式向承包人发出变更通知,变更超过原设计标准或者批准的建设规模时,须经原规划管理部门和其他有关部门审查批准,并由原设计单位提供变更的相应的图纸和说明。发包人办妥上述事项后,承包人根据发包人变更通知进行变更。

引起施工合同变更的原因有以下几种:

(1) 工程量增减;

(2) 质量及特性的变更;

(3) 工程标高、基线、尺寸等变更;

(4) 工程的删减;

(5) 施工顺序的改变;

(6) 永久工程的附加工作,设备、材料和服务的变更等。

承包人不得对原工程设计进行变更。但可在施工中向工程师提出合理化建议,由发包人进行变更。由于发包人对原设计进行变更,以及经工程师同意的、承包人要求进行的设计变更,导致合同价款的增减及造成的承包人损失,由发包人承担,延误的工期相应顺延。

2) 变更价款的确定

设计变更发生后,承包人在工程设计变更确定后14天内,提出变更工程价款的报告,工程师应在收到此报告之日起14天内,予以确认。承包人在确定变更后14天内不向工程师提出变更工程价款报告时,视为该项设计变更不涉及合同价款的变更。工程师无正当理由不确认的,自变更价款报告送达之日起14天后变更工程价款报告自行生效。

变更合同价款按照下列方法进行。

(1) 合同中已有适用于变更工程的价格,按合同已有的价格计算、变更合同价款。

（2）合同中只有类似于变更工程的价格，可以参照此价格确定变更价格，变更合同价款。

（3）合同中没有适用或类似于变更工程的价格，由承包人提出适当的变更价格，经工程师确认后执行。

3）合同解除

在下列情况下，施工合同可以解除。

（1）施工合同当事人协商一致，可以解除。

（2）发生不可抗力或者非合同当事人的原因，致使合同无法履行，合同双方可以解除合同。

（3）合同当事人出现以下违约时，可以解除合同。

① 当事人不按合同约定支付工程款（进度款），双方又未达成延期付款协议，导致施工无法进行，承包人停止施工超过 56 天，发包人仍不支付工程款（进度款），承包人有权解除合同。

② 承包人将其承包的全部工程转包给他人，或者肢解以后以分包的名义分别转包给他人，发包人有权解除合同。

③ 合同当事人一方的其他违约致使合同无法履行，合同双方可以解除合同。合同解除后，当事人双方约定的结算和清理条款仍然有效。承包人应当妥善做好已完工程和已购材料、设备的保护和移交工作，按照发包人要求将自有机械设备和人员撤出施工场地。发包人应当为承包人撤出提供必要的条件，支付以上所发生的费用，并按照合同约定支付已完工程价款。已经订货的材料、设备由订货方负责退货，不能退还的贷款和退货，解除订货合同发生的费用，由发包人承担。但未及时退货造成的损失由责任方承担。

12. 施工合同的违约责任

1）发包人的违约责任

（1）发包人不按时支付工程款（进度款）的违约责任。发包人超过约定的支付时间不支付工程款（进度款），承包人可向发包人发出要求付款的通知，发包人在收到承包人通知后仍不能按要求支付，可与承包人协商签订延期付款协议，经承包人同意后可以延期支付。若双方未达成延期付款协议，导致施工无法进行，承包人可停止施工，由发包人承担违约责任。

（2）发包人不按时支付结算价款的违约责任。发包人收到竣工结算报告及结算资料后 28 天内不支付工程竣工结算价款，承包人可以催告发包人支付结算价款。发包人在收到竣工结算报告及结算资料后 56 天内仍不支付的，承包人可以与发包人协议将该工程折价，也可以由承包人申请人民法院将该工程依法拍卖，承包人就该工程折价或者拍卖的价款优先受偿。

（3）如果发包人有其他不履行合同义务或者不按照合同约定履行义务的情况，应当赔偿违约行为给承包人造成的经济损失，延误的工期相应顺延。

2）承包人的违约责任

承包人不能按合同工期竣工，工程质量达不到约定的质量标准，或由于承包人原因致使合同无法履行，承包人承担违约责任，赔偿因其违约给发包人造成的损失。双方应当在专用条款内约定承包人赔偿发包人损失的计算方法或者承包人应当支付违约金的数额和计算方法。

一方违约后,另一方可按双方约定的担保条款,要求提供担保的第三方承担相应责任。

一方违约后,另一方要求违约方继续履行合同时,违约方承担违约责任后仍应继续履行合同。

13. 合同争议的解决

合同当事人在履行施工合同时发生争议,可以和解或者要求合同管理及其他有关主管部门调解。和解或调解不成的,双方可以在专用条款内约定以下一种方式解决争议。

第一种解决方式:双方达成仲裁协议,向约定的仲裁委员会申请仲裁。

第二种解决方式:向有管辖权的人民法院起诉。

发生争议后,在一般情况下,双方都应继续履行合同,保持施工连续,保护好已完工程。只有出现下列情况时,当事人一方可停止履行施工合同。

1) 单方违约导致合同确已无法履行,双方协议停止施工。

2) 调解要求停止施工,且为双方接受。

3) 仲裁机关要求停止施工。

4) 法院要求停止施工。

2.2.4 施工合同的索赔

1. 索赔的起因和分类

1) 索赔的概念

索赔是指在合同的实施过程中,合同一方因对方不履行或未能正确履行合同所规定的义务或未能保证承诺的合同条件实现而遭受损失后,向对方提出的补偿要求。索赔是相互的、双向的。承包人可以向发包人索赔,发包人可以向承包人索赔。

2) 索赔的起因

(1) 发包人违约,包括发包人和工程师没有履行合同责任,没有正确地行使合同赋予的权力,工程管理失误,不按合同支付工程款等。

(2) 合同错误,如合同条文不全、错误、矛盾、有二义性,设计图纸、技术规范错误等。

(3) 合同变更,如双方签订新的变更协议、备忘录、修正案,发包人下达工程变更指令等。

(4) 工程环境变化,包括法律、市场物价、货币兑换率、自然条件的变化等。

(5) 不可抗力因素,如恶劣的气候条件、地震、洪水、战争状态、禁运等。

3) 索赔的分类

(1) 按索赔当事人分类可分为承包人与发包人之间索赔、承包人与分包人之间索赔、承包人与保险人之间索赔。

(2) 按索赔事件的影响分类可分为工期拖延索赔、不可预见的外部障碍或条件索赔、工程变更索赔、工程终止索赔及其他索赔。

(3) 按索赔要求分类可分为工期索赔和费用索赔。

(4) 按索赔所依据的理由分类可分为合同内索赔、合同外索赔、道义索赔。

(5) 按索赔的处理方式分类可分为单项索赔和总索赔(又叫一揽子索赔或综合索赔)。

2. 索赔成立的条件

1) 索赔成立的条件

(1) 与合同对照,事件已造成了承包人工程项目成本的额外支出或直接工期损失。

(2) 造成费用增加或工期损失的原因,按合同约定不属于承包人的行为责任或风险责任。

(3) 承包人按合同规定的程序递交索赔意向通知和索赔报告。

2) 施工项目索赔应具备的理由

(1) 发包人违反合同给承包人造成时间、费用的损失。

(2) 因工程变更(含设计变更、发包人提出的工程变更、监理工程师提出的工程变更,以及承包人提出并经监理工程师批准的变更)造成的时间、费用损失。

(3) 由于监理工程师对合同文件的歧义解释、技术资料不确切,或由于不可抗力导致施工条件的改变,造成了时间、费用的增加。

(4) 发包人提出提前完成项目或缩短工期而造成承包人的费用增加。

(5) 发包人延误支付期限造成承包人的损失。

(6) 合同规定以外的项目进行检验,且检验合格,或非承包人的原因导致项目缺陷的修复所发生的损失或费用。

(7) 非承包人的原因导致工程暂时停工。

(8) 物价上涨,法规变化及其他。

3. 常见的工程索赔

1) 合同文件引起的索赔

(1) 有关合同文件的组成问题引起索赔。

(2) 关于合同文件有效性引起的索赔。

(3) 因图纸或工程量表中的错误而索赔。

2) 有关工程施工的索赔

(1) 地质条件变化引起的索赔。

(2) 工程中人为障碍引起的索赔。

(3) 增减工程量的索赔。

(4) 各种额外的实验和检查费用偿付。

(5) 工程质量要求的变更引起的索赔。

(6) 关于变更命令有效期引起索赔或拒绝。

(7) 指定分包商违约或延误造成的索赔。

(8) 其他有关施工的索赔。

3）关于价款方面的索赔

(1) 关于价格调整方面的索赔。

(2) 关于货币贬值和严重经济失调导致的索赔。

(3) 拖延支付工程款的索赔。

4）关于工期的索赔

(1) 关于延展工期的索赔。

(2) 由于延误产生损失的索赔。

(3) 赶工费用的索赔。

5）特殊风险和人力不可抗拒灾害的索赔

(1) 特殊风险的索赔

特殊风险一般是指战争、敌对行动、入侵、敌人的行为，核污染及冲击波破坏、叛乱、革命、暴动、军事政变或篡权、内战等。

(2) 人力不可抗拒灾害的索赔

人力不可抗拒灾害主要是指自然灾害，由这类灾害造成的损失应向承保的保险公司索赔。在许多合同中承包人以发包人和承包人共同的名义投保工程一切险，这种索赔可同发包人一起进行。

6）工程暂停、中止合同的索赔

(1) 施工过程中，工程师有权下令暂停工程或任何部分工程，只要这种暂停命令并非承包人违约或其他意外风险造成的，承包人不仅可以得到要求工期延展的权利，而且可以就其停工损失获得合理的额外费用补偿。

(2) 中止合同和暂停工程的意义是不同的。有些中止的合同是由于意外风险造成的损害十分严重；有些中止合同是由"错误"引起的中止，例如发包人认为承包人不能履约而中止合同，甚至从工地驱逐该承包人。

7）财务费用补偿的索赔

财务费用的损失要求补偿，是指因各种原因使承包人财务开支增大而导致的贷款利息等财务费用。

4. 工程索赔的依据

1）合同文件

合同文件是索赔的最主要的依据，包括以下几方面。

(1) 本合同协议书。

(2) 中标通知书。

(3) 投标书及其附件。

(4) 本合同专用条款。

(5) 本合同通用条款。

(6) 标准、规范及有关技术文件。

(7) 图纸。

(8) 工程量清单。

(9) 工程报价单或预算书。

合同履行中，发包人、承包人有关工程的洽商、变更等书面协议或文件视为本合同的组成部分。

2) 订立合同所依据的法律法规

(1) 适用法律和法规

建设工程合同文件适用国家的法律和行政法规。需要明示的法律、行政法规，由双方在专用条款中约定。

(2) 适用标准、规范

双方在专用条款内约定适用国家标准、规范的名称。

3) 相关证据

(1) 招标文件、合同文本及附件，其他的各种签约(备忘录、修正案等)，发包人认可的工程实施计划，各种工程图纸(包括图纸修改指令)，技术规范等。

(2) 来往信件，如发包人的变更指令，各种认可信、通知、对承包人问题的答复信等。

(3) 各种会谈纪要。

(4) 施工进度计划和实际施工进度记录。

(5) 施工现场的工程文件。

(6) 工程照片。

(7) 气候报告。

(8) 工程中的各种检查验收报告和各种技术鉴定报告。

(9) 工地的交接记录(应注明交接日期，场地平整情况，水、电、路情况等)，图纸和各种资料交接记录。

(10) 建筑材料和设备的采购、订货、运输、进场，使用方面的记录、凭证和报表等。

(11) 市场行情资料，包括市场价格、官方的物价指数、工资指数、中央银行的外汇汇率等公布材料。

(12) 各种会计核算资料。

(13) 国家法律、法令、政策文件。

5. 工程索赔的程序和方法

1) 索赔程序

(1) 提出索赔要求

当出现索赔事项时，承包人以书面的索赔通知书形式，在索赔事项发生后的 28 天以内，向工程师正式提出索赔意向通知。

(2) 报送索赔资料

在索赔通知书发出后的 28 天内，向工程师提出延长工期和(或)补偿经济损失的索赔报告及有关资料。

(3) 工程师答复

工程师在收到承包送交的索赔报告有关资料后应在 28 天内给予答复，或要求承包人进一步补充索赔理由和证据。

(4) 工程师逾期答复后果

工程师在收到承包人送交的索赔报告的有关资料后28天未予答复或未对承包人作进一步要求,视为该项索赔已经认可。

(5) 持续索赔

当索赔事件持续进行时,承包人应当阶段性向工程师发出索赔意向,在索赔事件终了后28天内,向工程师送交索赔的有关资料和最终索赔报告,工程师应在28天内给予答复或要求承包人进一步补充索赔理由和证据。逾期未答复,视为该项索赔成立。

(6) 仲裁与诉讼

工程师对索赔的答复,承包人或发包人不能接受,即进入仲裁或诉讼程序。

2) 索赔文件的编制方法

(1) 总述部分

概要论述索赔事项发生的日期和过程;承包人为该索赔事项付出的努力和附加开支;承包人的具体索赔要求。

(2) 论证部分

论证部分是索赔报告的关键部分,其目的是说明自己有索赔权,是索赔能否成立的关键。

(3) 索赔款项(或工期)计算部分

如果说合同论证部分的任务是解决索赔权能否成立,则款项计算是为解决能得多少款项。前者定性,后者定量。

(4) 证据部分

要注意引用的每个证据的效力或可信程度,对重要的证据资料最好附以文字说明,或附以确认文件。

6. 工程反索赔的概念和特点

1) 工程反索赔的概念

反索赔是相对索赔而言,是对提出索赔的一方的反驳(回应、索赔)。发包人可以针对承包人的索赔进行反索赔,承包人也可以针对发包人的索赔进行反索赔。通常的反索赔主要是指发包人向承包人的反索赔。

2) 建设工程反索赔的特点

(1) 索赔与反索赔具有同时性。

(2) 技巧性强,处理不当将会引起诉讼。

(3) 在反索赔时,发包人处于主动的有利地位,发包人在经工程师证明承包人违约后,可以直接从应付工程款中扣回款项,或从银行保函中得以补偿。

3) 发包人相对承包人反索赔的内容

(1) 工程质量缺陷反索赔。

(2) 拖延工期反索赔。

(3) 保留金的反索赔。

(4) 发包人其他损失的反索赔。

7. 工程索赔的计算

施工索赔的内容包括工期索赔和费用索赔。

1) 工期索赔

工程拖期可分为两种:"可原谅的拖期"(非承包人原因造成的)和"不可原谅的拖期"(承包人造成的)。这两类工程拖期的处理原则及结果均不相同,其处理原则见表 2-3。

表 2-3　工期索赔处理原则

索赔原因	是否可原谅	拖期原因	责任者	处理原则	索赔结果
工程进度拖延	可原谅的拖期	1. 修改设计 2. 施工条件变化 3. 业主原因拖期 4. 工程师原因拖期	业主/工程师	可给予工期延长,可补偿经济损失	工期+经济补偿
		1. 异常恶劣气候 2. 工人罢工 3. 天灾	客观原因	可给予工期延长,不给予经济补偿	工期
	不可原谅的拖期	1. 工效不高 2. 施工组织不好 3. 设备材料供应不及时	承包人	不延长工期,不补偿经济损失,向业主支付误期损失赔偿费	索赔失败,无权索赔

在实际施工过程中,工程拖期很少是只由一方面(承包商、业主或某一客观原因)造成的,往往是两三种原因同时发生(或相互作用)而形成的,这就称为"共同延误"。在这种情况下,要判别造成拖期的哪一种原因是最先发生的,即确定"初始延误"者,它应对工程拖期负责。在初始延误发生作用期间,其他并发的延误者不承担拖期责任。

工期索赔可按网络分析法和对比分析法进行计算。

(1) 网络分析法。即通过分析索赔事件发生前后的网络计划,对比前后两种工期计算结果,算出索赔值。

(2) 对比分析法。在实际工程中,干扰事件常常仅影响某些单项工程、单位工程或分部分项工程的工期,要分析它们对总工期的影响,可以采用较简单的对比分析法。常用的计算公式是:

总工期索赔=(受干扰部分的合同价/整个工程合同总价)×该部分工程受干扰工期拖延量

总工期索赔=(额外或新增工程量价格/原合同总价)×原合同总工期

2) 费用索赔

索赔费用可按分项法、总费用法以及修正总费用法计算。

(1) 分项法。该方法是按每个索赔事件所引起损失的费用项目分别分析计算索赔值的一种方法。分项法计算通常分三步：第一，分析每个或每类索赔事件所影响的费用项目，不得有遗漏；第二，计算每个费用项目受索赔事件影响后的数值，通过与合同价中的费用值进行比较即可得到该项费用的索赔值；第三，将各费用项目的索赔值汇总，得到总费用索赔值。

(2) 总费用法。又称总成本法，就是当发生多次索赔事件后，重新计算出该工程的实际总费用，再从这个实际总费用中减去投标报价时的估算总费用，计算出索赔余额，具体公式是：

索赔金额＝实际总费用－投标报价估算总费用

(3) 修正总费用法。按修正后的总费用计算索赔金额的公式如下：

索赔金额＝某项工作调整后的实际总费用－该项工作的报价费用

2.2.5 建设工程施工专业分包合同及劳务分包合同的主要内容

1. 施工专业分包合同的主要内容

建设部和国家工商行政管理总局于2003年发布了《建设工程施工专业分包合同(示范文本)》。该文本由《协议书》、《通用条款》、《专用条款》三部分组成。

1)《协议书》的内容

(1) 分包工程概况，分包工程名称，分包工程地点，分包工程承包范围。

(2) 分包合同价款。

(3) 工期，包括开工日期，竣工日期，合同工期总日历天数。

(4) 工程质量标准。

(5) 组成合同的文件

组成合同的文件包括：本合同协议书；中标通知书(如有时)；分包人的报价书；除总包合同工程价款之外的总包合同文件；本合同专用条款；本合同通用条款；本合同工程建设标准、图纸及有关技术文件；合同履行过程中，承包人和分包人协商一致的其他书面文件。

(6) 分包人向承包人承诺，按照合同约定的工期和质量标准，完成本协议书约定的工程，并在质量保修期内承担保修责任。

(7) 承包人向分包人承诺，按照合同约定的期限和方式，支付本协议书约定的合同价款及其他应当支付的款项。

(8) 分包人向承包人承诺，履行总包合同中与分包工程有关的承包人的所有义务，并与承包人承担履行分包工程合同以及确保分包工程质量的连带责任。

(9) 合同的生效。

2)《通用条款》的内容

《通用条款》的内容包括词语定义及合同文件；双方一般权利和义务；工期；质量与安全；合同价款与支付；工程变更；竣工验收与结算；违约、索赔及争议；保障、保险及担保；材料设备供应；文件；不可抗力；分包合同解除；合同生效与终止；合同份数和补充条款等规定。

3)《专用条款》的内容

《专用条款》与《通用条款》是相对应的,《专用条款》具体内容是承包人与分包人协商将工程的具体要求填写在合同文本中,建设工程专业分包合同《专用条款》的解释优于《通用条款》。

2. 劳务分包合同的主要内容

建设部和国家工商行政管理总局于 2003 年发布了《建设工程施工劳务分包合同(示范文本)》,其规范了劳务分包合同的主要内容。《施工劳务分包合同》没有采用总承包合同或专业分包合同的结构形式,而采用协商填空式格式。

劳务分包合同主要包括劳务分包人资质情况;劳务分包工作对象及提供劳务内容;分包工作期限;质量标准;合同文件及解释顺序;标准规范;总(分)包合同;图纸;项目经理;工程承包人义务;劳务分包人义务;安全施工与检查;安全防护;事故处理;保险;材料、设备供应;劳务报酬;工程量及工程量的确认;劳务报酬的中间支付;施工机具、周转材料供应;施工变更;施工验收;施工配合;劳务报酬最终支付;违约责任;索赔;争议;禁止转包或再分包;不可抗力;文物和地下障碍物;合同解除;合同终止;合同份数;补充条款;合同生效。

2.2.6　施工项目合同实施的管理

1. 施工项目合同分析

1) 合同分析的必要性

进行合同分析是基于以下原因。

(1) 合同条文繁杂,内涵意义深刻,法律语言不容易理解。

(2) 在同一个工程中,往往几份、十几份甚至几十份合同交织在一起,有十分复杂的关系。

(3) 合同文件和工程活动的具体要求(如工期、质量、费用等)的衔接处理。

(4) 工程小组、项目管理职能人员等所涉及的活动和问题不是合同文件的全部,而仅为合同的部分内容,如何全面理解合同对合同的实施将会产生重大影响。

(5) 合同中存在问题和风险,包括合同审查时已经发现的风险和还可能隐藏着的尚未发现的风险。

(6) 合同条款的具体落实。

(7) 在合同实施过程中,合同双方将会产生的争议。

2) 合同分析的内容

合同分析的主要内容包括合同的法律基础;承包人的主要任务;发包人责任;合同价格;施工工期;违约责任;验收、移交和保修;索赔程序和争执的解决等内容。

2. 施工项目合同交底

合同和合同分析的资料是工程实施管理的依据。合同分析后,应由合同管理人员向各层次管理者作“合同交底”,把合同责任具体地落实到各责任人和合同实施的具体工作上。

(1) 合同管理人员向项目管理人员和企业各部门相关人员进行“合同交底”,组织大家学习合同和合同总体分析结果,对合同的主要内容作出解释和说明。

(2) 将各种合同事件的责任分解落实到各工程小组或分包人。

(3) 在合同实施前与其他相关的各方面,如发包人、监理工程师、承包人沟通,召开协调会议,落实各种安排。

(4) 在合同实施过程中还必须进行经常性的检查、监督,对合同作解释。

(5) 合同责任的完成必须通过其他经济手段来保证。对分包商,主要通过分包合同确定双方的权利关系,保证分包商能及时地按质按量地完成合同责任。

3. 施工项目合同实施的控制

1) 合同控制的作用

(1) 通过合同实施情况分析,找出偏离,以便及时采取措施,调整合同实施过程,达到合同总目标,所以合同跟踪是决策的前导工作。

(2) 在整个工程过程中,能使项目管理人员一直清楚地了解合同实施情况,对合同实施现状、趋向和结果有一个清醒的认识。

2) 合同控制的依据

(1) 合同和合同分析的结果,如各种计划、方案、洽商变更文件等,它们是比较的基础,是合同实施的目标和依据。

(2) 各种实际的工程文件,如原始记录,各种工程报表、报告、验收结果、计量结果等。

(3) 工程管理人员每天对现场情况的书面记录。

3) 合同诊断

合同诊断包括如下内容。

(1) 分析合同执行差异的原因。

(2) 分析合同差异责任。

(3) 问题的处理。

4) 合同控制措施

对工程问题有如下四类措施。

(1) 技术措施。

(2) 组织和管理措施。

(3) 经济措施。

(4) 合同措施。

4. 施工项目合同档案管理

1) 合同资料种类

在实际工程中与合同相关的资料面广量大,形式多样,主要有:

(1) 合同资料,如各种合同文本、招标文件、投标文件、图纸、技术规范等。

(2) 合同分析资料，如合同总体分析、网络图、横道图等。

(3) 工程实施中产生的各种资料，如发包人的各种工作指令、签证、信函、会谈纪要和其他协议，各种变更指令、申请、变更记录，各种检查验收报告、鉴定报告。

(4) 工程实施中的各种记录、施工日记等，官方的各种文件、批件，反映工程实施情况的各种报表、报告、图片等。

2) 合同资料文档管理的内容

(1) 合同资料的收集

合同包括许多资料、文件；合同分析又产生许多分析文件；在合同实施中每天又产生许多资料，如记工单、领料单、图纸、报告、指令、信件等。

(2) 资料整理

原始资料必须经过信息加工才能成为可供决策的信息，成为工程报表或报告文件。

(3) 资料的归档

所有合同管理中涉及的资料不仅目前使用，而且必须保存，直到合同结束。为了查找和使用方便，必须建立资料的文档系统。

(4) 资料的使用

合同管理人员有责任向项目经理、向发包人作工程实施情况报告；向各职能人员和各工程小组、分包商提供资料；为工程的各种验收、索赔和反索赔提供资料和证据。

5. 施工合同的评价

合同终止后，承包人应对施工合同进行下列评价。

(1) 合同签订情况评价。

(2) 合同执行情况评价。

(3) 合同管理工作评价。

(4) 对本项目有重大影响的合同条款的评价。

通过对合同进行上述评价，为企业的合同管理工作总结经验和教训。

2.3 国际工程施工招投标与合同条件

2.3.1 国际工程施工招投标方式

国际工程招标方式有四种类型：国际竞争性招标；国际有限招标；两阶段招标；议标。

1. 国际竞争性招标

国际竞争性招标也称国际公开招标，是指在国际范围内，采用公平竞争方式，定标时按事先规定的原则，对所有具备要求资格的投标商一视同仁，根据其投标报价及评标的所有依据、投标商的人力、财力和物力及其拟用于工程的设备等因素,进行评标、定标。

采用这种方式,业主可以在国际市场上找到最有利于自己的承包商,无论在价格和质量方面,还是在工期及施工技术方面都可以满足自己的要求。按照国际竞争性招标方式,招标的条件由业主决定,因此,订立的合同最有利于业主,有时对承包商很苛刻。

国际竞争性招标适用于下列情况。

1) 按资金来源划分

(1) 由世界银行及其附属组织、国际开发协会和国际金融公司提供优惠贷款的工程项目。

(2) 由联合国多边援助机构和国际开发组织、地区金融机构提供援助性贷款的工程项目。

(3) 由某些国家的基金会和一些政府提供资助的工程项目。

(4) 由国际财团或多家金融机构投资的工程项目。

(5) 两国或两国以上合资的工程项目。

(6) 需要承包商提供资金即带资承包或延期付款的工程项目。

(7) 以实物偿还(如石油、矿产等)的工程项目。

(8) 发包国拥有足够的自有资金但自己无力实施的工程项目。

2) 按工程性质划分

(1) 大型土木工程,如水坝、电站、高速公路等。

(2) 施工难度大,发包国在技术或人力方面均无实施能力的工程,如工业综合设施、海底工程等。

(3) 跨越国境的国际工程。

2. 国际有限招标

国际有限招标是一种有限竞争招标,即投标人的选用具有一定限制,不是任何对发包项目有兴趣的承包商都有资格投标。

国际有限招标有两种方式。

1) 一般限制性招标

一般限制性招标方式也是在世界范围内,但对投标人选用有一定限制,更强调投标人的资信。一般限制性招标要在国内外主要报刊上刊登广告,必须注明有限招标和对投标人选的限制范围。

2) 特邀招标

特邀招标方式是指招标人根据自己的经验和资料或由咨询公司提供的承包商名单,由招标人在征得世界银行或其他项目资助机构的同意后对某些承包商发出邀请,经过对应邀人进行资格预审后,再行通知其提出报价,递交投标书。

特邀招标方式适用于下列情况。

(1) 工程量不大,投标商数目有限或具有其他不宜国际竞争性招标的正当理由,如对工程有特殊要求等。

(2) 由于工程性质特殊,要求有专门经验的技术队伍和熟练的技工及专门技术设备,只有少数承包商能够胜任。

(3) 某些大而复杂且专业性很强的工程项目,可能的投标者很少,准备招标的成本很高。

(4) 工程规模大,中小型公司不能胜任,只能邀请若干家大公司投标。

(5) 工程项目招标通知发出后无人投标,或投标商数目不足法定人数,招标人可再邀请少数公司投标。

3. 两阶段招标

两阶段招标也称邀请协商,招标方式适用下列情况。

(1) 在某些新型的大型项目承包之前,招标人对此项目的建筑方案尚未最后确定,这时可以在第一阶段招标中向投标人提出要求,就其最擅长的建造方案进行报价,或者按其建造方案报价,经过评价,选出其中最佳方案的投标人,再进行第二阶段的根据其具体方案的详细报价。

(2) 招标工程内容属高新技术,需在第一阶段中博采众长,进行评价,选出最新最优设计方案,然后在第二阶段中邀请选入方案的投标人进行详细的报价。

(3) 一次招标不成功,即所有投标均为废标,只好在现有基础上邀请若干家公司再次报价。

4. 议标

议标是一种非竞争性招标。议标是由发包人物色一家或多家承包商直接进行合同谈判,最后无任何约束地将合同授予其中一家或若干家承包商联合承包,无须优先授予报价最优惠者。

议标通常在以下情况下采用。

(1) 以特殊名义(如执行政府协议)签订承包合同。

(2) 按临时签约且在业主监督下执行的合同。

(3) 属于研究、实验或实验及有待完善的项目承包合同。

(4) 由于技术的需要或重大投资原因只能委托给特定的承包商或制造商实施的合同。

(5) 项目已付诸招标,但没有中标者或没有理想的承包商。

(6) 出于紧急情况或急迫需求的项目。

(7) 秘密工程。

(8) 属于国防需要的工程。

(9) 已为业主实施过项目且已取得业主满意的承包商重新承担基本技术相同的工程项目。

世界各地区对施工招标的习惯做法归纳起来有四种,即世界银行推行的做法,英联邦地区的做法,法语地区的做法,独联体成员国的做法。

2.3.2 国际工程施工招标的工作程序

各国和各个国际组织规定的招标程序不完全相同,但其主要步骤和环节一般来说大同小异。现以世界银行贷款项目为例,来说明国际工程项目的招标程序。

1. 招标准备阶段

(1) 在国内或国际重要的报刊上登出招标公告以及对承包商的资格预审通告。

(2) 发出承包商资格预审文件和资格预审须知,并列出要求有关承包商回答问题的清单或提纲。

2. 投标承包商的资格预审阶段

(1) 对收到的承包商资格预审资料进行分析、评价,确定参加投标竞争的承包商名单,并通知这些承包商,以便确认他们参加投标竞争的意向。

(2) 正式发出信函,通知所有通过资格预审的承包商。

3. 公开招标阶段

(1) 编制招标文件。

(2) 正式向资格预审合格的承包商发出投标邀请函及招标文件。

(3) 组织承包商进行现场勘察。

(4) 必要时,对招标文件作出补充修改,并发出补充通知。

(5) 接受投标文件的招标组织机构在收到投标文件时应记下收到的日期,并通知有关承包商已收到其投标文件,所有被接受的投标文件必须是在规定的时间之内送达的。

4. 开标、评标、授予合同阶段

1) 开标

在一个既定的时间内当场启封,公开开标,公布各投标承包商名称及其报价,同时也对截止投标以后收到投标书的承包商的名称进行公布。开标会结束后,主持者应编写一份开标会纪要,说明开标的有关情况及对某些问题的处理等。这份纪要,应分别送给业主、监理工程师、项目主管部门、政府有关部门以及世界银行等,以便备查。

2) 审查投标文件

审查的内容有:投标文件有无计算上的技术性错误;投标文件是否总体上符合了招标文件的要求;投标文件是否已提供了所有要求的保证;投标文件是否全部按规定签了字;投标文件的完整性如何;投标文件是否提出招标单位认为无法接受或违背招标文件的保留条款。

3) 评标

评标一般由业主代表、监理工程师、主管部门及政府有关部门的代表以及法律顾问等组成一个评标工作机构负责。

评标的主要内容如下。

(1) 价格比较。也就是对投标价的分析。

(2) 对技术条件的评审。首先包括对主要施工方法、施工设备以及施工进度的比较,其次是对主要工程技术人员和管理人员的数量及其素质进行比较。

(3) 商务法律方面的比较。主要是看投标文件的有关内容是否符合招标文件要求,以及支付条件、

外汇兑换率条件、外汇支付利息等方面的条件情况。

(4) 其他条件

例如有关优惠条件等。

4) 决定中标者,并进行有关谈判。

5) 对授予合同作出决定,并发出授标信。同时,组织者还应通知其他未中标的承包商,并退还投标押金。

6) 要求中标者递交履约保证书。

7) 准备合同文件,签订合同。

8) 特殊情况——废标、拒绝全部投标。招标文件中明确规定组织机构有权废标,但是国际惯例对此做法是有严格限定的。

(1) 最低投标报价大大超过标底(一般超过 20%以上),招标单位无力接受投标条件。

(2) 所有报价文件在实质上均未按招标文件要求编制。

(3) 投标单位过少(不超过 3 家),缺乏竞争性。

但按国际惯例,不允许为了压低报价而废标。如要更新招标,应对招标文件有关内容如合同范围、合同条件、设计、图纸、规范等重新审订修改后才能重新招标。

2.3.3　国际工程施工投标的工作程序

国际工程投标的工作程序可分为四个主要过程,即工程项目的投标决策;投标前的准备工作;计算工程报价;投标文件的编制和发送。

1. 工程项目的投标决策

1) 业主方面:主要考虑工程项目的背景条件。如业主的信誉;工作项目的资金来源;招标文件的公平合理性;业主所在国的政治、经济形势等。

2) 工程方面:主要考虑工程性质和规模;施工的复杂性;工程准备期和工期;施工的复杂性;现场条件;材料和设备的供应条件等。

3) 承包商方面:主要考虑自身技术上是否可行,能否满足业主提出的条件;自身的垫资能力;对投资对手的了解和分析等。

2. 投标准备

投标准备工作主要包括组建投标班子,参加资格预审,购买招标文件,施工现场及市场调查,办理投标保函,选择咨询单位和雇用代理人等。

雇用代理人,是在工程所在地区找一个能代表投标人的利益开展某些工作的人。一般代理人均由当地人充当,有些国家规定,外国承包企业必须有代理人才能在本国开展业务。

代理人的一般职责如下。

1) 向投标人传递招标信息,协助投标人通过资格预审。

2) 提供当地法律咨询服务，当地物资、劳力、市场行情及商业活动经验。

3) 传递投标人与业主间的信息往来。

4) 如果中标，协助承包商办理入境签证、居留证、物资进出口证等多种手续，以及协助承包商租用土地、房屋、建立通信设施等。

3. 报价计算

承包商在严格按照招标文件的要求编制投标文件时，应根据招标工程项目的具体内容、范围，并根据自身的投标能力和工程承包市场竞争状况，详细计算招标的各项单价和汇总价，其中考虑一定利润、税金和风险系数，然后正式提出报价。

国际工程投标报价由下列费用组成：

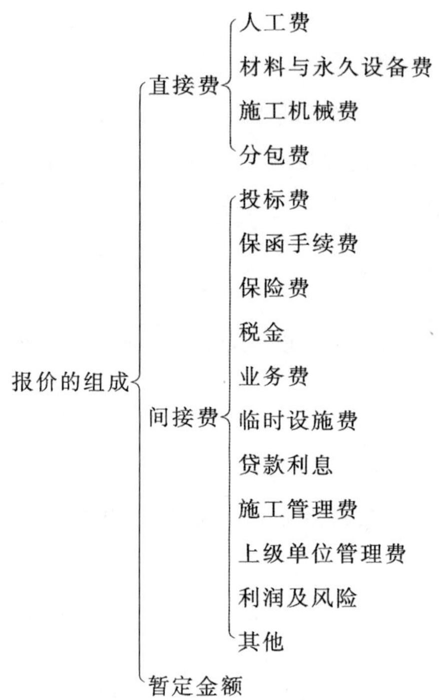

4. 投标文件的编制与发送

投标文件应完全按照招标文件的要求编制。目前，国际工程投标中多采用规定的表格方式填写，这些表格形式在招标文件中已给定，投标单位只需将规定的内容、计算结果按要求填入即可。

投标书的内容、表格等全部完成后，即将其装封，按招标文件指定的时间、地点报送。

2.3.4 FIDIC 合同条件简介

FIDIC 是指国际咨询工程师联合会(Federation Internationale Des Inginieurs-Conseils)，它是由该联合会的法文名称字头组成的缩写词。1913 年，欧洲四个国家的咨询工程协会组成了 FIDIC。经过 90

年的发展，该联合会已拥有 80 多个代表不同国家和地区的咨询工程师专业团体会员国(它的会员在每个国家只有一个)，是被世界银行认可的国际咨询服务机构，总部设立在瑞士洛桑。中国工程咨询协会代表我国于 1996 年 10 月加入该组织。

FIDIC 下属有四个地区成员协会：FIDIC 亚洲及太平洋地区成员协会(ASPAC)、FIDIC 欧洲共同体成员协会(CEDIC)、FIDIC 非洲成员协会集团(CAMA)和 FIDIC 北欧成员协会集团(RINORD)。FIDIC 还下设许多专业委员会，主要的有业主咨询工程师关系委员会(CCRC)、土木工程合同委员会(CECC)、电器机械合同委员会(EMLC)及职业责任委员会(PLC)等。FIDIC 专业委员会编制了许多标准合同条件，如 FIDIC 土木工程施工合同条件、FIDIC 电器和机械工程合同条件等。

FIDIC 最新合同条件是于 1999 年出版的 4 本新的合同标准格式第一版，包括以下具体内容。

(1)《施工合同条件》

推荐用于由雇主或其代表工程师设计的建筑或工程项目。这种合同的通常情况是，由承包商按照雇主提供的设计进行工程施工。但该工程可以包含由承包商设计的土木、机械、电气和(或)构筑物的某些部分。

(2)《生产设备和设计施工合同条件》

推荐用于电气和(或)机械设备供货和建筑或工程的设计与施工。这种合同的通常情况是，由承包商按照雇主要求，设计和提供生产设备和(或)其他工程；可以包括土木、机械、电气和(或)构筑物的任何组合。

(3)《设计采购施工(EPC)/交钥匙工程合同条件》

可适用于以交钥匙方式提供工厂或类似设施的加工或动力设备、基础设施项目或其他类型开发项目，这种方式项目的最终价格和要求的工期具有更大程度的确定性，由承包商承担项目的设计和实施的全部职责，雇主介入很少。交钥匙工程的通常情况是，由承包商进行全部设计、采购和施工(EPC)，提供一个配备完善的设施(“转动钥匙”时)即可运行。

(4)《简明合同格式》

推荐用于资本金额较小的建筑或工程项目。根据工程的类型和具体情况，这种格式也可用于较大资本金额的合同，特别是适用于简单或重复性的工程或工期较短的工程。这种合同的通常情况是，由承包商按照雇主或其代表(如果有)提供的设计进行工程施工，但这种格式也可适用于包括或全部是由承包商设计的土木、机械、电气和(或)构筑物的合同。这里介绍 FIDIC 土木工程施工合同条件。

1. FIDIC 合同条件的构成

FIDIC 合同条件由通用合同条件和专用合同条件两部分构成，且附有合同协议书、投标和争端仲裁协议书。

1) FIDIC 通用合同条件

FIDIC 通用合同条件是固定不变的，工程建设项目只要是属于房屋建筑或者工程的施工，如工业与民用建筑工程、水电工程、路桥工程、港口工程等建设项目，都可适用。通用条件共 20 个方面的问题：一般规定，业主，工程师，承包商，指定分包商，职员和劳工，工程设备、材料和工艺，开工、误期和暂停竣工检验,业主的接收,缺陷责任,测量和估价,变更和调整,合同价格和支付,业主提出终止,承包商提出暂停和终止,风险和责任,保险,不可抗力,索赔、争端和仲裁。

2) FIDIC 专用合同条件

FIDIC 在编制合同条件时,对土木工程施工的具体情况作了充分而详尽的考察,从中归纳出大量内容具体详尽且适用于所有土木工程施工的合同条款,组成了通用合同条件。但仅有这些是不够的,具体到某一工程项目,有些条款应进一步明确,有些条款还必须考虑工程的具体特点和所在地区的情况予以必要的变动。FIDIC 专用合同条件就是为了实现这一目的。通用条件与专用条件一起构成了决定一个具体工程项目各方的权利义务及对工程施工的具体要求的合同条件。

3) FIDIC 合同条件下合同文件的组成及优先次序

在 FIDIC 合同条件下,合同文件除合同条件外,还包括其他对雇主、承包方都有约束力的文件。构成合同的这些文件应该是互相说明、互相补充的,但是这些文件有时会产生冲突或含义不清。此时,应由工程师进行解释,其解释应按构成合同文件的如下先后次序进行:①合同协议书;②中标函;③投标书;④专用条件;⑤通用条件;⑥规范;⑦图纸;⑧资料表和构成合同组成部分的其他文件。

2. FIDIC 合同条件中的各方

FIDIC 合同条件中涉及各方,包括雇主、工程师和承包商。

1) 雇主

雇主是合同的当事人及其财产所有权的合法继承人,在合同的履行过程中享有大量的权利并承担相应的义务。

(1) 现场进入权

雇主应当在投标书附录中规定的时间(或几个时间)内给予承包商进入现场、占有现场各部分的权利。此项进入和占有权可不为承包商独享。

(2) 许可、执照或批准

雇主应当根据承包商的请求,应对其提供以下合理协助:取得与合同有关,但不易得到的工程所在国的法律文本;协助承包商申办工程所在国法律要求的有关许可、执照或批准。

(3) 雇主人员

雇主应负责保证在现场的雇主人员和其他承包商努力进行合作,做到彼此间各项工作进展顺利。

(4) 雇主的资金安排

雇主应当在收到承包商的任何要求 28 天内,提出其已做并将维持的资金安排的合理证明,说明雇主能够按照规定支付合同价格。如果雇主想要对其资金安排作任何重大改变,应将其改变的详细情况通知承包商。

(5) 雇主的索赔

如果根据合同条款或合同有关的另外事项,雇主认为有权得到任何支付,和(或)对缺陷通知期限的延长,雇主或工程师应当向承包商发出通知,说明细节。通知应当在雇主了解引起索赔的事项或者情况后尽快发出。关于缺陷通知期限任何延长的通知,应在该期限到期前发出。通知的细节应说明提出索赔根据的条款或其他依据，还应包括雇主认为根据合同他有权得到的索赔金额和(或)延长期的事实根据。

2）工程师

工程师是由雇主任命，为实施合同担任工程师的人员，或有时根据合同规定，由雇主任命并通知承包商的其他人员，对于工程的质量、进度和费用进行控制和监督，以保证工程项目的建设能满足合同的要求。

(1) 工程师的任务和权力

工程师应当履行合同中指派给他的任务。工程师的职员应当包括具有适当资质的工程师和能够承担这些任务的其他专业人员。工程师可以行使合同中规定的，或者必然隐含的应当属于工程师的权力。如果要求工程师在行使规定权力前须得到雇主批准，这些要求应当在专用条件中写明。但是，为了合同目的，工程师行使这些应当由雇主批准的规定权利时，应当视为雇主已经予以批准。除得到承包商同意外，雇主承诺不对工程师的权力作进一步的限制。

工程师在行使任务或权力时，还应遵照下列规定。

① 工程师无权修改合同。

② 工程师履行或行使合同规定或隐含的任务或权力时，应当视为代表雇主执行。

③ 工程师无权解除任何一方根据合同规定的任何任务、义务或职责。

④ 工程师的任何批准、校核、证明、同意、检查、检验、指示、通知、建议、要求、实验或类似行动，不应解除合同规定承包商的任何职责，包括对错误、遗漏、误差和未遵办的职责。

(2) 由工程师付托

工程师可以向其助手指派任务和付托权力，也可以撤销这种指派或付托。这些助手可包括驻地工程师、被任命为检验和实验各项工程设备和材料的独立检查员。这些指派、付托或撤销应当使用书面形式，在双方收到抄件后才生效。助手应是具有适当资质的人员，能够履行这些任务，行使这些权力，但助手只能在授权范围内向承包商发出指示。助手按照付托作出的任何批准、校核、证明、同意、检查、检验、指示、通知、建议、要求、实验或类似行动，应具有工程师作出的行动同样的效力。如承包商对助手的确定或者指示提出质疑，承包商可将此事项递交工程师，工程师应当及时对该确定或指示进行确认、取消或改变。

(3) 工程师的指示

工程师可按照合同规定在任何时间向承包商发出指示和实施工程及修补缺陷可能需要的附加或修正图纸，承包商应当接受这些指示。如果指示构成一项变更，则按照合同变更规定办理。一般情况下，这些指示应当采用书面形式。

(4) 工程师的替换

如果雇主准备替换工程师，雇主应在准备替换日期 42 天前通知承包商，告知准备替换工程师的名称、地址及有关经验。如果承包商通知雇主，对替换人提出合理的反对意见，并附有详细的依据，雇主就不应用该人替换工程师。

3) 承包商

承包商是指其投标函已被雇主接受的当事人及其财产所有权的合法继承人,负责工程的施工。

(1) 承包商的一般义务

① 承包商应当按照合同及工程师的指示,设计(在合同规定的范围内)、实施和完成工程,并修补工程中的任何缺陷。

② 承包商应提供合同规定的生产设备和承包商文件,以及此项设计、施工、竣工和修补缺陷所需的所有临时性或永久性的承包商人员、货物、消耗品及其他物品和服务。

③ 承包商应对所有现场作业、所有施工方法和全部工程的完备性、稳定性和安全性承担责任。除非合同另有规定,承包商应对所有承包文件、临时工程及按照合同要求的每项生产设备和材料的设计承担责任,不应对其他永久工程的设计或规范负责。

④ 当工程师提出要求时,承包商应递交其建议采用的工程施工安排和方法的细节。事先未通知工程师,对这些安排和方法不得做重大改变。

(2) 履约担保

承包商应当在收到中标函后20天内向雇主递交履约担保,保证金额和币种应符合投标书附录中的规定,并向工程师送一份副本。承包商应确保履约担保直到完成工程的施工、竣工及修补完任何缺陷前持续有效和可执行。如果在履约担保的条款中规定了其期满日期,而承包商在该期满日期前28天尚无权拿到履约证书,承包商应将履约担保的有效期延长至工程竣工和修补完任何缺陷时为止。雇主应当在收到履约证书副本后21天内,将履约担保退还承包商。

在下列情况下雇主可以凭履约担保索赔。

① 专用条款内约定的缺陷通知期满后仍未能解除承包商的保修义务时,承包商应延长履约保函有效期而未延长。

② 按照雇主索赔或争议、仲裁等决定,承包商未向雇主支付相应款项。

③ 缺陷通知期内承包商接到雇主修补缺陷通知后42天内未派人修补。

④ 由于承包商的严重违约行为雇主终止合同。

(3) 承包商代表

承包商应当任命承包商代表,并授予其代表承包商根据合同采取行动所需的全部权力。如果合同中未写明承包商代表的姓名,承包商应在开工日期前,将其拟任命为承包商代表的人员姓名和详细资料递交给工程师,以取得同意。如果未获同意,或随后撤销了同意,或任命的人不能担任承包商代表,承包商应同样地递交另外适合人选的姓名、详细资料,以取得该项任命。未经工程师事先同意,承包商不得撤销承包商代表的任命,或任命替代人。承包商代表应将其全部时间用于指导承包商履行合同。如果承包商代表在工程施工期间要暂时离开现场,应事先征得工程师的同意,任命合适的替代人员,并相应通知工程师。

(4) 关于分包

承包商不得将整个工程分包。承包商应当对任何分包商、其代理人或雇员的行为或违约负责。

(5) 放线

承包商应按照合同规定的或工程师通知的原始基准点、基准线和基准标高对工程放线。承包商应负责对工程的所有部分正确定位,并应纠正在工程的位置、标高、尺寸或定线中的任何错误。雇主应对规定的或通知的这几项基准的任何错误负责,但承包商应在使用前,作出合理的努力对其准确性进行验证。

(6) 安全责任

承包商应当承担的安全责任包括以下各项。

① 遵守所有适用的安全规则。

② 照料有权在现场的所有人员的安全。

③ 努力清除现场和工程不需要的障碍物,以避免对人员造成危险。

④ 在工程竣工和移交前,提供围栏、照明、保卫和看守。

⑤ 因实施工程为公众和邻近土地所有人、占用人使用和提供保护,提供可能需要的任何临时工程。

(7) 中标合同金额的充分性

承包商应当被认为已经确信中标合同金额的正确性和充分性,中标合同金额应当包括根据合同承包商承担的全部义务,以及为正确地实施和完成工程并修补任何缺陷所需的全部有关事项。

(8) 不可预见的物质条件

这里的“物质条件”是指承包商在现场施工时遇到的自然物质条件和人为的及其他物质障碍和污染物,包括地下和水文条件,但不包括气候条件。如果承包商遇到他认为不可预见的不利物质条件,应尽快通知工程师,并应提出为何承包商认为不可预见的理由。承包商应采取适应物质条件的合理措施继续施工,并应遵循工程师可能给出的任何指示。如某项指示构成变更时,应按合同的规定办理。

(9) 道路通行权和设施

承包商应为自己所需要的专用和临时道路通行权包括进场道路的通行权,承担全部费用和开支。承包商还应自担风险和费用,取得为工程目的可能需要的现场以外的任何附加设施。

(10) 进场道路

承包商应被认为已对进入现场的道路的适宜性和可用性感到满意。承包商应尽力防止任何道路或桥梁因承包商的通行等受到损坏。

承包商在使用进场道路时应注意以下问题。

① 承包商应负责因他使用进场道路所需要的任何维护。

② 承包商应提供进场道路的所有必需的标志或方向指示,还应为他使用这些道路、标志和方向指示,取得必要的有关当局的许可。

③ 雇主不对由于任何进场道路的使用或其他原因引起的索赔负责。

④ 雇主不保证进场道路的适宜性和可用性。

⑤ 因进场道路对承包商的使用要求不适宜、不能用而发生的费用应由承包商承担。

(11) 环境保护

承包商应采取一切适当措施,保护现场内外的环境,限制由其施工作业引起的污染、噪声和其他后果对公众和财产造成的损害和妨害。承包商应确保因其活动产生的气体排放、地面排水及排污等,不超过规范规定的数值,也不超过适用法律规定的数值。

(12) 进度报告

如果专用条件中无另行规定,承包商应编制月进度报告,一式六份递交给工程师。第一次报告所包含的期间,应自开工日期起至当月的月底止。以后应每月报告一次,在每次报告期最后一天后7日内报出。报告应持续到承包商完成在工程接收证书上注明的竣工日期时所有未完扫尾工作为止。

(13) 承包商的现场作业

承包商应将其作业限制在现场以及承包商可得到的并经工程师同意作为工作场地的任何附加区域内。承包商应采取一切必要的预防措施,以保持承包商设备和承包商人员处在现场和附加区域内,避免他们进入邻近地区。在工程施工期间,承包商应保持现场没有一切不必要的障碍物,并应妥善存放和处置承包商设备或多余的材料。承包商应从现场清除并运走任何残物、垃圾和不再需要的临时工程。

4) 指定分包商

(1) 指定分包商的概念

指定分包商是由雇主(或工程师)指定、选定,完成某项特定工作内容并与承包商签订分包合同的特殊分包商。由于指定分包商是与承包商签订分包合同,因而在合同关系和管理关系方面与一般分包商处于同等地位,对其施工过程中的监督、协调工作纳入承包商的管理之中。指定分包工作内容可能包括部分工程的施工;供应工程所需的货物、材料、设备,设计,提供技术服务等。

(2) 对指定分包商的付款

为了不损害承包商的利益,给指定分包商的付款应从暂列金额内开支。承包商在每个月末报送工程进度款支付报表时,工程师有权要求他出示以前已按指定分包合同给指定分包商付款的证明。如果承包商没有合法理由而扣押了指定分包商上个月应得工程款的话,雇主有权按工程师出具的证明从本月应得款内扣除这笔金额直接付给指定分包商。

3. 施工合同的进度控制

1) 工程的开工

一般情况下,开工日期应在承包商收到中标函后42天内开工,但工程师应在不少于7天前向承包商发出开工日期的通知。承包商应当在收到通知后的28天内,向工程师递交一份详细的进度计划。

2) 工程师对施工进度的监督

当工程师发现实际进度与计划进度严重偏离时,不论实际进度是超前还是滞后于计划进度,为了使进度计划有实际指导意义,随时有权指示承包商编制改进的施工进度计划,并再次递交工程师认可后执行。新进度计划将代替原来的计划。也允许在合同内明确规定,每隔一段时间(一般为3个月)承包商都要对施工计划进行一次修改,并经过工程师认可。

3）竣工时间的延长

承包商应当在工程或者分项工程的竣工时间内，完成整个工程和每项分项工程。承包商可以合理延长竣工时间的条件通常包括以下几种情况。

（1）合同变更或者合同中某项工作量的显著变化。

（2）延误发放图纸和延误移交施工现场。

（3）不可预见的外界条件。

（4）施工中遇到文物和古迹而对施工进度的干扰。

（5）非承包商原因检验导致施工的延误。

（6）施工中遇到异常不利的气候条件。

（7）由于传染病或其他政府行为导致工期的延误。

（8）施工中受到雇主或其他承包商的干扰。

（9）非承包商原因使竣工检验不能按计划正常进行。

（10）发生不可抗力事件的影响。

4）暂时停工

工程师可以随时指示承包商暂停工程某一部分或全部的施工，并可以通知暂停的原因。在暂停期间，承包商应保护、保管并保证该部分或全部工程不致产生任何变质、损失或损害。

5）复工

在发出继续施工的许可或指示后，承包商和工程师应联合对受暂停影响的工程、生产设备和材料进行检查。承包商应负责修复在暂停期间发生的在工程、生产设备或材料中的任何变质、缺陷或损失。

6）竣工实验

承包商完成工程并准备好竣工报告所需报送的资料后，应提前 21 天将竣工实验日期通知工程师。工程师应指示在该通知日期后 14 天内的某日或某几日内进行。如果工程或某区段未能通过竣工实验，承包商对缺陷进行修复和改正后，在相同条件下重复进行未通过的实验和对任何相关工作的竣工实验。当整个工程或某区段未能通过按重新实验的规定所进行的重复竣工实验时，工程师应有权选择以下任何一种方法处理：第一，指示再进行一次重复的竣工实验；第二，如果由于该工程缺陷致使雇主基本上无法享有该工程或区段所带来的全部利益时，拒收整个工程或区段，雇主有权获得承包商的赔偿；第三，颁发一份接收证书，但合同价格应予减少，减少的金额应足以弥补此项实验未通过的后果给雇主带来的价值损失。

7）颁发工程接受证书

工程通过竣工实验达到了合同规定的“基本竣工”要求后，承包商在他认为可以完成移交工作前 14 天以书面形式向工程师申请颁发接收证书。基本竣工是指工程已通过竣工实验，能够按照预定目的交给雇主占用或使用，而非完成了合同规定的包括扫尾、清理施工现场及不影响工程使用的某些次要部位缺陷修复工作后的最终竣工，剩余工作允许承包商在缺陷通知期内继续完成。这样规定有助于准确判定承包商是否按合同规定的工期完成施工义务，也有利于雇主尽早使用或占有工程，及时发挥工程效益。工程师接到承包商申请后的28天内,如果认为已满足竣工条件,即可颁发工程接收证书;若不满意,则应书面通知承包商,指出还需完成哪些工作后才达到基本竣工条件。工程接收证书中包括确认工程达到竣工的具体日期。工程接收证书颁发后,不仅表明承包商对该部分工程的施工义务已经完成,而且对工程照管的责任也转移给雇主。如果合同约定工程不同区段有不同竣工日期时,每完成一个区段均应按上述程序颁发部分工程的接收证书。

雇主提前占用工程时,工程师应及时颁发工程接收证书,并确认雇主占用日为竣工日。工程师颁发接收证书后,应尽快给承包商采取必要措施完成竣工检验的机会。

因非承包商原因导致不能进行规定的竣工检验时,工程师应以本该进行竣工检验日签发工程接收证书,将这部分工程移交给雇主照管和使用。工程虽已接收,仍应在缺陷通知期内进行补充检验。当竣工检验条件具备后,承包商应在接到工程师指示进行竣工实验通知的14天内完成检验工作,由于非承包商原因导致缺陷通知期内进行的补检,属于承包商在投标阶段不能合理预见到的情况,该项检查实验比正常检验多支的费用应由雇主承担。

8) 缺陷通知期及缺陷责任

缺陷通知期即工程保修期,自工程接收证书中写明的竣工日开始,至工程师颁发履约证书为止的日历天数。在缺陷通知期内,承包商要对工程的施工质量负责。合同工程的缺陷通知期及分阶段移交工程的缺陷通知期,应在专用条件内具体约定。

(1) 承包商在缺陷通知期内应承担的义务

工程师在缺陷通知期内就以下事项向承包商发布指示。

① 将不符合合同规定的永久设备或材料从现场移走并替换。

② 将不符合合同规定的工程拆除并重建。

③ 实施任何因保护工程安全而需进行的紧急工作。

如果由于承包商负责的设计或生产设备、材料、工艺不符合合同要求承包商未能遵守任何其他义务造成的缺陷,修补缺陷的费用应由承包商承担。

(2) 缺陷通知期限的延长

如果因为某项缺陷或损害达到使工程、分项工程或某项主要生产设备不能按原定目的使用的程度,雇主应有权根据合同规定对工程或某一分项工程的缺陷通知期限提出一个延长期,但缺陷通知期限的延长不得超过两年。

(3) 未能修补缺陷

如果承包商未能在合理的时间内修补任何缺陷或损害,雇主可确定一个日期,要求到或不迟于该日期修补好缺陷和损害,并应将该日期及时通知承包商。

如果承包商到该通知的日期仍未修补好缺陷或损害,且此项修补工作的费用根据合同规定应由承包商承担的,雇主可以自行选择以下处理方式。

① 以合理的方式由他自己或他人进行此项工作,由承包商承担费用,但承包商对此项工作将不再负责任;承包商应按合同规定向雇主支付由雇主修补缺陷或损害而发生的合理费用。

② 由工程师按照合同的要求，商定或确定合同价格的合理的减少额。

③ 如果上述缺陷或损害实质上使雇主丧失了工程或其任何主要部分的整个利益时，终止整个合同，或其有关不能按原定意图使用的该主要合同部分。雇主还应有权在不损害根据合同或其他规定所具有的任何其他权利的情况下，收回工程或该部分工程全部支出总额，加上融资费用和拆除工程、清理现场，以及将生产设备和材料退还给承包商所支付的费用。

(4) 履约证书的颁发

履约证书是承包商已按合同规定完成全部施工义务的证明，因此该证书颁发后工程师就无权再指示承包商进行任何施工工作，承包商即可办理最终结算手续。缺陷通知期内工程圆满地通过运行考验，工程师应在期满后的 28 天内，向雇主签发解除承包商承担工程缺陷责任的证书，并将副本送给承包商。但此时仅意味着承包商与合同有关的实际义务已经完成，而合同尚未终止，剩余的双方合同义务只限于财务和管理方面的内容。雇主应在证书颁发后的 14 天内，退还承包商的履约保证书。

4. 合同价格和付款

1) 合同价格

接受的合同款额指雇主在“中标函”中对实施、完成和修复工程缺陷所接受的金额，来源于承包商的投标报价并对其确认。但最终的合同价格则指按照合同各条款的约定，承包商完成建造和保修任务后，对所有合格工程有权获得的全部工程款。

最终结算的合同价格与中标函中注明的接受的合同款额一般不会相等，造成合同价格调整的原因有：合同类型的选择；发生应由雇主承担责任的事件；承包商的质量责任；承包商延误工期或提前竣工；包含在合同价格之内的暂列金额。

2) 预付款

预付款是雇主为了帮助承包商解决施工前期开展工作时的资金短缺，从未来的工程款中提前支付的一笔款项。合同工程是否有预付款，以及预付款的金额多少、支付的次数及时间和扣还方式等均要在专用条款内约定。承包商需首先将银行出具的履约保函和预付款保函交给雇主并通知工程师，工程师在 22 天内签发“预付款支付证书”，雇主按合同约定的数额和外币比例支付预付款。预付款保函金额始终保持与预付款等额，即随着承包商对预付款的偿还逐渐递减保函金额。预付款应通过付款证书中按百分比扣减的方式偿还。自承包商获得工程进度款累计总额(不包括预付款的支付和保留金的扣减)达到合同总价(减去暂列金额)10%那个月起扣。每次付款证书中金额(不包括预付款及保留金的扣减)的 25%作为预付款的偿还，直至还清全部预付款。

3) 工程进度款的支付程序

FIDIC 合同条件对工程进度款的支付程序有详细的规定。

(1) 工程量计量

工程量清单中所列的工程量仅是对工程的估算量，不能作为承包商完成合同规定施工义务的结算依据。每次支付工程月进度款前，均需通过测量来核实实际完成的工程量，以计量值作为支付依据。

(2) 承包商提供报表

每个月的月末,承包商应按工程师规定的格式递交一式6份本月支付报表。内容包括本月已完成合格工程的应付款要求和对应扣款的确认。

(3) 工程师签证

工程师接到报表后,对承包商完成的工程形象、项目、质量、数量以及各项价款的计算进行核查。若有疑问时,可要求承包商共同复核工程量。在收到承包商的支付报表的28天内,按核查结果以及总价承包分解表中核实的实际完成情况签发支付证书。

工程进度款的支付证书属于临时支付证书,工程师有权对以前签发过的证书中发现错、漏或重复进行修改,承包商也有权提出更改或修正,经双方复校同意后,将增加或扣减的金额纳入本次签证中。

(4) 雇主支付

承包商的报表经过工程师认可并签发工程进度款的支付证书后,雇主应在接到证书后及时给承包商付款。雇主的付款时间不应超过工程师收到承包商的月进度付款申请单后56天。

4) 竣工结算

颁发工程接收证书后的84天内,承包商应按工程师规定的格式报送竣工报表。工程师接到竣工报表后,应对照竣工图进行工程量详细核算,对其他支付要求进行审查,然后再依据检查结果签署竣工结算的支付证书。雇主依据工程师的签证予以支付。

5) 保留金

保留金是按合同约定从承包商应得的工程进度款中相应扣减的一笔金额保留在雇主手中,作为约束承包商严格履行合同义务的措施之一。当承包商有一般违约行为使雇主受到损失时,可从该项金额内直接扣除损害赔偿费。在颁发工程接收证书后,雇主应将保留金的前一半支付给承包商。整个合同的缺陷通知期满后,返还剩余的保留金。

6) 最终结算

最终结算是指颁发履约证书后,对承包商完成全部工作价值的详细结算,以及根据合同条件对应付给承包商的其他费用进行核实,确定合同的最终价格。

颁发履约证书后的56天内,承包商应向工程师递交最终报表草案,以及工程师要求递交的有关资料。工程师审核后与承包商协商,对最终报表草案进行适当的补充或修改后形成最终报表。承包商将最终报表送交工程师的同时,还需向雇主递交一份"结清单"进一步证实最终报表中的支付总额,作为同意与雇主终止合同关系的书面文件。工程师在接到最终报表和结清单附件后的28天内签发最终支付证书,雇主应在收到证书后的56天内支付。只有当雇主按照最终支付证书的金额予以支付并退还履约保函后,结清单才生效,承包商的索赔权也即行终止。

5. 有关争端处理的规定

争端是指当事人对合同条款和合同履行的不同理解和看法或对工程师的任何意见、指示、决定、证书或估价方面的任何争端。争端发生后应将争端递交给工程师,除非合同已被否认或终止,否则承包商应继续进行工程施工。

1）工程师对争端的决定

如果雇主与承包商之间产生争端，并且问题得不到澄清以使双方满意，双方中任何方可立即将此争端递交工程师，要求其作出决定。工程师则应当在收到有关争端文件后84天内将其决定通知雇主和承包商。如果工程师已将他对争端所作的决定通知了雇主和承包商，而雇主和承包商在收到工程师有关此决定的通知70天后（包括70天），双方均未发出要将该争端递交仲裁的通知，则该决定将被视为最后决定，并对雇主和承包商双方均有约束力。

2）争端裁决委员会的裁决

如果双方对工程师的决定不满，可以将争端递交争端裁决委员会（DAB）。争端裁决委员会是根据投标函附录中的规定设立的，由1人或者3人组成。若争端裁决委员会成员为3人，则由合同双方各提名一位成员供对方认可，双方共同确定第三位成员作为主席。如果合同中有争端裁决委员会成员的意向性名单，则必须从该名单中进行选择。合同双方应当共同商定对争端裁决委员会成员的支付条件，并由双方各支付酬金的一半。

争端裁决委员会在收到书面报告后84天内对争端作出裁决，并说明理由。如果合同一方对争端裁决委员会的裁决不满，则应当在收到裁决后的28天内向合同对方发出表示不满的通知，并说明理由，表明准备提请仲裁。如果争端裁决委员会未在84天内对争端作出裁决，则双方中的任何一方均有权在84天的期满后的24天内向对方发出要求仲裁的通知。如果双方接受争端裁决委员会的裁决，或者没有按照规定发出表示不满的通知，则该裁决将成为最终的决定。

3）争端的友好解决

在合同发生争端时，如果双方能通过协商达成一致，这样既能节省时间和费用，也不会伤害双方的感情，使双方的良好合作关系能够得以保持。因此，如果工程师对争端的决定不被接受，双方应尽量自行友好解决，而不应立即使这一争端开始申请仲裁。在合同一方发出对争端裁决委员会裁决不满的通知后，必须经过56天才能申请仲裁，这56天的时间是留给争端的友好解决的。为了避免解决争端的协商无限期拖延，只要过了一定期限，不论是否作了友好解决的努力，双方均可提出仲裁申请。

4）争端的仲裁

如果争端裁决委员会对争端作出的决定未能成为最终的和有约束力的解决方式，除非双方已获得友好解决，否则应通过国际仲裁对其作出最终解决。仲裁人应有全权公开、审查和修改与该争端有关的工程师发出的任何证书、确定、指示、意见或估价，以及争端裁决委员会的任何决定。任何事项都不应否定工程师对不论与争端有关的任何事项被传为证人并向仲裁人提供证据的资格。任一方在仲裁人面前的诉讼中，应不受以前为获得争端裁决委员会的决定而向其提供的证据或论据，或在其表示不满的通知中提出的不满意理由的限制。争端裁决委员会的任何决定都应可以作为仲裁中的证据。

在仲裁制度上，国际上的通行做法都是规定仲裁机构的裁决是终局性的。当事人无权就仲裁机构的裁决向法院起诉。因为国际上的仲裁机构都是民间组织，申请仲裁是当事人基于对仲裁机构的信任及双方的自愿。仲裁机构接受仲裁申请必须经双方当事人的同意，同时，这种同意也排除了法院对合同争端的管辖权。

仲裁裁决具有法律效力。但仲裁机构无权强制执行,如一方当事人不履行裁决,另一方当事人可向法院申请强制执行。如果争执双方没有另外的协议,仲裁可以在当事人将此争端递交仲裁的意向通知发出56天后开始。在工程竣工前后均可诉诸仲裁。但在工程进行过程中,雇主、工程师、承包商各自的义务不得以仲裁正在进行为理由而加以改变。

2.3.5 国际其他通用工程合同

1. JCT合同

英国皇家建筑师学会(RIBA)1902年编制出版的《建筑合同标准格式》(我国香港译为"建筑标准合约")是世界上第一部房屋工程标准合同,在英联邦地区有很大影响。该合同后来以1931年成立的联合合同审理委员会(JCT)名义发行,因此一般称为"JCT合同"。

JCT合同由8个机构组成,包括皇家建筑师学会、皇家特许测量师学会、咨询工程师协会、物业主联盟、专业承包商协会等。

JCT合同实行建筑师和测量师的"双监理",例如,建筑师审批工期索赔,测量师审批经济索赔。JCT合同有带工程量清单、不带工程量清单、带近似工程量清单、承包商设计、总包、分包、管理承包等版本,最新版本为2005年的JCT05。

2. ICE合同、NEC合同和ECC合同

ICE合同是由英国土木工程师学会和土木工程承包商联合会颁布的。它主要在英国和其他英联邦国家的土木工程中使用。该文本历史悠久,特别适用于大型的复杂的工程。ICE合同只设工程师而不设测量师,参与编制的有英国土木工程承包商协会(CECA)及英国咨询师和工程师协会(ACE)。

ICE还编制了《新工程合同》(NEC)。NEC主张从对立转向合作以实现合同目标,不设工程师但增加了争端裁定制度,引入了里程碑付款方式,开创了以简洁语言撰写标准工程合同的先例。这些做法在国际上有很大影响。1991年NEC发行试用版,1993年发行NEC1,1995年发行NEC2,2005年发行的NEC3合同家族达23种。NEC是组装式合同,有6个主选项A~F,次选项有20多个,例如X12——合作伙伴关系,X20——关键履约指标(各方合作缩短工期10%、节约水电200A、减少工伤50%,如此等等)。

ECC工程合同,由英国土木工程师学会颁布。它是一个形式、内容和结构都很新颖的工程合同。它由核心条款、主要选项条款和次要选项条款、成本组成表及组成简表等组成,可适用于固定总价合同、单价合同、成本加酬金合同、目标合同和管理合同。

3. 美国AIA系列合同条件

AIA是美国建筑师学会(the American Institute of Architects)的简称。该学会作为建筑师的专业社团已经有近140年的历史,成员总数达56 000名,遍布美国及全世界。AIA出版的系列合同文件在美国建筑业界及国际工程承包界,特别在美洲地区具有较高的权威性,应用广泛。

AIA系列合同文件分为A、B、C、D、G等系列,其中A系列是用于业主与承包商的标准合同文件,不仅包括合同条件,还包括承包商资格申报表和保证标准格式;B系列主要用于业主与建筑师之间的

标准合同文件，其中包括专门用于建筑设计、室内装修工程等特定情况的标准合同文件；C 系列主要用于建筑师与专业咨询机构之间的标准合同文件；D 系列是建筑师行业内部使用的文件；G 系列是建筑师企业及项目管理中使用的文件。

AIA 合同文件主要用于私营的房屋建筑工程，并专门编制用于小型项目的合同条件。其计价方式主要有固定总价、成本补偿及最高限定价格法。AIA 系列合同文件的核心是“通用条件”(A201)。采用不同的工程项目管理模式及不同的计价方式时，只需选用不同的“协议书格式”与“通用条件”即可。如 AIA 文件 A101 与 A201 一同使用，构成完整的法律性文件，适用于大部分以固定总价方式支付的工程项目。再如 AIA 文件 A111 和 A201 一同使用，构成完整的法律性文件，适用于大部分以成本补偿方式支付的工程项目。

AIA 文件 A201 作为施工合同的实质内容，规定了业主、承包商之间的权利、义务及建筑师的职责和权限，该文件通常与其他 AIA 文件共同使用，因此被称为“基本文件”。1987 年版的 AIA 文件 A201《施工合同通用条件》共计 14 条 68 款，分别是一般条款、发包人、承包人、合同的管理、分包商、发包人或独立承包人负责的施工、工程变更、期限、付款与完工、人员与财产的保护、保险与保函、剥露工程及其返修、混合条款、合同终止或停止。

2.4　案例分析

2.4.1　案例一

某综合楼工程项目的施工，经当地主管部门批准后，由建设单位自行组织公开招标。招标工作主要内容确定为：①成立招标工作小组；②发布招标公告；③编制招标文件；④编制标底；⑤发放招标文件；⑥组织现场踏勘和招标答疑；⑦投标单位资格审查；⑧接受投标文件；⑨开标；⑩评标；⑪确定中标单位；⑫签订承发包合同；⑬发出中标通知书。

现有 A、B、C、D 4 家经资格审查合格的施工企业参加该工程投标，与评标指标有关的数据见表 2-4。

表　2-4

投标单位	A	B	C	D
报价/万元	3 420	3 528	3 600	3 636
工期/天	460	455	460	450

经招标工作小组确定的评标指标及评分方法为：

(1) 报价以标底价(3 600 万元)的±3%以内为有效标，评分方法是：报价−3%为 100 分，在报价−3%的基础上，每上升 1%扣 5 分。

(2) 定额工期为 500 天，评分方法是：工期提前 10%为 100 分，在此基础上每拖后 5 天扣 2 分。

(3) 企业信誉和施工经验均已在资格审查时评定：

企业信誉得分：C 单位为 100 分，A、B、D 单位均为 95 分；施工经验得分：A、B 单位为 100 分，C、D

单位为95分。

(4) 上述3项评标指标的总权重分别为：投标报价45%；投标工期25%；企业信誉和施工经验均为15%。

问题：

1. 如果将上述招标工作内容的顺序作为招标工作先后顺序是否妥当？如果不妥，请确定合理的顺序。

2. 试在表2-5中填制每个投标单位各项指标得分及总得分，其中报价得分要求列出计算式。请根据总得分列出名次并确定中标单位。

表 2-5

项目＼投标单位	A	B	C	D	总权重
投标报价/万元					
报价得分/分					
投标工期/天					
工期得分/分					
企业信誉得分/分					
施工经验得分/分					
总得分/分					
名次					

解答：

问题1

(1) 案例所列招标工作顺序不妥当。

(2) 正确的顺序应为如下。

①成立招标工作小组；②编制招标文件；③编制标的；④发布招标公告；⑤投标单位资格审查；⑥发放招标文件；⑦组织现场踏勘和招标答疑；⑧接受投标文件；⑨开标；⑩评标；⑪确定中标单位；⑫发出中标通知书；⑬签订承发包合同。

问题2

报价得分计算：

(1) A单位报价降低率(3 420－3 600)/3 600×100%＝－5%

或相对报价＝报价/标底×100%＝3 420/3 600×100%＝95%

超过－3%为废标。

(2) B单位报价降低率(3 528－3 600)/3 600×100%＝－2%

或相对报价＝报价/标底×100%＝3 528/3 600×100%＝98%

或B单位报价上升率为(3 528－3 600×97%)÷(3 600×97%)×100%＝1%

B单位报价得分95分或得95×0.45＝42.75(分)

(3) C单位报价降低率(3 600－3 600)/3 600＝0

或相对报价＝报价/标底×100%＝3 600/3 600×100%＝100%

或 C 单位报价上升率为(3 600－3 600×97%)÷(3 600×97%)×100%＝3%

B 单位报价得分 85 分或得 85×0.45＝38.25(分)

(4) D 单位报价降低率(3 636－3 600)/3 600×100%＝1%

或相对报价＝报价/标底×100%＝3 636/3 600×100%＝101%

或 D 单位报价上升率为(3 636－3 600×97%)÷(3 600×97%)×100%＝4%

D 单位报价得分 80 分或得 80×0.45＝36(分)

表 2-6　各项指标得分及总得分表

项目 \ 投标单位	A	B	C	D	总权重
投标报价/万元	3 420	3 528	3 600	3 636	0.45
报价得分/分	废标	95(42.75)	85(38.25)	80(36)	
投标工期/天		455	460	450	0.25
工期得分/分		98(24.5)	96(24)	100(25)	
企业信誉得分/分		95(14.25)	100(15)	95(14.25)	0.15
施工经验得分/分		100(15)	95(14.25)	95(14.25)	
总得分/分		96.5	91.5	89.5	1.00
名次	4	1	2	3	

中标单位为 B 单位。

2.4.2　案例二

某建筑公司(乙方)于某年 4 月 20 日与某厂(甲方)签订了修建建筑面积为 3 000m^3 工业厂房(带地下室)的施工合同。乙方编制的施工方案和进度计划已获监理工程师批准。该工程的基坑开挖土方量为 4 500m^3,假设直接费单价为 4.2 元/m^3,综合费率为直接费的 20%。该基坑施工方案规定：土方工程采用租赁 1 台斗容量为 1m^3 的反铲挖掘机施工(租赁费 450 元/台班)。甲、乙双方合同约定 5 月 11 日开工,5 月 20 日完工。在实际施工中发生了如下几项事件：

(1) 因租赁的挖掘机大修,晚开工 2 天,造成人员窝工 10 个工日；

(2) 施工过程中,因遇软土层,接到监理工程师 5 月 15 日停工的指令,进行地质复查,配合用工 15 个工日；

(3) 5 月 19 日接到监理工程师于 5 月 20 日复工令,同时提出基坑开挖深度加深 2m 的设计变更通知单,由此增加土方开挖量 900m^3；

(4) 5 月 20 日—5 月 22 日,因下大雨迫使基坑开挖暂停,造成人员窝工 10 个工日；

(5) 5 月 23 日用 30 个工日修复冲坏的永久道路,5 月 24 日恢复挖掘工作,最终基坑于 5 月 30 日开挖完毕。

问题：

1. 上述哪些事件建筑公司可以向厂方要求索赔？哪些事件不可以要求索赔？并说明原因。

2. 每项事件工期索赔各是多少天?总计工期索赔多少天?

3. 假设人工费单价为23元/工日,因增加用工所需的管理费为增加人工费的30%,则合理的费用索赔总额是多少?

4. 建筑公司应向厂方提供的索赔文件有哪些?

解答:

问题1

事件(1):索赔不成立。因为此事件发生原因属承包商自身的责任。

事件(2):可提出索赔要求,因为地质条件变化属于业主应承担的责任。

事件(3):可提出索赔要求,因为这是由设计变更引起的。

事件(4):可提出索赔要求,因为大雨迫使停工,需推迟工期。

事件(5):可提出索赔要求,因为雨后修复冲坏的永久道路,是业主的责任。

问题2

事件(2):可索赔工期5天(15—19日)

事件(3):可索赔工期2天:$900m^3/(4\,500m^3/10$ 天$)=2$ 天

事件(4):可索赔工期3天(20—22日)

事件(5):可索赔工期1天(23日)

小计:可索赔工期11天(5天+2天+3天+1天)=11天

问题3

事件(2):人工费:15工日×23元/工日×(1+30%)=448.5元

机械费:450元/台班×5天=2 250元

事件(3):($900m^3$×4.2元/m^3)×(1+20%)=4 536元

事件(5):人工费:30工日×23元/工日×(1+30%)=897元

机械费:450元/台班×1天=450元

可索赔费用总额为:8 581.5元

448.5元+2 250元+4 536元+897元+450元=8 581.5元

问题4

建筑公司向业主提供的索赔文件有索赔信、索赔报告、详细计算式与证据。

思 考 题

1. 简述施工项目招标的范围和方式。
2. 简述施工项目招标建设单位和建设项目应分别具备的条件。
3. 简述施工项目招投标文件的组成。
4. 简述施工项目招投标的程序。

5. 简述施工项目投标常用的投标技巧。

6. 简述合同内容应包含的条款。

7. 简述合同订立的程序、合同的效力、合同的变更、合同的转让及合同争议的解决。

8. 简述施工合同文件的组成。

9. 简述施工合同条款中关于工程师、项目经理、工期、质量、合同价款、竣工验收与结算的有关规定。

10. 简述施工合同的变更、解除、违约责任以及合同争议的解决。

11. 简述施工索赔中工期索赔与费用索赔的计算。

12. 简述国际工程招投标的方式和招投标程序。

13. 简述 FIDIC 合同条件的组成。

14. 简述 FIDIC 施工合同条件中关于雇主、工程师、承包商的有关规定。

15. 简述 FIDIC 施工合同条件中关于进度控制、合同价格和付款、争端处理的有关规定。

第 3 章

施工项目进度控制

本章提要　施工项目进度控制是项目管理的重要内容之一，其目的是实现项目工期的总目标。施工项目进度受多方面因素的影响和干扰，在实际管理中必须借助网络计划先进的技术，运用合同措施、组织措施、经济措施、技术措施等多种方法，跟踪、检查、对比项目进度计划的实施情况，发现偏差及时对进度进行调整修改。本章的重点内容是网络计划技术的原理、方法与应用，包括双代号网络、双代号时标网络、单代号网络、单代号搭接网络、网络的优化等概念及计算方法等。

3.1　概　　述

3.1.1　施工项目进度控制的概念

施工项目进度控制与项目的质量控制和成本控制一样，是工程项目管理的重点内容之一。它是指对工程项目各建设阶段的工作内容、工作程序、持续时间和衔接关系编制计划，在执行该计划的过程中，经常检查实际进度是否按计划要求进行，若出现偏差，则分析其原因，采取必要的补救措施或调整、修改原计划，不断地如此循环，直至工程竣工，交付使用。建设工程进度控制的总目标是确保项目既定工程的实现。在现代工程项目管理中，进度控制已不仅仅表现为传统的工期管理，它是将工程项目任务、工期、成本、资源消耗等有机结合起来，对整个项目实施进展状况的全面管理。进度控制和工期管理的总目标是一致的，但进度控制不仅追求工程实施活动与计划在时间上相吻合，而且还追求劳动效率的一致性。

工程项目进度控制与成本控制、质量控制等目标是项目管理中最重要的控制目标。对一个项目而言，这三大目标并不是孤立存在的，而是一个既对立又统一的整体。项目管理追求的基本目标就是在限定的时间内，在限定的资源条件下，以尽可能快的进度，尽可能低的成本完成高质量的产品。这是一种最理想的结果。在项目管理中必须注意三者结构关系的均衡性和合理性，任何强调最快进度、最高质量、最低成本都是片面的。例如，过分追求高进度，施工工期太紧张，可能会造成施工中的粗制滥造，从而降低工程质量，增大工程成本，诱发安全事故，但工程提前使用则可能提高投资效益。追求过高的质量要求时，必然进度受到损害，工程投资大，但高质量的产品，其使用费、维修费必然降低，从项目生命周期看，工程总投资未必一定增加，因此在项目管理中必须强调项目的整体最优。

3.1.2　描述进度的指标

1. 按完成的持续时间（工期）描述

工程活动或整个项目的持续时间（工期）是进度的最重要指标。在日常工程管理中，人们经常用已使用的工期与工程的计划工期相比较来描述工程进度情况。例如，某工程计划工期六个月，现在已经进行了三个月，则可基本认为工程进度完成 50%。当然，由于工程施工效率和速度在整个工期计划内并非一条直线，而且进行的工期有可能包括停工、窝工等因素，仅用工期表达进度有时会产生一定的误导，因此需要结合其他指标一起描述。

2. 按工程活动的结果状态数量描述

在实际工程中，尤其是分部工程时，常用以下指标描述工程进度情况：对于土方工程常用已完成的施工方数；混凝土工程常用已浇筑的混凝土体积；设备安装工程常用已安装的吨位；管道、道路等线性工程常采用已施工的长度；运输量按完成的吨公里等。

3. 按统一折算指标描述

当描述由多种工程性质组成的单位工程或单项工程进度时，可将各分部分项工程的进度统一折算为具有一定可比性的指标描述，例如成本，劳动力的消耗等。但在实际工程中使用上述指标时，应剔除非正常的劳动力消耗或成本，例如返工、窝工、停工而增加的劳动力消耗变化和成本增加，由于材料价格上涨、工资提高等原因造成的成本增加，考虑工程范围环境的变化（工程变更）造成的影响。

3.1.3　影响进度的因素分析

由于建设项目具有体积庞大、结构复杂、周期长、涉及单位多、受工程环境影响大，所以影响进度的因素很多。这些因素中，有些是人为因素，有些可能是技术因素，也可能是资金因素，也可能是材料、设备因素或其他没有预料的因素等，其中人的因素影响最多。从产生的根源看，有来源于业主及监理单位的，有来源于设计、施工及供货单位的，有来源于政府、建设主管部门、有关协作单位和社会的，有来源于各种自然条件的。编制计划和执行控制进度计划时必须充分认识和估计这些因素，进行全面分析，才可促进对有利因素的充分利用和对不利因素的妥善预防和克服，使进度目标制订得更加符合实际，实现对进度的主动控制和动态控制的目的。

常见的影响进度的原因有以下几类。

1. 相关单位的影响

例如，业主使用要求的改变，由业主负责提供的材料、设备出现延误，业主应提供的施工场地条件不能及时或不能正常满足工程需要,业主没有按合同约定及时向施工单位或供应商拨付资金;勘察资料不准确,特别是地质资料错误或遗漏而引起的未能预料的技术障碍;设计单位不能及时交付有关设计图纸或设计图纸出现失误等。可见,施工进度控制仅仅考虑施工承包单位是不够的,必须充分发挥监理单位的作用,协调相关单位之间的进度关系。而对于那些无法进行协调控制的进度关系,在进度计划的安排中应留有足够的机动时间。

2. 承包商自身的原因

承包商错误地估计了项目特点及项目实现的条件,制定的计划脱离实际,导致停工待料和相关作业脱节,工程无法正常进行,出现工程延误;承包商采用技术措施不当,施工中发生技术事故;承包商管理过程中出现失误,例如施工组织不合理,劳动力和施工机械调配不当,施工平面图布置不合理等因素使工程进度受阻;承包商缺乏基本的风险意识,盲目施工而导致施工被迫中断等。承包商应及时通过总结分析吸取教训,不断提高自身进度管理的水平。

3. 施工边界条件的变化

由业主或外界环境(如政府)对项目的新的要求而导致的工程量的变化,设计标准的提高,受地下埋藏文物的保护、处理的影响,不良地质、地下障碍物的影响,施工过程中所受外界社会干扰,如外单位临近工程的施工干扰,交通、市容整顿的限制等;突发的意外事件影响,如恶劣天气、地震、暴雨、洪水、交通中断、社会动乱等对工程造成的延期等。

在以上因素中,由于承包商自身的原因造成的工期延长,称为工程延误,其一切损失由承包商自己承担,同时,由于工程延误所造成的工期延长,承包商还要按合同约定向业主支付误期损失赔偿费。由于承包商以外的原因造成施工工期的延长,称为工程延期,对于工程延期,承包商有权通过合法的程序向业主索赔,以弥补给自身带来的费用和工期上的损失。

3.1.4 进度控制的主要措施

进度控制的措施主要包括组织措施、技术措施、合同措施、经济措施和信息管理措施。

1. 组织措施。主要包括:①落实施工进度控制的部门及具体人员,进行控制任务和管理职能的分工;②进行项目分解,建立编码体系;③确定进度协调工作制度,包括各种会议举行时间、地点、内容、参加人员等;④对影响进度目标实现的干扰和风险因素进行分析;⑤必要时通过合理的劳动组织措施,缩短工期。例如,将原来的顺序实施改为流水作业或平行作业,采用多班制施工,增加劳动力或设备的投入,将部分计划自己生产的构件改为购买等。

2. 技术措施。落实施工方案的部署,尽量采取新技术、新工艺、新材料,缩短关键线路上各工作工期,加快施工进度。

3. 合同措施。采取有利于缩短工期的承发包方式,例如适当分段发包,提前施工等。在合同中明确工期进度要求,约定奖惩措施。

4. 经济措施。确定付款方式和时间,保证资金供应,企业内部采取必要的经济奖惩手段,促使进度按计划执行。

5. 信息管理措施。建立进度信息、收集和报告制度，通过计划进度与实际进度的动态比较，为决策者提供进度决策依据。

3.1.5 工程项目进度控制的计划系统

一项工程建设从项目的构思、项目的定义和可行性研究，直至项目设计、施工、投产运转，整个过程中需要编制众多的涉及进度管理的计划，这些计划是针对同一项目不同阶段、不同层次、不同范围，由不同单位编制。计划采用文字说明和图表描述相结合的方式表达。

1. 建设单位(业主)进度控制计划系统

1) 项目前期工作计划。对可行性研究、设计任务书及初步设计的工作进度安排。

2) 工程项目建设总进度计划。在初步设计批准后，编制上报年度计划以前，根据初步设计，对工程项目从开始建设至竣工投产全过程的统一部署，以安排各单项工程和单位工程的建设进度，合理分配年度投资，组织各方面的协作，保证初步设计确定的各项建设任务的完成。该进度计划由工程项目一览表、工程项目总进度计划表(一般用横道图表示)，投资计划年度分配表，工程项目进度平衡表多种表格组成。

3) 工程项目年度计划。依据工程项目总进度计划编制，反映年度内可获得的资金、设备、材料，年度内投产交付的项目等。主要包括年度竣工交付使用计划表、年度建设资金平衡表、年度设备平衡表等表格。

2. 设计单位进度控制计划系统

设计进度控制的最终目标就是按质、按量、按时间要求提供施工图设计文件。工程设计主要包括：设计准备工作、初步设计、技术设计、施工图设计等阶段，为了确保设计进度控制目标的实现，每一阶段都应有明确的进度控制目标。因此，设计单位进度控制计划系统应包括：设计总进度控制计划、阶段性设计进度计划及设计进度作业计划。

1) 设计总进度控制计划

设计总进度控制计划主要用来控制自设计准备开始至施工图设计完成的总设计时间，从而确保设计进度控制总目标的实现。

2) 阶段性设计进度计划

阶段性设计进度计划包括：设计准备工作进度计划、初步设计(技术设计)工作进度计划和施工图设计工作进度计划。这些计划是用来控制各阶段的设计进度，从而实现阶段性设计进度目标。在编制阶段性设计进度计划时，必须考虑设计总进度计划对各阶段的时间要求。

3) 设计进度作业计划

为了控制各专业设计进度，并作为设计人员承包设计任务的依据，应根据施工图设计工作进度计划、单项工程建筑设计日定额及所投入的设计人员数，编制设计进度作业计划。设计进度作业计划可用横道图的形式表达,也可用网络图表达。

3. 施工单位的进度计划系统

施工单位的进度计划系统主要包括:施工总进度计划和单位工程施工进度计划。

1) 施工总进度计划的编制

施工总进度计划的内容应包括:编制说明,施工总进度计划表,分期分批施工工程的开工日期、完工日期及工期一览表,资源需要量及供应平衡表等。施工总进度计划的编制程序如下。

(1) 收集编制依据

施工总进度计划依据施工合同、施工进度目标、工期定额、有关技术经济资料、施工部署与主要工程施工方案等编制。

(2) 确定进度控制目标

项目进度控制应以实现施工合同约定的竣工日期为最终目标。项目进度控制总目标要根据项目管理的需要进一步分解,可按单位工程分解为交工分目标,可按承包的专业或施工阶段分解为完工分目标,也可按年、季、月计划期分解为时间目标。在确定施工进度分解目标时,还要考虑以下各个方面。

① 对于大型工程建设项目,应根据尽早提供可动用单元的原则,集中力量分期分批建设,以便尽早投入使用,尽快发挥投资效益。这时,为保证每一动用单元能形成完整的生产能力,就要考虑这些动用单元交付使用时所必需的全部配套项目。因此,要处理好前期动用和后期建设的关系、每期工程中主体工程与辅助及附属工程之间的关系、地下工程与地上工程之间的关系、场外工程与场内工程之间的关系等。

② 合理安排土建与设备的综合施工,即合理安排土建施工与设备基础、设备安装的先后顺序及搭接、交叉或平行作业,明确设备工程对土建工程的要求和土建工程为设备工程提供的施工条件内容及时间。

③ 结合本工程的特点,参考同类工程建设的经验来确定施工进度目标。避免只按主观愿望盲目确定进度目标,从而在实施过程中造成进度失控。

④ 做好资金供应能力、施工力量配备、物资供应能力与施工进度需要的平衡工作,确保工程进度目标的要求而不使其落空。

⑤ 考虑外部协作条件的配合情况。包括施工过程中及项目竣工动用所需的水、电、气、通信、道路及其他社会服务项目的满足程序和满足时间,它们必须与有关项目的进度目标相协调。

⑥ 考虑工程项目所在地区地形、地质、水文、气象等方面的限制条件。

(3) 计算工程量

根据批准的工程项目一览表,按单位工程分别计算其主要实物工程量,不仅是为了编制施工总进度计划,而且还为了编制施工方案和选择施工运输机械,初步规划主要施工过程的流水施工,以及计算人工及技术物资的需要量。工程量可按初步设计(或扩大初步设计)图纸和有关定额等资料进行计算。常用的定额、资料有以下几种:

① 5万元、10万元投资工程量、劳动量及材料消耗扩大指标。

② 概算指标和扩大结构定额。

③ 已建成的类似建筑物、构筑物的资料。

(4) 确定各单位工程的施工期限和开、竣工日期

各单位工程的施工期限根据合同工期确定,同时考虑建筑类型、结构特征、施工方法、施工管理水平、施工现场条件等因素。如果在编制施工总进度计划时没有合同工期,则应保证计划工期不超过工期定额。

(5) 安排各单位工程的搭接关系

确定整个建设项目中各单位工程的施工顺序,合理地搭接各项工程,组织全场性流水作业,尽量做到均衡施工。

(6) 编写施工进度计划说明书

2) 单位工程的施工进度计划编制

单位工程施工进度计划,是在既定施工方案基础上,根据规定的工期和各种资源供应条件,对单位工程中的各分部分项工程的施工顺序、施工起止时间及衔接关系进行合理安排的计划。其主要依据下列资料编制:项目管理目标责任书,施工总进度计划,施工方案,主要材料和设备的供应能力,施工人员的技术素质及劳动效率,施工现场条件、气候条件、环境条件,已建成的同类工程实际进度和经济指标。

单位工程施工进度计划编制采用工程网络计划技术,编制的内容由编制说明、进度计划图、单位工程施工进度计划的风险分析及控制措施三部分组成。

4. 监理单位的进度计划系统

监理单位进度计划系统包括:监理总进度计划及分解计划、各子项目进度计划、进度控制的工作制度、进度控制方法规划等。

建设工程项目进度控制的实施系统如图 3-1 所示。

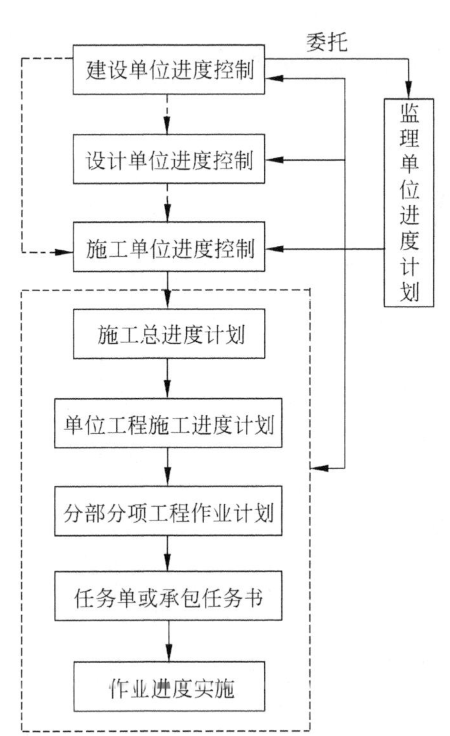

图 3-1 建设工程项目进度控制实施系统

3.2 进度控制的网络计划技术

3.2.1 概述

网络计划技术是随着现代科学技术和工业生产的发展而产生的,20 世纪 50 年代后期出现于美国,目前在工业发达国家已广泛应用,成为一种比较盛行的现代生产管理的科学方法,可以运用计算机进行网络计划绘图、计算优化、分析和控制。许多国家将网络技术用于投标、签订合同及拨款业务;在资源

和成本优化等方面应用也较多,是美国、日本、德国和俄罗斯等国建筑业公认当前最先进的计划管理方法。由于这种方法主要用于进行规划、计划和实施控制,因此,在缩短建设周期、提高工效、降低造价以及提高生产管理水平方面取得了显著的效果。

1. 网络计划技术的特点

网络计划技术作为一种计划的编制和表达方法与我们一般常用的横道计划法具有同样的功能。对一项工程的施工安排,用这两种计划方法中的任何一种都可以把它表达出来,成为一定形式的书面计划。但是由于表达形式不同,它们所发挥的作用也就各具特点。

横道计划以横向线条结合时间坐标来表示工程各工作的施工起讫时间和先后顺序,整个计划由一系列的横道组成。而网络计划则是以箭线和节点组成的网状图形来表示工程施工的进度。例如,有一项分三段施工的钢筋混凝土工程,用两种不同的计划方法表达出来,内容虽完全一样,但形式却各不相同,如图3-2及图3-3所示。

工作	进度计划/天										
	1	2	3	4	5	6	7	8	9	10	11
支横板	一段			二段			三段				
绑钢筋				一段			二段			三段	
浇混凝土									一段	二段	三段

图3-2 横道计划

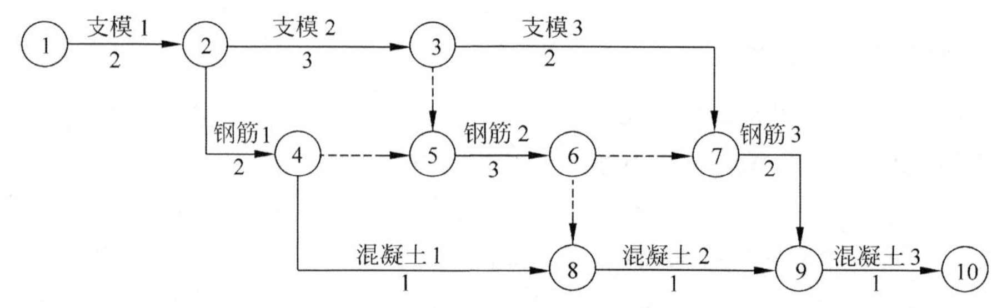

图3-3 网络计划

横道计划的优点是较易编制,简单、明了、直观、易懂。因为有时间坐标,各项工作的施工起讫时间、作业持续时间、工作进度、总工期,以及流水作业的情况等都表示得清楚明确,一目了然,对人力和资源的计算也便于据图叠加。它的缺点主要是不能全面地反映出各工作相互之间的关系和影响,不便进行各种时间计算,不能客观地突出工作的重点(影响工期的关键工作),也不能从图中看出计划中的潜力所在,这些缺点的存在,对改进和加强施工管理工作是不利的。

网络计划的优点是把施工过程中的各有关工作组成了一个有机的整体,因而能全面而明确地反映出各工作之间的相互制约和相互依赖的关系。它可以进行各种时间计算，能在工作繁多、错综复杂的计划中找出影响工程进度的关键工作，便于管理人员集中精力抓施工中的主要矛盾，确保按期竣工，避免盲目抢工。通过利用网络计划中反映出来的各工作的机动时间，可以更好地运用和调配人力与设备，节约人力、物力，达到降低成本的目的；在计划的执行过程中，当某一工作因故提前或拖后时，能从计划中预见到它对其他工作及总工期的影响程度，便于及早采取措施以充分利用有利的条件或有效地消除不利的因素。此外，它还可以利用现代化的计算工具——计算机，对复杂的计划进行绘图、计算、检查、调整与优化。它的缺点是从图上很难清晰地看出流水作业的情况，也难以据一般网络图算出人力及资源需要量的变化情况。

网络计划技术的最大特点就在于它能够提供施工管理所需的多种信息，有利于加强工程管理。所以，网络计划技术已不仅仅是一种编制计划的方法，而且还是一种科学的工程管理方法。它有助于管理人员合理地组织生产，使他们做到心中有数，知道管理的重点应放在何处，怎样缩短工期，在哪里挖掘潜力，如何降低成本。在工程管理中提高应用网络计划技术的水平，必能进一步提高工程管理的水平。

2. 网络计划技术的分类

1）按应用范围分

网络计划按应用范围的大小可分为局部网络计划、单位工程网络计划和总网络计划。

局部网络计划是按工程的一部分或某一施工阶段编制的分部工程（或分项工程）网络计划。例如，可以按基础、结构、装修不同阶段分别编制，也可以按土建、设备安装、材料供应等不同专业分别编制。

单位工程网络计划是按单位工程编制的网络计划。例如，某办公楼或工业厂房施工网络计划图。

总网络计划是对一个新建企业或民用工程群体编制的施工网络计划。

以上三种网络计划是具体指导施工的文件。对于不复杂的、节点总数在 200 以下的工程对象，或者对应用大量标准设计的工程对象，通常可以只编制一张较详细的单位工程网络计划；对于复杂的、协作单位较多的群体工程，则可能分别按照需要编制三种不同的网络计划。

2）按复杂程度分

网络计划按复杂程度可分为简单网络计划和复杂网络计划。

简单工程施工网络计划是指工作数量较少（一般在 500 以下），用小型计算工具或徒手可以计算的网络计划。

复杂工程施工网络计划一般指工作在 500 个以上的网络计划。这种计划需要应用计算机计算。

网络计划也可按内容的详细程度分为详图和简图。

详图是按工作划分较细并把所有工程详细地反映到网络计划中而形成的，这种计划多在基层工地使用，以便直接指导施工。

简图是用于讨论方案或供领导使用的计划。它把某些工作组合成较大的项目，从而把工艺上复杂的、工程量较大的工作项目及主要工种之间的逻辑关系突出出来。

3）按最终目标的多少分

按网络计划最终目标的多少可分为单目标网络计划和多目标网络计划。

单目标网络计划只有一个最终目标,也就是整个网络图只有一个终点节点。例如建造一幢建筑物或有规定总工期的一群建筑物。

多目标网络计划是由许多具有独立的最终目标组成的网络计划。例如,工业区中的建筑群,一个施工单位负责许多不同的工程等,在多目标网络计划中。每个目标都有自己的关键线路,而目标之间又是互相有联系的。

4) 按表达方式分

按照网络图的表达方式可分为双代号网络图和单代号网络图。双代号网络图是用两个节点编号和节点中间的箭线表示一项工作的网络图,一般工作的名称写在箭线的上方,持续时间写在箭线的下方。单代号网络图是用一个节点表示一项工作的网络图,箭线只表示工作间的连接关系。双代号网络计划又可分为无时标的一般网络计划和时标网络计划,单代号网络计划又可分为普通网络计划和搭接网络计划。

此外,网络计划若按其时间、工作间关系的确定性可分为确定型网络计划和非确定型网络计划。

3. 网络计划技术的编制程序

编制工程施工网络计划,有它自身的规律,编制程序来自工程管理过程的客观要求。按合理的程序编制网络计划,就可以不走或少走弯路,又能保证计划的质量。工程施工网络计划技术的编制程序可以用图3-4表示。下面逐一进行说明。

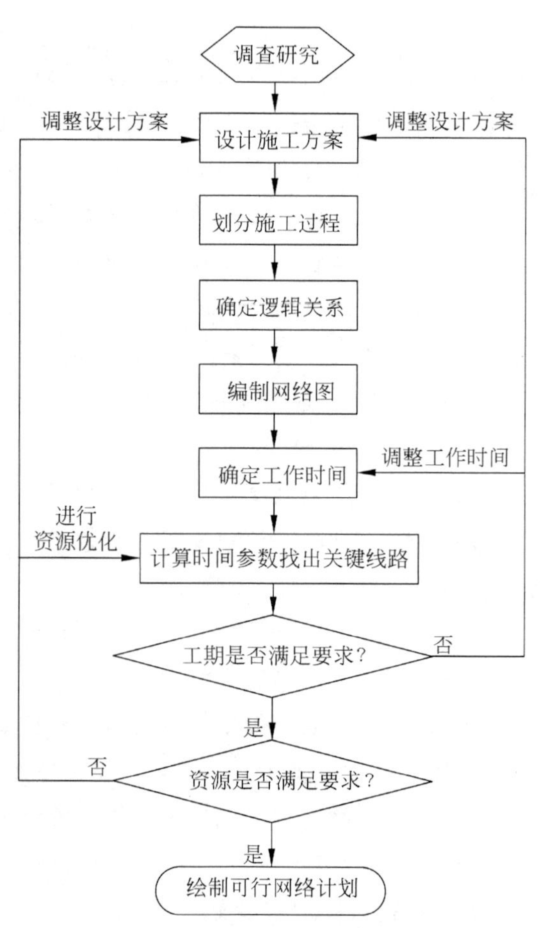

图3-4 网络计划技术的编制程序框图

1) 调查研究

调查研究是编制网络计划的第一步,是一项必不可少的重要工作,其目的是,了解和分析工程的构成与特点及施工时的客观条件等,掌握编制网络计划的必要资料,并对计划执行中可能发生的问题作出预测,保证计划的编制质量和执行后取得好的技术经济效果。

调查研究的内容包括:工程的施工图,施工机械设备、材料、构件等物质资源的供应,交通运输条件,人力供应,技术力量,组织水平,水文、地质条件,季节、气候等自然条件,场地情况,水、电源及可能的供应量等。凡编制和执行计划所涉及的情况和原始资料都在调查之列。对调查所得的资料和工程本身的内部联系还必须进行综合的分析与研究,掌握其间的相互关系与联系,了解其发展变化的规律性。因此,调查研究是一项比较复杂的工作,要求调查人员具有一定的施工经验与技术、组织水平。

2）确定施工方案

施工方案决定该工程施工的顺序、施工方法、资源供应方式、主要指标控制量等基本要求，是编制网络计划的基础。编制施工方案应考虑编制网络计划的基本要求，这些要求是：在工艺上符合技术要求，符合目前的技术水平和工作习惯，质量能够保证；在组织上切合实际情况，有利于提高施工效率、缩短工期和降低成本。

3）划分施工过程

一般根据施工工艺顺序和专业工作队的情况，将施工对象划分为若干个施工过程。施工过程所包含的施工范围可大可小，既可以是分项工程，又可以是分部过程，甚至可以是单位工程或单项工程。其粗细程度与施工进度计划的性质，工程的结构形式及复杂程度，施工方案和劳动班组的状况等因素有密切关系。一般情况下，每个施工过程，都应由专业的施工队伍来完成。通常在划分施工过程时，应顺序列成表格，编排序号，查对是否遗漏或重复，以便分析其逻辑关系。顺序的安排一般可按施工的先后来定。

4）确定工作之间的逻辑关系

工作之间的逻辑关系是指网络计划中各工作间客观上存在的一种先后顺序关系，包括工艺逻辑关系与组织逻辑关系两种。

(1) 工艺逻辑关系

工艺逻辑关系是指网络计划中由生产工艺决定的各工作之间的先后顺序。如砖基础工程施工中，必须先挖基槽，才能做垫层，做完垫层才允许在其上砌基础。这些逻辑关系是由确定的分部工程施工方法的工艺顺序所决定，通常是不能改变的。

(2) 组织逻辑关系

组织逻辑关系是指网络计划中由于劳动力(机械)或资源的组织安排需要而形成的各种工作之间的先后顺序关系。如砖基础工程施工中，若将基础工程分为两个施工段，对于挖基槽的工作队，必须待第Ⅰ段挖完基槽后，才能进入第Ⅱ段挖基槽，即挖基槽Ⅰ是挖基槽Ⅱ的紧前工作。这种逻辑关系是由组织施工的人员在规划实施施工方案时确定的，通常是可以改变的。

工作间的逻辑关系是否表示得正确，是网络图能否反映工程实际情况的关键，如果逻辑关系错了，网络图中各种时间参数的计算就会发生错误，关键线路和工程的计算工期跟着也将发生错误。

要画一个正确地反映工程逻辑关系的网络图，首先就要搞清楚各项工作之间的逻辑关系，也就是要具体解决每项工作的下面三个问题。

① 该工作必须在哪些工作之前进行?

② 该工作必须在哪些工作之后进行?

③ 该工作可以与哪些工作平行进行?

5）编制网络图

根据施工方案、施工过程划分和工作之间逻辑关系的分析，就可以编制网络图。编制工程网络图的目的，在于构造一个网络计划图模型，供计算和调整使用，以便最终编制出正式的网络计划。编制网络图是一项工作量大、费时多的工作,需要反复研究,才能较好地完成。

6) 确定工作的持续时间

工作的持续时间是一项工作从施工开始到完成所需的作业时间。它是对网络计划进行计算的基础。

工作持续时间最好是按正常情况确定,它的费用一般是最低的。待编出初始计划并经过计算再结合实际情况作必要的调整,这是避免盲目抢工造成浪费的有效办法。当然,按照实际施工条件来估算工作的持续时间是较为简便的办法,现在一般也多采用这种办法,具体计算法有以下两种。

(1) 定额计算法

按照定额计算法,工作持续时间的计算公式为

$$D_{i-j}=\frac{Q_{i-j}}{R\cdot S} \tag{3-1}$$

式中:D_{i-j}为i—j工作持续时间;Q_{i-j}为i—j工作的工程量;R为人数或机械的数量;S为劳动定额或产量定额。

(2) 经验估计法

经验估计法是根据过去的施工经验进行估计。这种方法多适用于采用新工艺、新方法、新材料等而无定额可循的工程。在经验估计法中,有时为了提高其准确程度,往往采用“三时估计法”,即先估计出该工作的最乐观的时间、最悲观的时间和最大可能的时间三种持续时间,然后据以求出期望的持续时间作为该工作的持续时间。

① 最乐观的时间

最乐观的时间指在最顺利的条件下估计能完成的时间,用a表示。

② 最悲观的时间

最悲观的时间指在最困难情况下完成该活动的估计时间,亦称最保守时间,用b表示。

③ 最大可能的时间

最大可能的时间指在正常条件下完成该活动需要的时间,亦是完成机会最多的估计时间,用m表示。

以上三种时间是随机分布的持续时间中的具有代表性的三个数值,最乐观估计时间a与最悲观估计时间b是这一分布的两个边界。如果将该随机过程进行若干次,可以得到出现不同频率的各时间估计值位于以a、b为界的区间内。如果该过程进行无限次,出现的频率分布将趋于一条连续的正态分布曲线,如图3-5所示。

对于正态分布曲线,可假定出现m的可能性是a和b的两倍,则持续时间出现在a和m之间的平均值为:$\frac{a+2m}{3}$。

出现在m和b之间的平均值为:$\frac{2m+b}{3}$,而这两个平均值出现的概率各为0.5。

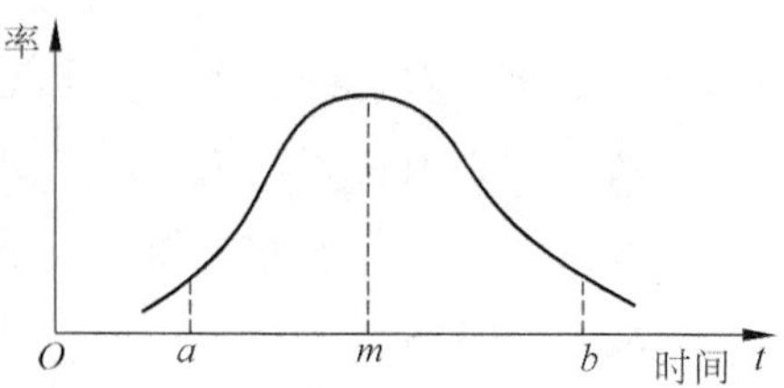

图3-5 估计时间的正态分布曲线

因此工作持续时间可按下式计算:

$$D_{i-j}=\frac{1}{2}\left[\frac{a+2m}{3}+\frac{2m+b}{3}\right]=\frac{a+4m+b}{6} \tag{3-2}$$

7）计算各项时间参数并求出关键线路

网络计划的时间参数一般包括工作的最早和最迟开始时间、总工期、总时差、自由时差等。关键线路则必须标明在图上，以利分析与应用。

计算时间参数的目的，是从时间安排的角度去考察网络计划的初始方案是否合乎要求，以便对网络计划进行调整。

8）对计划进行审查与调整

对网络计划的初始方案进行审查，是要确定它是否符合工期要求与资源限制条件。

首先要分析网络计划的总工期是否超过规定的要求。如果超过，就要调整关键工作的持续时间，使总工期符合要求。其次要对资源需要量进行审查，检查劳动力和物资的供应是否能够满足计划的要求，如不符合要求，就要进行调整，以使计划切实可行。

9）正式绘制可行的工程施工网络计划

网络计划初始方案通过调整，就成为一个可行的计划，可以把它绘制成正式的网络计划，这样的网络计划还不是最优的网络计划。要得到一个令人满意的网络计划，还必须进行优化。

正式的网络计划必须有必要的说明。

3.2.2 双代号网络计划技术

1. 双代号网络图的基本概念

双代号网络图(activity-on-arrow network)是指以箭线表示工作，箭头表示其工作的流向，以箭线两端的节点(一般用圆圈表示又称为节点)表示工作之间的连接点，并以两个节点编号代表一项工作的网络图。这里所说的工作(activity)是指计划任务按需要粗细程度划分而成的、消耗时间或同时也消耗资源的一个子项目或子任务。在双代号网络图中，箭线与它两端节点表示一项工作，工作的名称标注在箭线的上面，工作的作业时间标注在箭线的下面，箭线可用直线、曲线、折线表示，其长短与工作的作业时间无关。箭尾和箭头处的圆圈，称为节点(node)，表示一个工作的开始和结束时刻，它不占有时间也不消耗资源，其中的数字为节点编号。编号要求为正整数号码，编号顺序应从小到大，可不连续，但严禁重复。

紧排在本工作之前的工作称为该工作的紧前工作(front closely activity)，紧排在本工作之后的工作称为该工作的紧后工作(back closely activity)。例如，在如图3-6所示双代号网络图中：B、C工作是A工作的紧后工作，反之，A工作是B、C工作共同的紧前工作；D、E有共同的紧后工作F，B有共同的紧后工作D、E。

在双代号网络图中，除有表示工作的实箭线外，还有一种一端带箭头的虚线，称为虚箭线(dummy arrow)，如图3-6所示的3—4工作，它表示一项虚工作。虚工作(dummy activity)是虚拟的，工程中实际并不存在，因此它没有工作名称，不占用时间，不消耗资源，它的主要作用是在网络图中解决工作之间的相互制约和逻辑关系。若不引进虚箭线,则有些逻辑关系不能表达清楚。虚箭线的数量应以必不可少为限度,多余的必须全数删除。一般情况下,只有在两个工作有共同的紧后工作,且其中一个工作又有属于它自己的紧后工作时,才需要增加虚工作。

2. 双代号网络图的绘制

1) 绘制双代号网络图的基本规则

绘制双代号网络时,要正确地表示工作之间的逻辑关系和遵循有关绘图的基本规则。否则,就不能正确反映工程的工作流程和进行时间计算。绘制双代号网络图一般必须遵循以下一些基本规则。

(1) 双代号网络图必须正确表达已定的逻辑关系。

绘制网络图之前,要正确确定工作顺序,明确各工作之间的衔接关系,根据工作的先后顺序逐步把代表各项工作的箭线连接起来,绘制成网络图。

(2) 网络图中不允许出现代号相同的箭线,即两个节点之间只允许有一个工作箭线,如有两个以上时应增加虚工作。

(3) 网络图中不允许出现闭合回路(循环回路)。

如图3-7所示,工作H、I、R形成了闭合回路,即R的紧前工作为I,I的紧前工作为H,H的紧前工作为R,形成循环关系,则无法确定其先后顺序,在时间的安排上也是无法实施的。

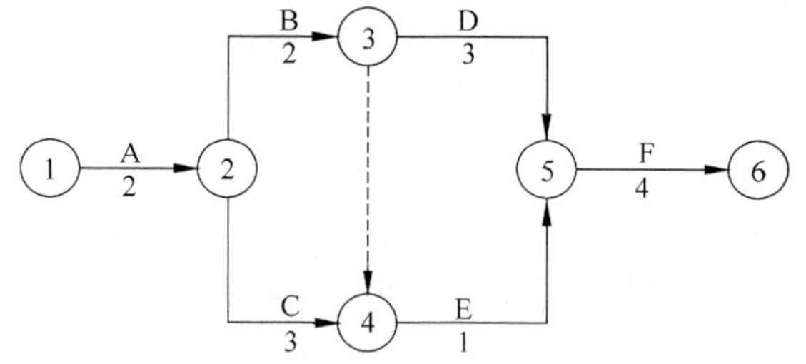

图3-6 双代号网络图示意图

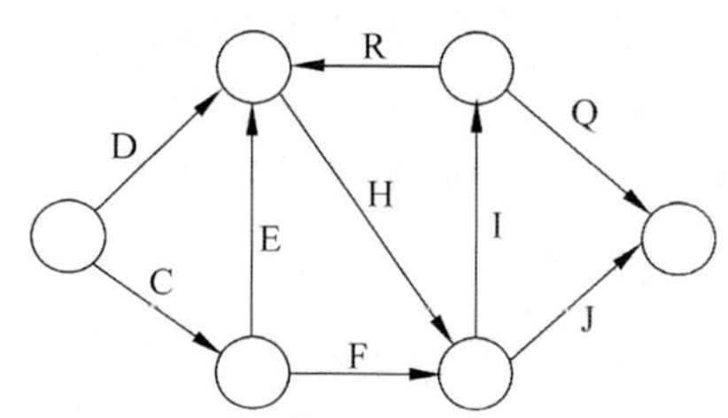

图3-7 带有循环回路的网络图

(4) 在双代号网络图中,严禁出现没有箭头节点或没有箭尾节点的箭线,也不允许出现双向箭头或无箭头的"连线"。

图3-8(a)中出现了没有箭头节点的箭线;图(b)中出现了没有箭尾节点的箭线;图(c)中出现双向箭头和无箭头的连线,都是不允许的。没有箭头节点的箭线,不能表示它所代表的工作在何处完成;没有箭尾节点的箭线,不能表示它所代表的工作在何时开始。

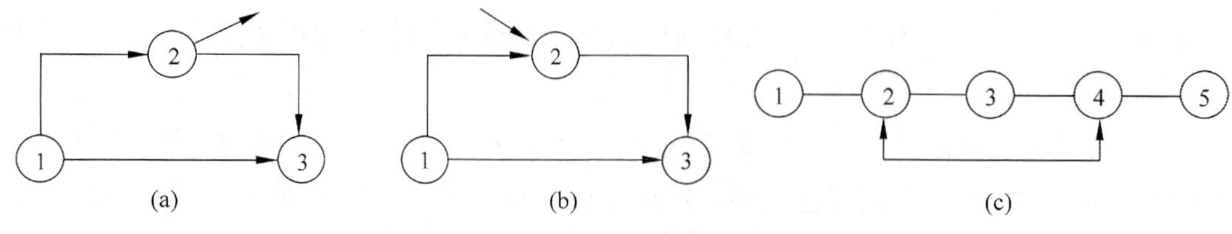

图3-8 错误的网络图

(5) 在一个单目标网络图中，只允许有一个起点节点（网络图的第一个节点，表示一项任务的开始），在不分期完成任务的网络图中，应只有一个终点节点（网络图的最后一个节点，表示一项任务的完成），其他所有节点均应为中间节点。

(6) 绘制网络图时，应尽量避免箭线的交叉，当交叉不可避免时，可采用过桥法或指向法表示，如图 3-9 和图 3-10 所示。

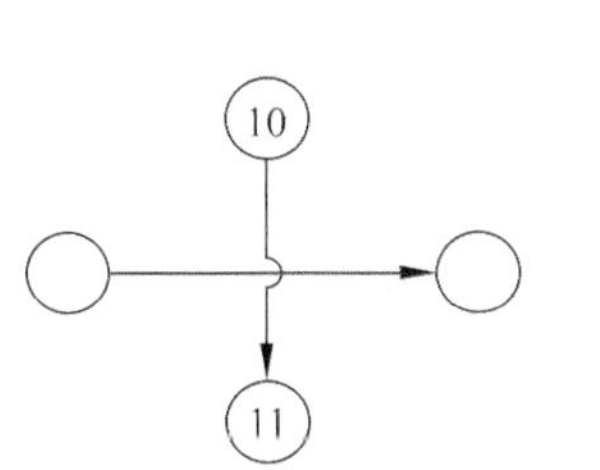

图 3-9　过桥法表示箭线交叉

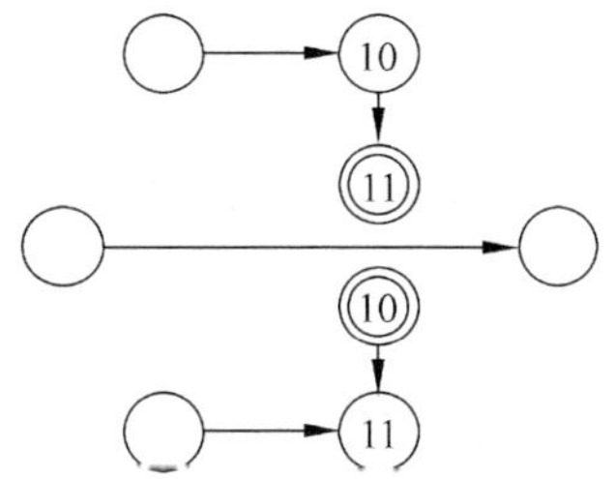

图 3-10　指向法表示箭线交叉

(7) 网络图节点编号时，每项工作应只有唯一的一条箭线和相应的一对节点编号，编号从起点节点开始，每个工作开始节点编号应小于结束节点编号，一个网络图中，不允许出现重复的节点编号。

网络图的节点编号除应遵循上述规则外，在编排方法上也有技巧，一般编号方法有两种，即水平编号法和垂直编号法。

① 水平编号法

水平编号法就是从起点节点开始由上到下逐行编号，每行则从左到右按顺序编排，如图 3-11 所示。

② 垂直编号法

垂直编号法就是从起点节点开始自左到右逐列编号，每列则根据编号规则的要求或自上而下，或自下而上，或先上下后中间，或先中间后上下，如图 3-12 所示。

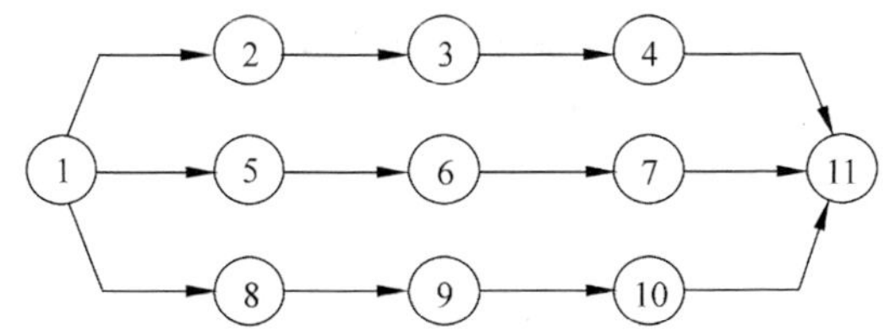

图 3-11　水平编号法

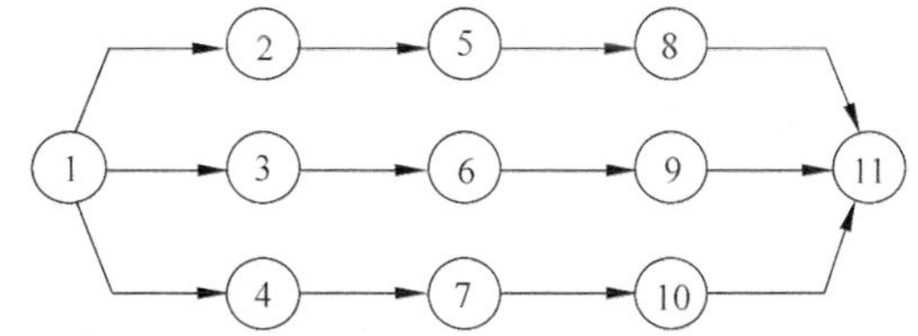

图 3-12　垂直编号法

2) 双代号网络图的绘制方法

双代号网络图的绘制方法，视各人的经验而不同，但绘图时都要遵循绘图的基本规则，图面要求清晰、布置周密合理。在正式绘制网络图之前，最好先绘成草图，然后再加整理。

双代号网络图的绘制方法一般可归纳为两种，下面结合例 3-1 进行说明。

例 3-1　三跨车间地面混凝土工程分为 A、B、C 三个施工段，由地面回填土、铺设道碴垫层和浇捣细石混凝土三个施工过程完成,其施工持续时间见表 3-1,试绘制施工双代号网络图。

表 3-1 地面混凝土工程各施工段持续时间

施工过程	持续时间/天		
	A 跨	B 跨	C 跨
回填土	4	3	4
铺垫层	3	2	3
浇混凝土	2	1	2

方法 1：从工艺网络图到生产网络图的画法。

首先绘制工艺网络图,并表达出组织逻辑的约束,如图 3-13 所示。

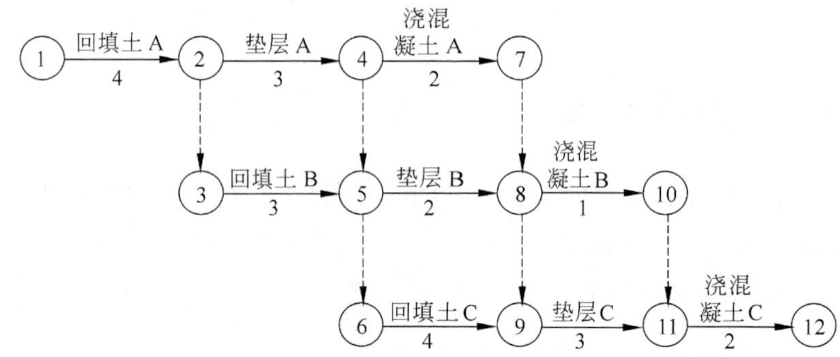

图 3-13 工艺网络图

其次对逻辑关系进行综合分析并修正。

在图 3-13 中,由于虚工作的增加使一些原先没有逻辑关系的某些工作也产生了制约关系,例如按照图 3-13,回填土 C 必须在垫层 A 做完后才可进行；垫层 C 必须在浇混凝土 A 做完后才可进行等,显然是不合理的约束,必须进行修正,同时对多余的虚工作也应去掉。②—③虚工作,⑤—⑥虚工作,⑦—⑧、⑩—⑪虚工作不符合设置虚工作的条件,属多余,应去掉；回填土 C 的紧前工作只有回填土 B；垫层 C 的紧前工作只有回填土 C 与垫层 B,所以需增加虚工作而进行调整,如图 3-14 所示。

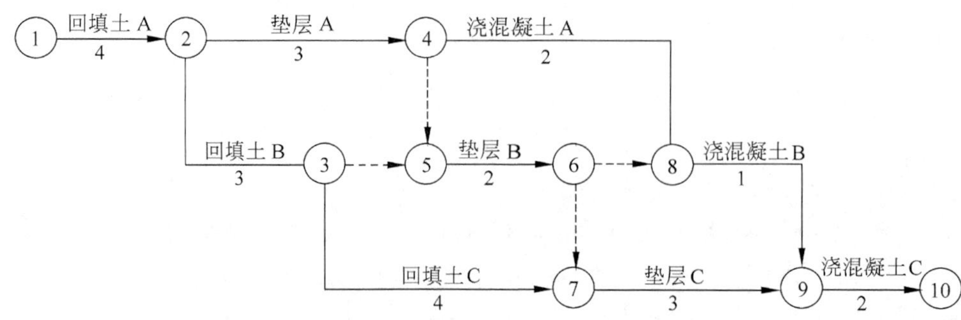

图 3-14 经过修改的网络图

最后结合工作逻辑关系做最后的检查。

方法 2：从工作流线图到生产网络图的画法。

根据各专业队的施工顺序由 A→B→C，画出工作组织顺序流线图，并表达出各施工进程在工艺上的相互依赖和制约关系，如图 3-15 所示。

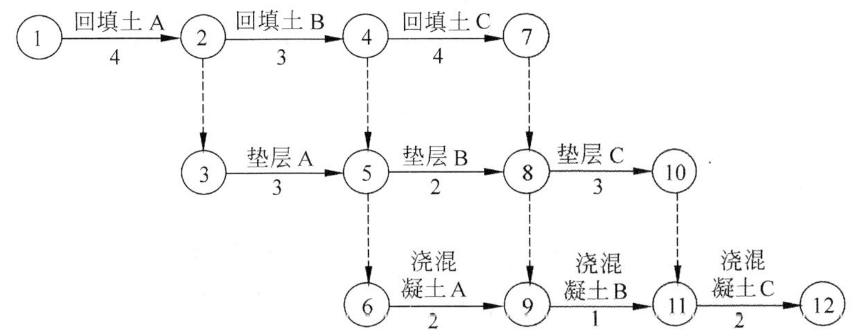

图 3-15　工作流线图

同样对各逻辑关系进行分析，并将修正不合理的逻辑关系与去掉多余的虚工作，如图 3-16 所示。检查各工作是否完全符合各逻辑关系。

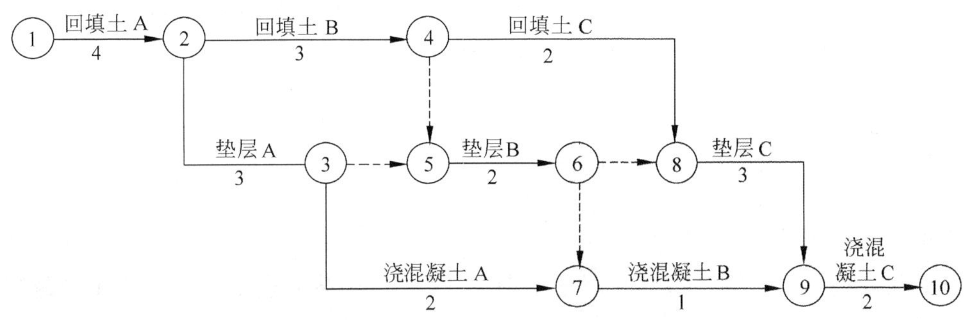

图 3-16　经过修改的网络图

3. 双代号网络图的计算

网络图时间参数的计算是指对网络图各项工作的开始时间和结束时间及时差的计算。通过计算和分析，可以明确网络图中每项工作对整个计划工期的影响程度，从而确定出关键工作和关键线路；对于非关键线路上的工作，可以确定出它们的储备时间和局部机动时间。网络图时间参数的计算是开发计划潜力以及对计划进行调整和优化的重要依据，也是网络计划技术的主要内容之一。

网络图中工作时间参数主要包括：工作的最早开始时间 ES_{i-j}(earliest start time)，工作的最早完成时间 EF_{i-j}(earliest finish time)，工作的最迟开始时间 LS_{i-j}(latest start time)，工作的最迟完成时间 LF_{i-j}(latest finish time)；工作的总时差 TF_{i-j}(total float)，工作的自由时差(又称为局部时差)FF_{i-j}(free float)以及确定关键线路(critical path)。

计算双代号网络工作时间参数时首先要计算节点时间参数，即计算节点最早时间 ET_j(earliest

event time)和节点最迟时间 LT_i(latest event time),通过节点时间参数得出工作时间参数。

1) 节点时间参数的计算

(1) 节点最早时间 ET_j

节点最早时间是指某节点的紧前工作全部完成,从该节点出发的紧后工作最早能够开始的时间界限。也就是说,进入这个节点的紧前工作如果没有全部结束,从这个节点出发的紧后工作就不能开始。因此,计算时取进入节点的紧前工作结束时间的最大值,作为该节点的最早开始时间。即"沿线累加,逢圈取大"。

若网络图由 n 个节点组成,则其计算公式可表达为:

$$ET_1 = 0 \tag{3-3}$$

$$ET_j = \max(ET_i + D_{i-j}), \quad 1 \leqslant i < j \leqslant n \tag{3-4}$$

式中:ET_1 为起点节点的最早时间;ET_j 为节点 j 的最早时间;ET_i 为以节点 j 为结束节点的某工作,其开始节点 $i(1 \leqslant i < j = n)$ 的最早开始时间;D_{i-j} 为工作 $i—j$ 的持续时间。

网络计划的计算工期 T_c(calculated project duration)按下式计算:

$$T_c = ET_n \tag{3-5}$$

式中:ET_n 为终点节点的最早时间。

网络计划的计划工期 T_p(planned project duration)计算按下列情况分别确定:

① 已规定了要求工期 T_r(required project duration)时,

$$T_p \leqslant T_r \tag{3-6}$$

② 当未规定要求工期时,

$$T_p = T_c = ET_n \tag{3-7}$$

(2) 节点的最迟时间 LT_i

节点的最迟开始时间是指在不影响计划总工期的条件下,从某节点出发的紧后工作最迟开始和以该节点作为结束节点的紧前工作最迟完成的时间界限。其计算方法是以终点节点的最迟时间(计划总工期)算起,按照节点的编号,从大到小逆向依次计算出各节点的最迟开始时间。即"逆线累减,逢圈取小"。

若网络中由 n 个节点组成,则其计算公式可表达为:

$$LT_n = T_p \tag{3-8}$$

$$LT_i = \min(LT_j - D_{i-j}), \quad n \geqslant j > i \geqslant 1 \tag{3-9}$$

式中:LT_n 为终点节点的最迟时间,其值等于计划工期 T_p;LT_i 为节点 i 的最迟时间;LT_j 为以节点 i 为开始节点的某工作,其结束节点 j 的最迟时间。

2) 工作时间的计算

工作时间是指各工作的开始和完成时间,分为工作最早开始和最早完成时间,工作最迟开始和最迟完成时间,以及工作的总时差和局部时差。

(1) 工作最早开始时间 ES_{i-j} 和工作最早完成时间 EF_{i-j}

设某工作 $i—j$ 的持续时间为 D_{i-j},则该工作最早开始时间应等于该工作起点节点 i 的最早开始时间，即：

$$ES_{i-j} = ET_i \tag{3-10}$$

该工作的最早完成时间，应该是其最早开始时间与其工作持续时间之和，即：

$$EF_{i-j} = ES_{i-j} + D_{i-j} \tag{3-11}$$

(2) 工作最迟开始时间 LS_{i-j} 和最迟完成时间 LF_{i-j}

工作的最迟完成时间是指在不影响计划工期的情况下，各工作开始时间和结束时间的最后界限。

设某工作 $i—j$ 的持续时间为 D_{i-j}，则该工作的最迟完成时间，等于其结束节点的最迟开始时间，即：

$$LF_{i-j} = LT_j \tag{3-12}$$

该工作的最迟开始时间，是其最迟完成时间与持续时间之差，即：

$$LS_{i-j} = LF_{i-j} - D_{i-j} \tag{3-13}$$

(3) 总时差 TF_{i-j}

总时差就是工作在最早开始时间至最迟结束时间之间所具有的机动时间，也可以说是在不影响计划总工期的条件下，各工作所具有的机动时间。

工作 $i—j$ 的总时差可用下列公式计算：

$$TF_{i-j} = LT_j - ET_i - D_{i-j} \tag{3-14}$$

或

$$TF_{i-j} = LF_{i-j} - EF_{i-j} = LS_{i-j} - ES_{i-j} \tag{3-15}$$

总时差具有以下特点：

① 总时差最小的工作称为关键工作(critical activity)，其完工的快慢，将直接影响计划工期的缩短与延长。

② 如果某工作的总时差为零，则其他时差也为零。

③ 某工作的总时差不但属本项工作所有，而且为包括该工作在内的一条线路或一个路段所共有。当该工作使用全部或部分总时差时，在上述线路或路段上，该工作之后的其他工作的总时差将会消失或减少。

(4) 自由时差 FF_{i-j}

自由时差是指在不影响紧后工作最早开始的前提下，某工作可以利用的机动时间。

工作 $i—j$ 的自由时差可用下式计算：

$$FF_{i-j} = ET_j - ET_i - D_{i-j} = ET_j - EF_{i-j} \tag{3-16}$$

局部时差具有以下特点：

① 局部时差小于或等于总时差。

② 以关键线路上的节点为结束终点的工作，其局部时差与总时差相等。

③ 使用局部时差对后续工作没有影响，后续工作仍可按其最早开始时间开始。

(5) 关键线路

关键线路就是在网络图上连接关键工作所组成的线路。这条线路也是总持续时间最长的线路，是进行工程进度管理的重点,关键线路在网络图上一般用粗线或双线标出。

例 3-2 计算图 3-17 网络图中各节点的时间参数,按图例标出。

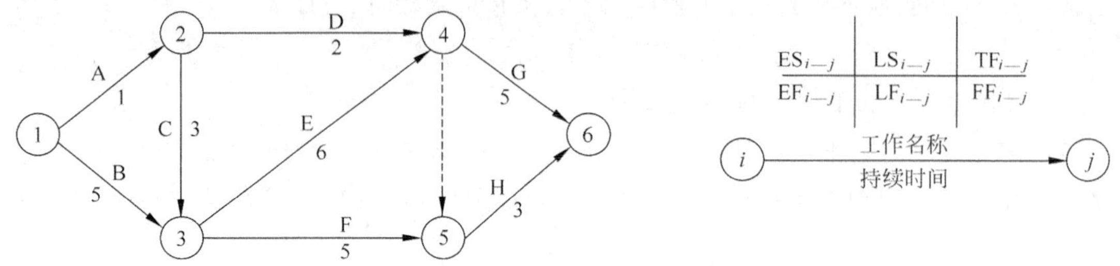

图 3-17 双代号网络示意图

解:各节点最早时间计算如下:

节点	计算公式	最早时间/天
①	$ET_1=0$	0
②	$ET_2=\max(ET_1+D_{1-2})=\max(0+1)$	1
③	$ET_3=\max\begin{Bmatrix}ET_1+D_{1-3}\\ET_2+D_{2-3}\end{Bmatrix}=\max\begin{Bmatrix}0+5\\1+3\end{Bmatrix}$	5
④	$ET_4=\max\begin{Bmatrix}ET_2+D_{2-4}\\ET_3+D_{3-4}\end{Bmatrix}=\max\begin{Bmatrix}1+2\\5+6\end{Bmatrix}$	11
⑤	$ET_5=\max\begin{Bmatrix}ET_3+D_{3-5}\\ET_4+D_{4-5}\end{Bmatrix}=\max\begin{Bmatrix}5+5\\11+0\end{Bmatrix}$	11
⑥	$ET_6=\max\begin{Bmatrix}ET_4+D_{4-6}\\ET_5+D_{5-6}\end{Bmatrix}=\max\begin{Bmatrix}11+5\\11+3\end{Bmatrix}$	16

各节点的最迟时间计算如下:

节点	计算公式	最迟时间/天
⑥	$LT_6=T_p=ET_6=16$	16
⑤	$LT_5=LT_6-D_{5-6}=16-3$	13
④	$LT_4=\min\begin{Bmatrix}LT_6-D_{4-6}\\LT_5-D_{4-5}\end{Bmatrix}=\min\begin{Bmatrix}16-5\\13-0\end{Bmatrix}$	11
③	$LT_3=\min\begin{Bmatrix}LT_4-D_{3-4}\\LT_5-D_{3-5}\end{Bmatrix}=\min\begin{Bmatrix}11-6\\13-5\end{Bmatrix}$	5
②	$LT_2=\min\begin{Bmatrix}LT_4-D_{2-4}\\LT_3-D_{2-3}\end{Bmatrix}=\min\begin{Bmatrix}11-2\\5-3\end{Bmatrix}$	2

① $$LT_1=\min\begin{Bmatrix}LT_2-D_{1-2}\\LT_3-D_{1-3}\end{Bmatrix}=\min\begin{Bmatrix}2-1\\5-5\end{Bmatrix} \qquad 0$$

将以上计算结果标注在图上指定位置,如图3-18所示。当计算熟练以后,可不必写出计算过程,直接在网络图上计算。

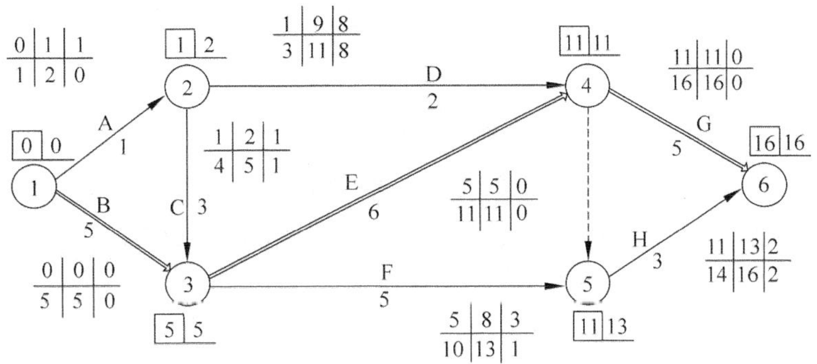

图3-18 双代号网络时间参数计算示意图

根据计算公式(3-10)~式(3-16),可直接在图上计算工作的时间参数,按图例所示标出(如图3-18所示)。

4. 双代号时标网络

1) 时标网络计划的概念

时标网络计划(time-coordinate network)是以时间坐标为尺度绘制的网络计划。时标的时间单位应根据需要确定,可以是天、周、旬、月或季等,时间可标注在计划表顶部或底部,必要时还可以在顶部或底部同时标注,时标计划表中部的刻度线宜为细线。时标网络计划的工作以实箭线表示,自由时差以波形线表示,虚工作以虚箭线表示。当实箭线之后有波形线且其末端有垂直部分时,其垂直部分用实线绘制;当虚箭线有时差且其末端有垂直部分时,其垂直部分用虚线绘制,如图3-19所示。

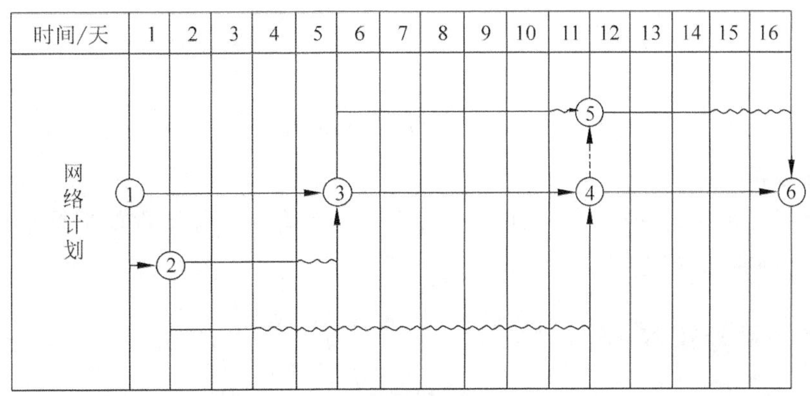

图3-19 双代号时标网络图

2）时标网络计划的绘制方法

绘图的基本要求：

① 时间长度是以所有符号在时标表上的水平位置及其水平投影长度表示的，与其所代表的时间值相对应。

② 节点的中心必须对准时标的刻度线。

③ 虚工作必须以垂直虚箭线表示，有时差时加波形线表示。

④ 时标网络计划宜按最早时间编制，不宜按最迟时间编制。

⑤ 时标网络计划编制前，必须先绘制无时标网络计划。

⑥ 绘制时标网络计划图时可先计算无时标网络计划的时间参数，再按该计划在时标表上进行绘制，或者不计算时间参数，直接根据无时标网络计划在时标表上进行绘制。

3）时标网络计划工作时间参数的确定

(1)“计算工期”的确定

时标网络计划的“计算工期”，应是其终点节点与起点节点所在位置的时标值之差。

(2) 最早时间的确定

时标网络计划中，每条箭线，尾节点中心所对应的时标值，代表工作的最早开始时间。箭线实线部分右端或箭尾节点中心对应的时标值代表工作的最早完成时间。

(3) 工作自由时差值的确定

时标网络计划中，工作自由时差值等于其波形线在坐标轴上水平投影的长度。

(4) 工作总时差的计算

时标网络计划中，工作总时差应自右而左进行逐个计算。一项工作只有其紧后工作的总时差值全部计算出以后才能计算出其总时差值。工作总时差值等于其诸紧后工作总时差的最小值与本工作自由时差值之和。

(5) 工作最迟时间的计算

由于已知最早开始时间和最早结束时间，又知道了总时差，故其工作最迟时间可用以下公式进行计算：

$$LS_{i-j} = ES_{i-j} + TF_{i-j}$$

$$LF_{i-j} = EF_{i-j} + TF_{i-j}$$

(6) 关键线路的确定

自终点节点至起点节点逆箭线方向朝起点节点观察，自始至终不出现波形线的线路，为关键线路。关键线路一般用粗线或双线标注。

3.2.3 单代号网络计划技术

1. 单代号网络图的基本概念

单代号网络图又称节点网络图(activity-on-arrow network)，它是指以节点及其编号表示工作，以箭线表示工作的逻辑关系的网络图。单代号网络图中每一节点的编号都可以独立代表一项工作，节点用圆圈或方框表示，工作名称、作业时间与节点编号都标注在节点的圆圈内，节点的编号也就是工作的代号，箭线表示紧邻工作之间的逻辑关系，箭线应画成水平直线、折线或斜线，箭线水平投影的方向应自左向右，表示工作的进行方向，箭线的箭尾节点编号应小于箭头节点的编号，如图 3-20 所示。

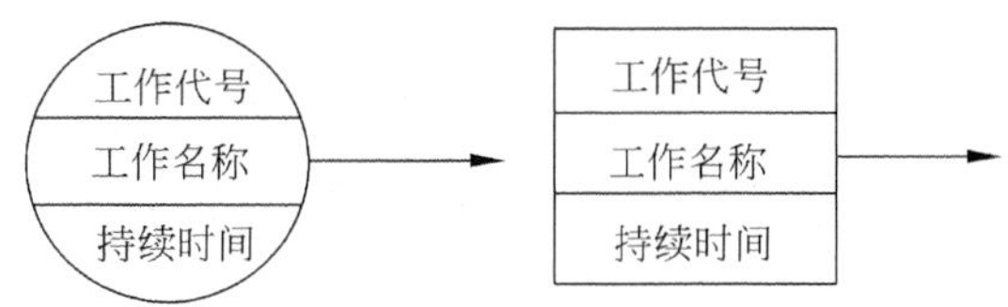

图 3-20　单代号网络图工作表示方法

单代号网络图只应有一个起点节点和一个终点节点，当网络图中有多项起点节点或多项终点节点时，需设两个表示整个网络计划开始和结束的虚工作节点(dummy node)，作为该网络图的起点节点(St)和终点节点(Fin)。单代号网络图中不设虚箭线，由于单代号网络图和双代号网络图是网络计划两种不同的表示方式，因此关于双代号网络图的工作逻辑关系及绘图规则也适用于单代号网络图。例如将图 3-17 所示的双代号网络图变为单代号网络图则如图 3-21 所示。

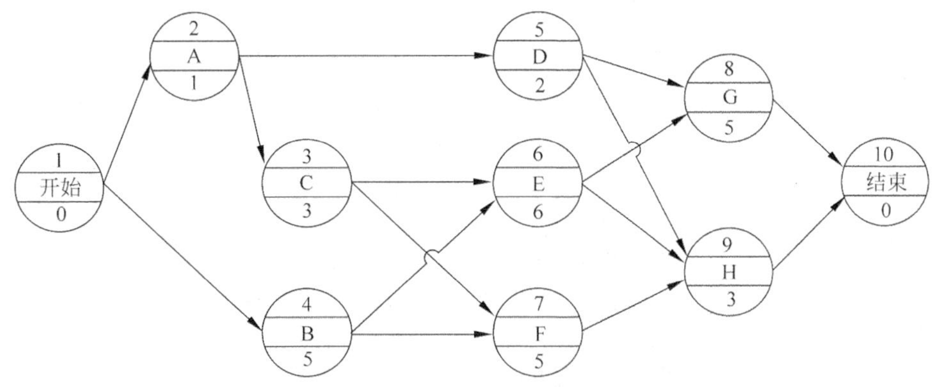

图 3-21　单代号网络示意图

2. 单代号网络图的计算

单代号网络图的计算内容和时间参数的意义与双代号网络图完全相同。以图 3-21 的单代号网络图为例，说明工作基本时间参数的计算方法。

(1) 工作最早开始与结束时间 ES_j 和 EF_j 的计算

工作 i 的最早开始时间 ES_j 应从网络图的起点节点开始，顺着箭线方向依次逐项计算。首先假定网络计划起始工作 1 的最早可能起始时间为零，由于起始工作为虚拟工作，作业时间为零，则起始工作的最早完成时间也为零。即：

$$ES_1 = 0 \tag{3-17}$$

$$EF_1 = 0 \tag{3-18}$$

任意一个工作 j 的最早开始时间 ES_j 等于其紧前各工作全部完成的时间，即为紧前各工作最早完成时间中的最大值；最早完成时间 EF_j 等于最早开始时间加上工作作业时间。即：

$$ES_j = \max(EF_i) \tag{3-19}$$

$$EF_j = ES_i + D_j \tag{3-20}$$

其计算顺序是从网络计划的开始工作(起点节点)开始,顺着箭线的方向依次计算,直至终点节点,以图3-21为例,各工作的最早开始与结束时间的计算结果见图3-22。

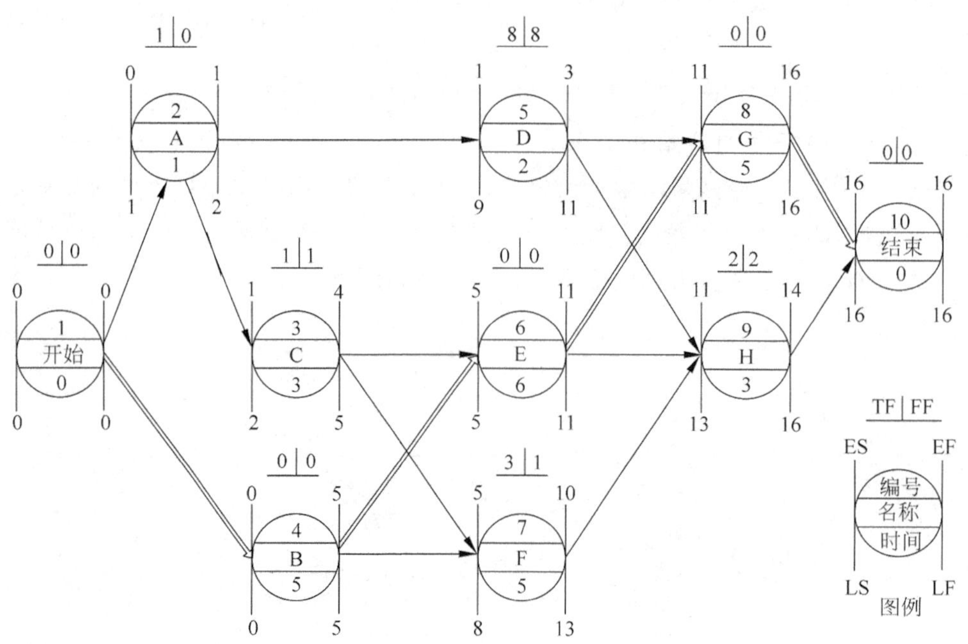

图3-22 单代号网络图时间参数计算图

(2) 工作最迟开始与结束时间 LS_i 和 LF_i 的计算

首先假定网络计划结束工作的最迟完成时间等于该工作的最早完成时间,或等于计划工期。若结束工作编号为 n,则即:

$$LF_n = EF_n \tag{3-21}$$

由于结束工作为虚拟工作,作业时间为零,则结束工作的最迟开始时间等于最迟必须结束时间。

$$LS_n = LF_n \tag{3-22}$$

任意一个工作 i 的最迟完成时间 LF_i 等于其紧后各工作最迟开始时间中的最小值;最迟开始时间 LS_i 等于其最迟完成时间减去工作的作业时间。即:

$$LF_i = \min(LS_j) \tag{3-23}$$

$$LS_i = LF_i - D_i \tag{3-24}$$

其计算顺序是从网络计划的结束工作(终点节点)开始,逆着箭线方向依次计算,直至开始工作(起点节点)。图3-21中各工作的最迟开始与结束时间见图3-22。

工作的以上四个基本时间参数,可直接在网络图上进行,并按图例标在网络相应位置。

（3）工作时差的计算

① 总时差 TF_i

总时差的计算完全类同于双代号网络图，即采用下式计算：

$$TF_i = LF_i - EF_i = LS_i - ES_i \tag{3-25}$$

② 局部时差（自由时差）FF_i

在单代号网络图中局部时差等于其紧后工作 j 的最早开始时间 ES_j 中的最小值减去该工作的最早完成时间 EF_i。即：

$$FF_i = \min(ES_j) - EF_i, \quad j > i, j \text{ 为 } i \text{ 的任意紧后工作} \tag{3-26}$$

在图 3-21 中：$FF_1 = \min(ES_2, ES_4) - EF_1 = \min(0,0) - 0 = 0$

$FF_2 = \min(ES_5, ES_3) - EF_2 = \min(1,1) - 1 = 0$

同理：$FF_3 = 1, FF_4 = 0, FF_5 = 8, FF_6 = 0, FF_7 = 1, FF_8 = 0, FF_9 = 2, FF_{10} = 0$，按图例标注在相应位置，如图 3-22 所示。最后把总时差为零的关键工作用粗线或双线在图上标出。

3. 单代号搭接网络计划

一般网络计划，各工作之间的逻辑关系是前后衔接关系。但在实际的建筑施工活动中，为了缩短工期，常常将许多工作安排成平行搭接方式进行，为了描述这种搭接关系，必须采用新型的网络计划技术——搭接网络计划（multi-dependency network）。

1）相邻工作的基本搭接关系及时间分析

搭接网络中的相邻工作有多种连接关系，如图 3-23 所示。

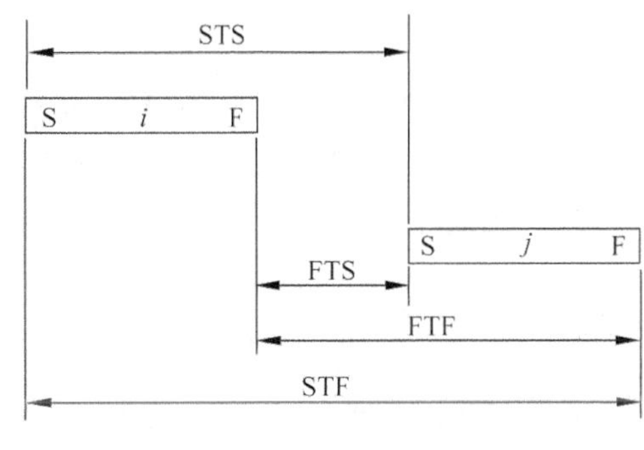

图 3-23　相邻工作的基本搭接关系

（1）开始到开始的时距（STS）

在搭接网络计划中可根据紧前工作开始到紧后工作开始的时距（STS），按下述公式计算出紧后工作的最早可能开始时间（ES_j）及紧前工作的最迟必须开始时间（LS_i）。

$$ES_j = ES_i + STS_{i,j} \tag{3-27}$$

$$LS_i = LS_j - STS_{i,j} \tag{3-28}$$

（2）开始到结束的时距（STF）

根据紧前工作开始到紧后工作结束的时距（STF），可计算出紧后工作的最早可能结束时间（EF_j）及紧前工作的最迟必须开始时间（LS_i），计算公式为：

$$EF_j = ES_i + STF_{i,j} \tag{3-29}$$

$$LS_i = LF_j - STF_{i,j} \tag{3-30}$$

（3）结束到开始的时距（FTS）

根据紧前工作结束到紧后工作开始的时距（FTS），可计算出紧后工作的最早可能开始时间（ES_j）及紧前工作的最迟必须结束时间（LF_i），计算公式为：

$$ES_j = EF_i + FTS_{i,j} \tag{3-31}$$

$$LF_i = LS_j - FTS_{i,j} \tag{3-32}$$

当 FTS=0 时,就是说紧前工作 i 的结束时间等于紧后工作 j 的开始时间,这时紧前工作与紧后工作紧密衔接,当计划所有相邻工作的 FTS=0 时,整个搭接网络计划就成为前面所讲的一般单代号网络计划了。所以,一般的衔接关系只是搭接关系的一种特殊表现形式。

(4) 结束到结束的时候(FTF)

根据紧前工作结束到紧后工作结束的时距(FTF),可计算出紧后工作的最早可结束时间(EF_j)及紧前工作的最迟必须结束时间(LF_i):

$$EF_j = EF_i + FTF_{i,j} \tag{3-33}$$

$$LF_i = LF_j - FTF_{i,j} \tag{3-34}$$

(5) 混合连接时距

① 既有开始到开始(STS),又有结束到结束(FTF)的限制时,时间参数的计算可分别按式(3-27)~式(3-34)计算。

② 既有开始到结束(STF),又有结束到开始(FTS)的限制时,时间参数的计算可分别按式(3-29)~式(3-32)计算。

2) 搭接网络计划的时间间隔及时差计算

(1) 间隔时间($LAG_{i,j}$)计算

在搭接网络计划中,决定相邻工作之间制约关系的是时距,可是往往在相邻两工作之间除满足时距要求之外,还有一段多余的空闲时间,这种时间我们把它叫做"间隔时间",一般用 $LAG_{i,j}$ 表示。

由于各工作间的搭接关系不同,所以确定 LAG 时必须根据相应搭接关系和不同时距进行计算。

① 相邻两工作的连接关系是开始到开始($STS_{i,j}$)时,按公式(3-27)计算。当在搭接网络计划中出现 $ES_j > (ES_i + STS_{i,j})$ 的情况时,表明在 i,j 工作之间存在 $LAG_{i,j}$。

$$LAG_{i,j} = ES_j - (ES_i + STS_{i,j}) = ES_j - ES_i - STS_{i,j} \tag{3-35}$$

② 相邻两工作的连接关系是开始到结束($STF_{i,j}$)时,按公式(3-29)计算。当在搭接网络计划中出现 $EF_{i,j} > (ES_i + STF_{i,j})$ 的情况时,则

$$LAG_{i,j} = EF_{i,j} - (ES_i + STF_{i,j}) = EF_j - ES_i - STF_{i,j} \tag{3-36}$$

③ 相邻两工作的连接关系是结束到开始($FTS_{i,j}$)时,按公式(3-31) 计算。当在接搭网络计划中出现 $ES_j > (EF_i + FTS_{i,j})$ 的情况时,则

$$LAG_{i,j} = ES_j - (EF_i + FTS_{i,j}) = ES_j - EF_i - FTS_{i,j} \tag{3-37}$$

④ 相邻两工作的连接关系是结束到结束($FTF_{i,j}$)时,按公式(3-33) 计算。

当在接搭网络计划中出现 $EF_j > (EF_i + FTF_{i,j})$ 的情况时,则

$$LAG_{i,j} = EF_j - (EF_i + FTF_{i,j}) = EF_j - EF_i - FTF_{i,j} \tag{3-38}$$

⑤ 当相邻两工作之间是由两种时距以上的关系连接时,则应分别计算其 LAG,然后取其中的最小值。在以上四种时距连接关系中,可能出现任何组合的情况,可用公式(3-39)来进行计算。

$$\mathrm{LAG}_{i,j}=\min(\mathrm{ES}_j-\mathrm{EF}_i-\mathrm{FTS}_{i,j},\mathrm{ES}_j-\mathrm{EF}_i-\mathrm{STS}_{i,j},\mathrm{EF}_j-\mathrm{EF}_i-\mathrm{FTF}_{i,j},\mathrm{EF}_j-\mathrm{ES}_i-\mathrm{STF}_{i,j}) \tag{3-39}$$

(2) 总时差的计算

搭接网络计划中工作的总时差(TF_i)的计算公式与一般单代号网络计划相同。即：

$$\mathrm{TF}_i=\mathrm{LS}_i-\mathrm{ES}_i=\mathrm{LF}_i-\mathrm{EF}_i \tag{3-40}$$

(3) 自由时差的计算

自由时差(FF_i)是在不影响所有紧后工作最早可能开始时间的条件下，该工作可能机动利用的最大时间间隔。

① 工作 i 只有一个紧后工作

在只有一个紧后工作 j 时，工作 i 的自由时差就等于时间间隔 $\mathrm{LAG}_{i,j}$，即可按 $\mathrm{LAG}_{i,j}$ 的计算方法计算：

$$\mathrm{FF}_i=\mathrm{LAG}_{i,j} \tag{3-41}$$

② 工作 i 有两个以上的紧后工作

当有两个以上的紧后工作时，自由时差则取各 $\mathrm{LAG}_{i,j}$ 中的最小值。即：

$$\mathrm{FF}_i=\min(\mathrm{LAG}_{i,j1},\mathrm{LAG}_{i,j2},\cdots,\mathrm{LAG}_{i,jn}) \tag{3-42}$$

3) 搭接网络计划的时间参数计算示例

搭接网络计划的时间参数包括 ES、EF、LS、LF、TF、FF 等。其计算方法决定于相邻工作的搭接关系，可根据不同的时距按有关公式计算。在计算过程中如果出现下列情况，则应加以调整。

(1) 当中间活动(或工作)的最早可能开始时间 ES_i 为负值时

遇到这种情况，应将该工作与网络开始节点用虚箭杆相连，强制该工作的最早可能开始时间为零，故其最早可能结束时间 EF_i 应为：$\mathrm{EF}_i=\mathrm{ES}_i+D_i=D_i$。

(2) 当中间工作的最迟必须结束时间 LF_i 大于工程的总工期时

这种情况说明总工期变成以该中间工作的最迟必须结束时间来控制了，同样不合理，此时应将该中间工作与网络计划的终点节点用虚箭杆相连，即使该中间工作的最迟必须结束时间受终点节点的时间约束。这时该工作的最迟必须结束时间应等于总工期($T_{总}$)，其最迟必须开始时间 LS_i 应为：$\mathrm{LS}_i=\mathrm{LF}_i-D_i=T_{总}-D_i$。

例 3-3　某工程项目的单代号搭接网络图如图 3-24 所示，计算各工作的时间参数，并确定其关键线路。(未标明时距的均为 FTS=0)

解：(1) 工作最早可能开始 ES_i 和结束 EF_i 的计算

单代号搭接网络图与一般单代号网络图工作最早时间计算顺序相同，都是以起始工作开始计算，取 $\mathrm{ES}_1=0,\mathrm{EF}_1=0$；以后再顺着箭线方向依次计算各工序的最早可能开始和结束时间。

若一个工作有多个紧前工作时，则应按照工作与每个紧前工作的搭接关系分别计算，取最大值作为该工作的最早时间，将计算结果标注在图上。在计算过程中，图上的工作 4 的最早开始时间出现负值(−4)，所以应调整，限定工序 4 必须在网络开始工序之后进行，取搭接关系为 FTS=0，同时修改工作 4

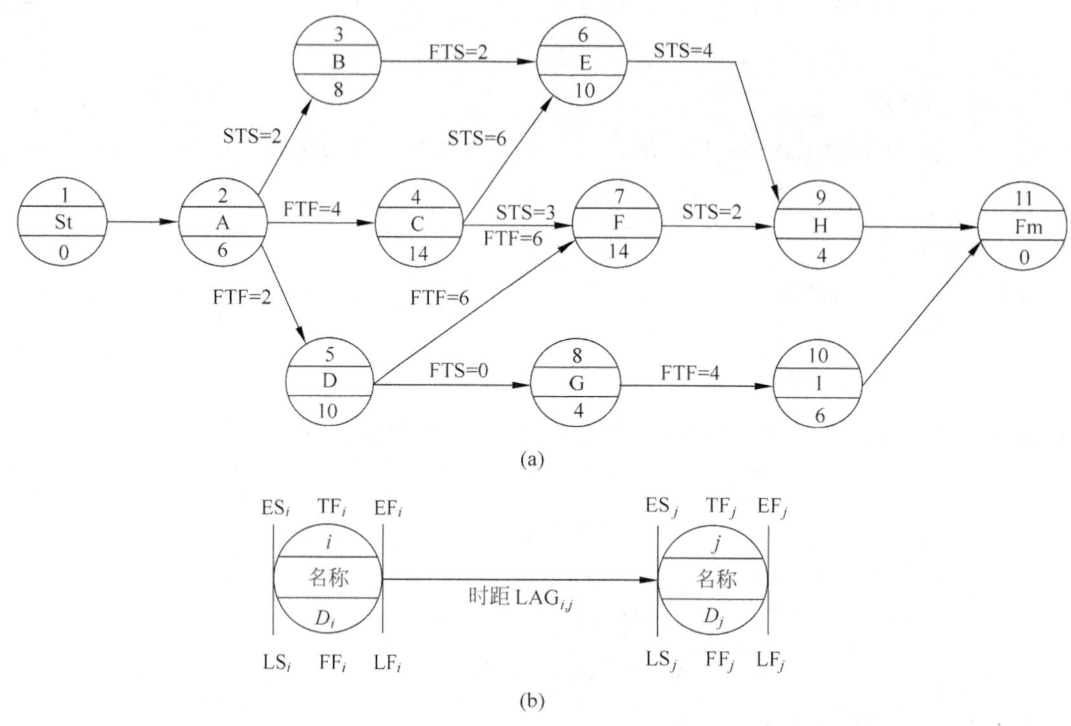

图 3-24 单代号搭接网络图计算示例

的计算结果。同理工作 5 也应调整。

工作 7 的最早可能结束时间为 24 天,而网络结束工作的最早可能结束时间为 20 天,故需引入虚箭线,修改结束工作的计算结果。

(2) 工作最迟必须开始 LS_i 和结束时间 LF_i 的计算

计算工作的最迟时间从结束工作 n(终点节点)开始,首先令 $LF_n = EF_n$,又 $D_n = 0$,所以 $LS_n = LF_n$,然后逆着箭线方向计算各工作的最迟时间,将计算结果标注在图上。

在计算过程中,6 节点工作的最迟完成时间(26 天)大于总工期(24 天),所以应把 6 节点工作用虚箭线与终点节点连起来,强制 6 节点工作的最迟时间除受 H 的约束外,还受到终点节点的约束。所以 $LF_6 = 24$,$LS_6 = LF_6 - D_6 = 24 - 10 = 14$。

(3) 计算各工作间的时间间隔 $LAG_{i,j}$

根据相邻工作的不同搭接类型,计算其时间间隔 $LAG_{i,j}$,将其结果标注在图上。

(4) 搭接网络计划中的时差计算

按总时差与自由时差的计算公式进行计算,并将结果标注在图上。

(5) 关键线路的确定

从网络图的起点节点到终点节点,由总时差为零的关键工作连接的线路,即为关键线路。在图上标出。最终计算结果如图 3-25 所示。

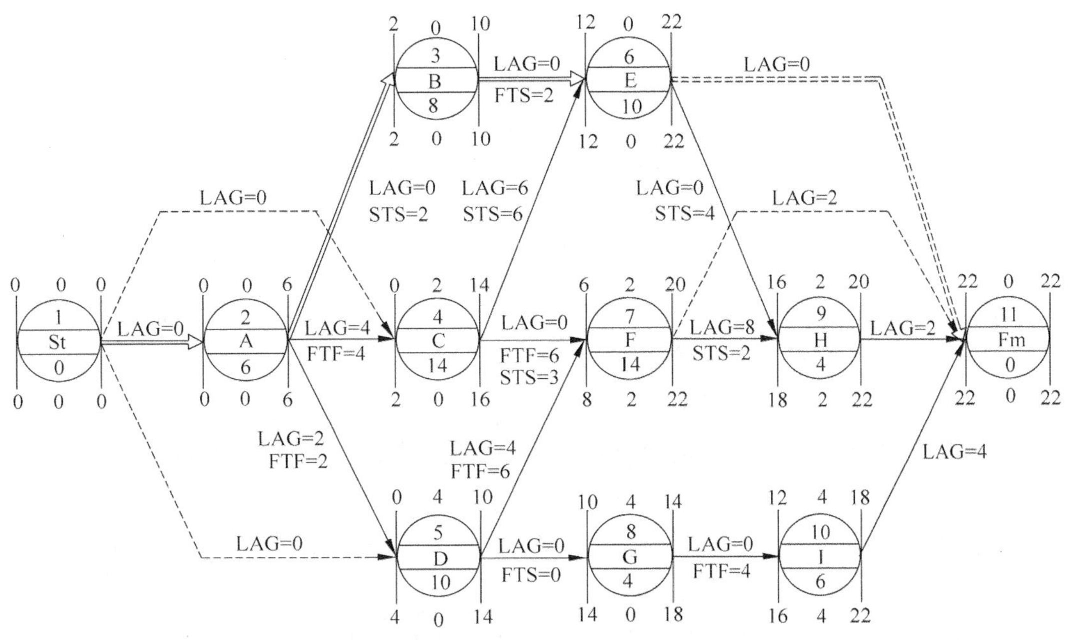

图 3-25　单代号搭接网络图计算示例

3.2.4　网络计划的优化

经过调查研究、确定施工方案、划分施工过程、分析施工过程间的逻辑关系、编制施工过程一览表、绘制网络图、计算时间参数等步骤，确定网络计划的初步方案。网络图的优化，就是通过利用时差不断改善网络计划的初步方案，在满足既定条件的情况下，可能达到的最好效果。网络计划优化包括资源优化、工期—费用优化两类。

1. 资源优化

资源优化是指调整网络计划初始方案的日资源需要量，使其不超过日资源限量或者使之尽可能均衡。资源优化根据优化目标的不同又分为两类：①在工期不变的情况下使日资源的需要尽可能均衡；②当日资源受限时，使日资源需要量不超过日资源限量，工期延长值尽可能最小。

1）工期不变资源均衡的优化

资源均衡，就是在施工的各个阶段所完成的工作量、劳动量和所有消耗的建筑材料、构件、半成品等尽可能保持均衡性。反映在施工进度计划中，就是使资源使用的各种动态曲线（如劳动力动态曲线，各种材料，机械需要量的动态曲线等），不出现短时期的高峰或低谷，力求日资源需要接近于平均值。通过资源均衡优化，可以大大减少施工现场各种临时设施（包括生产设施如仓库、堆场、加工棚、混凝土搅拌装置、砂浆制备站、临时供水供电设施等；生活设施如工人的临时居住房屋、临时办公房屋、食堂、浴堂、娱乐设施等的规模），从而节省施工费用。

(1) 衡量资源均衡的指标

① 不均衡系数 K

$$K=\frac{R_{\max}}{R_{\mathrm{m}}} \tag{3-43}$$

式中：$R_{\max}$为资源需求动态曲线上最大日资源需要量；R_{m} 为日平均资源需要量。

$$R_{\mathrm{m}}=\frac{1}{T}(R_1+R_2+\cdots+R_T)=\frac{1}{T}\sum_{i=1}^{T}R_t \tag{3-44}$$

显然,在进行不同施工进度计划方案比较时,资源需要量不均衡系数 K 愈小,说明它的施工均衡性愈好。

② 极差值 ΔR

指资源需要动态曲线上,每天计划需要量与每天平均需要量之差的最大绝对值。即：

$$\Delta R=\max(|R_t-R_{\mathrm{m}}|),\quad 0\leqslant t\leqslant T \tag{3-45}$$

式中：R_t 为第 t 天的日资源需要量。

同样,极差值愈小,均衡性愈好。

③ 均方差值 σ^2：表示资源需要动态曲线上,每天计划需要量与每天平均需要量之差的平方和的平均值。即：

$$\sigma^2=\frac{1}{T}\sum_{t=1}^{T}(R_t-R_{\mathrm{m}})^2 \tag{3-46}$$

方差值愈小愈均衡。

为了使计算方便,式(3-46)可作如下变换：

$$\begin{aligned}\sigma^2&=\frac{1}{T}\sum_{t=1}^{T}(R_t-R_{\mathrm{m}})^2\\&=\frac{1}{T}\sum_{t=1}^{T}(R_t^2-2R_tR_{\mathrm{m}}+R_{\mathrm{m}}^2)\\&=\frac{1}{T}\sum_{t=1}^{T}R_t^2-2R_{\mathrm{m}}^2+R_{\mathrm{m}}^2\\&=\frac{1}{T}\sum_{t=1}^{T}R_t^2-R_{\mathrm{m}}^2\end{aligned}$$

即均方差值 σ^2 也可按下式计算：

$$\sigma^2=\frac{1}{T}\sum_{t=1}^{T}R_t^2-R_{\mathrm{m}}^2 \tag{3-47}$$

(2) 优化方法

工期不变,资源均衡优化的方法有多种,本书介绍均方差值 σ^2 最小的方法进行优化。

由式(3-47),T 与 R_{m} 均为常数,因此要使方差为最小,只需使 $\sum_{t=1}^{T}R_t^2$ 最小,即使$(R_1^2+R_2^2+\cdots+R_t^2)$最小。

设工作 l—n 的最早开始日期为第 i 天,最早结束日期为第 j 天,自由时差为 $FF_{l,n}$,若工作 l—n 的

日资源需要量为 $r_{l,n}$（如图 3-26 所示），则如将工作 $l—n$ 右移 1 天，方差的变化值计算如下：

未移动前：

$$\sum_{t=1}^{T} R_t^2 = R_1^2 + R_2^2 + \cdots + R_i^2 + \cdots + R_j^2 + R_{j+1}^2 + \cdots + R_T^2$$

向右移 1 天后：

$$\sum_{t=1}^{T} R'^2_t = R_1^2 + R_2^2 + \cdots + (R_i - r_{l,n})^2 + \cdots + R_j^2 + (R_{j+1} + r_{l,n})^2 + \cdots + R_T^2$$

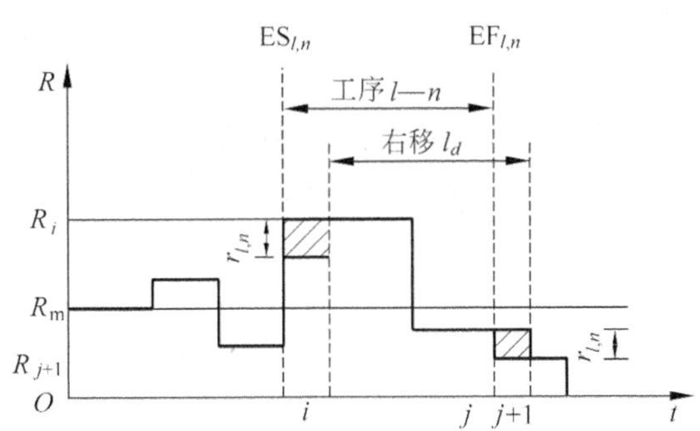

图 3-26 工作右移一天的资源需要量变化示意图

方差变化值为：

$$\begin{aligned}\sum_{t=1}^{T} R'^2_t - \sum_{t=1}^{T} R_t^2 &= (R_i - r_{l,n})^2 - R_i^2 + (R_{j+1} + r_{l,n})^2 - R_{j+1}^2 \\ &= -2R_i r_{l,n} + r_{l,n}^2 + 2R_{j+1} r_{l,n} + r_{l,n}^2 \\ &= 2r_{l,n}(R_{j+1} - R_i + r_{l,n})\end{aligned}$$

若方差变化值为负数，即 $\sum_{t=1}^{T} R'^2_t - \sum_{t=1}^{T} R_t^2 < 0$，则 $\sum_{t=1}^{T} R'^2_t < \sum_{t=1}^{T} R_t^2$，意味着右移 1 天可使方差变小，资源趋向均衡；若方差变化值为正，则右移 1 天使方差变大，资源消耗更趋不均衡。因此，可用方差变化值的正、负判别右移 1 天是否趋于均衡。

又因为 $r_{l,n}$ 为非负数，故可用 $R_{j+1} - R_i + r_{l,n}$ 作为是否可以右移 1 天的判断式，用 Δ 表示，即：

$$\Delta = R_{j+1} - R_i + r_{l,n} \tag{3-48}$$

若计算出右移 1 天的判别值 Δ_1 为负，则可将工作 $l—n$ 向右移 1 天；再在工作 $l—n$ 右移新的动态曲线上，按上述同样的方法，如在自由时差范围内，继续考虑工作 $l—n$ 是否还能右移 1 天，计算 Δ_2，若 $\Delta_2 < 0$，表示仍可右移，依次继续下去，直至不能移动为止。

如果计算出的 Δ_1 为正值，即表示工作 $l—n$ 不能向右移一天，则可考虑工作 $l—n$ 是否可能右移两天，计算 Δ_2，如果 Δ_2 为负，再计算右移 2 天判别值之和 $\Delta_1 + \Delta_2$，若 $\Delta_1 + \Delta_2 < 0$，那么在自由时差范围内，就可将工作 $l—n$ 右移 2 天；若工作 $l—n$ 仍有自由时差可利用，考虑是否能否右移 3 天，以此反复。

综上所述，若某工作有 m 天的自由时差，在 m 天范围内，将该工作逐日右移，每向右移动 1 天计算一次判别值 Δ，即依次计算出 $\Delta_1, \Delta_2, \Delta_3, \cdots, \Delta_m$，再算出判别值累加数列 $\Delta_1, \Delta_1 + \Delta_2, \cdots, \Delta_1 + \Delta_2 + \cdots + \Delta_m$，然后，从累加数列中找出第一个出现最大负值的项次，即为可右移的天数。若数列全为正数，则表示该工作不能右移。

(3) 工期不变，资源均衡优化步骤

第一步，计算网络计划的时间参数；

第二步，按照工作的最早开始时间，绘制时间坐标网络图；

第三步，计算资源日需要量，绘制资源需要动态图；

第四步，从网络图的终点节点开始，逆箭线方向，按最早开始时间值的大、小顺序，逐个对非关键工作在自由时差范围内，计算判别值，作右移的调整，直到全部非关键工作都不能再调整为止。所得网络图即为工期不变资源使用均衡的网络图。

例 3-4 对如图 3-27 所示网络图，进行工期不变资源消耗均衡优化。图中箭线上带括号的数字为该工作的日资源需要量，箭线下方数字为作业时间。

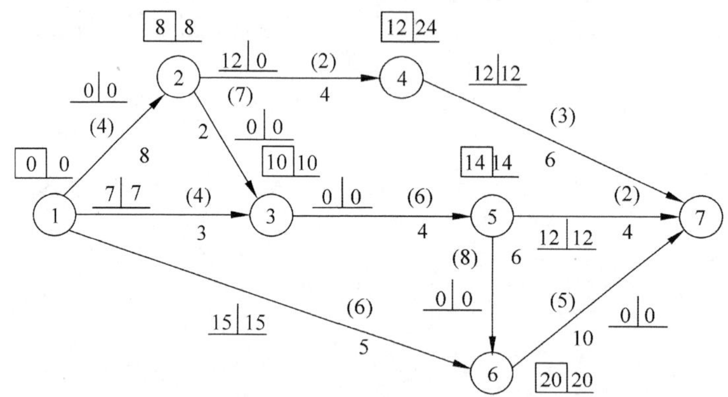

图 3-27 工期不变资源均衡优化示例

解：(1) 计算网络时间参数，将结果标注在网络图上。

(2) 将网络图绘制成时间坐标网络图，并绘制资源需要量动态图，如图 3-28 所示。

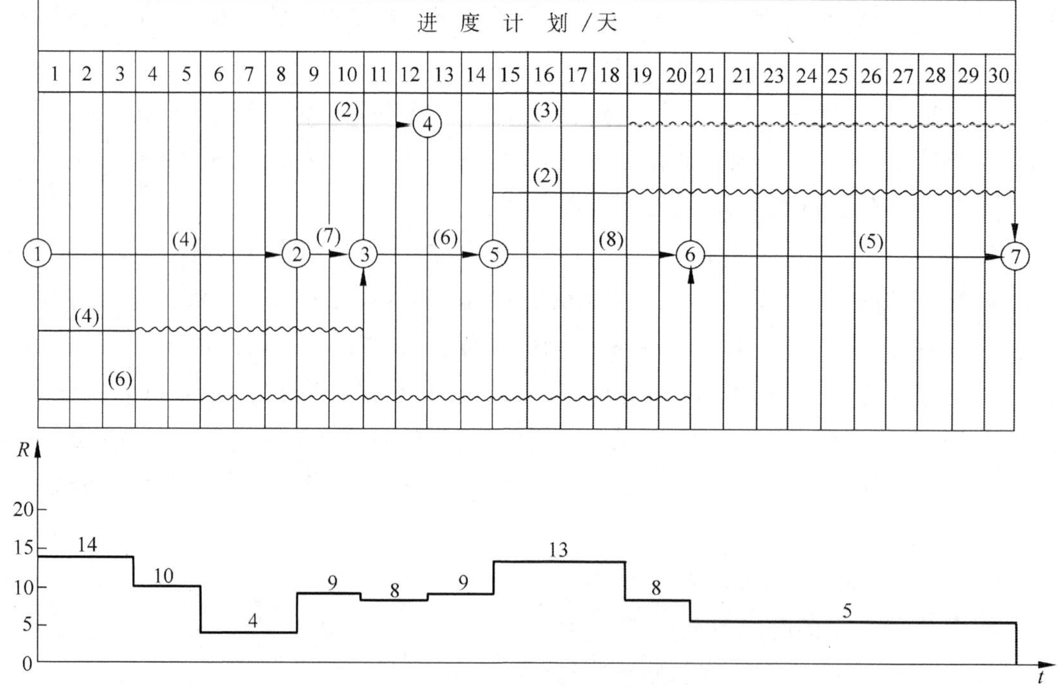

图 3-28 时标网络图及资源需要量动态图

(3) 从计划的终点节点开始逐一调整非关键工作。

第一步，调整以⑦为终点节点的非关键工作④—⑦及⑤—⑦，因为 $ES_{4,7}<ES_{5,7}$ 因此，应先调整工作⑤—⑦，再调整④—⑦。

调整工作⑤—⑦，因为 $FF_{5,7}=12$ 天，依次计算日右移的判别值 $\Delta_1 \sim \Delta_{12}$：

$$\Delta_1 = R_{18+1} - R_{15} + r_{5,7} = 8 - 13 + 2 = -3 < 0$$

$$\Delta_2 = R_{20} - R_{16} + r_{5,7} = 8 - 13 + 2 = -3$$

$$\Delta_3 = R_{21} - R_{17} + r_{5,7} = 5 - 13 + 2 = -6$$

$$\Delta_4 = R_{22} - R_{18} + r_{5,7} = 5 - 13 + 2 = -6$$

$$\Delta_5 = R_{23} - R_{19} + r_{5,7} = 5 - 10 + 2 = -3$$

$$\Delta_6 = R_{24} - R_{20} + r_{5,7} = 5 - 10 + 2 = -3$$

$$\Delta_7 = R_{25} - R_{21} + r_{5,7} = 5 - 7 + 2 = 0$$

$\Delta_8 \sim \Delta_{12}$ 均为 0

判别值的累加数列为：−3，−6，−12，−18，−21，−24，…(7 个)

数列中的最大值为−3，第一个出现该值的项是第六项，故得工作⑤—⑦向右可移动 6 天，移动后的时间网络图与资源消耗动态图如图 3-29 所示。

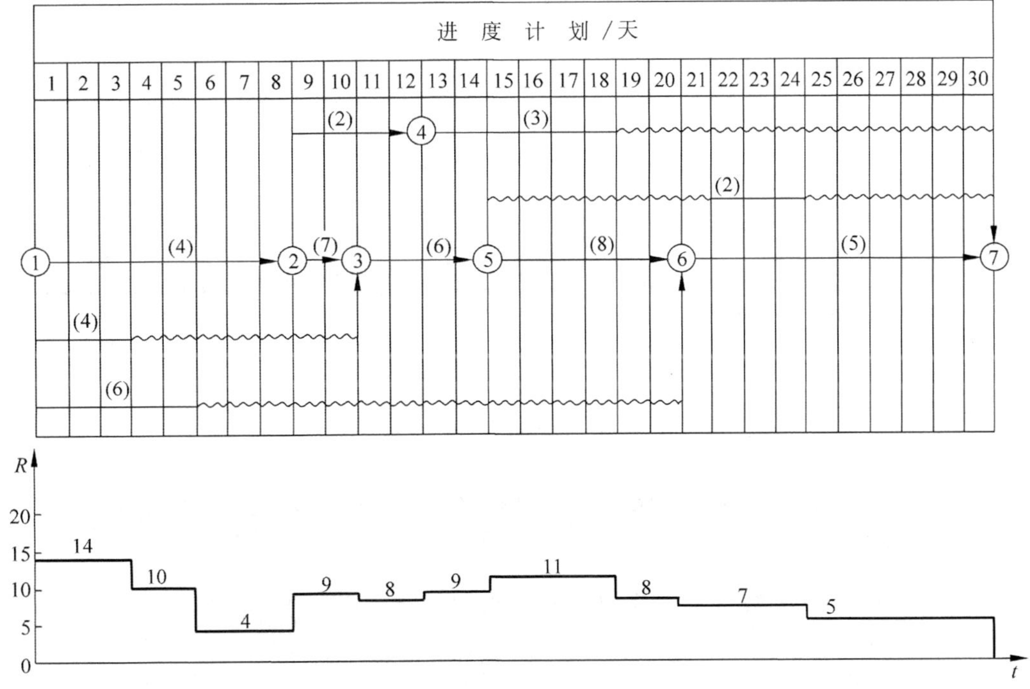

图 3-29　时标网络计算过程图

调整工作④—⑦：工作④—⑦的自由时差 $FF_{4,7}=12$ 天,依次计算逐日右移的判别值 $\Delta_1\sim\Delta_{12}$,计算结果依次为：

$$\Delta_1 = R_{19} - R_{13} + r_{4,7} = 8 - 9 + 3 = 2$$

$$\Delta_2 = R_{20} - R_{14} + r_{4,7} = 8 - 9 + 3 = 2$$

$$\Delta_3 = R_{21} - R_{15} + r_{4,7} = 7 - 11 + 3 = -1$$

同理可推：$\Delta_4=-1,\Delta_5=-1,\Delta_6=-1,\Delta_7=-3,\Delta_8=-3,\Delta_9=-2,\Delta_{10}=\Delta_{11}=\Delta_{12}=-2$。

判别值的累加数列为：2,4,3,2,1,0,−3,−6,−8,−10,−12,−14。数列中绝对值最大的负值−14 为数列的第 12 项,故将工作④—⑦右移 12 天,如图 3-30 所示。

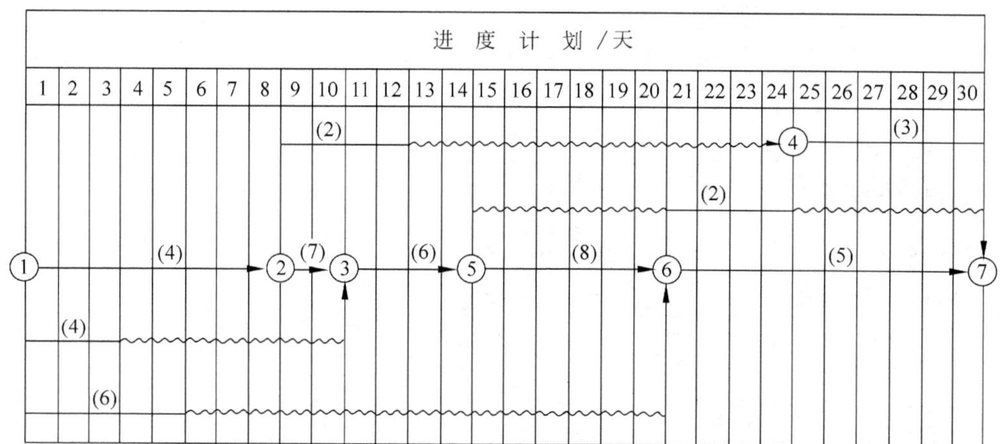

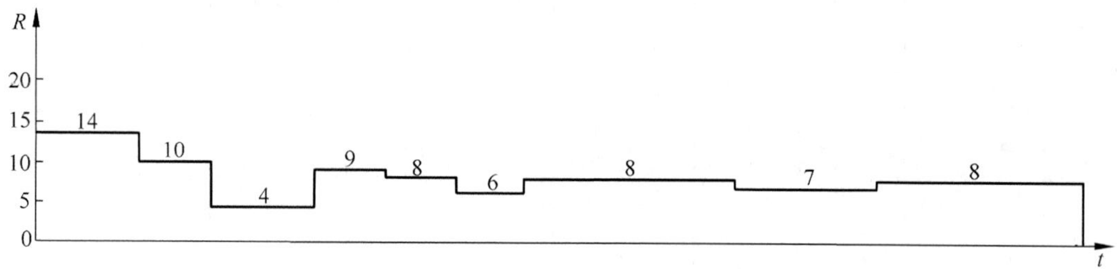

图 3-30 时标网络计算过程图

第二步,从图 3-30 可看出,由于工作④—⑦右移以后,节点 4 为最迟开始的节点,故应调整工序②—④。

因为 $FF_{2,4}=12$ 天,依次计算逐日右移的判别值 $\Delta_1\sim\Delta_{12}$,计算结果依次为：

$\Delta_1 = R_{13} - R_9 + R_{2,4} = 6 - 9 + 2 = -1$, $\Delta_2 = -1$, $\Delta_3 = 2$, $\Delta_4 = 2$, $\Delta_5 = 2$,
$\Delta_6 = 2$, $\Delta_7 = 0$, $\Delta_8 = 0$, $\Delta_9 = -1$, $\Delta_{10} = -1$, $\Delta_{11} = -1$, $\Delta_{12} = -1$。

判别值的累加数列为：−1,−2,0,2,4,6,6,6,5,4,3,2。

数列中绝对值最大的负值−2 为数列的第二项,故工作②—④右移 2 天,如图 3-31 所示。

第三步,调整以节点 6 为终点节点的工作①—⑥。

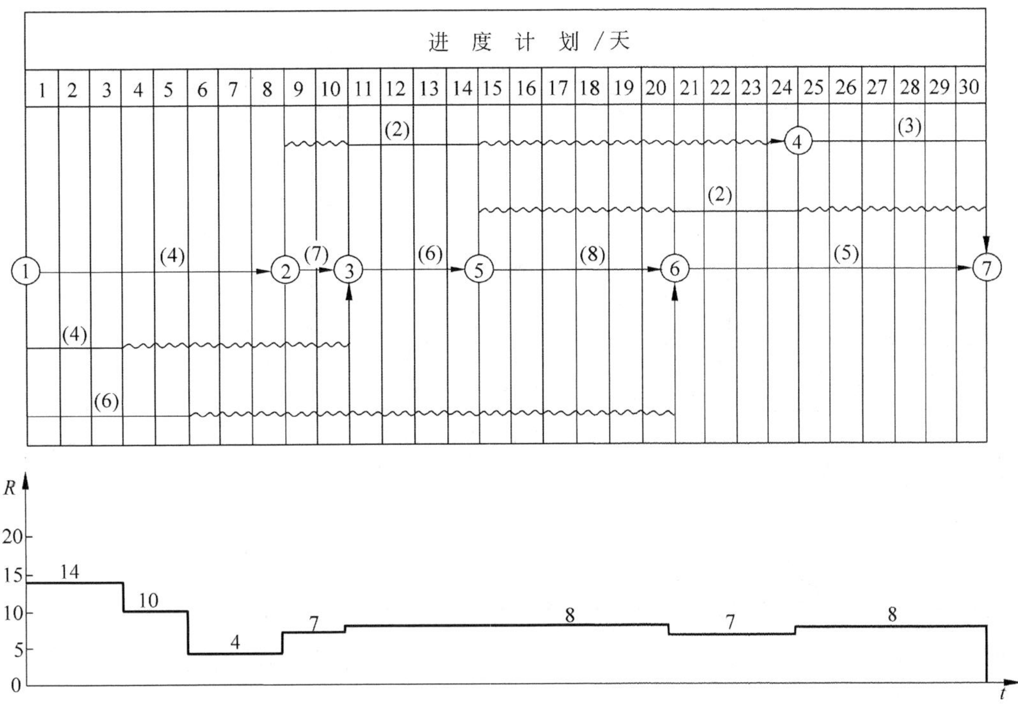

图 3-31 时标网络计算过程图

因为①—⑥自由时差 $FF_{1,6}=15$ 天，依次计算逐日右移的判别值 $\Delta_1\sim\Delta_{15}$，计算结果依次为：$\Delta_1=R_6-R_1+r_{1,6}=4-14+6=-4$，以后分别为：$-4,-4,3,3,4,4,4,1,1,0,0,0,0,0$。

判别值的累加数列为：$-4,-8,-12,-9,-6,-2,2,6,7,8$(10 个)

数列的绝对值最大的负值为-12，出现在数列的第三项，故可将工作①—⑥右移 3 天。如图 3-32 所示。

第四步，调整最后一个非关键工作①—③。

因为 $FF_{1,3}=7$ 天，依次计算 $\Delta_1\sim\Delta_7$，结果为：$\Delta_1=R_4-R_1+r_{1,3}=10-8+4=6$，以后依次为：$6,6,0,0,-3,-3$。

判别值的累加数列为：$6,12,18,18,18,15,12$。

累加数列全为正数，工作①—③不能右移，故调整结束。图 3-32 即为优化后的最优化方案。

(4) 比较优化前后两方案(计算资源消耗不均衡系数)

原方案：由原始图：

$R_m=(14\times3+10\times2+4\times3+9\times2+8\times2+9\times2+13\times4+8\times2+5\times10)/30=8.13$(个单位)

资源需要量不均衡系数 K 为：$K=14/8.13=1.72$

优化后方案：日最大资源需要量 $R'_{max}=10$(个单位)

$$K'=10/8.13=1.23<1.72$$

故优化后的方案为工期不变资源使用均衡的最佳方案。

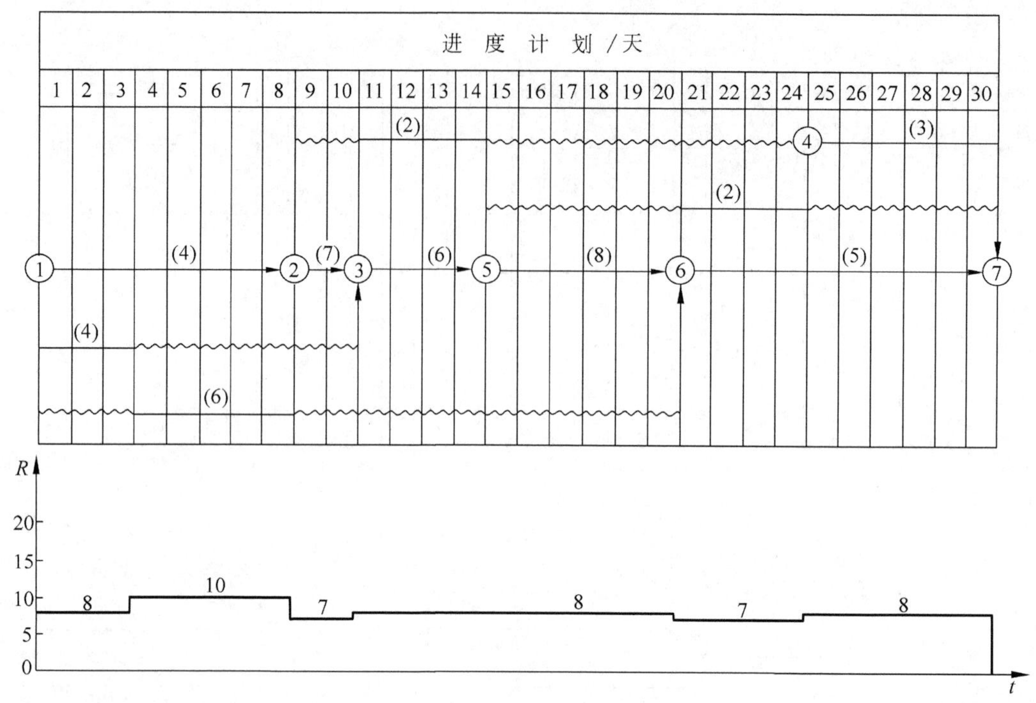

图 3-32 时标网络计算过程图

2) 资源有限,工期最短的优化

资源有限,工期最短的优化目标,是使日资源需要量小于或等于日资源供应量,充分使用限量资源,使总工期尽可能短。

资源限量优化与资源均衡优化不同之处在于,不仅要调整非关键工作,有时还需要调整关键工作才能实现。

(1) 资源有限,工期最短优化的前提条件

① 在优化过程中,网络计划的各工作持续时间不予变更。

② 各工作每天的资源需要量是均衡的,合理的,在优化过程中不予变更。

③ 除规定可中断的工作外,一般不允许中断工作,保持其连续性。

④ 优化过程中不改变网络计划的逻辑关系。

(2) 资源优化过程资源分配的原则

资源优化分配是指按各工作在网络计划中的重要程度,将有限的资源进行科学的分配,其原则是:

① 关键工作优先满足,按每日资源需要量大小,从大到小顺序供应资源。

② 非关键工作在满足关键工作资源供应后,按总时差大小,以从小到大顺序供应资源。总时差相等的,以叠加量不超过资源限额的工作优先供应资源。在优化过程中,已被供应资源而不允许中断的工作在本条内优先供应。

③ 最后考虑给计划中总时差较大,允许中断的工作供应资源。

(3) 优化的步骤

第一步,将网络计划画成时标网络计划,标明各个工作的每日资源需要量 R_k^n(k 为资源代号,n 为同一时段内工作的临时代号)和总时差 TF_{i-j};

第二步,画出资源需要量曲线,标明每一时段每日资源需要量数值,用虚线标明资源供应量限额(r_k);

第三步,自左至右,在每一时段内,按资源优化分配原则,对各工作的分配顺序进行编号,从第1号至第 n 号;

第四步,按照编号顺序,依次将本时段内各个工作的每日资源需要量 R_k^n 累加,当累加到第 m 号工作首次出现 $\sum_{n=1}^{m} R_k^n > r_k$ 时,将第 $m \sim n$ 号工作全部移出本时段,使 $\sum_{n=1}^{m-1} R_k^n \leqslant r_k$;

第五步,画出工作推移后的时间坐标网络图,重复第②至第⑤步骤,直至所有时段每日资源需要量都不再超过资源限额,资源优化即告完成。

例 3-5 双代号网络图 3-33 箭杆上括号内的数据表示该工作每天需要的资源数量 r_{i-j},箭杆下数据为持续时间 D_{i-j}。已知每天可能供应的资源数量为常数 $r_k=12$ 单位,工作不许中断,试对其优化。

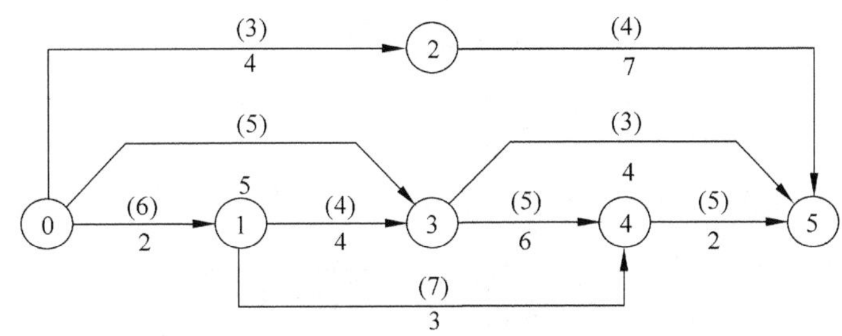

图 3-33 资源有限工期最短的优化示例

解:根据所给双代号网络图,将其转化成时标网络,并画出初始状态的资源需要量曲线,如图 3-34 所示。

从初始状态的资源需要量曲线可看出,时段[0,2],[2,4]和[4,5]每天所需的资源数量分别为14,19和20单位,均超过供应限量,所以计划必须进行调整。

调整工作首先从时段[0,2]开始。处于该时段内同时进行的工作有0—1,0—2和0—3,按照资源分配原则,它们的编号顺序应为:关键工作0—1为1号,资源需要为6;工作0—3,总时差 $TF_{0-3}=1$ 为2号,资源需要为5;工作0—2,$TF_{0-2}=3$ 为3号,资源需要量3。按编号的从小到大顺序,对各工作的每天资源需要量累加。

因为 $$\sum_{n=1}^{2} R_k^n = R_k^1 + R_k^2 = 6+5 = 11 < r_k = 12$$

且 $$\sum_{n=1}^{3} R_k^n = R_k^1 + R_k^2 + R_k^3 = 6+5+3 = 14 > r_k$$

故应将工作0—2推迟到 $t_1=2$ 之后开始,此时应接着绘制工作0—2推迟开始后的时标网络及相应的资源需要动态曲线如图 3-35 所示。

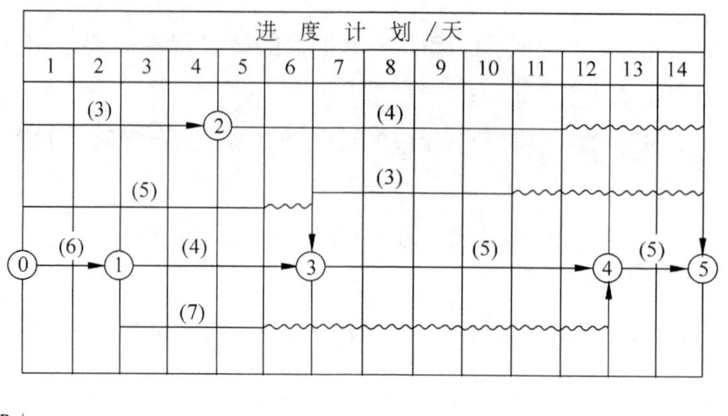

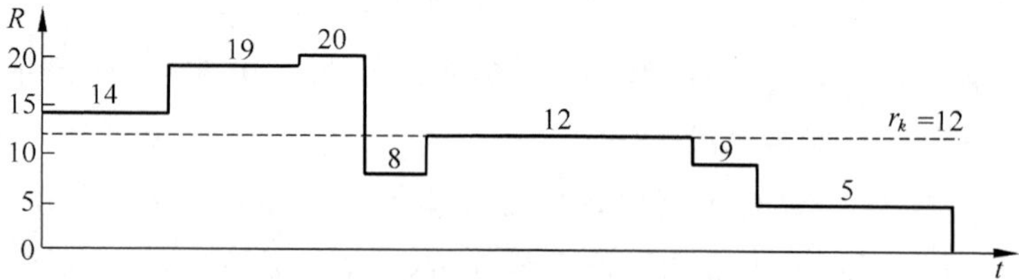

图 3-34 优化的计算过程(一)

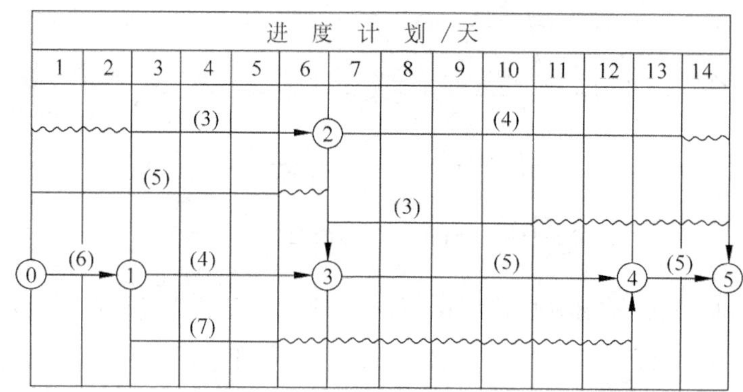

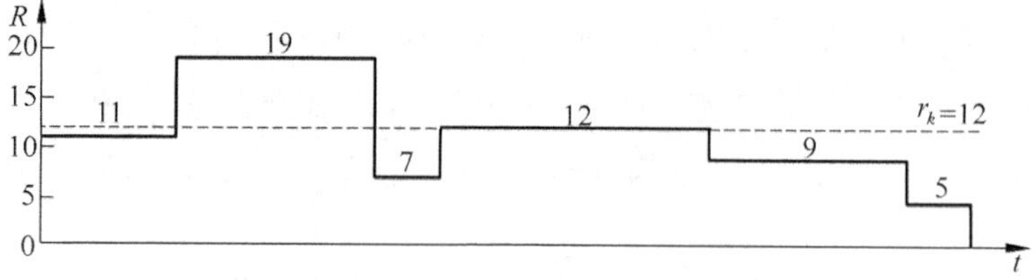

图 3-35 优化的计算过程(二)

再研究[2,5]时段的调整,处于该时段内同时进行的工作有 0—2,0—3,1—3,1—4。根据分配原则,在 $t_1=2$ 前已经供应资源的工作 0—3 应优先为 1 号,其他依次为:工作 1—3 为 2 号($TF_{1-3}=0$,$R_k^2=4$),工作 0—2 为 3 号($TF_{0-2}=1$,$R_k^3=3$),工作 1—4 为 4 号($TF_{1-4}=7$,$R_k^4=7$)。

因为
$$\sum_{n=1}^{3} R_k^n = R_k^1 + R_k^2 + R_k^3 = 5+4+3 = 12 \leqslant r_k$$

且
$$\sum_{n=1}^{4} R_k^n = 5+4+3+7 = 19 > r_k$$

故将工作 1—4 推迟到 $t_2=5$ 后开始。绘制工作 1—4 推迟开始后的时间网络图及相应资源需要量动态曲线。

从图 3-35 中看出，时段[5，6]资源需要量大于资源限量，故需调整，按资源分配原则：工作 1—3 为 1 号（在 $t_2=5$ 前已开始，$TF_{1-3}=0, R_k^1=4$），工作 0—2 为 2 号（在 $t_2=5$ 前已开始，$TF_{0-2}=1, R_k^2=3$），工作 1—4 为 3 号（$TF_{1-4}=4$，非关键工作）。

所以工作 1—4 应推迟到 $t_3=6$ 后面开始，如图 3-36 所示。

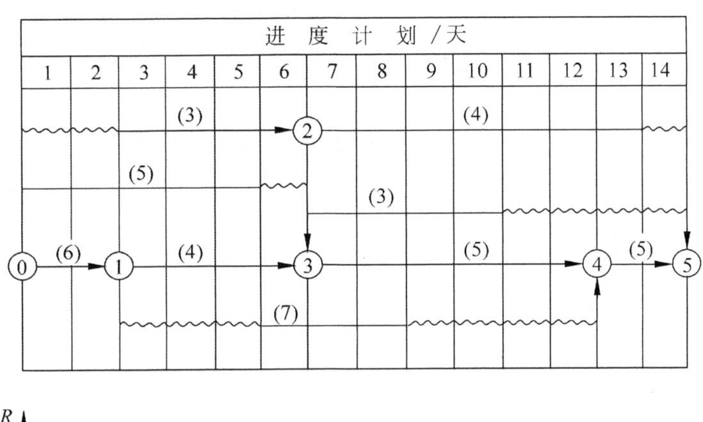

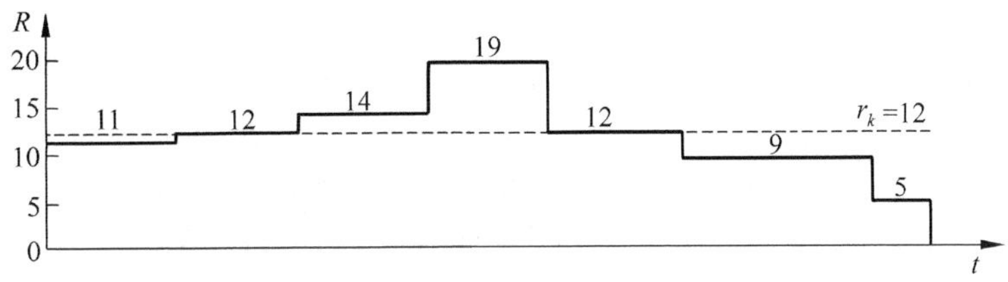

图 3-36　优化的计算过程

依次类推，继续以下各步调整，最后可得如图 3-37 所示的资源有限工期最短的近似解。

以上网络的优化是假定所有工作都需要在同一种资源的条件下进行的。若工作需要不同的资源，各种资源又都是限量的情况下，必须借助计算机，编制相应的程序才能进行优化。

2. 工期—费用优化

工期—费用优化又称为时间成本优化，是寻求最低成本时的最短工期安排，或按要求工期寻求最低成本的计划安排过程。

网络计划的总成本由直接费和间接费组成。直接费随工期的缩短一般费用增加，间接费随工期缩短而费用减少，因此必定有一个总成本最低的工期，这便是费用优化所需要寻求的目标，如图 3-38 所示。

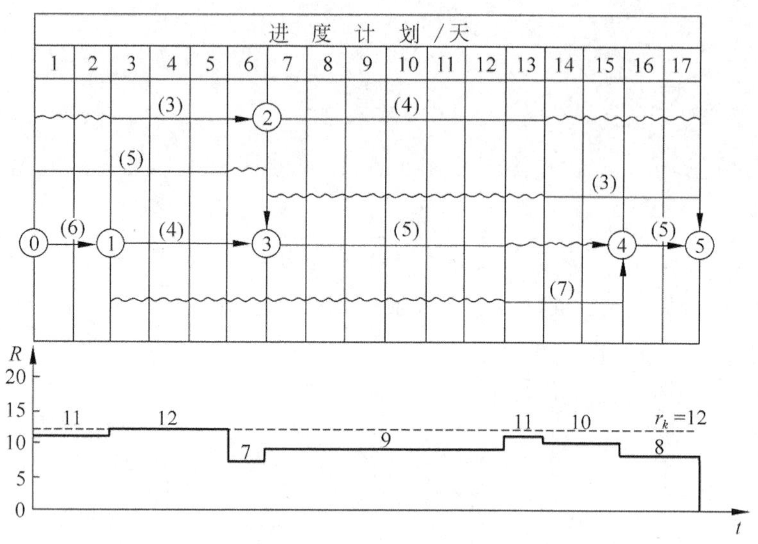

图 3-37　优化的计算结果

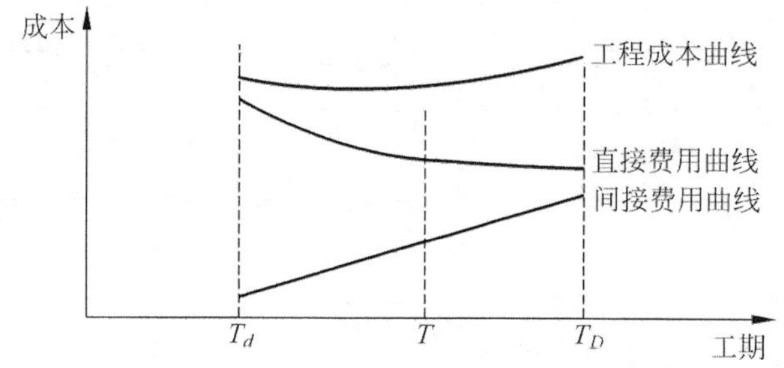

图 3-38　工程费用与时间的关系曲线

T_D 为正常工期，T 为成本最低时最优工期，T_d 为极限工期

1）优化的思路

关键线路的持续时间决定工期的长短，因此缩短工期首先要缩短关键工作的持续时间，但又由于各工作的赶工费增加率不同，即缩短同样的时间而增加的费用各工作不相同，因此在关键工作中，首先应缩短赶工费增加率最小的关键工作的持续时间。这种方法称为“最低费用加快方法”。

各项工作的赶工费增加率按下式计算：

$$e = \frac{CC - CN}{DN - DC} \tag{3-49}$$

式中：e 为赶工费增加率；CC 为工作在最短持续时间下的直接费；CN 为工作在正常持续时间下的直接费；DN 为工作的正常持续时间；DC 为工作的最短持续时间。

对于一项实际工程压缩工期时，运用“最低费加快方法”必须结合以下因素综合考虑：

① 缩短持续时间是否对质量和安全有重大影响；

② 有无充足备用的资源；

③ 工作的可压缩性。

2）优化的具体方法

（1）当关键线路只有一条时，首先将这条线路上赶工费增加率最小的工作的持续时间缩短 Δt。此时，应满足 $\Delta t \leqslant DN_{i-j}-DC_{i-j}$，且保持被缩短持续时间的工作 $i—j$ 仍为关键工作。

（2）如果关键线路有两条以上时，为使工期缩短 Δt，则必须使每条关键线路都相应缩短 Δt 时间。为此，必须找出赶工费增加率总和 $\sum\limits_{e_{i-j}}$ 为最小的工作组合进行压缩 Δt，此时 Δt 应满足可能缩短值中的最小值，且保证缩短后这两项工作仍为关键工作。即：

$$\Delta t \leqslant \min[DN_{i-j} - DC_{i-j}] \tag{3-50}$$

（3）多次进行步骤1、2逐步缩短工期，使工期满足规定要求，计算出相应的直接费总和及其各工作的时间参数。

若是寻求最低成本时的最短工期，则应在确定压缩方案以后，检查被压缩的工作的直接费赶工费率或组合赶工费率是否等于、小于或大于间接费率。如等于间接费率，则已得到优化方案；如小于间接费率，则需继续进行压缩；如大于间接费率，则在此前一次的小于间接费率的方案即为优化方案。

3）优化示例

例 3-6　某网络计划各工作的时间费用关系见表3-2。

表 3-2　某计划时间费用表

紧前工作	工作名称	正　常		最　快	
		持续时间/天	费用/元	持续时间/天	费用/元
—	A	4	600	2	1 000
—	B	6	800	3	1 400
A	C	8	500	3	1 200
B、C	D	7	600	2	1 200

试求：（1）各工作的赶工费率；

（2）通过优化计算绘出该网络计划的工期—费用关系曲线；

（3）在最短工期下，采用优化方法可节约多少资金。

解：（1）各工作的赶工费用增加率分别为：

$$e_A = \frac{CC-CN}{DN-DC} = \frac{1\,000-600}{4-2} = 200(\text{元/天})$$

$$e_B = \frac{1\,400-800}{6-3} = 200(\text{元/天})$$

$$e_C = \frac{1\,200-500}{8-3} = 140(\text{元/天})$$

$$e_D = \frac{1\,200-600}{7-2} = 120(\text{元/天})$$

(2) 绘出正常工期下的双代号网络图 3-39 和最快工期下的双代号网络图 3-40,计算各自总工期和各自总费用。

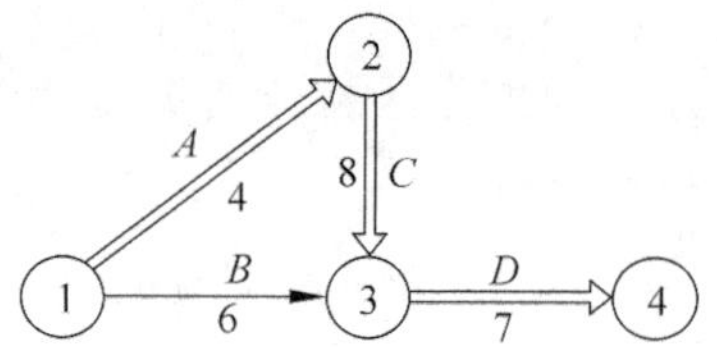

图 3-39　正常工期下网络图

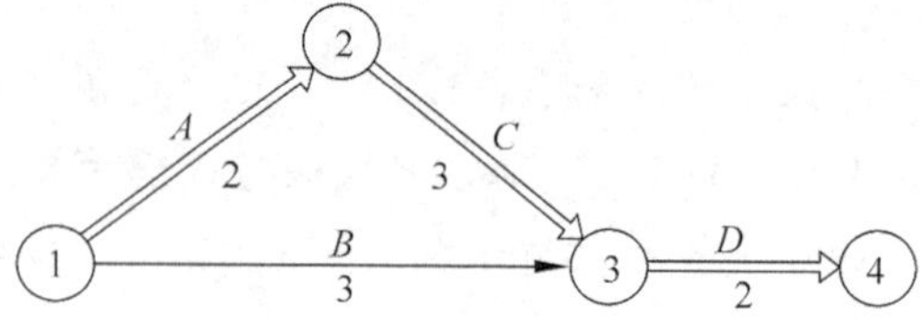

图 3-40　最快工期下的网络图

可计算出正常工期下,总工期 $T_1=19$ 天,总费用 $M_1=600+800+500+600=2\,500$(元),关键线路如图 3-39 所示。最快时间下,$T=7$ 天,$M=1\,000+1\,400+1\,200+1\,200=4\,800$(元)。

以正常工期下的网络图为原始图进行费用优化,关键工作 1—2,2—3,3—4 中 3—4 工作的赶工费率最低,因此首先将工作 3—4 缩短至最快持续时间。此时原网络图变为如图 3-41 所示。

调整后的总工期 $T_2=14$ 天,$M_2=600+500+800+1\,200=3\,100$(元)。

继续调整,可以加快的关键工作为 1—2,2—3,其中 2—3 工作赶工费率低,因此将工作 2—3 缩短至最快持续时间,如图 3-42 所示。此时,总工期 $T_3=9$ 天,$M_3=600+800+1\,200+1\,200=3\,800$(元)。

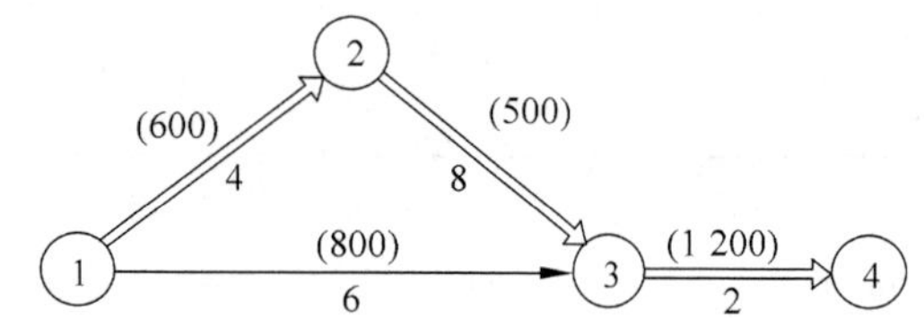

图 3-41　第一次调整后的网络图

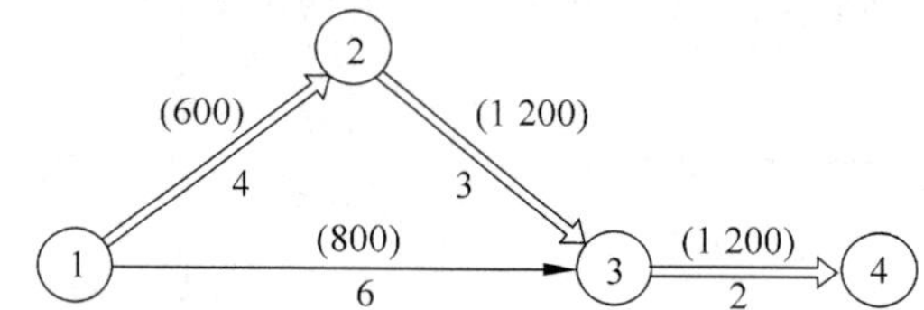

图 3-42　第二次调整后的网络图

在图 3-42 基础上继续调整,将关键工作 1—2 缩短至最快持续时间 2 天,网络图变为图 3-43 所示。

由图 3-43 可知,工作 1—2 变为非关键工作,总工期只减少了 1 天,因此工作 1—2 没必要缩短 2 天,只需缩短 1 天,网络图如图 3-44 所示。图中工作 1—2 加快 1 天后的费用为:

$$600+1\times e_{A}=600+200=800(\text{元})$$

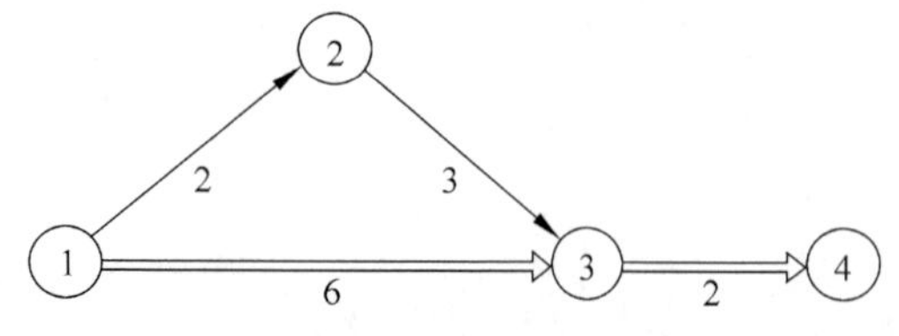

图 3-43　第三次调整网络图

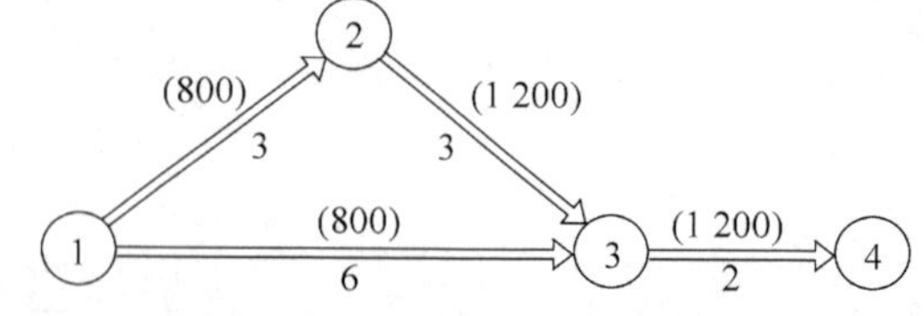

图 3-44　第三次调整后的网络图

总工期 $T_4=8$ 天,$M_4=800+800+1\,200+1\,200=4\,000$(元)。

在图 3-44 基础上,若将总工期缩短至最快工期,即 $T_{\min}=7$ 天,则应将关键工作 1—2、1—3 同时缩短 1 天，即调整后的网络为图 3-45。调整之后，工作 1—2 为最快持续时间，工作 1—3 加快一天后，其相应费用为：$800+1\times e_B=800+200=1\,000$ 元，总工期 $T_5=7$ 天，$M_5=1\,000+1\,000+1\,200+1\,200=4\,400$ 元。

建立工期—费用关系曲线，如图 3-46 所示。

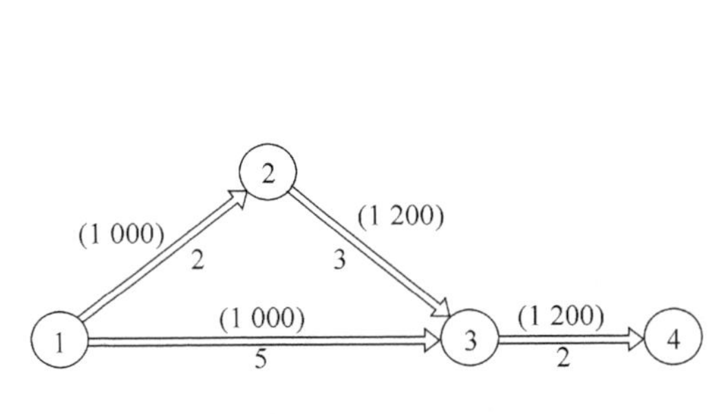

图 3-45　优化后的网络图

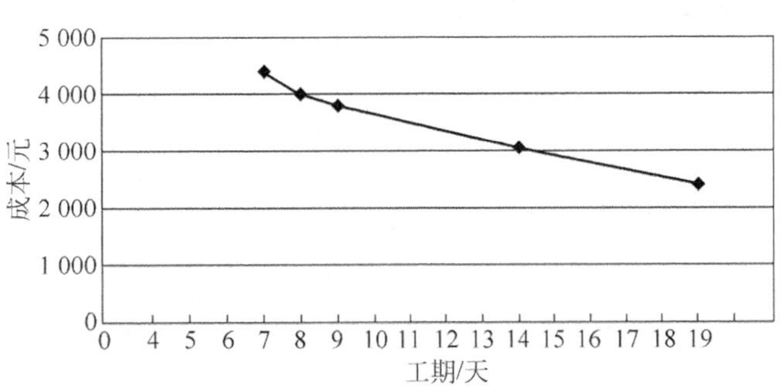

图 3-46　工期—费用关系曲线

(3) 在最短工期下，即 $T_{\min}=7$ 天，采用优化的方法可节约资金：

$$4\,800-4\,400=400(\text{元})$$

3.3　进度计划实施中的检查与调整

3.3.1　项目进度计划的检查

在项目的实施过程中，进度控制人员应经常地、定期地跟踪检查施工实际进度情况，收集项目进度资料，并对资料加以整理、统计和分析，确定项目实际进度与计划进度之间的关系，其包括的主要工作为：

1. 进度计划执行中的跟踪检查

跟踪检查的主要工作是定期收集反映实际工程进度的有关数据。跟踪检查的时间和收集数据的质量，对进度控制的质量和效果具有直接影响。跟踪检查的间隔日期与工程项目类型、结构、规模以及对进度执行要求程度有关，可视具体情况每月、每半月或每周进行一次。为了保证收集数据的质量，项目执行单位应按规定的时间填写进度报表，并定期召开进度工作会议，通报和协调各方进度状态。具体负责控制进度的工作人员，要经常深入现场查看项目实际进度情况，获取实际进度的第一手资料，准确掌握项目的实际进度。施工进度检查的内容主要包括。

1) 检查期内实际完成和累计完成的工程量。

2) 实际参加施工的人力、机械数量及生产效率。

3) 窝工人数、窝工机械台班数及其原因分析。

4) 进度偏差情况。

5) 进度管理情况。

6) 影响进度的特殊原因及分析。

2. 整理统计和分析收集的数据

收集到的项目实际进度数据,要进行必要的整理、统计和分析,形成与计划进度具有可比性的数据,得出项目形象进度。一般可以按实物工程量、工作量和劳动消耗以及累计百分比等数据资料,与计划完成量相对比。

3. 对比实际进度与计划进度

利用特定的方法将经过整理的实际进度数据与计划进度相对比,比较实际进度与计划进度是否一致,是否超前或拖后。通常比较的方法有横道图比较法,S型曲线比较法和"香蕉"型曲线比较法,前锋线比较法等。

4. 项目进度检查结果的处理

项目进度检查的结果,按照检查报告制度的规定,形成进度控制报告并向有关部门汇报。进度控制报告的内容主要包括:

1) 进度执行情况的综合描述。

2) 实际施工进度图。

3) 工程变更、价格调整、索赔及工程款收支情况。

4) 进度偏差的状况和导致偏差的原因分析。

5) 解决问题的措施。

6) 计划调整意见。

项目进度检查过程如图3-47所示。

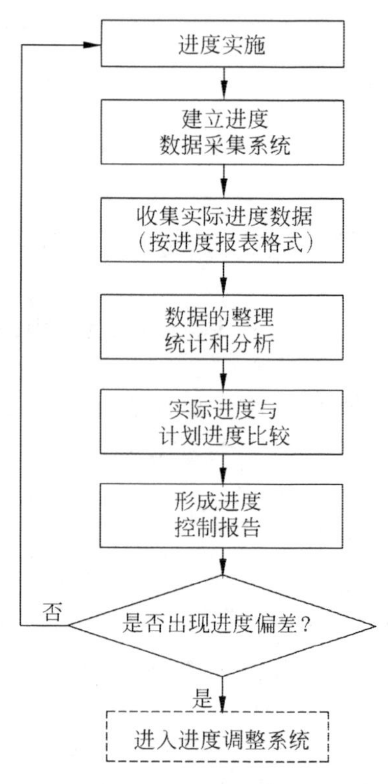

图3-47 项目进度检查过程

3.3.2 项目进度计划的调整

在项目进度管理中,当判断出现进度偏差时,进度管理人员应认真分析产生偏差的原因以及偏差对总工期和后续工作的影响,并采取必要的措施加以调整,确保进度总目标的实现。施工进度计划调整的内容包括施工内容、工程量、起止时间、持续时间、工作关系、资源供应等。调整的方法主要有两种:一是压缩关键工作的持续时间来缩短工期;二是通过组织搭接作业或平行作业来缩短工期。

1. 压缩关键工作的持续时间

这种方法的特点是不改变工作之间的先后顺序关系,而通过缩短网络计划中关键线路上工作的持续时间来缩短工期。这时通常需要采取一定的措施来达到目的。具体措施包括:

1) 组织措施

(1) 增加工作面,组织更多的施工队伍。

(2) 增加每天的施工时间(如采用三班制等)。

(3) 增加劳动力和施工机械的数量。

2) 技术措施

(1) 改进施工工艺和施工技术,缩短工艺技术间歇时间。

(2) 采用更先进的施工方法,以减少施工过程的数量(如将现浇框架方案改为预制装配方案)。

(3) 采用更先进的施工机械。

3) 经济措施

(1) 实行包干奖励。

(2) 提高奖金数额。

(3) 对所采取的技术措施给予相应的经济补偿。

4) 其他配套措施

(1) 改善外部配合条件。

(2) 改善劳动条件。

(3) 实施强有力的调度等。

(4) 建立灵活通畅的信息通道,根据计划进度与实际进度的动态比较,及时进行进度决策。

一般来说,不管采取哪种措施,都会增加费用。因此,在调整施工进度计划时,应利用费用优化的原理选择费用增加最少的关键工作作为压缩对象。

2. 组织搭接作业或平行作业

这种方法的特点是不改变工作的持续时间,而只改变工作的开始时间和完成时间。对于大型工程项目,由于其单位工程较多且相互间的制约比较小,可调整的幅度比较大,所以容易采用平行作业的方法来调整施工进度计划。而对于单位工程项目,由于受工作之间工艺关系的限制,可调整的幅度比较小,所以通常采用搭接作业的方法来调整施工进度计划。但不管是搭接作业还是平行作业,工程项目在单位时间内的资源需求量将会增加。

除了分别采用上述两种方法来缩短工期外,有时由于工期拖延得太多,当采用某种方法进行调整,其可调整的幅度又受到限制时,还可以同时利用这两种方法对同一施工进度计划进行调整,以满足工期目标的要求。

3. 调整的具体过程

1) 分析产生进度偏差的原因

经过进度比较发现偏差后,进度控制人员应深入现场,进行调查,分析偏差产生的原因,便于有针对性地改进和调整。

2) 分析进度偏差的工作是否为关键工作以及对后续工作和工期的影响

若出现偏差的工作为关键工作,则对后续工作及工期必然产生影响,因此必须采取相应的调整措施。若出现偏差的工作不是关键工作,则需要根据偏差值与总时差自由时差的大小,确定对后续工作和总工期的影响程度。

若非关键工作的进度偏差大于该工作的总时差,说明偏差将影响后续工作和总工期,必须采取相应的调整措施;若非关键工作的进度偏差小于或等于该工作的总时差,而且也小于其自由时差时说明该偏差对总工期无影响,对后续工作也无影响,原计划可不作调整;若小于等于总时差而大于其自由时差时,说明该偏差对总工期无影响,但对后续工作的最早开始有影响,调整偏差时可根据后续工作允许影响的程度而定,该分析过程如图3-48所示。

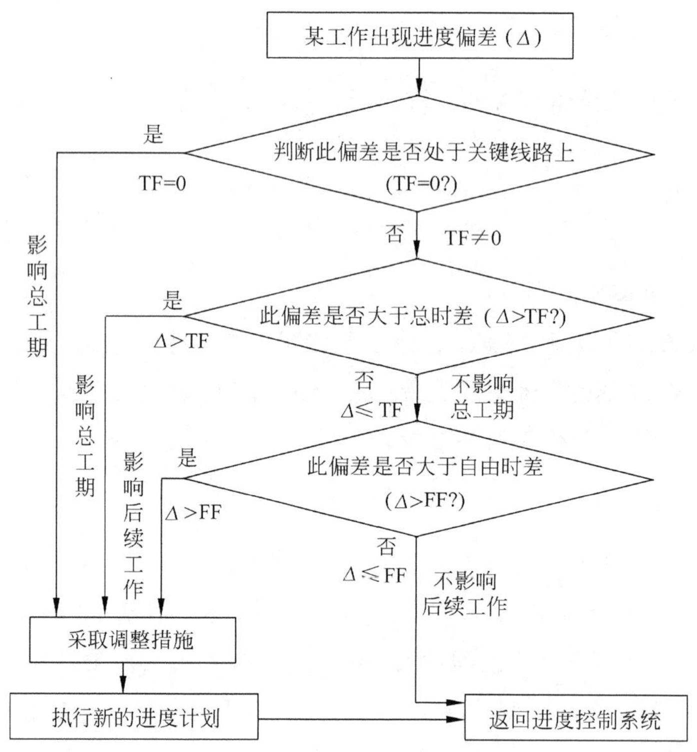

图3-48 对后续工作和总工期影响分析过程图

3)确定影响后续工作和总工期的限制条件

在分析了对后续工作和总工期的影响后,需要采取一定的调整措施时,应当首先确定进度可调整的范围,主要指关键节点、后续工作的限制条件以及总工期允许变化的范围。它往往与签订的合同有关,要认真分析,尽量防止后续分包单位提出索赔。

4)采取进度调整措施

采取进度调整措施,应以后续工作和总工期的限制条件为依据,对原进度计划调整,以保证要求的进度目标实现。一般可采取改变某些工作间的逻辑关系或缩短某些工作的持续时间的方法加以调整。通常的处理办法参见表3-3。

表 3-3 常见进度检查结果的处理办法

工期要求	进度偏差(Δ)分析		处理办法
按预定总工期 T 完成	$\Delta=0$		执行原计划
	TF>0	$\Delta<0$ 或 $0<\Delta\leqslant FF$	不需调整
		$FF<\Delta\leqslant TF$	按后续工作机动时间,确定允许拖延时间,局部调整后续工作;改变工作起止时间,压缩后续工作持续时间
		$\Delta>TF$	非关键线路上,压缩后续工作工期;关键线路上,后续工作压缩工期 $\Delta-TF$
	TF=0	$\Delta<0$	将提前的 Δ 分配给耗资大的后续关键工作,以降低成本
		$\Delta>0$	后续关键工作压缩 Δ
允许工期延长 Δ'	TF=0	$\Delta>\Delta'>0$	新工期为 $T+\Delta'$,后续关键工作压缩 $\Delta-\Delta'$
		$\Delta'>\Delta>0$	新工期 $T+\Delta$,后续关键工作不必压缩工期,不必改变计划工作关系,只需按实际进度数据修改原网络计划的时间参数
工期提前 Δ',新工期 $T-\lvert\Delta'\rvert$	TF=0	$\Delta=0$	后续关键工作压缩工期 $\lvert\Delta'\rvert$
		$\Delta>0$	后续关键工作压缩工期 $\lvert\Delta'\rvert+\Delta$
		$0>\Delta>\Delta'$	后续关键工作压缩工期 $\lvert\Delta'\rvert-\lvert\Delta\rvert$
		$0>\Delta=\Delta'$	可不作调整

注:表中 Δ 为工期偏差,$\Delta<0$ 表示工期提前,$\Delta>0$ 表示工期拖后,Δ=实际进度工期−计划进度工期。

5)实施调整后的进度计划

在工程继续实施中,将执行调整后的进度计划,并及时协调有关单位的关系,采取相应的经济、组织与合同措施。

项目进度调整的系统过程如图 3-49 所示。

在施工进度计划完成后,项目经理部应依据进度计划、进度计划执行的实际记录、进度计划检查结果和调整资料等及时进行施工进度控制总结。主要总结内容包括:合同工期目标及计划工期目标完成情况,施工进度控制经验,施工进度控制中存在的问题及分析,科学的施工进度计划方法的应用情况,施工进度控制的改进意见。

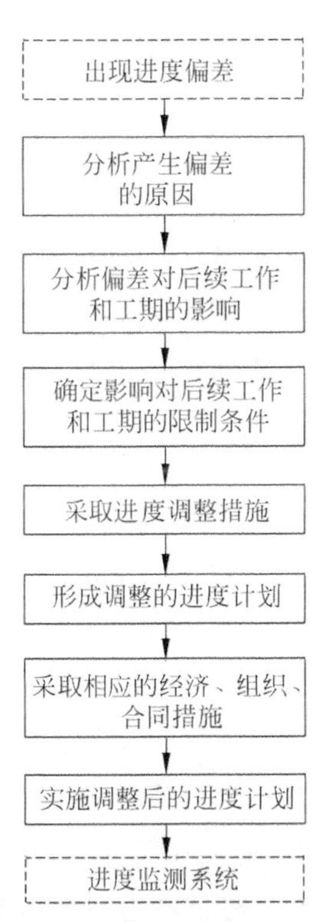

图 3-49 项目进度调整的系统过程

3.3.3 实际进度与计划进度的比较方法

1. 横道图比较法

用横道图编制实施进度计划,指导工程项目实施已是人们常用的、很熟悉的方法。它简明、形象和直观,编制方法简单,使用方便。

横道图比较法是将在项目实施中检查实际进度收集的信息,经整理后直接用横道线并列标于原计划的横道线外,进行直观比较的方法。例如某基础工程的施工实际进度与计划进度比较,如图 3-50 所示。其中粗实线表示计划进度,涂黑部分则表示工程施工的实际进度。

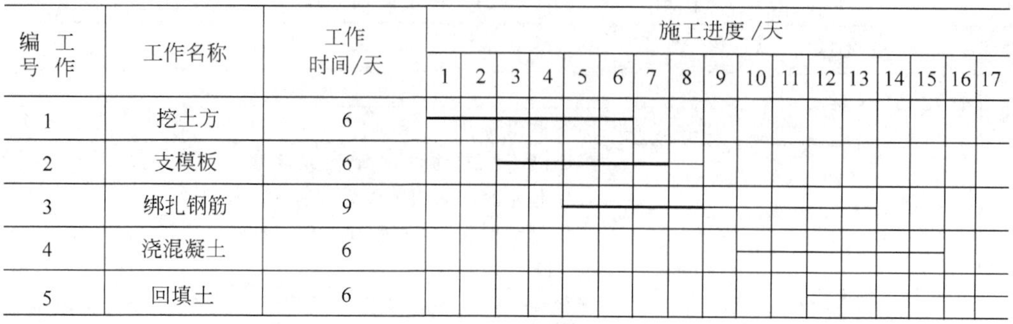

编号	工作名称	工作时间/天	施工进度/天																
			1	2	3	4	5	6	7	8	9	10	11	12	13	14	15	16	17
1	挖土方	6																	
2	支模板	6																	
3	绑扎钢筋	9																	
4	浇混凝土	6																	
5	回填土	6																	

图 3-50　某基础工程实际进度与计划进度比较图

从图3-50可以看出,在第8天末进行施工检查时,挖土方工作已经完成;支模板的工作按计划进度应当完成,而实际施工进度只完成了83%的任务,已经拖后了17%;绑扎钢筋工作已完成了44%的任务,施工实际进度与计划进度一致。

通过上述记录与比较,为进度控制者提供了实际施工进度与计划进度之间的偏差,为采取调整措施提供了明确的任务。这是人们施工中进行施工项目进度控制经常用的一种最简单、熟悉的方法。但是它仅适用于施工中的各项工作都是按均匀的速度进行,即是每项工作在单位时间里完成的任务量都是相等的。

若工作在不同的单位时间里的进展速度不同时,一般可在横道图上标出完成任务的累计的百分比,利用实际完成量的累计百分比与计划的应完成量的累计百分比相比较,得出进度比较结论。

横道图比较法具有以下优点:记录和比较方法都简单,形象直观,容易掌握,应用方便,被广泛采用于简单的进度监测工作中。但是它以横道图进度计划为基础,因此带有其不可克服的局限性。如各工作之间的逻辑关系不明显,关键工作和关键线路无法确定,一旦某些工作进度产生偏差时,难以预测对后续工作和整个工期的影响以及确定调整方法。

2. S型曲线比较法

应用S型曲线比较进度时,首先应建立坐标系,用横坐标表示进度时间,纵坐标表示累计完成任务量。其次进度控制人员在计划实施前在坐标系中绘出计划S型曲线,然后将工程项目各检查时间实际完成的任务量绘在坐标系中,比较实际进度曲线与计划进度曲线的一种方法。

从整个工程项目的进展全过程看,一般是开始和结尾时,单位时间投入的资源量较少,中间阶段单位时间投入的资源量较多,与其相关单位时间完成的任务量也是呈同样变化的,如图3-51(a)所示,而随时间进展累计完成的任务量,则应该呈S型变化,如图3-51(b)所示。

1) S型曲线的绘制步骤

(1) 根据单位时间内完成的实物工程量、投入的劳动力或费用,计算出计划单位时间内的完成值q_i,如图3-52(a)所示。

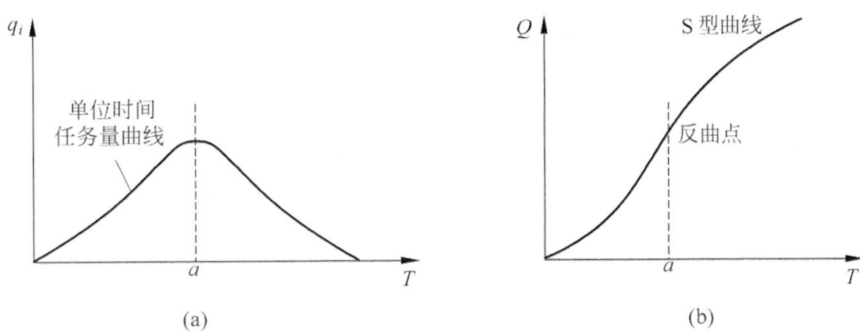

图 3-51 时间与完成任务量关系曲线

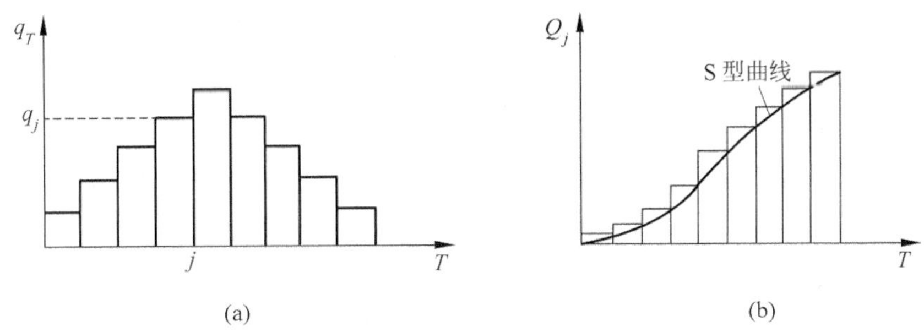

图 3-52 实际工程中时间与完成任务量关系曲线

(2) 计算规定时间 j 累计完成的任务量

其计算方法是将各单位时间完成的任务量累加求和，可以按下式计算：

$$Q_j = \sum_{j=1}^{j} q_j \tag{3-51}$$

式中：Q_j 为 j 时刻的计划累计完成任务量；q_j 为单位时间计划完成任务量。

(3) 绘制 S 型曲线

按各规定的时间 j 及其对应的累计完成任务量 Q_j 绘制 S 型曲线，如图 3-52(b)所示。

下面以一个简单的例子来说明 S 型曲线的具体作法。

例 3-7 某土方工程的总开挖量为 10 000m^3，要求在 10 天完成，不同时间的土方开挖量如表 3-4 所示，试绘制该土方工程的 S 型曲线。

表 3-4 完成工程量汇总表

时间/天	1	2	3	4	5	6	7	8	9	10
每日完成量/m^3	200	600	1 000	1 400	1 800	1 800	1 400	1 000	600	200
累计完成量/m^3	2 00	800	1 800	3 200	5 000	6 800	8 200	9 200	9 800	10 000

解：根据题目给出的每日完成量计算每日的累计完成量 Q_j 见表 3-4，然后按 Q_j 值，绘制 S 型曲线，如图 3-53 所示。

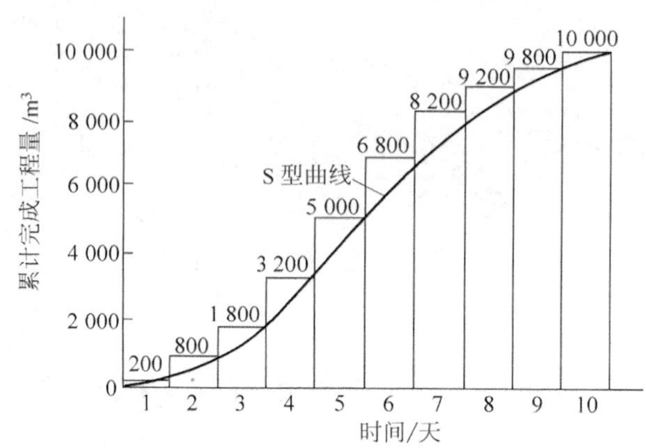

图 3-53 S 型曲线图

2) S 型曲线比较方法

将实际进度的 S 型曲线与计划进度的 S 型曲线绘制在同一坐标系中,如图 3-54 所示,比较两条 S 型曲线可以得如下进度信息。

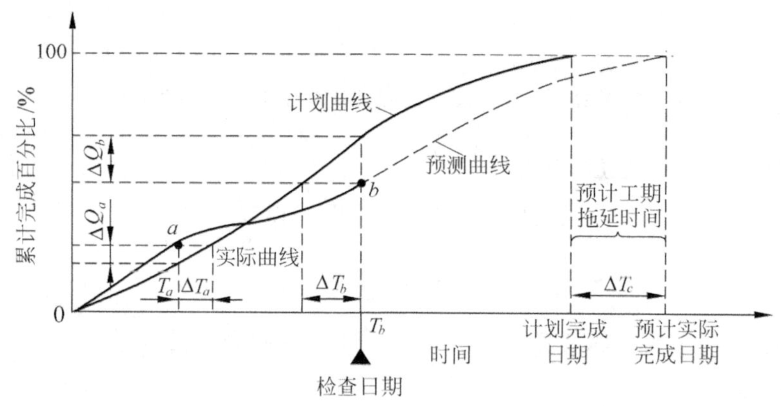

图 3-54 S 型曲线比较图

(1) 工程项目实际进度与计划进度比较情况

当实际进展点落在计划 S 型曲线左侧则表示此时进度比计划进度超前;若落在其右侧,则表示拖后;若刚好落在其上,则表示二者一致。

(2) 工程项目实际进度比计划进度超前或拖后的时间

如图 3-54 所示,ΔT_a 表示 T_a 时刻实际进度超前的时间,ΔT_b 表示 T_b 时刻实际进度拖后的时间。

(3) 工程项目实际进度比计划进度超额或拖欠的任务量

如图 3-54 所示,ΔQ_a 表示 T_a 时刻超额完成的任务量,ΔQ_b 表示在 T_b 时刻拖欠的任务量。

(4) 预测工程进度

如图 3-54 所示,后期工程按原计划速度进行,则工期拖延预测值为 ΔT_c。

3. 前锋线比较法

前锋线比较法主要应用于时标网络计划。前锋线是指计划实施过程中某一时刻，连接各项工作实际进度前锋点的折线，表示该时刻正在进行的各项工作的实际进展位置。因此，前锋线比较法就是通过工程项目实际进度前锋线，比较工程实际进度与计划进度偏差的方法。其具体比较步骤如下。

1）绘制早时标网络计划图

工程实际进度的前锋线是在早时标网络计划图上标志。为了反映清楚，需要在图面上方和下方各设一时间坐标。

2）绘制前锋线

一般从上方时间坐标的检查日画起，依次连接相邻工作箭线的实际进度点，最后与下方时间坐标的检查日连接。

3）比较实际进度与计划进度

前锋线明显地反映出检查日工作实际进度与计划进度的关系有以下三种情况。

（1）工作实际进度点位置与检查日时间坐标相同，则该工作实际进度与计划进度一致。

（2）工作实际进度点位置在检查日时间坐标右侧，则该工作实际进度超前，超前天数为二者之差。

（3）工作实际进度点位置在检查日时间坐标左侧，则该工作实际进展拖后，拖后天数为二者之差。

例 3-8 已知网络计划如图 3-55 所示，在第 2 天检查工地，发现工作 A 已完成，工作 C 已进行 1 天，工作 D 也已进行 1 天；在第 4 天检查时，发现工作 B 已进行 1 天，工作 C 已进行 2 天，工作 D 已进行 3 天，工作 E 已进行 3 天。试用前锋线法判断第 2 天和第 4 天的实际进度状况。

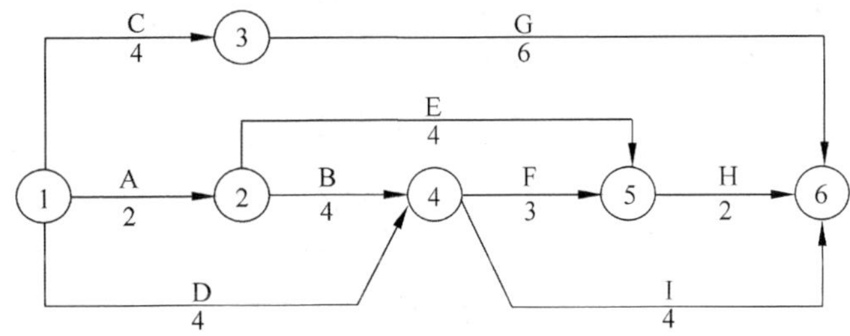

图 3-55 网络计划图

解：（1）按已知网络计划图绘制出最早时间的时标网络计划，如图 3-56 所示。

（2）分别按第 2 天和第 4 天实际检查的进度情况绘制前锋线，如图 3-56 中点画线所示。

（3）根据前锋线，实际进度和计划进度比较结果如下：

在第 2 天，C 工作拖延 1 天，A 工作与计划一致，D 工作拖延 1 天。第 4 天，C 工作已拖延 2 天，E 工作超前计划 1 天，B 工作拖延 1 天，D 工作拖延 1 天。

4. 香蕉型曲线比较法

香蕉型曲线是由两条 S 型曲线组成，其中一条是按各工作最早开始时间绘制的计划进度曲线，称为

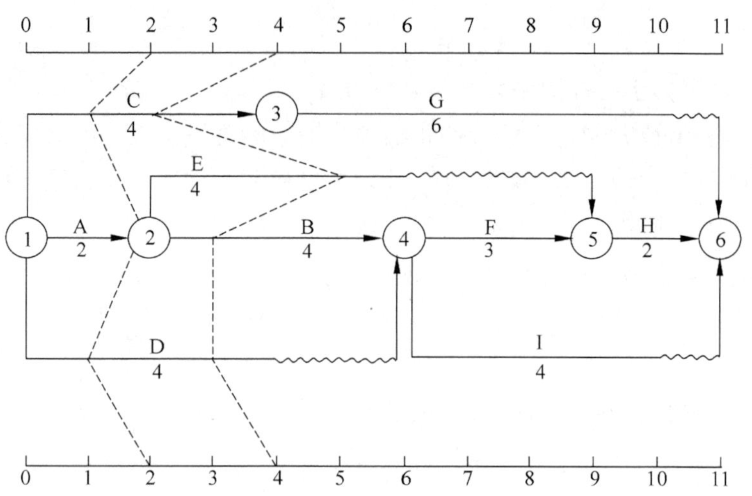

图3-56 按最早时间绘制的时标网络图

ES曲线;另一条是按各工作最迟开始时间绘制的计划进度曲线,称为LS曲线。两条S型曲线都是以计划的开始时刻开始和完成时刻结束,因此形成一条类似香蕉形状的闭合曲线,故称为香蕉型曲线,如图3-57所示。

一般情况,ES曲线各点均落在LS曲线相应点的左侧,即同一时刻两条曲线所对应的计划完成量形成了一个允许实际进度变动的弹性区间,只要实际进度曲线落在ES、LS曲线之间,就表示项目进度的控制在合理的理想状态,用香蕉型曲线进行进度检查的方法可类比S型曲线比较法。

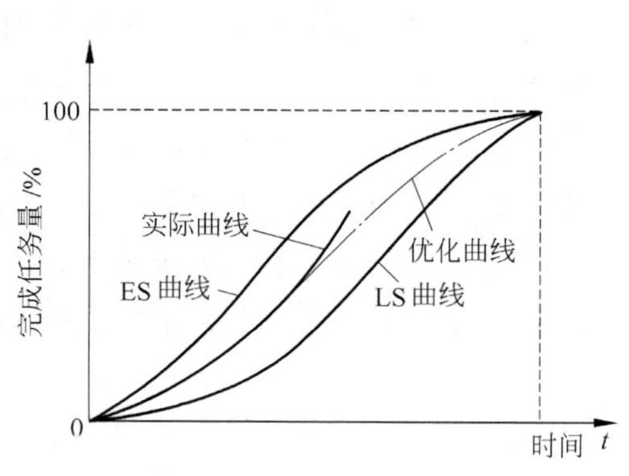

图3-57 香蕉型曲线比较图

3.4 案例分析

3.4.1 案例一

某工程双代号施工网络计划见图3-58,该进度计划已经监理工程师审核批准,合同工期为23个月。

问题:

1. 计算该网络时间参数,确定计算工期和关键线路。

2. 如果工作C和工作G需共用一台施工机械且只能按先后顺序施工(工作C和工作G不能同时施工),该施工网络进度计划应如何调整较合理?

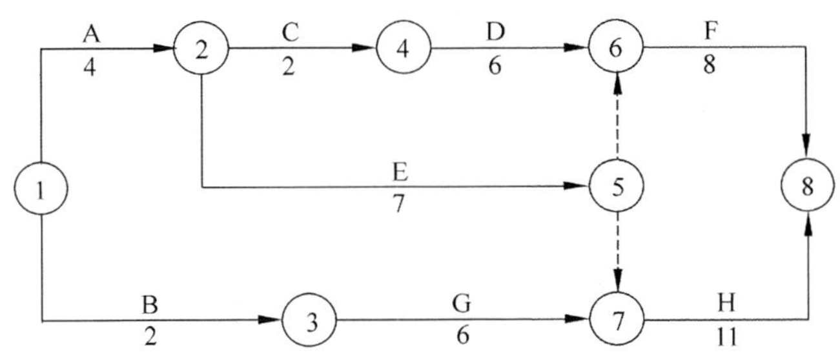

图 3-58 双代号网络示意图

分析解答：

问题 1

在网络图上直接计算网络的时间参数，如图 3-59 所示。

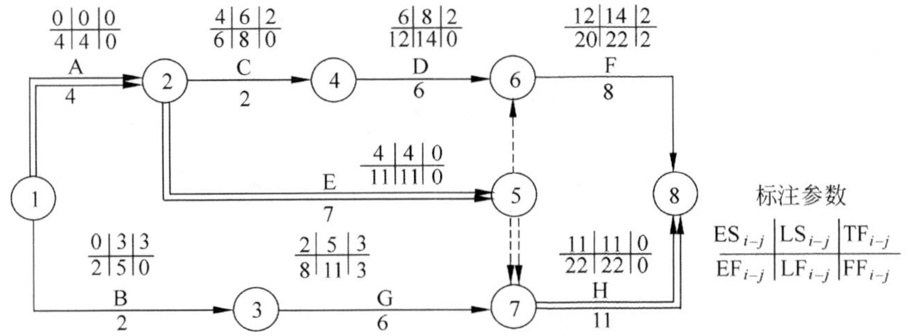

图 3-59 双代号网络时间参数示意图

可见，该施工网络计划的计算工期为 22 个月。从图 3-59 中可见，关键线路为 1—2—5—7—8，关键工作为 A、E、H。

问题 2

工作 C 和工作 G 共用一台施工机械且需按先后顺序施工时，有两种可行的方案：

方案一：按先 C 后 G 顺序施工，调整后网络计划如图 3-60 所示。

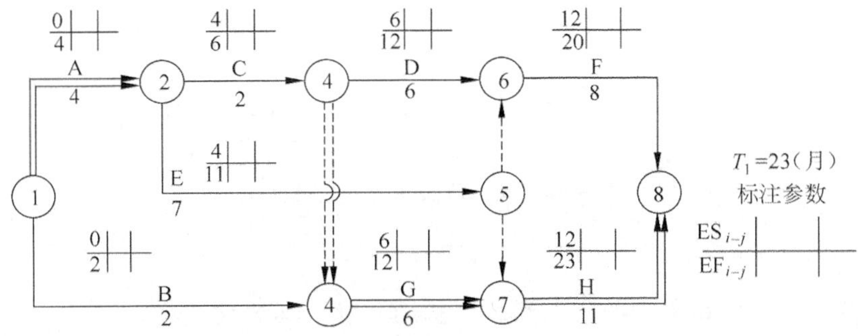

图 3-60 先 C 后 G 方案

按图上计算法,只需计算各工作的最早开始时间和最早完成时间,如图 3-60 所示,即可求得计算工期:

$T_1 = \max(EF_{6-8}, EF_{7-8}) = \max\{20, 23\} = 23$(月),关键路线为 1—2—3—4—7—8。

方案二:按先 G 后 C 顺序施工,调整后网络计划如图 3-61 所示。计算各工作的最早开始时间和最早完成时间,见图 3-61,即可求得计算工期:

$T_2 = \max\{EF_{8-10}, EF_{9-10}\} = \max\{24, 22\} = 24$(月),关键线路为 1—3—4—5—6—8—10。

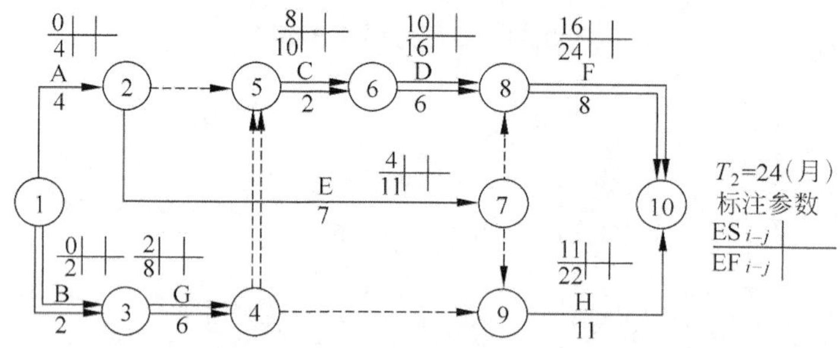

图 3-61 先 G 后 C 方案

通过上述两方案的比较,方案一的工期比方案二的工期短,且满足合同工期的要求。因此,应按先 C 后 G 的顺序组织施工较为合理。

3.4.2 案例二

根据工作之间的逻辑关系,某工程施工组织网络计划见图 3-62,该工程有两个施工组织方案,相应的各工作所需的持续时间和费用如表 3-5 所示。在施工合同中约定:合同工期为 271 天,工期延误一天罚 0.5 万元,提前一天奖 0.5 万元。

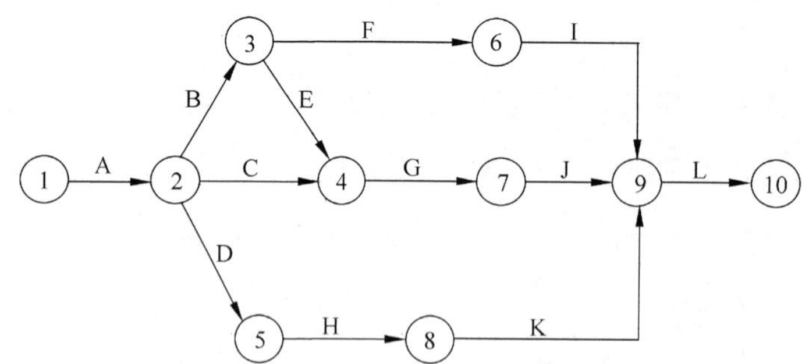

图 3-62 某工程施工组织网络计划

问题:

1. 分别计算两种施工组织方案的工期和综合费用并确定其关键线路。
2. 如果对该工程采用混合方案组织施工,应如何组织施工较经济?相应的工期和综合费用各为多少?

表 3-5　基础资料表

工作	施工组织方案一		施工组织方案二	
	持续时间/天	费用/万元	持续时间/天	费用/万元
A	30	13	28	16
B	45	20	42	22
C	28	10	28	10
D	40	19	39	19.5
E	50	23	48	23.5
F	38	13	38	13
G	60	25	55	28
H	43	18	43	18
I	50	24	48	25
J	39	12.5	39	12.5
K	35	15	33	16
L	50	20	49	21

分析解答：

问题 1

问题 1 涉及关键线路的确定和综合费用的计算。若题目不要求计算网络计划的时间参数，而仅仅要求确定关键线路，则并不一定要通过计算网络计划的时间参数，按总时差为零的工作所组成的线路来确定关键线路。在网络计划中线路不多的情况下，可分别计算各线路的长度，其中最长的线路即为关键线路。所谓综合费用，是指施工组织方案本身所需的费用与根据计算工期和合同工期的差额所产生的工期奖罚费用之和，其数值大小是选择施工组织方案的重要依据。

根据对图 3-62 施工网络计划的分析可知，该网络计划共有四条线路，即：

线路 1：1—2—3—6—9—10

线路 2：1—2—3—4—7—9—10

线路 3：1—2—4—7—9—10

线路 4：1—2—5—8—9—10

(1) 按方案一组织施工，将表 3-5 中各工作持续时间标在网络图上，见图 3-63。

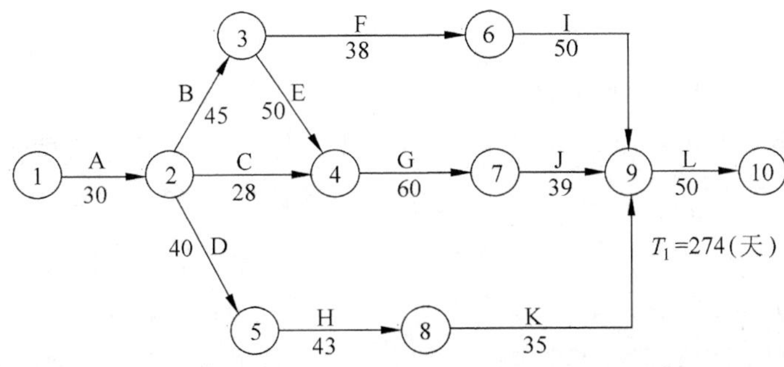

图 3-63　方案一组织施工

图 3-63 中四条线路的长度分别为：

$$t_1=30+45+38+50+50=213(天)$$

$$t_2=30+45+50+60+39+50=274(天)$$

$$t_3=30+28+60+39+50=207(天)$$

$$t_4=30+40+43+35+50=198(天)$$

所以，关键线路为 1—2—3—4—7—9—10，计算工期 $T_1=274$ 天。

将图 3-63 中各工作的费用相加，得到方案一的总费用为 212.5 万元，则其综合费用：

$$C_1=212.5+(274-271)\times 0.5=214(万元)$$

(2) 按方案二组织施工，将表 3-5 中各工作的持续时间标在网络图上，见图 3-64。

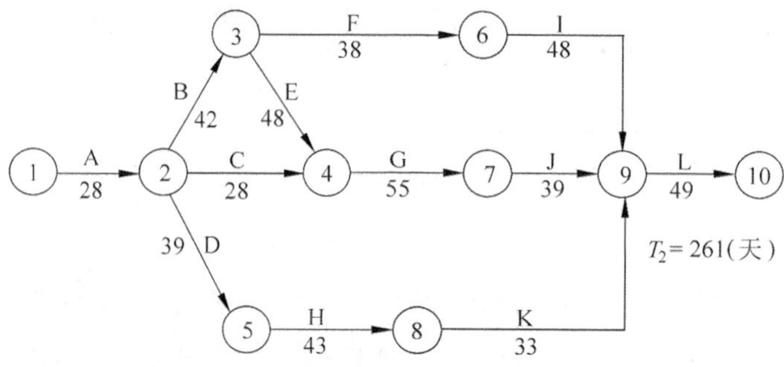

图 3-64　方案二组织施工

图 3-64 中四条线路的长度分别为：

$$t_1=28+42+38+48+49=205(天)$$

$$t_2=28+42+48+55+39+49=261(天)$$

$$t_3=28+28+55+39+49=199(天)$$

$$t_4=28+39+43+33+49=192(天)$$

所以，关键线路仍为 1—2—3—4—7—9—10，计算工期 $T_2=261$ 天。

将表 3-64 中各工作的费用相加，得到方案二的总费用为 224.5 万元，则其综合费用

$$C=224.5+(261-271)\times 0.5=219.5(万元)$$

问题 2

问题 2 实际上是对施工进度计划的优化。采用混合方案组织施工有以下两种可能性：一是关键工作采用方案二(工期较短)，非关键工作采用方案一(费用较低)组织施工；二是在方案一的基础上，按一定的优先顺序压缩关键线路。通过比较以上两种混合组织施工方案的综合费用，取其中费用较低者付诸实施。

本题出于简化计算的考虑，在问题 2 的括号中作了说明。但是，在实际组织施工时，要注意原非关键工作延长后可能成为关键工作，甚至可能使计划工期(未必是合同工期)延长；而关键工作压缩后可能使原非关键工作成为关键工作，从而改变关键线路或形成多条关键线路。需要说明的是，按惯例，施

工进度计划应提交给监理工程师审查，不满足合同工期要求的施工进度计划是不会被批准的。因此，从理论上讲，当原施工进度计划不满足合同工期要求时，即使压缩费用大于工期奖，也必须压缩（当然，实际操作时，承包商仍可能宁可承受工期拖延罚款而按费用最低的原则组织施工）。另外，还要注意，两种方案的关键线路可能不同，在解题时要注意加以区分。

（1）关键工作采用方案二，非关键工作采用方案一

即关键工作 A、B、E、G、J、L 执行方案二的工作时间，保证工期为 261 天；非关键工作执行方案一的工作时间，而其中费用较低的非关键工作有：$t_D=40$ 天，$C_D=19$ 万元；$t_I=50$ 天，$C_I=24$ 万元；$t_K=35$ 天，$C_K=15$ 万元。则按此方案混合组织施工的综合费用为：

$$C' = 219.5 - (19.5 - 19) - (25 - 24) - (16 - 15) = 217(\text{万元})$$

（2）在方案一的基础上，按压缩费用从少到多的顺序压缩关键线路

① 计算各关键工作的压缩费用

关键工作 A、B、E、G、L 每压缩一天费用分别为 1.5、0.67、0.25、0.6、1.0 万元。

② 先对压缩费用小于工期奖的工作压缩，即压缩工作 E 2 天，但工作 E 压缩后仍不满足合同工期要求，故仍需进一步压缩；再压缩工作 G 1 天，则工期为 271(274－2－1)天，相应的综合费用：

$$C'' = 212.5 + 0.25 \times 2 + 0.6 \times 1 = 213.60(\text{万元})$$

因此，应在方案一的基础上压缩关键线路来组织施工，相应的工期为 271 天，相应的综合费用为 213.60 万元。

思　考　题

1. 影响进度的因素主要有哪些？
2. 进度控制主要有哪些措施？
3. 简述施工单位的进度计划系统主要包括的内容和编制程序。
4. 简述网络计划技术的编制程序。
5. 什么是双代号网络图？什么是单代号网络图？网络图时间参数主要包括哪几类？
6. 简述双代号时标网络绘图的基本要求。
7. 简述搭接网络计划相邻工作的基本搭接关系。
8. 什么是网络计划的优化？网络优化按优化目标分为哪几类？
9. 简述描述资源是否均衡的指标及其含义。
10. 常见的实际进度与计划进度的比较方法主要有哪几类？

第 4 章

施工项目质量控制

本章提要 本章首先从质量和质量控制的概念入手，介绍了质量控制的内容、程序和方法；并且以 ISO 9000 为基础，阐明了八项质量管理原则、质量管理体系基础、质量管理体系的建立以及质量认证；介绍了影响质量的因素及其控制；详细介绍了用于质量控制的各种数理统计方法。然后详细阐述了施工项目质量的策划和计划。说明了在施工准备阶段，怎样对技术准备、采购等进行控制，进行质量教育与培训，设置质量控制点；在施工阶段，如何进行技术交底、施工测量、计量、工序、质量检验、工程变更、成品保护等的质量控制。最后，阐明了施工项目质量验收的改革，验收的划分、要求、内容、程序和组织；同时，介绍了施工项目质量的持续改进，包括持续改进、不合格控制、纠正措施、预防措施、检查、验证等。

4.1 概 述

4.1.1 施工项目质量控制概述

1. 质量与施工项目质量

1）质量

ISO 9000—2000《质量管理体系基础和术语》和我国 GB/T 19000—2000 对质量的定义是：一组固有特性满足要求的程度。

质量的主体可以是产品，也可以是某项活动或过程的工作质量，还可以是质量管理体系运行的质量。

“特性”是指可区分的特征，特性可以是固有的或赋予的，可以是定性的或定量的。“固有”特性就是指某事或某物本来就有的，尤其是那种永久的特性。对产品来说，例如水泥的化学成分、强度、凝结时间就是固有特性，而价格和交货期则是赋予特性；对过程来说，固有特性就是将输入转化为输出的能力；对质量管理体系来说，固有特性就是实现质量方针和质量目标的能力。

“要求”包括明示的、隐含的和必须履行的需求或期望。“明示”的一般是指在合同环境中,用户明确提出的需要或要求,通常是通过合同、标准、规范、图纸、技术文件所作出的明确规定;“隐含”需要则应加以识别和确定,具体而言,一是指顾客的期望,二是指那些人们公认的、不言而喻的、不必作出规定的需要。

2) 施工项目质量

施工项目质量是指反映施工项目满足相关标准规定或合同规定的要求,包括其在安全、使用功能、耐久性能、环境保护等方面所有明显和隐含能力的特性总和。即通过工程施工所形成的工程项目,应满足用户从事生产、生活所需的功能和使用要求,应符合国家有关法规、技术标准和合同规定。

2. 质量控制的概念与特点

1) 质量控制

质量控制是 GB/T 19000(等同采用 ISO 9000—2000)质量管理体系标准的一个质量术语。质量控制是质量管理的一部分,是致力于满足质量要求的一系列相关活动。

质量控制包括采取的作业技术和管理活动。作业技术是直接产生产品或服务质量的条件;但并不是具备相关作业技术能力,都能产生合格的质量,在社会化大生产的条件下,还必须通过科学的管理,来组织和协调作业技术活动的过程,以充分发挥其质量形成能力,实现预期的质量目标。

质量控制是质量管理的一部分,质量管理是指确立质量方针及实施质量方针的全部职能及工作内容,并对其工作效果进行评价和改进的一系列工作。因此两者的区别在于,质量控制是在明确的质量目标条件下通过行动方案和资源配置的计划、实施、检查和监督来实现预期目标的过程。

建设工程项目从本质上说是一项拟建的建筑产品,它和一般产品具有同样的质量内涵,即满足明确和隐含需要的特性之总和。其中明确的需要是指法律法规技术标准和合同等所规定的要求,隐含的需要是指法律法规或技术标准尚未作出明确规定,然而随着经济发展、科技进步及人们消费观念的变化,客观上已存在的某些需求。因此建筑产品的质量也就需要通过市场和营销活动加以识别,以不断进行质量的持续改进。其社会需求是否得到满足或满足的程度如何,必须用一系列定量或定性的特性指标来描述和评价,这就是通常意义上的产品适用性、可靠性、安全性、经济性以及环境的适宜性等。

由于建设工程项目是由业主(或投资者、项目法人)提出明确的需求,然后再通过一次性承发包生产,即在特定的地点建造特定的项目。因此工程项目的质量总目标,是业主建设意图通过项目策划,包括项目的定义及建设规模、系统构成、使用功能和价值、规格档次标准等的定位策划和目标决策来提出的。工程项目质量控制,包括勘察设计、招标投标、施工安装,竣工验收各阶段,均应围绕着致力于满足业主要求的质量总目标而展开。

2) 施工项目质量控制的特点

施工项目的质量控制就是对工程项目的施工情况进行监督、检查和测量,并将实施结果与事先制定的质量标准进行比较,判断其是否符合质量标准,找出存在的偏差,并分析偏差形成原因的一系列活动。

由于工程项目本身的特点,施工项目的质量比一般工业产品的质量更难以控制,主要表现在以下方面:

(1) 影响质量的因素多。

(2) 容易产生质量变异。

(3) 容易产生判断错误。

(4) 质量检查不能解体、拆卸。

(5) 质量要受投资、进度的制约。

3. 质量控制的内容和程序

1) 质量控制的内容

(1) 确定控制对象,例如一道工序、一个分项工程、安装过程等。

(2) 规定控制标准,即详细说明控制对象应达到的质量要求。

(3) 制定具体的控制方法,例如工艺规程、控制用图表等。

(4) 明确所采用的检验方法,包括检验手段。

(5) 实际进行检验。

(6) 分析实测数据与标准之间产生差异的原因。

(7) 解决差异所采取的措施、方法。

2) 质量控制程序

为保证工程施工质量,应对施工全过程进行质量控制,包括各项施工准备工作质量控制、施工过程中的质量控制和竣工阶段的控制。具体程序见图 4-1。

4. 质量控制的基本原理

1) PDCA 循环原理

施工项目质量控制的基本工作方法为 PDCA 循环法,PDCA 即计划(Plan)、实施(Do)、检查(Check)、处置(Action)4 个阶段,如图 4-2 所示。这个循环工作法是美国的戴明发明的,故又称“戴明循环”。4 个阶段又可具体分为以下 8 个步骤。

(1) 计划阶段

确定任务、目标和活动措施。

第一步,分析现状,找出存在的质量问题,用数据加以说明;

第二步,分析产生的各种质量问题,逐个进行分析;

第三步,找出影响质量问题的主要因素,通过抓主要因素解决质量问题;

第四步,针对影响质量问题的主要因素,制订计划和活动措施。

(2) 实施阶段

即第五步,按照计划要求及制定的质量目标、质量标准、操作规程去组织实施。

(3) 检查阶段

即第六步,将实际工作结果与计划内容相对比,通过检查,看是否达到预期效果,找出问题和异常情况。

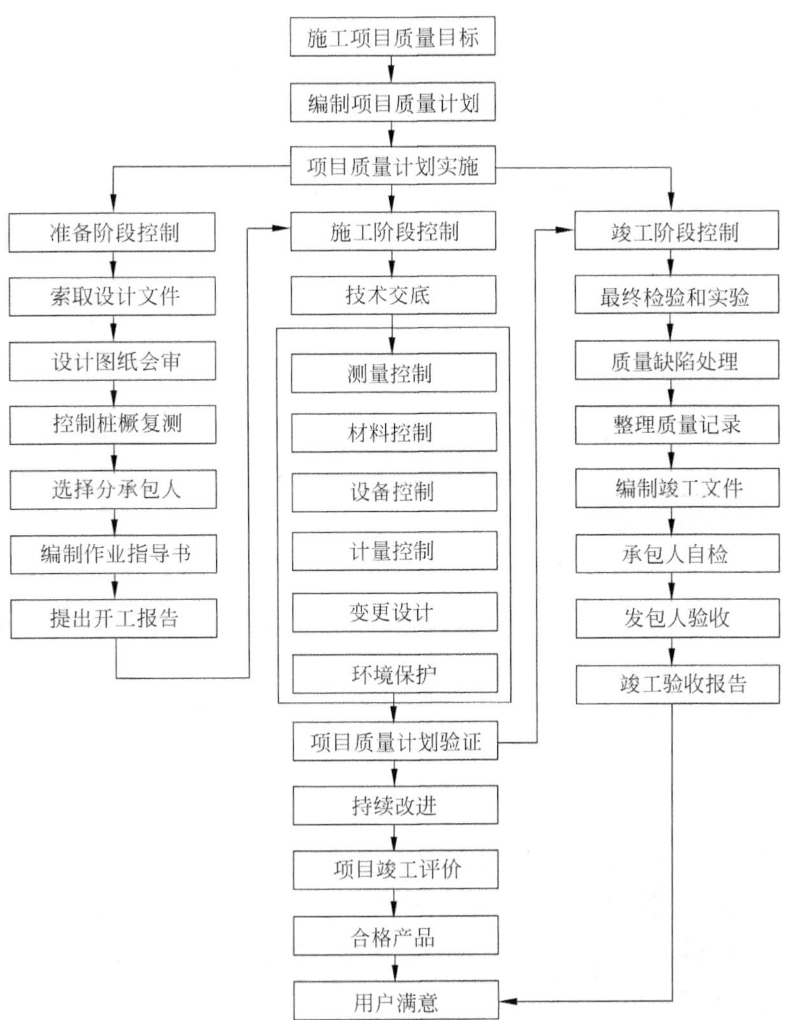

图 4-1 施工项目质量控制程序框图

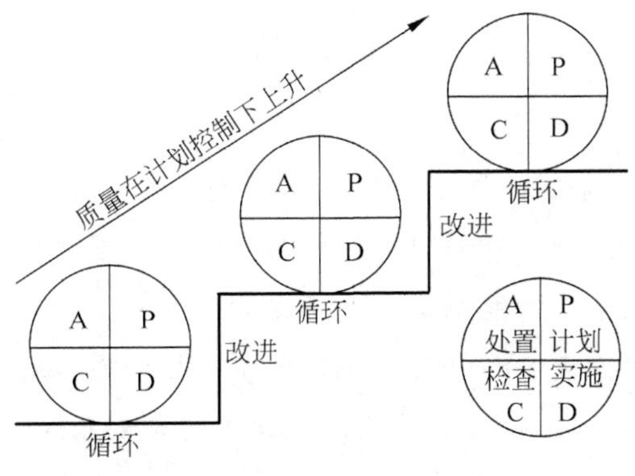

图 4-2 PDCA 循环示意图

(4) 处置阶段

总结经验、改正缺点,将遗留问题转入下一循环。

第七步,按检查结果,总结成败两方面的经验教训,成功的纳入标准、规程,予以巩固;不成功的,吸取教训,引以为戒,防止再次发生。

第八步,处理本循环中尚未解决的问题,转入下一循环中去,通过再次循环求得解决。

2) 三阶段控制原理

三阶段控制原理就是通常所说的事前控制、事中控制和事后控制。这三阶段控制构成了质量控制的系统过程。

(1) 事前控制

事前控制要求预先进行周密的质量计划。尤其是工程项目施工阶段,制订质量计划或编制施工组织设计或施工项目管理实施规划(目前这三种计划方式基本上并用),都必须建立在切实可行、有效实现预期质量目标的基础上,作为一种行动方案进行施工部署。目前有些施工企业,尤其是一些资质较低的企业在承建中小型的一般工程项目时,往往把施工项目经理责任制曲解成"以包代管"的模式,忽略了技术质量管理的系统控制,失去企业整体技术和管理经验对项目施工计划的指导和支撑作用,这将造成质量预控的先天性缺陷。

事前控制,其内涵包括两层意思,一是强调质量目标的计划预控,二是按质量计划进行质量活动前的准备工作状态的控制。

(2) 事中控制

首先是对质量活动的行为约束,即对质量产生过程各项技术作业活动操作者在相关制度的管理下的自我行为约束的同时,充分发挥其技术能力,去完成预定质量目标的作业任务;其次是对质量活动过程和结果,来自他人的监督控制,这里包括来自企业内部管理者的检查检验和来自企业外部的工程监理和政府质量监督部门等的监控。

事中控制虽然包含自控和监控两大环节,但其关键还是增强质量意识,发挥操作者自我约束、自我控制,即坚持质量标准是根本的,监控或他人控制是必要的补充,没有前者或用后者取代前者都是不正确的。因此在企业组织的质量活动中,通过监督机制和激励机制相结合的管理方法,来发挥操作者更好的自我控制能力,以达到质量控制的效果,是非常必要的。这也只有通过建立和实施质量体系来达到。

(3) 事后控制

事后控制包括对质量活动结果的评价认定和对质量偏差的纠正。从理论上分析,如果计划预控过程所制订的行动方案考虑得越是周密,事中约束监控的能力越强越严格,实现质量预期目标的可能性就越大,理想的状况就是希望做到各项作业活动,"一次成功"、"一次交验合格率100%"。但客观上相当部分的工程不可能达到,因为在过程中不可避免地会存在一些计划时难以预料的影响因素,包括系统因素和偶然因素。因此当出现质量实际值与目标值之间超出允许偏差时,必须分析原因,采取措施纠正偏差,保持质量受控状态。

以上三大环节,不是孤立和截然分开的,它们之间构成有机的系统过程,实质上也就是PDCA循环具体化，并在每一次滚动循环中不断提高，达到质量管理或质量控制的持续改进。

三全管理是来自于全面质量管理TQC(totol quality control)的思想，同时包含在质量体系标准(GB/T 19000—ISO 9000)中，它指生产企业的质量管理应该是全面、全过程和全员参与的。这一原理对建设工程项目的质量控制，同样有理论和实践的指导意义。

全面质量控制是指工程(产品)质量和工作质量的全面控制，工作质量是产品质量的保证，工作质量直接影响产品质量的形成。对于建设工程项目而言，全面质量控制还应该包括建设工程各参与主体的工程质量与工作质量的全面控制。如业主、监理、勘察、设计、施工总包、施工分包、材料设备供应商等，任何一方任何环节的怠慢疏忽或质量责任不到位都会造成对建设工程质量的影响。

全过程质量控制是指根据工程质量的形成规律，从源头抓起，全过程推进。GB/T 19000强调质量管理的“过程方法”管理原则，按照建设程序，建设工程从项目建议书或建设构想提出，历经项目鉴别、选择、策划、可行性研究、决策、立项、勘察、设计、发包、施工、验收、使用等各个有机联系的环节。这些环节构成了建设项目的总过程，其中每个环节又由诸多相互关联的活动构成相应的具体过程，因此必须掌握识别过程和应用“过程方法”进行全过程质量控制。主要的过程有：项目策划与决策过程；勘察设计过程；施工采购过程；施工组织与准备过程；检测设备控制与计量过程；施工生产的检验实验过程；工程质量的评定过程；工程竣工验收与交付过程；工程回访维修服务过程。

全员参与控制从全面质量管理的观点看，无论组织内部的管理者还是作业者，每个岗位都承担着相应的质量职能，一旦确定了质量方针目标，就应组织和动员全体员工参与到实施质量方针的系统活动中去，发挥自己的角色作用。全员参与质量控制作为全面质量所不可或缺的重要手段就是目标管理。目标管理理论认为，总目标必须逐级分解，直到最基层岗位，从而形成自下到上，自岗位个体到部门团队的层层控制和保证关系，使质量总目标分解落实到每个部门和岗位。就企业而言，如果存在哪个岗位没有自己的工作目标和质量目标，说明这个岗位就是多余的，应予调整。

4.1.2 质量管理体系

1. ISO 9000族标准简介

国际标准化组织(ISO)于1987年发布了通用的ISO 9000《质量管理和质量保证》标准，该系列标准得到了国际社会和国际组织的认可和采用，已成为世界各国共同遵守的工作规范。此后又不断地对其进行补充、完善、修订，在2000年底前发布了2000版ISO 9000标准。随着ISO 9000的发布和修订，我国及时、等同地采用此标准，发布了GB/T 19000—2000版标准，包括以下内容。

(1) GB/T 19000表述质量管理体系基础知识，并规定质量管理体系术语。该标准在合并修订1994版相关标准的基础上，增加了八项质量管理原则和质量管理体系的12条基础说明。

(2) GB/T 19001规定质量管理体系要求，用于组织证实其具有提供满足顾客要求和适用的法规要求的产品能力，目的在于增进顾客满意。该标准取代了1994版的GB/T 19001、GB/T 19002和GB/T 19003标准，组织主要依据该标准建立质量管理体系并进行质量管理体系认证工作。

(3) GB/T 19004提供考虑质量管理体系的有效性和效率两方面的指南。其目的是组织业绩改进和使顾客及其他相关方满意。该标准是组织为改进业绩而策划、建立和实施质量管理体系的指南性标准。

(4) GB/T 19011 提供审核质量和环境体系指南。

2. 质量管理体系

质量管理体系是指在质量方面指挥和控制组织的管理体系。这一管理体系是由建立质量方针和目标并实现这些目标的相互关联或相互作用的一组要素所组成。一般来说,项目的实施总是以组织(企业)为依托。所以,组织(企业)是否建立质量管理体系及建立的质量管理体系能否有效运行,将直接关系到项目质量的保证程度。

1) 八项质量管理原则

(1) 以顾客为关注焦点。

(2) 领导作用。

(3) 全员参与。

(4) 过程方法。

(5) 管理的系统方法。

(6) 持续改进。

(7) 基于事实的决策方法。

(8) 与供方互利的关系。

2) 质量管理体系基础

(1) 质量体系要求与产品要求

质量管理体系要求与产品要求是不同的。ISO 9000 族标准是对质量管理体系的要求。这种要求是通用的,适用于各种行业或经济部门的,提供各种类别产品的各种规模的组织。但是每个组织为符合质量管理体系标准的要求而采取的措施却是不同的。因此,每个组织要根据自己的具体情况建立质量管理体系。

产品要求是指产品标准、技术规范、合同条款或法律、法规等的规定。产品要求是各种各样和千差万别的,只适用于某种具体的产品。

对每一个组织来说,产品要求与质量管理体系要求缺一不可,不能相互取代,只能相辅相成。

(2) 质量管理体系方法

建立和实施质量管理体系的方法如下:

① 确定顾客和相关方的需求和期望。

② 建立组织的质量方针和质量目标。

③ 确定达到质量目标必须的过程和职责。

④ 确定和提供实现质量目标必需的资源。

⑤ 规定测量每个过程的有效性和效率的方法。

⑥ 应用这些测量方法确定每个过程的有效性和效率。

⑦ 确定防止不合格并消除产生原因的措施。

⑧ 建立和应用持续改进质量管理体系的过程。

(3) 质量方针和质量目标

质量方针是指“有组织的最高管理者正式发布的该组织总的质量宗旨和方向”；质量目标则是指“在质量方面所追求的目的”。

(4) 质量管理体系评价

质量管理体系建立并实施后可能会发现不完善或不适应环境变化的情况。因此，需要对质量管理体系的适宜性、充分性和有效性进行系统的、定期的评价。评价可通过质量管理体系过程的评价、质量管理体系审核、质量管理体系评审和自我评定等环节实现。

3) 质量管理体系的建立与实施

按照ISO 9000族标准建立或更新质量管理体系，通常包括组织策划与总体设计、质量管理体系的文件编制、质量管理体系的实施运行三个阶段。

(1) 质量管理体系的策划与总体设计

建立质量管理体系过程中的策划和总体设计主要包括产品识别、识别顾客、明确制定质量方针和质量的要求目标、过程的确定以及质量管理体系范围的确定等环节。

(2) 质量管理体系文件的编制

质量管理体系中使用的文件类型主要有：质量手册，质量计划，规范，指南，程序、作业指导书和图样，记录。

(3) 质量管理体系的实施运行

为保证质量管理体系的有效运行，要做到两个到位：一是认识到位，二是管理考核到位。开展纠正与预防活动，充分发挥内审的作用，也是保证质量管理体系有效运行的重要环节。

3. 质量认证

质量认证是第三方依据程序对产品、过程或服务符合规定的要求给予书面保证(合格证书)。质量认证包括产品质量认证和质量管理体系认证两个方面。

1) 产品质量认证

产品质量认证按认证性质可划分为安全认证和合格认证。

对于关系国计民生的重大产品，有关人身安全、健康的产品，必须实施安全认证。此外，实行安全认证的产品，必须符合《标准化法》中有关强制性标准的要求。

凡实行合格认证的产品，必须符合《标准化法》规定的国家标准或行业标准要求。

2) 质量管理体系认证

质量管理体系认证具有以下特征。

(1) 由具有第三方公正地位的认证机构进行客观的评价，作出结论，若通过则颁发认证证书。

(2) 认证的依据是质量管理体系的要求标准，即GB/T 19001，而不能依据质量管理体系的业绩改进指南标准即GB/T 19004来进行，更不能依据具体的产品质量标准。

(3) 认证过程中的审核是围绕企业的质量管理体系要求的符合性和满足质量要求和目标方面的有效性来进行。

(4) 认证的结论不是证明具体的产品是否符合相关的技术标准,而是质量管理体系是否符合质量管理体系要求标准,是否具有按规范要求,保证产品质量的能力。

(5) 认证合格标志,只能用于宣传,不能用于具体的产品上。

4.1.3 施工项目质量因素的控制

影响施工项目质量的主要有五大因素,通常称为4M1E,即人(Man)、材料(Material)、机械(Machine)、方法(Method)、环境(Environment)。

1. 人的控制

人是生产过程的活动主体,其总体素质和个体能力决定着一切质量活动的成果。因此,既要把人作为质量控制对象,又要把人作为其他质量活动的控制动力。

人的控制的主要措施和途径有:

(1) 以项目经理的管理目标和管理职责为中心,合理组建项目管理机构,配备称职的管理人员。

(2) 严格实行分包单位的资质审查,确保分包单位的整体素质,包括领导班子素质、职工队伍素质、技术素质和管理素质。

(3) 施工作业人员要做到持证上岗,特别是重要技术工种、特殊工种和危险作业等。

(4) 严格施工管理制度,规范操作人员的作业技术活动和管理人员的管理行为。

(5) 完善奖励和处罚机制,充分发挥项目全体人员的最大工作潜能。

2. 材料的控制

材料控制包括对施工所需要的原材料、成品、半成品、构配件等的质量控制。材料质量是施工项目质量形成的物质基础,所以,加强材料的质量控制是提高施工项目质量的重要保证。材料质量控制包括以下几个环节。

1) 材料的采购

施工所需采购的材料应根据工程特点、施工合同、材料性能、施工具体要求等因素综合考虑。保证适时、适地、按质、按量、全套齐备地供应施工生产所需要的各种材料;优选供应厂家、中间商和专业供方;建立收货检验的质量认定和质量跟踪档案制度;健全材料采购质量责任制;建立必要的采购质量审核制度,进行采购人员的技术培训等。

2) 材料的实验和检验

材料的检验方法有书面检验、外观检验、理化检验和无损检验。根据材料质量信息和保证资料的具体情况,材料的检验程度分为免检、抽检和全检验。

3) 材料的存储和使用

应加强材料进场后的存储和使用管理,避免材料变质和使用规格、性能不符合要求的材料而造成质量事故,如水泥的受潮结块、钢筋的锈蚀等。为此,承包商既要对材料合理调度,避免现场材料大量积压,又要对材料合理堆放,正确使用各种材料,同时还要在使用材料时及时地检查和监督。

3. 机械设备的控制

机械设备的控制包括施工机械设备质量控制和工程项目设备的质量控制。

1) 施工机械设备的控制

施工机械设备质量控制就是使施工机械设备的类型、性能参数等与施工现场的实际生产条件、施工工艺、技术要求等因素相匹配,符合施工生产的实际要求。

要做好施工机械设备的质量控制,一是要按照技术上先进、生产上适用、经济上合理等原则选配施工生产机械设备,合理组织施工。二是要正确使用、管理、保养和检修好施工机械设备,严格实行定人、定机、定岗位责任的使用管理制度,在使用中遵守机械设备的技术规定,做好机械设备的例行保养工作,使其经常保持良好的技术状态,以确保施工生产质量。

2) 工程项目设备的控制

工程项目设备的质量控制主要包括设备的检查验收、设备的安装质量、设备的调试和试车运转。

要按设备选型购置设备,优选设备供应厂家和专业供方,设备进厂后,要对设备的名称、型号、规格、数量的清单逐一检查验收,确保工程项目设备的质量符合设计要求;设备安装要符合有关设备的技术要求和质量标准,安装过程中控制好土建和设备安装的交叉流水作业;设备调试要按照设计要求和程序进行,认真分析调试结果;要求试车运转正常,并能配套生产,满足项目的设计生产要求。

4. 施工方法的控制

施工方法的控制主要包括施工技术方案、施工工艺、施工组织设计、施工技术措施等方面的控制。控制过程中应注意以下几点。

(1) 施工方案应随工程进展而不断细化和深化。

(2) 选择施工方案时,对主要项目要拟订几个可行方案,找出主要矛盾,明确各个方案的主要优缺点,通过反复论证和比较,选出最佳方案。

(3) 对主要项目、关键部位和难度较大的项目,如新结构、新材料、新工艺、大跨度、高大结构等部位,制订方案时要充分估计到可能发生的施工质量问题和处理方法。

5. 环境的控制

施工环境主要包括工程技术环境、工程管理环境和劳动环境等。

1) 工程技术环境的控制

工程技术环境包括工程地质、水文地质、气象等。工程施工前需要对工程技术环境进行调查研究。

工程地质方面要摸清建设地区的钻孔布置图、工程地质剖面图及土壤实验报告;水文地质方面要摸清建设地区全年不同季节的地下水位变化、流向及水的化学成分,以及附近河流及洪水情况等;气象方面要了解建设地区的气温、风速、风向、降雨量、冬雨季月份等。

2）工程管理环境的控制

工程管理环境包括质量管理体系、环境管理体系、安全管理体系、财务管理体系等。上述各管理体系的建立与正常运行，能够保证项目各项活动的正常、有序进行，也是搞好工程质量的必要条件。

3）劳动环境的控制

劳动环境包括劳动组织、劳动工具、劳动保护与安全施工等。

劳动组织的基础是分工和协作，分工得当既有利于提高工人的熟练程度，又便于劳动力的组织与运用；协作最基本的问题是配套，即各工种和不同等级工人之间互相匹配，从而避免停工窝工，获得最高的劳动生产率。劳动工具的数量、质量、种类应便于操作、使用。劳动保护与安全施工，是指在施工过程中，以改善劳动条件，保证员工的生产安全，保护劳动者的健康而采取的一些管理活动，这些活动有利于提高员工的积极性。

4.1.4 质量控制的数理统计方法

质量控制中应用的数理统计方法种类很多，常用而有效的基本方法有统计分析表法、分层法、排列图法、因果分析图法、直方图法、控制图法和相关图法七种，这七种方法通常又称为质量控制的七种工具。其中统计分析表法、分层法、排列图法和因果分析图法属于静态分析法，它主要是找出影响质量的主要因素，暴露生产过程中的弊病，比较产品的优劣等，从而为提高产品质量的对策找到根据。控制图法和相关图法属于动态分析法，它能够在生产过程中及时发现不合格品的产生和不良情况的发展趋势，从而把不合格品控制在所规定的范围内。直方图法则静、动态范围都能使用。以下首先明确质量数据的分布特征，然后介绍其中常用的质量控制工具。

1. 质量数据的分布特征

1）质量数据的特性

质量数据具有个体数值的波动性和总体(样本)分布的规律性。

在实际质量检测中，即使在生产过程稳定正常的情况下，同一总体(样本)的个体质量特性值也是互不相同的，这表现为质量数据的波动性、随机性。然而当运用统计方法对这些大量丰富的个体数据进行加工、整理和分析后，我们又会发现存在内在的规律性。

2）质量数据波动的原因

(1) 偶然性原因

在实际生产中，影响因素的微小变化具有随机发生的特点，是不可避免、难以测量和控制的，或者在经济上不值得消除，它们大量存在但对质量的影响很小，属于允许偏差范畴，引起的是正常波动，一般不会因此造成废品，生产过程正常稳定。通常把这类微小变化归为影响质量的偶然性原因或正常原因。

(2) 系统性原因

当影响质量的因素发生了较大变化，如工人未遵守操作规程、机械设备发生故障或过度磨损、原材料质量规格有显著差异等情况发生时，没有及时消除，生产过程则不正常，产品质量数据就会离散过大或与质量标准有较大偏离，表现为异常波动，次品、废品产生。这就是产生质量问题的系统性原因或异常原因。

3）质量数据分布的规律性

对每件产品来说，在其质量形成的过程中，单个影响因素对其影响的程度和方向是不同的，也是在不断改变的。众多因素交织在一起，共同起作用后最终表现出来的误差具有随机性。

概率数理统计在对大量统计数据的研究中，归纳总结出许多分布类型，如一般计量值数据服从正态分布，计件值数据服从二项分布，计点值数据服从泊松分布等。实践中只要是受许多起微小作用的因素影响的质量数据，都可认为是近似服从正态分布的，如构件的几何尺寸、混凝土强度等；如果是随机抽取的样本，无论它来自的总体是何种分布，在样本容量较大时，其样本均值也将服从或近似服从正态分布。正态分布概率密度曲线如图 4-3 所示。

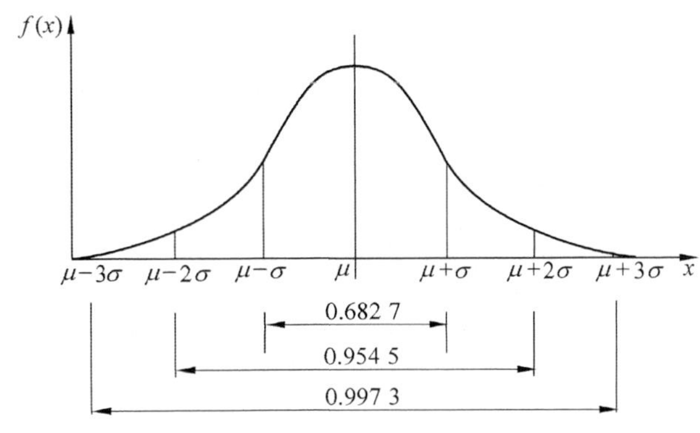

图 4-3　正态分布概率密度曲线

2. 统计分析表法

统计分析表法又称调查分析表法，它是利用专门设计的统计表对质量数据进行收集、整理和粗略分析质量状态的一种方法。

在施工项目质量控制活动中，利用调查表收集数据，简便灵活，便于整理，实用有效。它没有固定格式，可根据需要和具体情况，设计出不同的统计调查表。常用的调查表有质量分布状态调查表、质量缺陷部位调查表、影响质量主要因素调查表、材料质量特性调查表等。调查表也可以与其他方法联合使用。

3. 分层法

分层法又叫分类法，是将调查收集的原始数据，根据不同目的和要求，按某一性质进行分组、整理的分析方法。分层的结果使数据各层间的差异突出地显示出来，层内的数据差异减少了。在此基础上再进行层间、层内的比较分析，可以更深入地发现和认识质量问题的原因。由于产品质量是多方面因素共同作用的结果，因而对同一批数据，可以按不同性质分层，使我们能从不同角度来考虑、分析产品存在的质量问题和影响因素。

常用的分层标志有：操作班组、操作者、机械设备型号、操作方法、原材料供应单位、供应时间、等级、施工时间、检查手段、工作环境等。

现举例说明分层法的应用。

例4-1 钢筋焊接质量的调查分析,共检查了50个焊接点,其中不合格19个,不合格率为38%。存在严重的质量问题,试用分层法分析质量问题的原因。

现已查明这批钢筋的焊接是由A、B、C三个师傅操作的,而焊条是由甲、乙两个厂家提供的。因此,分别按操作者和生产厂家进行分层分析,即考虑一种因素单独的影响,见表4-1、表4-2。

表4-1 按操作者分层

操作者	不合格	合格	不合格率/%
A	6	13	32
B	3	9	25
C	10	9	53
合计	19	31	38

表4-2 按焊条生产厂家分层

工厂	不合格	合格	不合格率/%
甲	9	14	39
乙	10	17	37
合计	19	31	38

可见,操作者B的质量较好,而不论是采用甲厂还是乙厂的焊条,不合格率都很高且相差不大。为了找出问题之所在,再进一步采用综合分层进行分析,即考虑两种因素共同影响的结果,见表4-3。

表4-3 综合分层分析焊接质量

<table>
<tr><th rowspan="2">操作者</th><th rowspan="2">焊接质量</th><th colspan="2">甲 厂</th><th colspan="2">乙 厂</th><th colspan="2">合 计</th></tr>
<tr><th>焊接点</th><th>不合格率/%</th><th>焊接点</th><th>不合格率/%</th><th>焊接点</th><th>不合格率/%</th></tr>
<tr><td rowspan="2">A</td><td>不合格</td><td>6</td><td rowspan="2">75</td><td>0</td><td rowspan="2">0</td><td>6</td><td rowspan="2">32</td></tr>
<tr><td>合 格</td><td>2</td><td>11</td><td>13</td></tr>
<tr><td rowspan="2">B</td><td>不合格</td><td>0</td><td rowspan="2">0</td><td>3</td><td rowspan="2">43</td><td>3</td><td rowspan="2">25</td></tr>
<tr><td>合 格</td><td>5</td><td>4</td><td>9</td></tr>
<tr><td rowspan="2">C</td><td>不合格</td><td>3</td><td rowspan="2">30</td><td>7</td><td rowspan="2">78</td><td>10</td><td rowspan="2">53</td></tr>
<tr><td>合 格</td><td>7</td><td>2</td><td>9</td></tr>
<tr><td rowspan="2">合计</td><td>不合格</td><td>9</td><td rowspan="2">39</td><td>10</td><td rowspan="2">37</td><td>19</td><td rowspan="2">38</td></tr>
<tr><td>合 格</td><td>14</td><td>17</td><td>31</td></tr>
</table>

经过综合分层分析可知,在使用甲厂的焊条时,应采用B师傅的操作方法为好;在使用乙厂的焊条时,应采用A师傅的操作方法为好。

调查分析表法和分层法是质量控制统计分析方法中最基本的方法,其他统计方法常常是首先利用这两种方法将原始资料进行调查、统计和分类,然后再进行分析。

4. 排列图法

1) 排列图原理

排列图是用来寻找影响质量主次因素的一种有效方法,又叫帕累托图或主次因素分析图。它由两个纵坐标、一个横坐标、几个连起来的直方形和一条曲线所组成，如图 4-4 所示。实际应用中，左侧的纵坐标表示频数，右侧纵坐标表示累积频率，横坐标表示影响质量的各个因素或项目，按影响程度大小从左至右排列，直方形的高度示意某个因素的影响大小。实际应用中，通常按累计频率划分为（0～80%）、（80%～90%）、（90%～100%）三部分，与其对应的影响因素分别为 A、B、C 三类。A 类为主要因素，B 类为次要因素，C 类为一般因素。

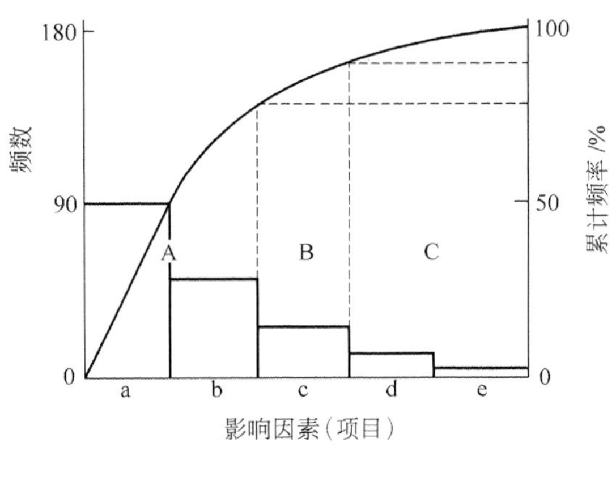

图 4-4　排列图

2）排列图的作法

以下结合实例加以说明。

例 4-2　某工地现浇混凝土，其结构尺寸质量检查结果是：在全部检查的 8 个项目中不合格点（超偏差限值）有 150 个，数据资料见表 4-4。为改进并保证质量，应对这些不合格点进行分析，以便找出混凝土结构尺寸质量的薄弱环节。

表 4-4　合格点统计表

序号	检 查 项 目	不合格点数
1	轴线位置	1
2	垂直度	8
3	标高	4
4	截面尺寸	45
5	电梯井	15
6	表面平整度	75
7	预埋设施中心位置	1
8	预留孔洞中心位置	1

(1) 收集整理数据。首先根据调查的数据资料，统计各项目不合格点的频数。然后对数据资料进行整理，本例中将不合格点较少的轴线位置、预埋设施中心位置、预留孔洞中心位置三项合并为“其他”项；按不合格点的频数由大到小排列各检查项目。最后以全部不合格点为总数，计算各项的频率和累计频率。结果见表 4-5。

表 4-5　不合格点项目频数、频率统计表

序号	项　目	频　数	频率/%	累计频率/%
1	表面平整度	75	50.0	50.0
2	截面尺寸	45	30.0	80.0
3	电梯井	15	10.0	90.0
4	垂直度	8	5.3	95.3
5	标高	4	2.7	98.0
6	其他	3	2.0	100.0
合　计		150	100	

(2) 绘制排列图

① 横坐标。将横坐标按项目数等分,并按项目频数由大到小顺序从左至右排列,本例中横坐标分为6等份。

② 纵坐标。左侧的纵坐标表示项目不合格点数及频数,右侧纵坐标表示累计频率。

③ 频数直方形。以频数为高画出各项目的直方形。

④ 累计频率曲线。从横坐标左端点开始,依次连接各项目直方形右边线及所对应的累计频率直的交点,所得即为累计频率曲线。

图4-5即为本例混凝土结构尺寸不合格点排列图。

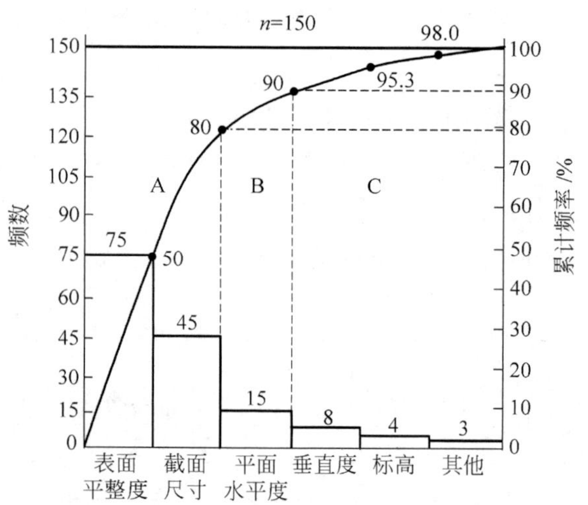

图4-5 混凝土构件尺寸不合格点排列图

3) 排列图的观察与分析

(1) 观察直方形的高度,大致可看出各因素的影响程度。

(2) 排列图的分析主要是利用A、B、C分类法,确定主次因素。本例中,表面平整度和截面尺寸为A类因素;电梯井为B类因素;C类因素包括垂直度、标高和其他项目。

5. 因果分析图法

因果分析图简称因果图,也叫特性因素图,又因其形状而称为鱼刺图或树枝图。它是根据质量存在的主要因素来进一步寻找产生原因的图示方法。在生产过程中,任何一种质量因素的产生,往往都是由许多原因造成的,甚至是多层原因造成的,通常先用排列图找出产生质量问题的主要项目后,接着再用因果分析图来具体分析。

以下结合实例说明因果分析图的作图方法与步骤。

例4-3 绘制混凝土裂缝的因果分析图。

(1) 明确质量问题的结果。本例中为"混凝土裂缝"。

(2) 分析确定影响质量特性大的方面的原因。一般可在人、材料、机械、施工方法、环境等方面考虑。

(3) 将每种大原因进一步分解为中原因、小原因,直至分解的原因可以采取具体措施加以解决为止。

(4) 检查图中所列原因是否齐全,可以对初步分析结果广泛征求意见,并做必要的补充及修改。

(5) 选择出影响大的关键因素,作出标记"○",以便重点采取措施。

图4-6即为本例的混凝土裂缝因果分析图。

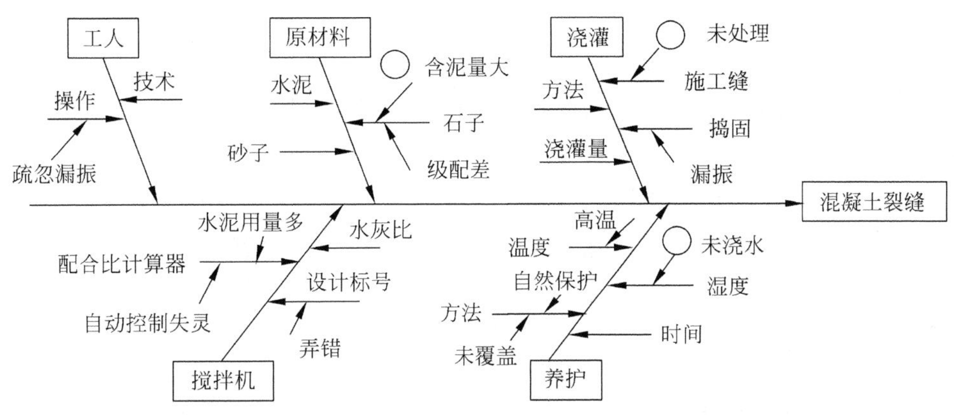

图 4-6　混凝土裂缝因果分析图

6. 直方图法

1) 直方图的用途

作直方图的目的，就是希望通过对抽取的样本进行分析判断，从而判明其代表的总体是否服从某种典型分布(例如正态分布、指数分布、对数正态分布等)，来判断生产过程是否稳定，有无质量问题。除此之外，直方图还可用来估计工序不合格品率的高低，制定质量标准、确定公差范围、评定施工管理水平等。

2) 直方图的绘制

(1) 收集整理数据

用随机抽样的方法抽取数据，一般要求数据在 50 个以上。

例 4-4　某建筑施工工地浇筑 C30 混凝土，为对其抗压强度进行质量分析，共收集了 50 份抗压强度实验报告单，经整理如表 4-6 所示。

表 4-6　C30 混凝土抗压强度　　N/mm^2

序号	抗压强度数据					行中最大值	行中最小值
1	39.8	37.7	33.8	31.5	36.1	39.8	31.5
2	37.2	38.0	33.1	39.0	36.0	39.0	33.1
3	35.8	35.2	31.8	37.1	34.0	37.1	31.8
4	39.9	34.3	33.2	40.4	41.2	41.2	33.2
5	39.2	35.4	34.4	38.1	40.3	40.3	34.4
6	42.3	37.5	35.5	39.3	37.3	42.3	35.5
7	35.9	42.4	41.8	36.3	36.2	42.4	35.9
8	46.2	37.6	38.3	39.7	38.0	46.2	37.6
9	36.4	38.3	43.4	38.2	38.0	42.4	36.4
10	44.4	42.0	37.9	38.4	39.5	44.4	37.9

(2) 计算极差

极差 R 是样本中最大值和最小值之差，本例中

$$x_{max} = 46.2\text{N/mm}^2$$

$$x_{min} = 31.5\text{N/mm}^2$$

$$R = x_{max} - x_{min} = 14.7\text{N/mm}^2$$

(3) 数据分组

① 确定组数 k。组数应根据数据多少来确定。组数过少,会掩盖数据的分布规律;组数过多,会使数据过于零乱分散,也不能显示出质量分布状况。一般可参考表4-7的经验值来确定。

表4-7 直方图数据分组参考值

数据总数 n	50～100	100～250	250以上
分组数 k	6～10	7～12	10～20

本例中取 $k=8$。

② 确定组距 h。组距是组与组之间的间隔,各组距应相等。由于

$$\text{极差} \approx \text{组距} \times \text{组数},\text{即 } R \approx h \times k$$

因而组数、组距的确定应结合极差综合考虑,适当调整,还要注意数值尽量取证,使分组结果能包括全部变量值,同时也便于以后的计算分析。

本例中:$h=R/k=14.7/8=1.8\text{N/mm}^2 \approx 2.0\text{N/mm}^2$

③ 确定组限。每组的最大值为上限,最小值为下限,上、下限同称组限。确定组限时应注意使各组之间连续,即较低组上限应为相邻较高组下限,这样才不致使有的数据被遗漏。对恰恰处于组限值上的数据,其解决办法有二:一是规定每组上(或下)组限不计在该组内,而应计入相邻较高(或较低)组内;二是将组限值较原始数据精度提高半个最小测量单位。

本例采取第一种办法划分组限,即每组上限不计入该组内。

如第一组下限:$x_{min}-\dfrac{h}{2}=31.5\text{N/mm}^2-\dfrac{2.0\text{N/mm}^2}{2}=30.5\text{N/mm}^2$

第一组上限:$30.5\text{N/mm}^2+h=30.5\text{N/mm}^2+2\text{N/mm}^2=32.5\text{N/mm}^2$

第二组下限=第一组上限=32.5N/mm^2

第二组上限:$32.5\text{N/mm}^2+h=32.5\text{N/mm}^2+2\text{N/mm}^2=34.5\text{N/mm}^2$

依此类推,最高组限为44.5N/mm^2～46.5N/mm^2,分组结果覆盖了全部数据。

(4) 编制数据频数统计表

本例频数统计结果见表4-8。

表4-8 频数统计表

组号	组限/(N/mm^2)	频数统计	组号	组限/(N/mm^2)	频数统计
1	30.5～32.5	2	5	38.5～40.5	9
2	32.5～34.5	6	6	40.5～42.5	5
3	34.5～36.5	10	7	42.5～44.5	2
4	36.5～38.5	15	8	44.5～46.5	1

(5) 绘制频数分布直方图

根据表 4-8 画出以组距为底，以频数为高的 k 个直方形，便得到混凝土强度的频数分布直方图。如图 4-7 所示。

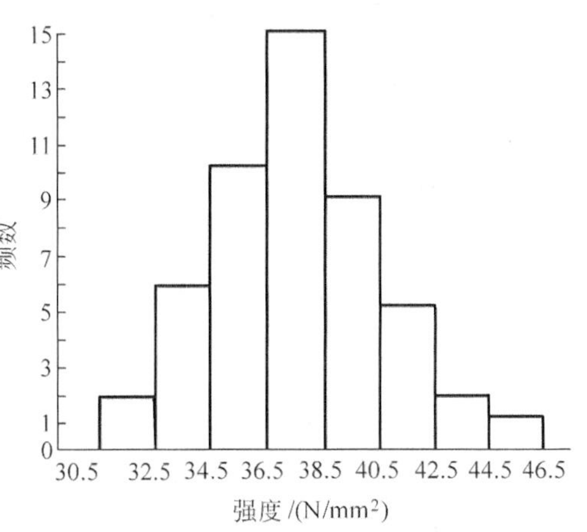

图 4-7　混凝土强度分布直方图

3) 直方图的观察与分析

从表面上看，直方图表现了所取数据的分布，但实质是反映了数据所代表的生产过程的分布，即生产过程的状态。根据这一特点，可以通过观察和分析直方图对生产过程的稳定性加以判断。

(1) 直方图图形分析

① 正常型直方图。左右对称的山峰形状，如图 4-8(a) 所示。图的中部有一峰值，两侧的分布大体对称且越偏离峰值直方形的高度越小，符合正态分布。表明这批数据所代表的工序处于稳定状态。

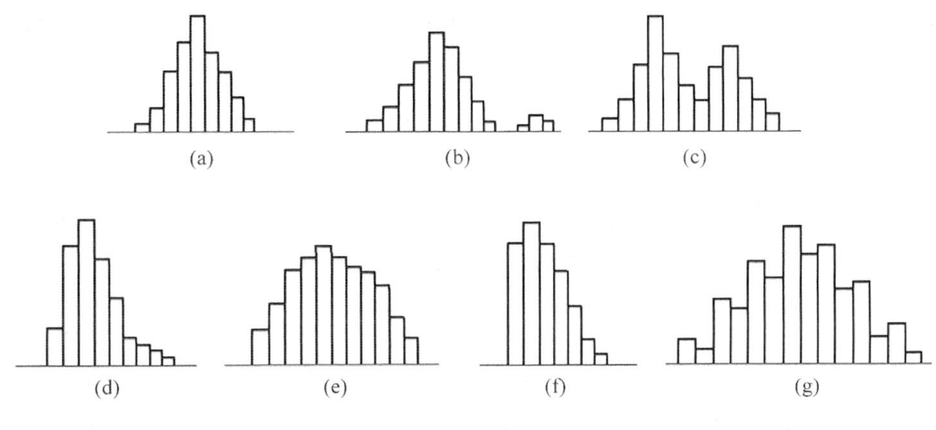

图 4-8　常见直方图形

② 异常型。与正常型分布状态相比，带有某种缺陷的直方图为异常型直方图。表明这批数据所代表的工序处于不稳定状态。常见的有以下几种。

a. 孤岛型：在远离主分布中心的地方出现小的直方，形如孤岛，如图 4-8(b)。孤岛的存在表明生产过程中出现了异常因素。例如，原材料一时发生变化，有人代替操作，短期内工作操作不当。

b. 双峰型：直方图出现两个中心，形成双峰状。这往往是由于把来自两个总体的数据混在一起作图所造成的。如把两个班组的数据混为一批，如图 4-8(c)。

c. 偏向性：直方图的顶峰偏向一侧，故又称偏坡形，它往往是因计数值或计量值只控制一侧界限或剔除了不合格数据造成，如图 4-8(d)。

d. 平顶型：在直方图顶部呈平顶状态。一般是由多个母体数据混在一起造成的，或者在生产过程中有缓慢变化的因素在起作用。如操作者疲劳等。如图 4-8(e)。

e. 陡壁型：直方图的一侧出现陡峭绝壁状态。这是由于人为地剔除一些数据，进行不真实的统计造成的，如图 4-8(f)。

f. 锯齿型：直方图出现参差不齐的形状，即频数不是在相邻区间减少，而是隔区间减少，形成了锯齿状。造成这种现象的原因不是生产上的问题，而主要是绘制直方图时分组过多或测量仪器精度不够而造成的，如图 4-8(g)。

(2) 直方图对照标准分析

观察直方图的形状只能判断生产过程是否稳定正常，并不能判断是否能稳定地生产出合格的产品。而将直方图与公差或标准相比较，即可达到此目的。对比的方法是观察直方图是否都落在规格或公差范围内，是否有相当的余地以及偏离程度如何。几种典型的直方图与公差标准的比较如下。

① 理想型。数据分布范围充分居中，分布在规格上下界限内，且具有一定余地，如图 4-9(a)所示。这种状况表明生产处于正常状态，不会出现不合格品。

② 偏向型。数据分布虽然在标准范围之内，但分布中心偏向一边，说明存在系统偏差，必须采取措施。如图 4-9(b)所示。

③ 无富裕型。数据分布虽然在规格范围之内，但两侧均无余地，稍有波动就会出现超差，产生不合格品。如图 4-9(c)所示。

④ 能力富裕型。数据分布过于集中，分布范围与规格范围相比余量过大，说明控制偏严，质量有富裕，不经济。如图 4-9(d)所示。

⑤ 能力不足型。数据分布范围已超出规格范围，已产生不合格品。如图 4-9(e)所示。

⑥ 陡壁型。数据分布过于偏离规格中心，已造成超差，产生了不合格品，如图 4-9(f)所示。造成这种状况的原因是控制不严，应采取措施使数据中心与规格中心重合。

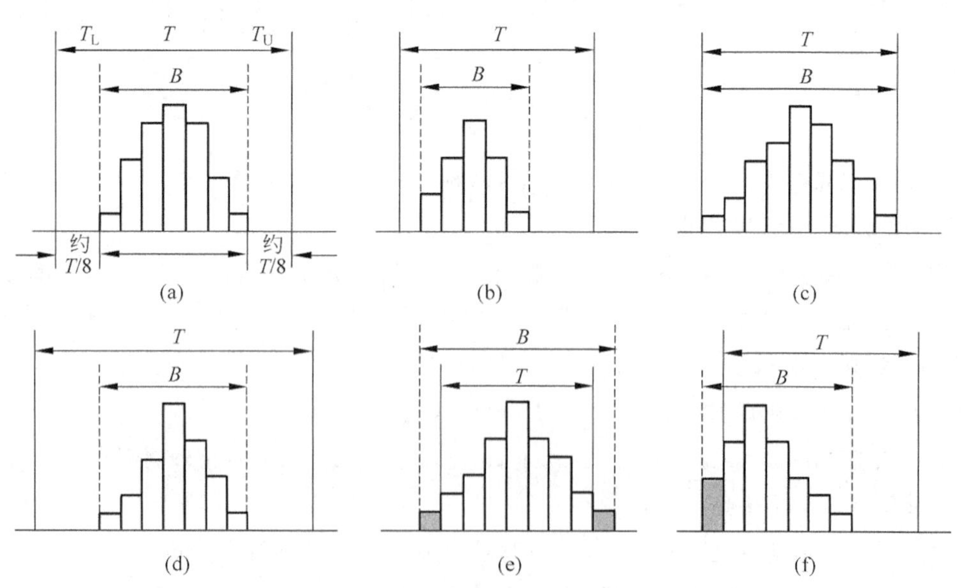

图 4-9 直方图对照标准分析

7. 控制图法

控制图又称管理图。它是在直角坐标系内画有控制界限，描述生产过程中产品质量波动状态的图形。利用控制图区分质量波动原因，判明生产过程是否处于稳定状态的方法称为控制图法。

1）控制图原理

（1）控制图的基本形式

控制图的基本形式如图 4-10 所示。横坐标为样本（子样）序号或抽样时间，纵坐标为被控制对象，即被控制的质量特性值。

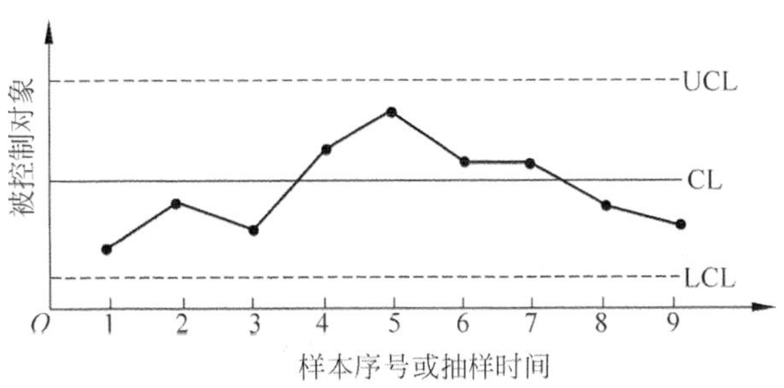

图 4-10　控制图的基本形式

控制图中一般有三条控制线：上控制界限，用 UCL(upper control limit)表示；中心线，用 CL(central line)表示；下控制界限，用 LCL(lower control limit)表示。中心线标志着质量特性值分布的中心位置，上、下控制界限标志着质量特征值允许波动范围。

在生产过程中通过抽样取得数据，把样本质量特征值描在图上来分析判断生产过程状态。如果点子随机地落在上、下控制界限内，则表明生产过程正常，处于稳定状态，不会产生不合格品；如果点子超出控制界限，或点子排列有缺陷（如链、同侧、倾向、周期、接近等），则表明项目实施过程中存在异常因素，必须查明并予以消除。

（2）控制图控制界限的确定

控制界限是判断项目实施过程是否发生异常变化，是否存在异常因素的尺度。控制界限可根据数理统计原理计算得到。目前采用较多的是“三倍标准差法”（“3σ”法），即以质量特征值的平均值作为中心线，以中心线为基准向上、向下各量其标准偏差的三倍，作为上、下控制界限。若设质量特征值均值为 μ，标准差为 σ，则

$$\mathrm{UCL} = \mu + 3\sigma$$

$$\mathrm{CL} = \mu$$

$$\mathrm{LCL} = \mu - 3\sigma$$

采用三倍标准差法是因为控制图是以正态分布为理论依据的。正态分布中，数据落在 $\mu \pm 3\sigma$ 之间的概率为 99.73%，在 $\mu \pm 3\sigma$ 范围之外的数据发生的概率仅为 0.27%，属小概率事件。若只做了几次或几十次实验或观测，数据应在 $\mu \pm 3\sigma$ 之间波动，这是一种正常波动，可判断项目实施过程处于正常状态；反之，则可判断实施过程出现了异常。

（3）控制图的用途

控制图用于施工项目质量控制的基本思路是：为了使项目实施过程处于正常状态，项目实施应实现标准化。只要操作者按标准作业，控制图上的点子越出控制界限或排列有缺陷的可能性就非常小。一旦点子超出控制界限或排列有缺陷，即认为维持正常作业的良好状态和标准作业条件被破坏的可能性极大。因此，就应对工序作仔细观察、调查研究，查清产生异常的原因，采取措施，消除异常因素，使工

序恢复和保持良好的状态,避免大量产生不合格品,真正起到"预防为主"和"控制"的作用。

2) 控制图分类

按控制对象(不同的统计量)的不同,控制图可分为计量值控制图和计数值控制图两大类。而根据质量特性值的不同和组合方式的不同,又可细分为各种类型的控制图,如表4-9所示。

表4-9 控制图分类

控制图类型	单统计量控制图	多统计量控制图
计量值控制图	1. 平均值控制图($\bar{x}$图) 2. 中位数控制图($\tilde{x}$图) 3. 单值控制图(x图) 4. 移动平均值控制图($\bar{x}_k$图) 5. 标准差控制图(S图) 6. 移动标准差控制图(S_k图) 7. 极差控制图(R图) 8. 移动极差控制图(R_S图)	1. 平均值与极差控制图($\bar{x}$-R图) 2. 平均值与标准差控制图($\bar{x}$-S图) 3. 中位数与极差控制图($\tilde{x}$-R图) 4. 单值与移动极差控制图(x-R_S图) 5. 移动均值与移动标准差控制图($\bar{x}_k$-S_k图)
计数值控制图	1. 不合格品数控制图(P_n图) 2. 不合格品率控制图(P图) 3. 缺陷数控制图(C图) 4. 缺陷率控制图(u图)	

无论是计量值控制图还是计数值控制图,按用途的不同又可分为管理用控制图和分析用控制图。

3) 控制图的绘制

控制图的种类虽多,但其基本原理是相同的,现仅以常用的$\bar{x}$-R控制图为例,说明其作图的方法与步骤。

由概率论知识可知,若母体为正态分布,则当子样N足够大时(一般分为10~30组,每组数n=3~5),其平均值$\bar{x}$与极差R仍趋于正态分布。

$\bar{x}$控制图的中心线和上下控制界限为:

$$\mathrm{CL} = \bar{\bar{x}} = \mu$$

$$\mathrm{UCL} = \mu + 3\sigma_{\bar{x}} = \mu + 3\frac{\sigma}{\sqrt{n}} = \mu + \frac{3\bar{R}}{\sqrt{n}d_2} = \mu + A_2\bar{R}$$

$$\mathrm{LCL} = \mu - 3\sigma_{\bar{x}} = \mu - 3\frac{\sigma}{\sqrt{n}} = \mu - \frac{3\bar{R}}{\sqrt{n}d_2} = \mu - A_2\bar{R}$$

R控制图的中心线和上下控制界限为:

$$\mathrm{CL} = \bar{R}$$

$$\mathrm{UCL} = \bar{R} + 3\sigma_{\bar{R}} = \bar{R} + 3d_3\sigma = \bar{R} + 3d_3\frac{\bar{R}}{d_2} = D_4\bar{R}$$

$$\mathrm{LCL} = \bar{R} - 3\sigma_{\bar{R}} = \bar{R} - 3d_3\sigma = \bar{R} - 3d_3\frac{\bar{R}}{d_2} = D_3\bar{R}$$

式中：$\bar{\bar{x}}$ 为分组平均值$\bar{x}$的总平均值；$\sigma_{\bar{x}}$ 为 x 总分布标准差；$\bar{R}$ 为子样分组极差 R 的平均值；σ_R 为 $\bar{R}$ 的分布标准差；d_2、d_3、A_2、D_3、D_4 为随分组子样大小 n 而定的系数，见表 4-10。

表 4-10　控制界限系数表

n	2	3	4	5	6	7	8	9	10
A_2	1.885	1.023	0.729	0.577	0.483	0.419	0.373	0.337	0.308
D_4	3.267	2.575	2.282	2.115	2.004	1.924	1.864	1.816	1.777
D_3	—	—	—	—	—	0.076	0.136	0.184	0.223
d_2	1.13	1.69	2.06	2.33	2.53	2.70	2.25	2.97	3.08
d_3	0.85	0.89	0.88	0.86	0.85	0.83	0.82	0.81	0.80

例 4-5　经测定，混凝土细骨料的粒度数据如表 4-11，试作$\bar{x}$-R 控制图。

表 4-11　测定细骨料粒度数据表

子样顺序	测　定　值			$\sum x$	$\bar{x}$	$\bar{R}$
	x_1	x_2	x_3			
1	2.75	2.87	2.74	8.36	2.787	0.13
2	2.71	2.75	2.88	8.34	2.780	0.17
3	2.83	2.73	2.71	8.27	2.757	0.12
4	2.81	2.89	2.79	8.49	2.830	0.10
5	2.68	2.70	2.77	8.15	2.717	0.09
6	2.71	2.65	2.68	8.04	2.680	0.06
7	2.75	2.73	2.69	8.17	2.723	0.06
8	2.74	2.87	2.72	8.33	2.777	0.15
9	2.82	2.75	2.72	8.29	2.763	0.10
10	2.76	2.63	2.72	8.11	2.730	0.13
11	2.67	2.73	2.75	8.15	2.717	0.08
12	2.73	2.68	2.74	8.15	2.717	0.06
13	2.77	2.73	2.80	8.30	2.767	0.07
14	2.85	2.87	2.87	8.59	2.863	0.02
15	2.71	2.75	2.73	8.19	2.730	0.04
16	2.77	2.83	2.75	8.35	2.783	0.08
17	2.63	2.74	2.68	8.05	2.683	0.11
18	2.69	2.72	2.76	8.17	2.723	0.07
19	2.79	2.85	2.72	8.36	2.787	0.13
20	2.73	2.74	2.67	8.14	2.713	0.07
总计					55.027	1.84
计算平均值	$\bar{\bar{x}}$=55.027/20=2.751 4，$\bar{R}$ =1.84/20=0.092					

作图步骤如下:

(1) 收集数据,并分组($k=20$)

一组数据通常为3~5个即可。

(2) 计算 $\bar{x}$ 及 R

各分组的平均值 $\bar{x}$、极差 R 值和计算总平均值 $\bar{\bar{x}}$ 以及极差的平均值 $\bar{R}$ 见表4-11。

(3) 计算控制界限

由 $n=3$,查表计算得:

$\bar{x}$ 控制图的控制界限为:

$$\mathrm{CL}=\bar{\bar{x}}=2.7514$$

$$\mathrm{UCL}=\bar{\bar{x}}+A_2\bar{R}=2.7514+1.023\times0.092=2.845$$

$$\mathrm{LCL}=\bar{\bar{x}}-A_2\bar{R}=2.7514-1.023\times0.092=2.657$$

R 控制图的控制界限为:

$$\mathrm{CL}=0.092$$

$$\mathrm{UCL}=D_4\bar{R}=2.575\times0.092=0.2369$$

$$\mathrm{LCL}=D_3\bar{R}=0\times0.092=0$$

(4) 绘制 $\bar{x}$-R 控制图

以横坐标为样本序号或取样时间,纵坐标为所要控制的质量特性值,按计算结果绘出中心线和上、下控制界限,并将 $\bar{x}_i$ 和 R_i 描在控制图上。如图4-11所示。

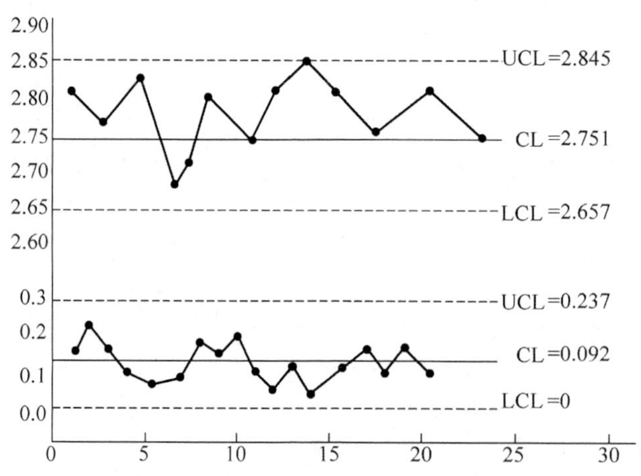

图4-11 细骨料粒度 $\bar{x}$-R 控制图

4) 控制图的观察与分析

绘制控制图的目的是分析判断生产过程是否处于稳定状态。当控制图同时满足两个条件:一是点子几乎全部落在控制界限之内;二是控制界限内的点子排列没有缺陷。我们就可以认为生产过程基本上处于稳定状态。如果点子的分布不满足其中任何一条,都应判断生产过程为异常。

(1) 点子几乎全部落在控制界限内，是指应符合下述三个要求：

① 连续 25 个点以上处于控制界限内。

② 连续 35 个点中仅有 1 个点超出控制界限。

③ 连续 100 个点中不多于 2 个点超出控制界限。

(2) 点子排列没有缺陷，是指点子的排列是随机的，没有出现异常现象。这里的异常现象是指点子排列出现了“链”、“多次同侧”、“趋势或倾向”、“周期性变动”、“接近控制界限”等情况。如图 4-12 所示。

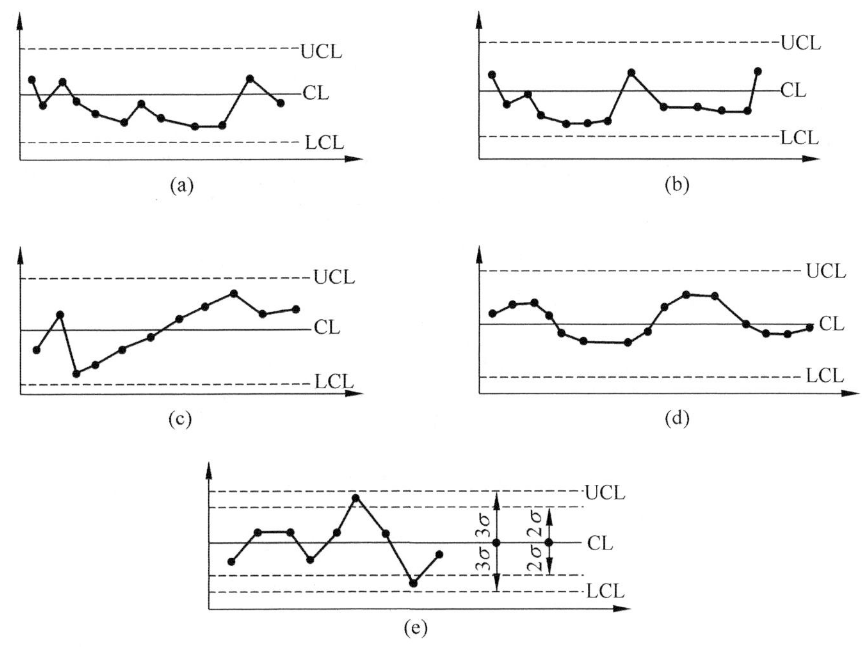

图 4-12　有缺陷的点子排列

① 链。是指点子连续出现在中心线一侧的现象。出现五点链，应注意生产过程发展状况；出现六点链，应开始调查原因；出现七点链，应判定工序异常，需采取处理措施。

② 多次同侧。是指点子在中心线一侧多次出现的现象，或称偏离。下列情况说明生产过程已出现异常：在连续 11 个点中有 10 个点在同侧；连续 14 个点中有 12 个点在同侧；连续 17 个点中有 14 个点在同侧；连续 20 个点中有 16 个点在同侧。

③ 趋势或倾向。是指点子连续上升或下降的现象。连续 7 点或 7 点以上上升或下降排列，就应判定生产过程有异常因素影响，要立即采取措施。

④ 周期性变动。即点子的排列显示周期性变化的现象。这样即使所有点子都在控制界限内，也应认为生产过程异常。

⑤ 点子排列接近控制界限。是指点子落在 $\mu \pm 2\sigma$ 以外和 $\mu \pm 3\sigma$ 以内。下列情况应判定为异常：连续 3 个点中至少有 2 个点接近控制界限；连续 7 个点中至少有 3 个点接近控制界限；连续 10 个点中至少有 4 个点接近控制界限。

8. 相关图法

1) 相关图原理与用途

产品质量特性与影响质量的因素之间,常常有一定的依存关系,但它们之间不是一种严格的函数关系,即不能由一个变量的数值精确地求出另一个变量的数值,这种依存关系称为相关关系。相关图又称散布图,就是用来显示两种质量数据之间关系的一种图形。

我们可以用 Y 和 X 分别表示质量特性值和影响因素,通过绘制散布图,计算相关系数等,分析研究两个变量之间是否存在相关关系,以及这种关系密切程度如何,进而通过对其中一个变量的观察控制,去估计控制另一个变量的数值,以达到保证产品质量的目的。

2) 相关图的观察与分析

在直角坐标系中,一般 X 轴用来代表原因的量或较易控制的量,Y 轴用来代表结果的量或不易控制的量,根据实测数据在相应的坐标位置上描点,便得到相关图。

相关图中点的集合,反映了两种数据之间的散布状况,根据散布状况我们可以分析两个变量之间的关系,归纳起来有以下六种类型,如图 4-13 所示。

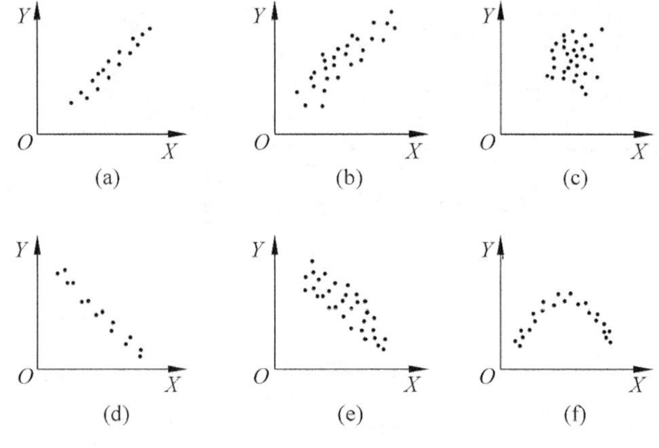

图 4-13 相关图的类型

(1) 正相关(图 4-13(a))。散布点基本形成由左至右向上变化的一条直线带,即随着 X 的增加,Y 值也相应增加,说明 X 与 Y 有较强的制约关系。此时,可通过对 X 的控制而有效控制 Y 的变化。

(2) 弱正相关(图 4-13(b))。散布点形成向上较分散的直线带。随 X 值的增加,Y 值也有增加趋势,但 X、Y 的关系不像正相关那么明确。说明 Y 除受 X 影响外,还受其他更重要的因素影响。需要进一步分析其他的影响因素。

(3) 不相关(图 4-13(c))。散布点形成一团或平行于 X 轴的直线带。说明 X 变化不会引起 Y 的变化或其变化无规律,分析质量原因时可排除 X 因素。

(4) 负相关(图 4-13(d))。散布点形成由左向右向下的一条直线带。说明 X 对 Y 的影响与正相关恰恰相反。

(5) 弱负相关(图 4-13(e))。散布点形成由左至右向下分布的较分散的直线带。说明 X 与 Y 的相关关系较弱,且变化趋势相反,应考虑寻找影响 Y 的其他更重要的因素。

(6) 非线性相关(图 4-13(f))。散布点呈一曲线带,X 与 Y 大致呈一种非线性的关系。

3) 相关系数的计算

除了绘制相关图,观察和分析相关图之外,还必须计算相关系数,以确定两种因素之间关系的密切程度,相关系数计算公式为:

$$\gamma = S(XY) / \sqrt{S(XX)S(YY)}$$

式中

$$S(XX) = \sum (X - \overline{X})^2 = \sum X^2 - (\sum X)^2 / n$$

$$S(YY) = \sum (Y - \overline{Y})^2 = \sum Y^2 - (\sum Y)^2 / n$$

$$S(XY) = \sum (X - \overline{X}) \cdot (Y - \overline{Y}) = \sum XY - (\sum X \sum Y) / n$$

相关系数值可以为正,也可以为负。正值表示正相关,负值表示负相关。γ 的绝对值总是在 0～1 之间,绝对值越大,表示相关关系越密切。

4.2 施工项目质量策划与计划

4.2.1 施工项目质量策划

质量策划是“质量管理的一部分,致力于制定质量目标并规定必要的运行过程和相关资源以实现质量目标。”

施工项目质量策划是围绕施工项目所进行的质量目标策划、运行过程策划、确定相关资源等活动的过程。

1. 质量策划的依据

(1) 项目特点。

(2) 项目质量方针。

(3) 项目范围陈述。

(4) 产品描述。

(5) 标准和规范。

2. 质量目标策划

施工项目的质量目标包括总目标和具体目标。施工项目总目标表达了施工项目拟达到的总体质量水平;施工项目质量的具体目标则包括项目的性能性目标、可靠性目标、安全性目标、经济性目标、时间性目标和环境适应性目标等。不同的施工项目,其质量目标策划的内容和方法也不相同,但考虑的因素是基本相同的,主要有以下几方面。

(1) 项目本身的功能性要求。

(2) 项目的外部条件。

(3) 市场因素。

(4) 质量经济性。

3. 质量运行过程策划

施工项目的质量管理是通过一系列活动、环节和过程而实现的。质量策划应对这些活动、环节、过程加以识别和明确。

1) 质量环

简单地说,质量环就是影响项目质量的各个环节,是从识别需要到评定能否满足这些需要的各个阶段中,影响质量的相互作用的活动的概念模式。不同的项目,其质量管理的运行过程亦有区别,但就运行过程策划而言,至少都应明确以下几点。

施工项目质量环一般是由 8 个阶段所构成,如图 4-14 所示。

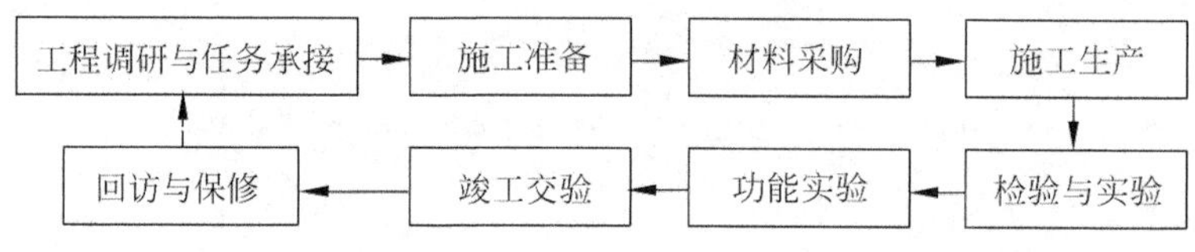

图 4-14 施工项目质量环

2) 质量管理程序

应明确项目不同阶段的质量管理内容和重点,明确质量管理的工作流程等问题。

3) 质量管理措施

包括质量管理技术措施、组织措施等。

4) 质量管理方法

包括项目质量控制方法、质量评价方法等。

4. 质量策划的方法和技术

在质量策划过程中,应采用科学的方法和技术,以确保策划结果的可靠性。常用的质量策划方法和技术有以下几种。

1) 流程图

流程图是将项目全部实施过程,按其内在逻辑关系通过箭线勾画出来,可针对流程中质量的关键环节和薄弱环节进行分析。常用在质量管理中的流程图有系统流程图和原因结果图两种主要类型。

(1) 系统流程图。主要用于说明项目系统各要素之间存在的关系。利用系统流程图可以明确质量管理过程中各项活动、各环节之间的关系。图 4-15 就是一个系统流程图,反映了一个质量评判的系统过程。

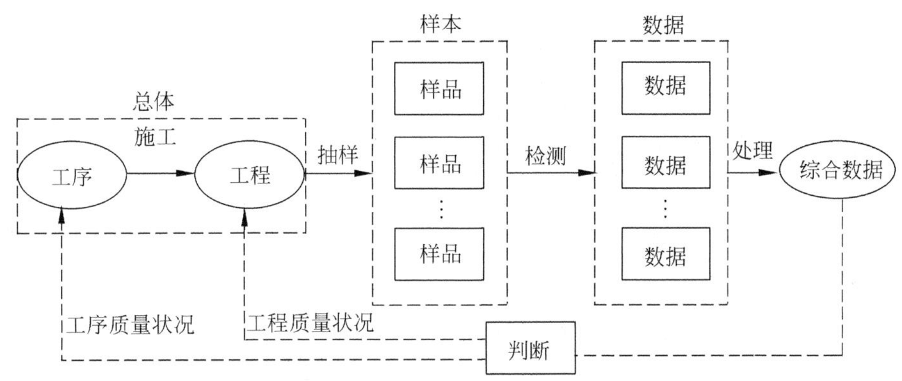

图 4-15　工程项目质量评判流程图

(2) 原因结果图。主要用于分析和说明各种因素和原因如何导致或产生各种潜在的问题和后果，如图 4-16 所示。

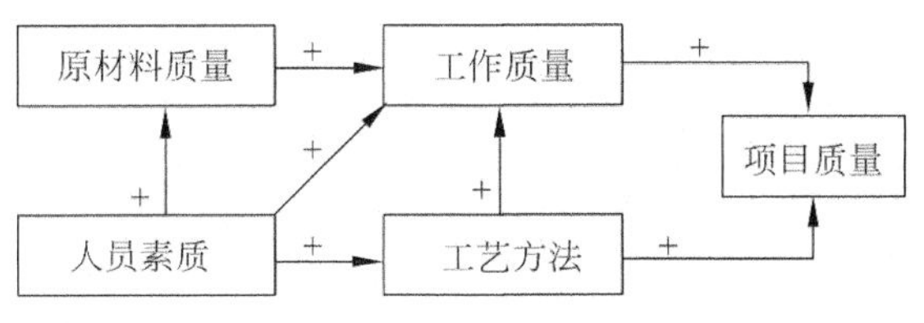

图 4-16　原因结果图

2) 质量成本分析

质量成本是指为保证和提高施工项目质量而支出的一切费用，以及因未达到既定质量水平而造成的一切损失之和。项目质量与其成本密切相关，既相互统一，又相互矛盾。所以，在确定项目质量目标、质量管理流程和所需资源等质量策划过程中，必须进行质量成本分析，以使项目质量与成本达到高度统一和最佳配合。质量成本分析，就是要研究项目质量成本的构成和项目质量与成本之间的关系，进行质量成本的预测与计划。

4.2.2　施工项目质量计划

1. 质量计划的概念

按照 GB/T 19000 质量管理体系标准，质量计划是质量管理体系文件的组成内容。在合同环境下质量计划是企业向顾客表明质量管理方针、目标及其具体实现的方法、手段和措施，体现企业对质量责任的承诺和实施的具体步骤。

施工质量计划的编制主体是施工承包企业。在总承包的情况下，分包企业的施工质量计划是总包施工质量计划的组成部分。总包有责任对分包施工质量计划的编制进行指导和审核，并承担施工质量的连带责任。

在已经建立质量管理体系的情况下，质量计划的内容必须全面体现和落实企业质量管理体系文件的要求(也可引用质量体系文件中的相关条文)，同时结合本工程的特点，在质量计划中编写专项管理要求。

2. 质量计划的编制

1) 质量计划的编制要求

施工项目质量计划的编制应符合下列规定。

(1) 应由项目经理部编制后,报组织管理层批准。

(2) 质量计划应体现从工序、分项工程、分部工程到单位工程的过程控制,且应体现从资源投入到完成工程质量最终检验和实验的全过程控制。

(3) 质量计划应成为对外质量保证和对内质量控制的依据。

2) 质量计划的依据

(1) 合同中有关产品(或过程)的质量要求。

(2) 与产品(或过程)有关的其他要求。

(3) 质量管理体系文件。

(4) 组织针对项目其他要求。

3) 质量计划的内容

施工项目质量计划应包括下列内容。

(1) 编制依据。

(2) 项目概况。

(3) 质量目标和要求。

(4) 质量管理组织和职责。

(5) 质量控制及管理组织协调的系统描述。

(6) 必要的质量控制手段、施工过程、服务、检验和实验程序等。

(7) 确定关键工序和特殊过程及作业的指导书。

(8) 与施工阶段相适应的检验、实验、测量、验证要求。

(9) 记录的要求。

(10) 所采取的措施。

(11) 更改和完善质量计划的程序。

3. 质量计划的实施与验证

1) 质量计划的实施

在施工项目质量计划的实施过程中要注意两点。

(1) 质量计划所涉及的范围是项目的全过程,故对工序、分项工程、分部工程到单位工程全过程的质量控制,必须以质量计划为依据。项目的各级质量管理人员必须按照分工,对影响工程质量的各个环节进行严格的控制,并按规定保存好质量记录、质量审核、用于分析项目质量的图表等。

(2) 一旦发生质量缺陷或事故,按质量事故处理程序,停止有质量缺陷部位和与其有关联的部位及下道工序的施工,尽快进行质量事故的调查,正确判断事故原因,研究制订事故处理方案,实施处理方案，分清质量责任。

2）质量计划的验证

在执行项目质量计划的过程中，要对整个项目质量计划执行情况进行验证。

(1) 由项目技术负责人定期组织质检人员和内审员验证质量计划的实施效果，即将实施结果与质量要求和控制标准进行对照，从而发现质量问题及隐患，并采取项目质量纠偏措施，使项目质量保持在受控状态。项目质量验证方法可分为自检、互检、交接检、预检、隐检等。每次验证应作出记录，并给予保存。

(2) 对重复出现的质量问题，不仅要分析原因、采取措施、给予纠正，而且要追求责任，给予处罚。

4. 质量计划与施工组织设计的区别

GB/T 19000 系列标准中提出的质量计划与现行施工管理中的施工组织设计有相同的地方又存在区别。

(1) 对象相同。都是针对某一特定工程项目而提出的。

(2) 形式相同。二者均为文件形式。

(3) 作用既相同又存在区别。投标时，投标单位向业主提供的施工组织设计或质量计划的作用是相同的，都是对业主作出的工程项目质量的保证。施工期间承包单位编制的详细的施工组织设计仅供内部使用，用于具体指导工程项目的施工，而质量计划的主要作用是向业主作出保证。

(4) 编制原理不同。质量计划的编制是以质量保证模式标准为基础的，对影响工程质量的各环节进行控制；而施工组织设计则是从施工全面管理的要求出发，编制内部全面管理的指导性文件。

(5) 在内容上各有侧重点。质量计划的内容按其功能包括：目的、组织结构和人员培训、采购、工程设计和施工控制、质量控制的手段和方法；现行的施工组织设计是建立在组织结构合理、职责明确、人员素质合格、各种材料与检测能力符合要求的基础上。因此，GB/T 19000 系列标准中的很多因素，如组织结构、人员培训、分承包方的选择、文件管理、合同评审、质量审核、质量记录、统计技术等内容，在现行的施工组织设计中都未涉及。

4.3 施工项目准备阶段及施工阶段的质量控制

4.3.1 施工准备阶段的质量控制

施工准备阶段的质量控制是指项目正式施工活动开始前，对各项准备工作及影响质量的各因素和有关方面进行的质量控制。

1. 技术准备的质量控制

1）技术资料、文件准备的质量控制

(1) 项目所在地建设条件调查

对施工项目所在地自然条件和技术经济条件的调查，是为选择施工技术与组织方案收集基础资料，并以此作为施工准备工作的依据。具体收集的资料应包括：地形与环境条件、地质条件、地震级别、工程水文地质情况，气象条件以及当地水、电、能源供应条件，交通运输条件、材料供应条件等。

(2) 施工组织设计

在施工准备阶段，对施工组织设计主要进行两方面的控制：一是选定施工方案后，制定施工进度时，必须考虑施工顺序、施工流向，主要分部分项工程的施工方法，特殊项目的施工方法和技术措施能否保证工程质量；二是制订施工方案时，必须进行技术经济比较，使工程项目满足符合性、有效性和可靠性要求，取得工期短、成本低、安全生产、效益好的工程质量。

(3) 法律、法规及标准

质量管理方面的法律、法规，规定了工程建设参与各方的质量责任和义务，质量管理体系建立的要求、标准，质量问题处理的要求、质量验收标准等，这些是进行质量控制的重要依据。

(4) 工程测量控制资料

施工现场的原始基准点、基准线、参考标高及施工控制网等数据资料，是施工之前进行质量控制的一项基础工作，这些数据资料是进行工程测量控制的重要内容。

2) 设计交底和图纸审核的质量控制

(1) 设计交底

工程施工前，由设计单位向施工单位有关人员进行设计交底，其主要内容如下。

① 地形、地貌、水文气象、工程地质及水文地质等自然条件。

② 施工图设计依据，初步设计文件，规划、环境等要求，设计规范。

③ 设计意图，设计思想、设计方案比较、基础处理方案、结构设计意图、设备安装和调试要求、施工进度安排等。

④ 施工注意事项，对基础处理的要求，对建筑材料的要求，采用新结构、新工艺的要求，施工组织和技术保证措施等。

交底后，由施工单位提出图纸中的问题和疑点，以及要解决的技术难题。经协商研究，拟定出解决办法。

(2) 图纸审核

图纸审核是设计单位和施工单位进行质量控制的重要手段，也是使施工单位通过审查熟悉设计图纸，了解设计意图和关键部位的工程质量要求，发现和减少设计差错，保证工程质量的重要方法。其主要内容如下。

① 对设计者的资质进行认定。

② 设计是否满足抗震、防火、环境卫生等要求。

③ 图纸与说明是否齐全。

④ 图纸中有无遗漏、差错或相互矛盾之处，图纸表示方法是否清楚并符合标准要求。

⑤ 地质及水文等资料是否充分、可靠。

⑥ 所需材料来源有无保证、能否替代。

⑦ 施工工艺、方法是否合理，是否便于施工，能否保证质量要求。

⑧ 施工图及说明书中涉及的各种标准、图册、规范、规程等是否具备。

2. 采购的质量控制

采购质量控制主要包括对采购产品及其供方的控制，制定采购要求和验证采购产品。另外，工程分包也应符合规定的采购要求。

1）物资采购

采购物资应符合设计文件、标准、规范、相关法规及承包合同要求，如果项目部另有附加的质量要求，也应予以满足。

对于重要物资、大批量物资、新型材料以及对工程最终质量有重要影响的物资，可由企业主管部门对可供选用的供方逐个评价，确定合格供方名单。

2）采购要求

采购要求是采购产品控制的重要内容，其形式可以是合同、订单、技术协议、询价单及采购计划等。其主要内容如下。

(1) 有关产品的质量要求或外包服务要求。

(2) 有关产品提供的程序性要求。

(3) 对供方人员资格的要求。

(4) 对供方质量管理体系的要求。

3）采购产品验证

对采购产品的验证有多种方式，如在供方现场检验、进货检验，查验供方提供的合格证据等。组织应根据不同产品或服务的验证要求规定验证的主管部门及验证方式，并严格执行。

当组织或其顾客拟在供方现场实施验证时，组织应在采购要求中事先作出规定。

4）分包服务

一般通过分包合同对分包服务进行动态控制，评价及选择采购分包方应考虑的原则如下。

(1) 有合法的资质，外地单位经本地主管部门核准。

(2) 与本组织或其他组织合作的业绩、信誉。

(3) 分包方质量管理体系对按要求如期提供质量稳定的产品的保证能力。

(4) 对采购物资的样品、说明书或检验、实验结果进行评定。

3. 质量教育与培训

通过教育培训和其他措施提高员工的能力，增强质量和顾客意识，使员工满足所从事的质量工作对能力的要求。

项目领导班子应着重以下几个方面的培训。

(1) 质量意识教育。

(2) 充分理解和掌握质量方针和目标。

(3) 质量管理体系方面的内容。

(4) 质量保持和持续改进意识。

4. 质量控制点的设置

在项目施工前,应根据施工项目的具体特点和技术要求,结合施工中各环节和部位的重要性、复杂性,准确、合理地选择质量控制点。概括说来,就是选择那些保证质量难度大、对质量影响大或是发生质量问题时危害大的对象作为质量控制点。质量控制点的设置对象主要有以下几个方面。

(1) 关键的分部、分项及隐蔽工程,如框架结构中的钢筋工程,大体积混凝土工程,基础工程中的混凝土浇筑工程等。

(2) 关键的工程部位,如民用建筑的卫生间、关键工程设备的设备基础等。

(3) 施工中的薄弱环节,即经常发生或容易发生质量问题的施工环节,或在施工质量控制过程中无把握的环节,如一些常见的质量通病(渗、漏水问题)。

(4) 关键的作业,如混凝土浇筑中的振捣作业、钻孔灌注桩中的钻孔作业。

(5) 关键作业中的关键质量特性,如混凝土的强度、回填土的含水量、灰缝的饱满度等。

(6) 采用新技术、新工艺、新材料的部位或环节。

表4-12为建筑工程质量控制点设置的一般位置示例。

表4-12 质量控制点的设置位置表

分项工程	质量控制点
工程测量定位	标准轴线桩、水平桩、龙门板、定位轴线、标高
地基、基础	基坑(槽)尺寸、标高、土质、地基承载力,基础垫层标高,基础位置、尺寸、标高,预留洞孔、预埋件的位置、规格、数量,基础标高、杯底弹线
砌体	砌体轴线,皮数杆,砂浆配合比,预留洞孔、预埋件位置、数量,砌块排列
模板	位置、尺寸、标高,预埋件位置,预留洞孔尺寸、位置,模板强度及稳定性,模板内部清理及湿润情况
钢筋混凝土	水泥品种、强度等级,砂石质量,混凝土配合比,外加剂比例,混凝土振捣,钢筋品种、规格、尺寸、搭接长度,钢筋焊接,预留洞、孔及预埋件规格、数量、尺寸、位置,预制构件吊装或出场(脱模)强度,吊装位置、标高、支承长度、焊缝长度
吊装	吊装设备起重能力、吊具、索具、地锚
钢结构	翻样图、放大样
焊接	焊接条件、焊接工艺
装修	视具体情况而定

4.3.2 施工阶段的质量控制

1. 技术交底

按照工程重要程度,单位工程开工前,应由企业或项目技术负责人组织全面的技术交底。工程复杂、工期长的工程可按基础、结构、装修几个阶段分别组织技术交底。各分项工程施工前,应由项目技术负责人向参加该项目施工的所有班组和配合工种进行交底。

交底内容包括图纸交底、施工组织设计交底、分项工程技术交底和安全交底等。通过交底明确对轴线、尺寸、标高、预留孔洞、预埋件、材料规格及配合比等要求，明确工序搭接、工种配合、施工方法、进度等施工安排，明确质量、安全、节约措施。交底的形式除书面、口头外，必要时可采用样板、示范操作等。

2. 测量控制

1）测量控制点复核

对于给定的原始基准点、基准线和参考标高等的测量控制点应做好复核工作，经审核批准后，才能据此进行准确的测量放线。

2）施工测量控制网复测

准确地测定与保护好场地平面控制网和主轴线的桩位，是整个场地内建筑物、构筑物定位的依据，是保证整个施工测量精度和顺利进行施工的基础。因此，在复测施工测量控制网时，应抽检建筑方格网、控制高程的水准网点以及标桩埋设位置等。

3）施工测量复核

常见的施工测量复核有以下几种。

（1）民用建筑的测量复核：建筑物定位测量、基础施工测量、墙体皮数杆检测、楼层轴线检测、楼层间高层传递检测等。

（2）工业建筑测量复核：厂房控制网测量、桩基施工测量、柱模轴线与高程监测、厂房结构安装定位监测、动力设备基础与预埋螺栓检测。

（3）高层建筑测量复核：建筑场地控制测量、基础以上的平面与高程控制、建筑物中垂准检测、建筑物施工过程中沉降变形观测等。

（4）管线工程测量复核：管网或输配电线路定位测量、地下管线施工检测、架空管线施工检测、多管线交汇点高程监测等。

3. 计量控制

计量是施工作业过程的基础工作之一，计量作业效果对施工质量有重大影响。计量工作的质量监控主要包括以下内容。

（1）施工过程中使用的计量仪器，检测设备、称重衡器的质量控制。

（2）从事计量作业人员技术水平资格的审核，尤其是现场从事施工测量的测量工，从事实验、检测的实验工。

（3）现场计量操作的质量控制。

作业者的实际作业质量直接影响到作业效果，计量作业现场的质量控制主要是检查其操作方法是否得当。如对仪器的使用、数据的判读、数据的处理及整理方法、对原始数据的检查等。在抽样检测中，现场检测取点、检测仪器的布置是否正确、合理，检测部位是否有代表性，能否反映真实的质量状况，也是审核的内容。

4. 工序控制

工序亦称"作业",是产品制造过程的基本环节,也是组织生产过程的基本单位。一道工序,是指一个(或一组)工人在一个工作地对一个(或几个)劳动对象(工程、产品、构配件)所完成的一切连续活动的总和。

在施工过程中,测得的工序质量特性数据是有波动的,产生波动的原因有两类。一类是正常因素,如构件允许范围内的尺寸误差、季节气候的变化、机具的正常磨损等,这类因素也称偶然性因素,在目前的技术条件下还不能有效控制,但一般不会造成不合格品。另一类是异常因素,如不遵守工艺标准,违反操作规程,机械、设备发生故障,仪器仪表发生失灵等,这类因素也称系统性因素,容易造成废品或不合格品。异常因素在技术上是可以避免的。

工序质量控制就是去分析和发现影响施工质量的异常因素,并采取相应的技术和管理措施,对这些因素进行有效控制,从而保证工序质量。工序质量控制的实质是对工序因素的控制,特别是对主导因素的控制。

5. 质量检验

1) 检验程序

作业活动结束,应先由施工作业人员按规定进行自检,自检合格后与下一工序的作业人员交接检查,如满足要求则由项目部专职质检员进行检查,以上自检、交检、专检均符合要求后,则由工程师在合同规定的时间内进行检查,确认其质量合格后予以签认验收。

2) 检验方法

对于现场所用原材料、半成品、工序,或工程产品质量进行检验的方法,一般可分为三类,即目测法、实测法及实验法。

(1) 目测法

凭借感官进行检查,也可以叫做观感检验。这类方法主要是根据质量要求,采用看、摸、敲、照等手法进行检查。"看"就是根据质量标准和要求进行外观检查;"摸"就是通过触摸手感进行检查、鉴别;"敲"就是运用敲击方法进行音感检查;"照"就是通过人工光源或反射光照射,仔细检查难以看清的部位。

(2) 实测法

就是利用量测工具或计量仪表,通过实际量测结果与规定的质量标准或规范要求相对照,从而判断质量是否符合要求。实测的手法可归纳为:靠、吊、量、套。所谓"靠",使用直尺检查诸如地面、墙面的平整度等;"吊"是指用托线板线锤检查垂直度;"量"是指用量测工具或计量仪表等检查断面尺寸、轴线、标高、温度、湿度等数值并确定其偏差;"套"是指以方尺套方附以塞尺,检查诸如踏脚线的垂直度、预制构件的方正、门窗口及构件的对角线等。

(3) 实验法

指通过现场实验或实验室实验等理化实验手段,取得数据,分析判断质量情况。包括:

① 理化实验。工程中常用的理化实验包括各种物理力学性能方面的检验和化学成分及含量的测定两个方面。

② 无损测试或检验。指借助专门的仪器、仪表等手段探测结构物或材料、设备内部的组织结构或

损伤状态。

3）检验程度

(1) 全数检验

全数检验也叫普遍检验，主要用于关键工序或隐蔽工程，以及那些在技术规程、质量检验验收标准或设计文件中有明确规定应进行全数检验的对象。

(2) 抽样检验

即从一批材料或产品中，随机抽取少量样品进行检验，根据其检验数据的统计分析结果，判断质量状况。对于主要的建筑材料、半成品或工程产品等，由于数量大通常大多采用抽样检验。

(3) 免检

对于已有足够证据证明质量有保证的一般材料或产品；或实践证明其产品质量长期稳定、质量保证资料齐全者；或是某些施工质量只有通过在施工过程中的严格质量监控，而检验人员很难对产品内在质量再作检验的，均可考虑采取免检。

6. 工程变更

工程项目任何形式上的、质量上的、数量上的变动，都称为工程变更。工程变更可能导致项目工期、成本或质量的改变。因此，必须对工程变更进行严格的管理和控制。

在工程变更控制中，主要应考虑以下几个方面。

(1) 控制那些能够引起工程变更的因素和条件。

(2) 分析和确认各方面提出的工程变更要求的合理性和可行性。

(3) 当工程变更发生时，应对其进行管理和控制。

(4) 分析工程变更引起的风险。

7. 成品保护

在施工过程中，有些分部、分项工程已经完成，而其他一些分部、分项工程尚在施工；或者是在分部、分项工程施工中，某些部位已经完成，而其他部位正在施工。在这种情况下，施工单位必须负责对已完成部分采取妥善措施予以保护，以免造成损伤或污染，影响工程质量。成品保护的一般措施主要有：

(1) 防护

就是针对被保护对象的特点采取提前保护的措施，防止损伤及污染。如，对清水楼梯踏步，可以采取护棱角铁上下连接固定；对于进出口台阶可垫砖或方木，搭脚手板供人通过；对于门口易碰部位，可钉上防护条或槽形盖铁保护；为防止清水墙面污染，可在相应部位提前钉上塑料布或纸板。

(2) 包裹

就是将被保护物包裹起来，防止损伤或污染。如镶面大理石柱可用立板包裹捆扎保护，铝合金门窗可用塑料布包扎保护等。

(3) 覆盖

就是用表面覆盖的办法防止堵塞或损伤。例如，对地漏、落水口、排水管等安装后可以覆盖，以防止异物落入而被堵塞；预制水磨石或大理石楼梯可用木板覆盖加以保护；地面可用锯末、毡布等覆盖，以防止喷浆等污染；其他需要防晒、防冻、保温养护等项目也应采取适当的防护措施。

(4) 封闭

就是采取局部封闭的办法进行保护。如，垃圾道完成后，可将其进口封闭，防止建筑垃圾堵塞通道；房间水泥地面或地面砖完成后，可将该房间局部封闭，防止人们随意进入而损害地面；室内装修完成后，应加锁封闭。

(5) 合理安排施工顺序

主要是通过合理安排不同工作间的施工顺序，以防止后道工序损害或污染已完施工的成品或生产设备。如，采取房间内先喷浆或喷涂而后装灯具的施工顺序可防止喷浆污染、损害灯具；先做顶棚、装修而后做地坪，也可避免污染、损害地坪。

4.4 施工项目质量验收与持续改进

4.4.1 施工项目质量验收

1. 验收标准、规范的改革

国家为了统一工程质量验收标准，对原有的建筑安装工程验收规范进行了修改，将有关房屋工程的施工及验收规范和其工程质量检验评定标准合并，组成了新的工程质量验收规范体系。

为统一房屋工程质量的验收方法、程序和质量指标，对原有的房屋工程施工及验收规范和工程质量检验评定标准提出了"验评分离、强化验收、完善手段、过程控制"十六字的改革设想。

(1) 验评分离、强化验收

将原有验评标准中的质量检验与质量评定的内容分开，将原有施工及验收规范中的施工工艺和质量验收的内容分开。将施工规范中的验收部分与验评标准中的质量检验内容合并起来，形成一个完整的工程质量验收规范，作为强制性标准；原有施工及验收规范中的施工工艺部分，作为企业标准或行业推荐性标准；验评标准中的评定部分，主要是为企业操作工艺水平进行评价，可作为行业推荐性标准，为社会及企业的创优提供依据。图4-17所示为验评分离、强化验收改革的示意图。

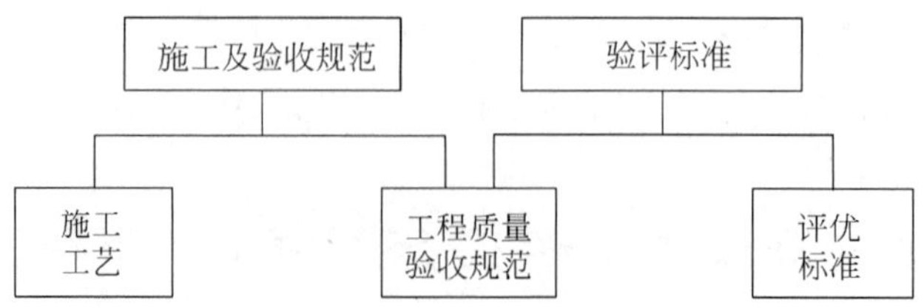

图4-17 验评分离、强化验收改革的示意图

(2) 完善手段

主要指在三个方面的完善：一是完善材料、设备的检测；二是完善施工阶段的施工实验；三是增设竣工工程抽查检验和检测(见证取样)，减少或避免人为因素的干扰和主观评价的影响。

(3) 过程控制

即实施施工项目的全过程控制，强化中间控制和合格控制。

2. 质量验收的划分

建筑工程质量验收应划分为单位(子单位)工程、分部(子分部)工程、分项工程和检验批等几个层次。

1) 单位工程的划分

(1) 具备独立施工条件并能形成独立使用功能的建筑物及构筑物为一个单位工程。如一个学校中的一栋教学楼、某城市的广播电视塔等。

(2) 规模较大的单位工程，可将其能形成独立使用功能的部分划分为一个子单位工程。一般可根据工程的建筑设计分区、使用功能的显著差异、结构缝的设置等实际情况划分子单位工程。

(3) 室外工程可根据专业类别和工程规模划分单位(子单位)工程。

2) 分部工程的划分

(1) 分部工程的划分应按专业性质、建筑部位确定。如建筑工程可划分为地基与基础、主体结构、建筑装饰装修、建筑屋面、建筑给水排水及采暖、建筑电气、智能建筑、通风与空调、电梯九个分部工程。

(2) 当分部工程规模较大或较复杂时，可按材料种类、施工特点、施工程序、专业系统及类别等划分为若干个子分部工程。如智能建筑分部工程中就包含了火灾及报警消防联动系统、安全防范系统、综合布线系统、智能化集成系统、电源与接地、环境、住宅(小区)智能化系统等子分部工程。

3) 分项工程的划分

分项工程应按主要工种、材料、施工工艺、设备类别等进行划分。如混凝土结构工程按主要工种分为模板工程、钢筋工程、混凝土工程等分项工程；按施工工艺又可分为预应力、现浇结构、装配式结构等分项工程。

4) 检验批的划分

分项工程可由一个或若干个检验批组成。所谓检验批是按同一的生产条件或按规定的方式汇总起来供检验用的，由一定数量样本组成的检验体。检验批是施工质量验收的最小单位，是分项工程乃至整个建筑工程质量验收的基础。

检验批可根据施工、质量控制和专业验收需要按楼层、施工段、变形缝等进行划分。

3. 质量验收的要求及内容

1) 检验批质量验收

检验批的质量合格标准为：

(1) 主控项目和一般项目的质量经抽样检验合格。

(2) 具有完整的施工操作依据、质量检查记录。

主控项目是指建筑工程中对安全、卫生、环境保护和公众利益起决定性作用的检验项目。而除主控项目以外的检验项目都称为一般项目。

检验批的合格质量主要取决于对主控项目和一般项目的检验结果。主控项目对检验批的基本质量有决定性影响,不允许有不符合要求的检验结果,即这种项目的检查具有否决权,因此必须全部符合有关专业工程验收规范的要求。而一般项目则可按专业规范的要求处理。

质量控制资料反映了检验批从原材料到最终验收的各施工过程的操作依据、检查情况以及质量保证所必需的管理制度等。对其完整性的检查,实际是对过程控制的确认,这是检验批合格的前提。

2) 分项工程质量验收

分项工程的验收在检验批的基础上进行,其合格标准为:

(1) 分项工程所含的检验批均应符合合格质量的规定。

(2) 分项工程所含的检验批的质量记录应完整。

3) 分部(子分部)工程质量验收

分部工程的验收在其所含各分项工程验收的基础上进行,其合格标准为:

(1) 分部(子分部)工程所含分项工程的质量均应验收合格。

(2) 质量控制资料应完整。

(3) 地基与基础、主体结构和设备安装等分部工程有关安全及功能的检验和抽样检测结果应符合有关规定。

(4) 观感质量验收应符合要求。

4) 单位(子单位)工程质量验收

单位工程质量验收也称质量竣工验收,是建筑工程投入使用前的最后一次验收,也是最重要的一次验收。验收合格的条件有五个:

(1) 单位(子单位)工程所含分部(子分部)工程的质量应验收合格。

(2) 质量控制资料应完整。

(3) 单位(子单位)工程所含分部工程有关安全和功能的检验资料应完整。

(4) 主要功能项目的抽查结果应符合相关专业质量验收规范的规定。

(5) 观感质量验收应符合要求。

5) 施工质量不符合要求时的处理

(1) 经返工重做或更换器具、设备的检验批,应重新进行验收。

这种情况是指主控项目不能满足验收规范规定或一般项目超过偏差限制的子项不符合检验规定的要求时,应及时处理的检验批。其中,严重的缺陷应推倒重来;一般的缺陷通过返修或更换器具、设备予以解决,在重新验收后如能符合相应的专业工程质量验收规范,则应认为该检验批合格。

(2) 经有资质的检测单位鉴定达到设计要求的检验批,应予以验收。

这种情况是指个别检验批发现如试块强度等不满足要求,难以确定是否验收时,应请具有资质的法定检测单位检测。当鉴定结果能够达到设计要求时，该检验批应允许通过验收。

(3) 经有资质的检测单位鉴定达不到设计要求、但经原设计单位核算认可，能够满足安全和使用功能的检验批，可予以验收。

一般情况下，规范标准给出了满足安全和功能的最低限度要求，而设计往往在此基础上留有一定余量。不满足设计要求和符合相应规范标准的要求，两者并不矛盾。

(4) 经返修或加固的分项、分部工程，虽然改变外形尺寸但仍能满足安全使用要求，可按技术处理方案和协商文件进行验收。

这种情况是指可能影响结构的安全性和使用功能的更为严重的缺陷、更大范围内的缺陷，经过加固处理后能够满足安全使用的基本要求，但会造成一些永久性的缺陷，如改变结构的外形尺寸、影响一些次要的使用功能等。为了避免社会财富更大的损失，在不影响安全和主要使用功能的条件下，可按处理技术方案和协商文件进行验收。

(5) 经过返修或加固仍不能满足安全使用要求的分部工程、单位(子单位)工程，严禁验收。

4. 质量验收程序和组织

1) 检验批及分项工程

检验批及分项工程应由监理工程师(或建设单位项目技术负责人)组织施工单位专业质量检验员、专业技术负责人等进行验收。验收前，施工单位先填好"检验批和分项工程质量验收记录"，并由项目专业质量检验员和项目专业技术负责人分别在检验批和分项工程质量检验记录中相关栏目签字，然后由监理工程师组织，严格按规定程序进行验收。

2) 分部工程

分部工程由总监理工程师或建设单位项目负责人组织施工单位项目负责人和技术、质量负责人等进行验收；地基与基础、主体结构分部工程的勘察、设计单位工程项目负责人和施工单位技术、质量部门负责人也应参加相关分部工程的验收。

3) 单位工程

(1) 单位工程完成后，施工单位首先要依据质量标准、设计图纸等组织有关人员进行自检，并对检查结果进行评定，符合要求后向建设单位提交工程验收报告和完整的质量资料，请建设单位组织验收。

(2) 建设单位收到工程验收报告后，应由建设单位(项目)负责人组织施工(含分包单位)、设计、监理等单位(项目)负责人进行单位(子单位)工程验收。

(3) 单位工程有分包单位施工时，分包单位对所承包的工程项目应按标准规定的程序检查评定，总包单位应派人参加。分包工程完成后，应将工程有关资料交总包单位。

(4) 当参加验收各方对工程质量验收意见不一致时，可请当地建设行政主管部门或工程质量监督机构协调处理，也可以是各方认可的咨询单位。

(5) 单位工程质量验收合格后，建设单位应在规定时间内将工程竣工验收报告和有关文件，报建设行政管理部门备案。

4.4.2 施工项目质量持续改进

1. 持续改进

GB/T 19001—2000中“持续改进”的含义是:“组织应利用质量方针、质量目标、审核结果、数据分析、纠正和预防措施以及管理评审,持续改进质量管理体系的有效性。”

持续改进的目的是不断提高质量管理体系的有效性,以不断增强顾客满意;改进的重点是改善产品的特殊性和提高质量管理体系过程的有效性;改进的途径可以是日常渐进的改进活动,也可以是突破性的改进项目。

持续改进的范围包括质量体系、过程和产品三个方面,改进的内容涉及产品质量、日常的工作和企业长远的目标,不仅不合格现象必须纠正、改进,目前合格但不符合发展需要的也要不断改进。

施工项目经理部应分析和评价项目管理现状,识别质量持续改进区域,确定改进目标,实施选定的解决办法。施工项目质量持续改进应坚持全面质量管理的方法,同时还可以运用其他先进的管理办法、专业技术和数理统计方法。

2. 不合格控制

“不合格”即“未满足要求”。控制不合格正是为了质量持续改进。施工项目经理部对不合格控制应符合下列规定。

(1) 应按企业的不合格控制程序,控制不合格物资进入项目施工现场,严禁不合格工序未经处置而转入下道工序。

(2) 对验证中发现的不合格产品和过程,应按规定进行鉴别、记录、评价、隔离和处置。

(3) 应进行不合格评审。

(4) 不合格处置应根据不合格严重程度,按返工、返修或让步接收、降级使用、拒收或报废四种情况进行处理。构成等级质量事故的不合格,应按国家法律、行政法规进行处置。

(5) 对返修或返工后的产品,应按规定重新进行检验和实验,并应保存记录。

(6) 进行不合格让步接收时,项目经理部应向发包人提出书面让步申请,记录不合格程度和返修的情况,双方签字确认让步接收协议和接收标准。

(7) 对影响建筑主体结构安全和使用功能的不合格,应邀请发包人代表或监理工程师、设计人,共同确定处理方案,报建设主管部门批准。

(8) 检验人员必须按规定保存不合格控制的记录。

3. 纠正措施

纠正措施是为消除已发现的不合格或其他不期望情况的原因所采取的措施。纠正措施的实施有助于持续改进,因为它可以防止再发生。纠正措施应符合下列规定。

(1) 对发包人或监理工程师、设计人、质量监督部门提出的质量问题,应分析原因,制定纠正措施。

(2) 对已发生或潜在的不合格信息,应分析并记录结果。

(3) 对检查发现的工程质量问题或不合格报告提及的问题，应由项目技术负责人组织有关人员判定不合格程度，制定纠正措施。

(4) 对严重不合格或重大质量事故，必须实施纠正措施。

(5) 实施纠正措施的结果应由项目技术负责人验证并记录；对严重不合格或等级质量事故的纠正措施和实施效果应验证，并报企业管理层。

(6) 项目经理部或责任单位应定期评价纠正措施的有效性。

4. 预防措施

预防措施是为消除潜在不合格或其他潜在不期望情况的原因所采取的措施。一个潜在的不合格可以有若干个原因，采取预防措施是为了防止发生。预防措施应符合下列规定。

(1) 项目经理部应定期召开质量分析会，对影响工程质量潜在原因，采取预防措施。

(2) 对可能出现的不合格，应制定防止再发生的措施并组织实施。

(3) 对质量通病应采取预防措施。

(4) 对潜在的严重不合格，应实施预防措施控制程序。

(5) 项目经理部应定期评价预防措施的有效性。

5. 检查、验证

检查、验证是质量目标控制的重要过程，是 PDCA 循环的“A”。项目经理部应对项目质量计划的执行情况进行检查、内部审核和考核评价，验证实施效果。项目经理应依据考核中出现的问题、缺陷或不合格，召开有关专业人员参加的质量分析会，并制定整改措施。

思　考　题

1. 什么是质量？其含义包括哪些方面？

2. 施工项目质量控制的特点包括哪些？施工项目质量控制用什么方法？

3. GB/T 19000—2000 族标准的质量管理原则是什么？

4. 质量管理体系认证有何特征？

5. 影响施工项目质量的因素有哪些？怎样控制？

6. 简述质量控制七种统计分析方法的用途各有哪些？

7. 施工现场制作混凝土预制构件，在检查的项目中发现不合格点 138 个，如表 4-13 所示。试利用排列图法确定影响混凝土预制构件质量的主要因素、次要因素和一般因素。

表 4-13　不合格点数据表

不合格项目	不合格构件
表面有麻面	30
局部有露筋	15
振捣不密实	10
养护不良早期脱水	5
构件强度不足	78
合计	138

8. 简述因果分析图的绘图步骤。

9. 某工地浇筑 C20 混凝土时，先后共抽样取得了 60 个混凝土抗压强度数据报告单(每个数据是三个试块抗压强度平均值)，整理如表4-14所示。试绘制混凝土强度频数分布直方图,并分析其分布状态。

表4-14 混凝土抗压强度数据表

序号	试块抗压强度数据/MPa					
1	21.2	21.5	16.5	17.3	18.2	22.1
2	20.2	20.9	19.8	21.3	21.7	20.2
3	19.6	19.5	22.3	23.5	16.2	19.7
4	14.0	18.6	27.2	29.0	23.4	21.7
5	19.6	27.3	23.8	24.2	16.2	20.5
6	18.0	24.1	23.8	23.4	15.2	25.9
7	21.2	19.8	21.6	22.0	27.0	27.7
8	23.4	26.7	22.4	24.3	24.9	21.3
9	25.4	22.8	20.9	27.2	25.2	17.9
10	21.7	19.1	17.9	15.5	17.6	15.3

10. 控制图的原理是什么?控制界限如何确定?如何利用控制图判断生产过程是否正常?
11. 施工项目质量环由哪些阶段构成?
12. 在施工项目质量计划的实施过程中要注意什么?
13. 施工准备阶段的质量控制包括哪些内容?
14. 什么是质量控制点?质量控制点的设置对象主要在哪些方面?
15. 如何做好施工测量、计量的质量控制?
16. 施工现场质量检验的方法有哪几类?其主要内容包括哪些方面?
17. 施工过程中成品保护的措施一般有哪些?
18. 质量验收是如何进行划分的?验收合格的标准是什么?
19. 当施工项目质量不符合要求时,应怎样处理?
20. 什么是持续改进?

第5章

施工项目成本控制

本章提要 本章首先介绍了施工项目成本、成本管理的概念以及施工项目成本管理的主要内容。然后介绍了工程造价的定额计价和工程量清单计价方法，着重介绍了工程量清单的编制方法和工程量清单报价。最后介绍了施工项目成本计划的编制、成本控制的方法、成本分析、成本核算以及成本考核的相关内容。通过本章的学习，要求学生能够熟悉工程造价的计价方法，掌握施工项目成本管理的主要内容。

5.1 概 述

5.1.1 施工项目成本的基本概念

1. 施工项目成本的概念

施工项目成本是指建筑企业在以施工项目作为成本核算对象的施工过程中所消耗的生产资料转移价值和劳动者的必要劳动所创造的价值之和的货币表现形式。即某施工项目在施工中所发生的全部生产费用的总和，包括消耗的主、辅材料，构配件，周转材料的摊销费或租赁费，施工机械的台班费或租赁费，支付给生产工人的工资、奖金以及项目经理部一级为组织和管理工程施工所发生的全部费用支出。施工项目成本不包括劳动者为社会所创造的价值(如税金和利润)，也不包括不构成施工项目价值的一切非生产性支出。

施工项目成本是建筑业企业的产品成本，亦称工程成本，一般以施工项目的单位工程作为成本核算对象，通过各单位工程成本核算的综合来反映施工项目成本。

2. 施工项目成本的表现形式

1) 按照成本发生的时间及管理要求划分

施工项目成本按照成本发生的时间及管理要求可分为承包成本、计划成本和实际成本三种形式。

(1) 承包成本(预算成本)。施工项目承包成本又称预算成本，是建筑业企业在投标前根据本企业的实际情况所确定的成本,它是反映企业竞争力水平的成本。承包成本是确定工程造价、投标报价的重要基础,同时也是编制计划成本和评价实际成本的主要依据之一。

(2) 计划成本。施工项目计划成本是指施工项目经理部根据计划期的有关资料(如工程的具体条件和企业为实施该项目的各项技术组织措施),在实际成本发生前预先计算的成本;亦即建筑业企业和项目经理都考虑降低成本措施后所确定的成本计划数。它反映了企业在计划期内应当达到的成本水平;它对于加强企业和项目经理部的经济核算,建立和健全施工项目成本管理责任制,控制施工过程中生产耗费,降低施工项目成本具有十分重要的作用。

(3) 实际成本。实际成本是施工项目在报告期内实际发生的各项生产费用的总和。把实际成本与计划成本比较,可揭示成本的节约与超支,考核企业施工技术水平及技术组织措施的贯彻执行情况和企业的经营效果。把实际成本与承包成本比较,可以反映工程盈亏情况。因此,计划成本和实际成本都是反映施工企业成本水平的,它受企业本身的生产技术、施工条件及生产经营管理水平所制约。

2) 按生产费用计入成本的方法来划分

按生产费用计入成本的方法,施工项目的成本可划分为直接成本和间接成本两种形式。

(1) 直接成本。直接成本是指施工过程中直接耗费的构成工程实体或有助于工程实体形成的各项支出,包括人工费、材料费、施工机械使用费和措施费等。

(2) 间接成本。间接成本是指项目经理部为施工准备、组织和管理施工生产所发生的全部间接费支出。对于建筑业企业所发生的企业管理费和财务费用等,则应按规定计入当期损益,亦即计为期间费用,不得计入施工项目成本。

3) 按生产费用与工程量关系划分

按生产费用与工程量关系划分可将施工项目成本划分为固定成本和变动成本两种形式。

(1) 固定成本。固定成本是指在一定期间和一定的工程量范围内,其发生的成本额不受工程量增减变动的影响而相对固定的成本。如折旧费、大修理费、管理人员工资、办公费、照明费等。

(2) 变动成本。变动成本是指成本发生额随着工程量的增减变动而成正比例变动的费用,如直接用于工程的材料费、实行计件工资制的人工费等。

5.1.2 施工项目成本管理的基本概念

成本管理是指为实现项目成本控制目标所进行的预测、计划、控制、核算、分析和考核等活动。根据项目范围的不同和项目建设模式的不同,项目成本管理的目标和内容也不相同。广义项目成本管理包括:

(1) 业主对建设工程项目的成本管理。

(2) 业主委托专业咨询单位对建设工程项目的成本管理。

(3) 承包商对施工项目成本管理。狭义的成本管理仅指承包商的成本控制。

5.1.3 施工项目成本管理的内容

施工项目成本管理是建筑业企业和项目经理部为降低施工项目成本而进行的各项管理工作的总称。包括对施工项目成本进行预测、计划、实施、核算、分析、考核,以及整理成本资料与编制成本报告等工作。

施工项目成本管理主要包含以下四方面内容。

1. 施工项目成本预测

施工项目成本预测是指通过成本信息和施工项目的具体情况，运用专门的方法对未来的成本水平及其可能发展趋势作出科学的估计。其实质就是在施工以前对施工项目进行成本估算，为成本控制决策和编制成本计划提供依据。

2. 施工项目成本计划

施工项目成本计划是以货币形式编制施工项目在计划期内的生产费用、成本水平、成本降低率，以及为降低成本所采取的主要措施和规划的书面方案。它是建立施工项目成本管理责任制、开展成本控制和核算的基础。一般来说，成本计划是施工项目降低成本的指导性文件，是设立目标成本的依据，因此，可以说，成本计划是目标成本的一种表现形式。

3. 施工项目成本控制

施工项目成本控制是指施工项目在施工过程中，对影响施工项目成本的各种因素加强管理，并采取各种有效措施，将施工中实际发生的各种消耗和支出严格控制在成本计划范围内，随时检查并及时反馈，严格审查各项费用的开支是否合理，消除施工中的损失浪费现象，并发现和总结先进经验。通过成本实施过程的控制，使之最终实现甚至超过预期的成本节约目标。

4. 施工项目成本核算

施工项目成本核算是指利用会计核算的方法对施工项目施工过程中所发生的各种消耗进行记录、分类，并采用适当的成本计算方法，计算出各个成本核算对象的总成本和单位成本的过程。它包括两个基本环节：一是按照规定的成本开支范围对施工费用进行归集，计算出施工项目成本的实际发生额；二是根据成本核算对象，采用适当的方法，计算出该施工项目的总成本和单位成本。

5. 施工项目成本分析

施工项目成本分析是指在施工项目成本形成的过程中，对施工项目成本进行的对比评价和剖析总结工作。它主要利用施工项目的成本核算资料，与目标成本(计划成本)、承包成本以及施工项目的实际成本等进行比较，了解成本的变动情况，并通过成本分析，深入揭示成本变动规律，寻求降低施工项目成本的途径，以便有效地进行成本控制。

6. 施工项目成本考核

施工项目成本考核是指在施工项目完成后，对施工项目成本管理中的各责任者，按施工项目成本目标责任制的有关规定，将成本实际指标与计划、预算指标等进行对比和考核，评定施工项目成本计划的完成情况和各责任者的业绩，并据此给予相应的奖励和处罚。

7. 整理成本资料与编制成本报告

施工项目成本控制的每一个环节结束后,项目经理部都应及时地整理成本资料,编制施工项目成本控制的中间成本报告和最终成本报告并存档备案,为以后同类项目施工的成本控制提供第一手的原始参考资料。

5.1.4 施工项目成本管理的程序

项目成本管理从工程投标报价开始,直至项目竣工结算完成为止,贯穿于项目实施的全过程。根据《建设工程项目管理规范》(GB/T 50326—2006)的规定:施工项目成本控制应按照以下的程序进行:

(1) 掌握生产要素的市场价格和变动状态。

(2) 确定项目合同价。

(3) 编制成本计划,确定成本实施目标。

(4) 进行成本动态控制,实现成本实施目标。

(5) 进行项目成本核算和工程价款结算,及时收回工程款。

(6) 进行项目成本分析。

(7) 进行项目成本考核,编制成本报告。

5.1.5 施工项目成本管理的原则

1. 成本较低化原则

施工项目成本控制的根本目的,在于通过运用成本控制的各种手段,不断降低施工项目成本,以达到可能实现最低目标成本的要求。但是,在实行成本较低化原则时,应注意研究降低成本的可能性和合理的成本最低化,一方面要挖掘各种降低成本的潜力,使可能性变为现实;另一方面要从实际出发,制定通过主观努力可能达到的合理的最低成本水平的措施方案,并据此进行分析、考核评比。

2. 全面成本控制原则

全面成本控制是指对施工项目成本进行全过程、全员和全方位的控制;全过程成本控制是指施工项目从设计开始直至竣工验收交付使用到报废为止的整个过程中,都要有成本控制的理念;全员成本控制是指参与工程建设的每个人都要关心成本的节超情况;全方位成本控制是指涉及成本发生的各部门、单位、班组都有成本控制的责任。

3. 成本责任制原则

为了实行全面成本控制,必须对施工项目成本进行层层分解,以分级、分工到人的成本责任制作保证。施工项目经理部应对企业下达的成本指标负责,班组和个人对项目经理部的成本目标负责,以做到层层保证,定期考核评定。成本责任制的关键是划清责任、权利和利益,并与奖罚制度挂钩,使各部门、各作业队和个人都来关心施工项目成本的实施情况。在成本责任制中,责任是核心,权利是保证,利益是动力。

4. 成本控制有效化原则

所谓成本控制的有效化，主要有两层含义，一是促使施工项目经理部以最少的投入，获得最大的产出；二是以最少的人力和财力，完成较多的管理工作，提高工作效率。

提高成本控制有效性，可以采用以下三种办法：一是采取行政方法，通过行政隶属关系，下达强制性指标并制定实施措施，定期检查监督；二是采用经济方法，通过利用经济杠杆、经济手段如成本控制责任制等来进行管理；三是用法制方法，根据国家有关成本管理的政策方针和规定，制定具体的规章制度，使人人照章办事，用法律手段进行成本控制。

5. 成本控制科学化原则

施工项目成本控制是建筑业企业管理和施工项目管理系统中一个非常重要的子系统，成本控制科学化的原则是指在进行成本控制时要把有关自然科学和社会科学中的理论、技术和方法运用于成本控制的实践中去。例如，在施工项目成本控制中，可以运用预测与决策方法、目标管理方法、不确定性分析方法和价值工程等技术。

5.2 工程造价计价方法

5.2.1 建筑安装工程费用项目及其组成

1. 建筑安装工程费用的有关概念

建筑安装工程费用是指建设单位支付给从事建筑安装工程的施工单位的全部生产费用，包括用于建筑物的建造及有关的准备、清理等工程的投资，用于需要安装设备的安置、装配工作的费用。它是以货币形式表现的建筑安装工程的价值，具体可分为建筑工程费用、安装工程费用。

1）建筑工程费用

建筑工程费用是指建设项目设计范围内的建设场地平整、竖向布置土石方工程费；各类房屋建筑及其附属的室内供水、供热、卫生、电气、燃气、通风空调、弱电等设备及管线安装工程费；各类设备基础、地沟、水池、冷却塔、烟囱烟道、水塔、管架、挡土墙、厂区道路、绿化等工程费；铁路专用线、厂外道路、码头等工程费。

2）安装工程费用

安装工程费用是指主要生产、辅助生产、公用等单项工程中需要安装的工艺、电气、自动控制、运输、供热、制冷等设备、装置安装工程费；各种工艺、管道安装及衬里、防腐、保温等工程费；供电、通信、自动控制等管线缆的安装工程费。

3）建筑安装工程费用

建筑安装工程费用是建筑工程费用与安装工程费用的合计。如上所述，它包括用于建筑物的建造及有关准备、清理等工程的费用,用于需要安装设备的安置、装配工程的费用等,其特点是必须通过兴工动料、追加活劳动才能实现。

2. 建筑安装工程费用的构成

建筑安装工程费由直接费、间接费、利润和税金组成。

1) 直接费

直接费由直接工程费和措施费组成。

(1) 直接工程费。直接工程费是指施工过程中耗费的构成工程实体的各项费用,包括人工费、材料费、施工机械使用费。

① 人工费。人工费是指直接从事建筑安装工程施工的生产工人开支的各项费用,费用内容包括基本工资、工资性补贴、生产工人辅助工资、职工福利费、生产工人劳动保护费。

② 材料费。材料费是指施工过程中耗费的构成工程实体的原材料、辅助材料、构配件、零件、半成品的费用,费用内容包括材料原价(或供应价格)、材料运杂费、运输损耗费、采购及保管费、检验实验费。

③ 施工机械使用费。施工机械使用费是指施工机械作业所发生的机械使用费以及机械安拆费和场外运费。施工机械台班单价包括折旧费、大修理费、经常修理费、安拆费及场外运费、人工费、燃料动力费、养路费及车船使用税。

(2) 措施费。措施费是指为完成工程项目施工,发生于该工程施工前和施工过程中非工程实体项目的费用。通用项目费用内容包括:环境保护费,文明施工费,安全施工费,临时设施费,夜间施工费,二次搬运费,大型机械设备进出场及安拆费,混凝土、钢筋混凝土模板及支架费,脚手架费,已完工程及设备保护费,施工排水、降水费11项费用。

2) 间接费

间接费由规费、企业管理费构成。

(1) 规费。规费指政府和有关权力部门规定必须缴纳的费用(简称规费)。费用内容包括:工程排污费、工程定额测定费、社会保障费(养老保险费、失业保险费和医疗保险费)、住房公积金、危险作业意外伤害保险。

(2) 企业管理费。企业管理费是指建筑安装企业组织施工生产和经营管理所需费用。费用内容包括:管理人员工资、办公费、差旅交通费、固定资产使用费、工具用具使用费、劳动保险费、工会经费、职工教育经费、财产保险费、财务费、税金和其他费用。

3) 利润

利润是指施工企业完成所承包工程获得的盈利。

4) 税金

税金是指国家税法规定的应计入建筑安装工程造价内的营业税、城市维护建设税及教育费附加等。

5.2.2　传统的定额计价方法

1. 工程建设定额的体系

工程建设定额是一个综合概念，是工程建设管理中所使用的各类定额的总称。按照不同的原则和方法对工程建设定额进行分类，可以对其有一个全面的了解。

1）按定额反映的生产要素消耗内容分类

工程建设定额可分为劳动消耗定额、机械消耗定额和材料消耗定额三种形式。

（1）劳动消耗定额。简称劳动定额，指完成一定数量合格产品（工程实体或劳务）规定活劳动消耗的数量标准。劳动定额有时间定额和产量定额两种表现形式。时间定额也称人工定额，是指在一定的施工技术和组织条件下，某工种、某种技术等级的工人班组或个人完成单位合格产品所必须消耗的工作时间。时间定额以劳动力的工作时间"工日"为计量单位来反映活劳动的消耗，如工日/m、工日/m^2、工日/m^3 等。产量定额以生产工人在单位时间里所必须完成的工程建设产品的数量来反映劳动力的消耗，如 m/工日、m^2/工日、m^3/工日等。时间定额与产量定额互为倒数。为便于综合和核算，劳动定额多采用时间定额的形式。

（2）机械消耗定额。是指为完成一定数量的合格产品（工程实体或劳务）所规定的施工机械消耗的数量标准，是以一台机械一个工作班为计量单位，所以也称机械台班消耗定额。机械消耗定额的主要表现形式是机械时间定额，也可表现为产量定额。

（3）材料消耗定额。简称材料定额，是指完成一定数量的合格产品所需消耗的材料的数量标准。材料是指工程建设中使用的原材料、成品、半成品、构配件、燃料以及水、电等动力资源。材料作为劳动对象是构成工程的实体物资，需用数量很大，种类很多。所以材料消耗数量的多少，消耗是否合理，不仅关系到资源的有效利用，影响市场供求状况。而且对建设工程的项目投资、建筑产品的成本控制都起着决定性的影响。

在建设工程领域，任何建设过程都伴随着人工、材料和机械的消耗，所以把劳动定额、机械定额、材料定额称为三大基本定额，它们是组成任何使用定额消耗内容的基础。

2）按定额的编制程序和用途分类

可以把工程建设定额分为施工定额、基础定额、预算定额、概算定额（概算指标）、投资估算指标、工期定额、其他定额。

（1）施工定额。施工定额以同一性质的施工过程——工序为研究对象编制的。施工定额是施工企业组织生产和加强管理在企业内部使用的一种定额，属于企业定额的性质。为了适应施工企业组织生产和管理的需要，施工定额的项目划分很细，是工程建设定额中分项最细、定额项目最多的一种定额，也是工程建设定额中的基础性定额。施工定额本身由劳动定额、机械消耗定额和材料消耗定额三个相对独立的部分组成，主要作为施工企业编制施工组织设计、施工作业计划、施工预算，进行成本管理、经济核算，签发施工任务单、限额领料单以及结算工人劳动报酬等的依据，同时它也是编制预算定额的基础。

（2）基础定额。基础定额是指完成规定计量单位分项工程计价的人工、材料、施工机械台班消耗数量标准。基础定额由国家建设行政主管部门统一制定和发布,是制定行业和地方工程计价定额的基础依据。基础定额是纯消耗量的定额,在全国范围内使用,是全国所有建筑生产企业最根本、最起码应达到的标准。

(3) 预算定额。预算定额是以分项工程和结构构件为对象编制的定额,同样包括劳动定额、机械定额和材料定额三个基本部分,是一种计价性定额。预算定额是以施工定额、基础定额为基础编制的,同时也是编制概算定额的基础。预算定额在编制施工图预算阶段,计算工程造价和计量工程中的劳动、机械台班、材料需要量时使用,是调整工程预算和工程造价的重要基础,也可以作为编制施工组织设计、施工技术财务计划的参考。

(4) 概算定额(概算指标)。概算定额是以扩大分项工程或扩大结构构件为对象编制的,内容同样包括了劳动定额、机械定额和材料定额三个基本部分,是一种计价性定额。概算定额一般是在预算定额的基础上综合扩大而成,每一综合分项概算定额都包含了数项预算定额。概算定额一般用于计算初步设计概算或确定项目投资额。概算指标是以整个建筑物或构筑物为对象编制,是概算定额的扩大与合并。概算指标不仅包含劳动定额、机械定额和材料定额三个基本部分,还有各结构分部工程量以及单位建筑工程造价。概算指标是设计单位编制工程概算或建设单位编制年度任务计划、施工准备期间编制材料机械设备供应计划的依据,也可供国家编制年度建设计划参考。

(5) 投资估算指标。投资估算指标以独立的单项工程或完整的工程项目为计算对象,内容包括所有项目费用。投资估算指标往往根据历史预、决算资料,价格变动资料等编制,但其基础仍离不开预算定额、概算定额。主要在项目建议书和可行性研究阶段编制投资估算、计算投资需要量时使用。

3) 专业性质划分

工程建设定额可划分为建筑工程定额、安装工程定额、公路工程定额、铁路工程定额、市政工程定额、水利工程定额、园林绿化工程定额等多种专业定额类别。

4) 按主编单位和管理权限分类

工程建设定额可划分为全国统一定额、行业统一定额、地区统一定额、企业定额、补充定额五种。

(1) 全国统一定额。是由国家建设行政主管部门综合全国工程建设中技术和施工组织管理的情况编制,并在全国范围内执行的定额。此类定额分为两类,一类是通用性较强的,如全国统一建筑工程预算定额;一类是专业性较强的,如公路工程定额。

(2) 行业统一定额。是考虑各行业部门专业工程技术特点以及施工技术和组织管理的情况编制,只在本行业和相同专业范围内使用的定额,如铁路建设工程定额、矿井建设工程定额、公路工程建设定额。

(3) 地区统一定额。是各省、自治区、直辖市在全国统一定额的基础上考虑本地区特点,作适当调整和补充而形成的定额。如各省市建筑工程预算定额、市政工程预算定额、房屋修缮定额等。

(4) 企业定额。是施工企业参考国家、部门、地区定额,考虑本企业具体情况编制的定额。企业定额的定额水平一般高于国家、部门、地区定额。企业定额仅供企业内部使用,属于企业的商业机密。

(5) 补充定额。是指随着设计、施工技术的发展,现行定额不能满足需要的情况下,为补充缺陷所编制的定额。如当设计图纸上采用新材料、新结构、新工艺、新设备，而现行的定额资料又没有近似的可以利用的工料消耗和机械台班定额，就可以编制补充定额。补充定额只能在指定范围内使用，可作为以后修订定额的基础。

5) 按投资的费用性质划分

工程建设定额可分为建设工程费用定额、设备和工器具购置费定额、工程建设其他费用定额等。

(1) 建设工程费用定额。建设工程费用定额是确定一般建筑工程、一般安装工程、大规模土石方工程、修缮工程、市政工程、仿古建筑工程、园林绿化工程、外购构件工程、建筑装饰装修工程等建筑安装费用的定额。建设工程费用定额由直接费、间接费、利润、规费和税金组成。

(2) 设备、工器具购置费定额。是确定新建或扩建项目投产运转首次配置的工、器具数量标准的费用定额。

(3) 工程建设其他费用定额。是指独立于建筑安装工程、设备和工器具购置之外的其他费用开支标准。工程建设其他费用包括土地征购费、拆迁安置费、建设单位管理费等。工程建设其他费用定额是按照各项独立费用分别制定的，以便合理控制这些费用的开支。

2. 工程造价定额计价的基本程序

我国在很长一段时间内采用单一的工程定额计价模式形成工程价格，即按定额规定的分部分项子目，逐项计算工程量，套用定额单价确定直接工程费，然后按规定的取费标准确定措施费、间接费、利润和税金，加上材料调差系数和适当的不可预见费，经汇总后形成建筑安装工程造价。

以定额单价法确定工程造价，是我国采用的一种与计划经济相适应的工程造价管理制度。工程定额计价模式实际上是国家通过颁布统一的计价定额或指标，对建筑产品价格进行有计划的管理。国家以假定的建筑安装产品为对象，制定统一的预算和概算定额，计算出每一单元子项的费用后，再综合形成整个工程的价格。工程计价的基本程序如下。

1) 准备资料、熟悉施工图纸

全面收集、准备施工图纸、施工组织设计、施工方案、现行预算定额、取费标准、工程量计算规则和地区材料预算价格等各种相关资料。同时，熟悉施工图纸、全面分析各分部分项工程，了解施工组织设计和施工方案，掌握设计意图和工程全貌，力求准确计算工程量。

2) 计算工程量

工程量的计算是编制预算最重要也是最繁琐的一个环节，是预算的基础数据，直接关系到工程造价的准确性。

3) 套预算定额单价

工程量计算完并核实后，利用地区统一单价估价表中相应的各分项工程单价，相乘后进行汇总，便可以求得单位工程直接工程费。

套预算定额单价时应注意以下几项内容：

(1) 分项工程的名称、规格、计量单位与预算定额一致时，可直接套用预算定额。

(2) 分项工程的主要材料品种与预算定额中规定材料不一致时，不可直接套用预算定额，需按实际使用材料的价格换算定额单价,并在换算后的定额项目编号后加“换”字注明,以示区别。

(3) 分项工程施工工艺条件与预算定额不一致而造成人工、机械的数量增减时,一般调量不调价。

(4) 分项工程采用新材料、新工艺或新结构,不能直接套用预算定额,也不能换算或调整时,应编制补充定额,并在定额项目编号后加“补”字注明,以示区别。

4) 编制工料分析表

根据各分部分项工程项目的实物工程量和预算定额中所列的人工、材料及机械台班的需用量,相乘计算出各分部分项工程所需的人工、材料、机械台班数量,汇总后计算出单位工程所需人工、材料、机械台班的数量。

5) 计算其他各项费用并汇总造价

根据统一规定的税率、费率乘以相应的计费基数,分别计算措施费、间接费、利润和税金。与直接工程费汇总,计算出单位工程预算造价。

6) 复核

单位工程预算编制完成后,有关人员应对项目填列、工程量计算公式、计算结果、套用的单价、采用的取费费率、计费基数等进行全面复核,以便及时发现差错,提高预算的准确性。

7) 编制说明、填写封面

编制说明是编制者向审核者交代预算编制的有关情况,包括编制依据、预算所包括的工程内容及范围、套用单价及补充定额的情况、承包方式、有关部门现行文件号及其他需说明的问题。

封面应填写工程编号、工程名称、预算总造价和单方造价、编制单位名称及负责人和编制日期,审核单位名称及负责人和审核日期等。

例 5-1 利用定额计价法编制的一砖混结构传达室土建工程的工程预算书,如表 5-1 所示。

表 5-1 砖混结构传达室土建工程预算书(定额计价法)

序号	定额编号	项 目 名 称	单位	工程量	基价/元	合价/元
1		一、砖石工程				
2	4-4	砖墙	$10m^3$	3.034	1 357.20	4 117.74
3		二、混凝土及钢筋混凝土工程				
4	5-322	现浇圈梁	$10m^3$	0.200	1 941.86	388.37
5	5-330	现浇有梁板	$10m^3$	0.978	1 832.86	1 792.54
6	5-318	现浇构造柱	$10m^3$	0.121	1 986.02	240.31
7	5-316	现浇矩形柱	$10m^3$	0.121	1 905.04	230.51
8	5-356	预制窗过梁	$10m^3$	0.014	2 033.87	28.47
9	5-323	预制门过梁	$10m^3$	0.007	1 999.79	14.00
10	5-337	现浇雨篷板	$10m^2$	0.300	217.87	65.36
11		三、门窗工程				
12	7-29	木门框制作	$100m^2$	0.049	1 469.52	72.01
13	7-30	木门框安装	$100m^2$	0.049	556.25	27.26
14	7-31	木门扇制作	$100m^2$	0.049	4 762.84	233.38
15	7-32	木门扇安装	$100m^2$	0.049	207.29	10.16

续表

序号	定额编号	项 目 名 称	单位	工程量	基价/元	合价/元
16	7-142	窗框制作	$100m^2$	0.081	5 154.00	417.47
17	7-143	窗框安装	$100m^2$	0.081	1 656.23	134.16
18	7-144	窗扇制作	$100m^2$	0.081	2 136.55	173.06
19	7-145	窗扇安装	$100m^2$	0.081	1 342.75	108.76
20		四、地面工程				
21	8-13	混凝土垫层	$10m^3$	0.538	1 442.81	776.23
22	8-20	水泥砂浆面层	$100m^2$	0.672	664.88	446.80
23	8-24	水泥砂浆踢脚	100m	0.338	143.66	48.56
24		五、屋面工程				
25	9-98	屋面防水	$100m^2$	0.755	1 851.08	1 397.57
26		六、装饰工程				
27	11-33	内墙面混合砂浆抹灰	$100m^2$	1.352	551.82	746.06
28	11-407	内墙面及天棚 106 涂料 2 遍	$100m^2$	2.162	139.72	302.07
29	11-194	天棚面混合砂浆抹灰	$100m^2$	0.809	371.86	300.83
30	11-135	外墙面贴釉面砖	$100m^2$	1.586	3 148.27	4 993.16
(一) 直接工程费小计			人工费＋材料费＋机械费			17 064.84
(二) 措施费						4 034.10
(三) 直接费小计			(一)＋(二)			21 098.94
(四) 间接费			(三)×5%			1 054.95
(五) 利润			[(三)＋(四)]×7%			1 550.77
(六) 税金			[(三)＋(四)＋(五)]×3.41%			808.33
工程造价(建筑安装工程费)			(三)＋(四)＋(五)＋(六)			24 512.99

3. 工程造价定额计价的发展及改革方向

我国建筑产品价格市场化经历了“国家定价-国家指导价-国家调控价”三个阶段。定额计价是以概预算定额、各种费用定额为基础依据，按照规定的计算程序确定工程造价的特殊计价方法。因此，利用工程建设定额计算工程造价就价格形成而言，介于国家指导价和国家调控价之间。

1) 在计划经济体制下的定额计价制度

国内工程造价管理体现出以下特点：

(1) 政府特别是中央政府是工程项目的唯一投资主体。

(2) 建筑业不是生产部门，而是消费部门。

(3) 工程造价管理被简单地理解为投资的节约。

2) 市场经济体制下的定额计价制度的改革

工程定额计价制度第一阶段改革的核心思想是“量价分离”，即由国务院建设行政主管部门制定符合国家有关标准、规范，并反映一定时期施工水平的人工、材料、机械等消耗量的标准，实现国家对消耗量标准的宏观管理。对人工、材料、机械的单价等，由工程造价管理机构依据市场价格的变化发布工程造价相关信息和指数，将过去完全由政府计划统一管理的定额计价改变为“控制量、指导价、竞争费”。

工程定额计价制度改革的第二阶段的核心问题是工程造价计价方式的改革。在建设市场的交易过程中,传统的定额计价制度与市场主体要求拥有自主定价权之间发生了矛盾和冲突,主要表现为:

(1) 浪费了大量的人力、物力,招投标双方存在着大量的重复劳动。

(2) 投标单位的报价按统一定额计算,不能按照自己的具体施工条件、施工设备和技术专长来确定报价;不能按照自己的采购优势来确定材料预算价格;不能按照企业的管理水平来确定工程的费用开支;企业的优势体现不到投标报价中。

政府主管部门推行了工程量清单计价制度,以适应市场定价的改革目标。在这种定价方式下,工程量清单报价由招标者给出工程清单,投标者填单价,单价完全依据企业技术、管理水平的整体实力而定,充分发挥工程建设市场主体的主动性和能动性,是一种与市场经济相适应的工程计价方式。

5.2.3 工程量清单计价

1. 工程量清单的概念

工程量清单是指建设工程的分部分项项目、措施项目、其他项目、规费项目和税金项目的名称和相应数量等的明细清单。工程量清单应由具有编制能力的招标人或受其委托,具有相应资质的工程造价咨询人编制。采用工程量清单方式招标,工程量清单必须作为招标文件的组成部分,其准确性和完整性由招标人负责。工程量清单是工程量清单计价的基础,应作为编制招标控制价、投标报价、计算工程量、支付工程款、调整合同价款、办理竣工结算以及工程索赔等的依据之一。

工程量清单应由分部分项工程量清单、措施项目清单、规费项目清单、税金项目清单、其他项目清单组成。

2. 工程量清单的作用

工程量清单除了为潜在的投标人提供必要的信息外,还具有以下作用。

1) 为投标人提供公平的竞争环境

工程量清单由招标人统一提供,将要求投标人完成的工程项目及其相应工程实体数量全部列出,为投标人提供拟建工程的基本内容、实体数量和质量要求等的基础信息。这样,在建设工程的招标投标中,投标人的竞争活动就有了一个相同的基础,投标人机会均等。

2) 为支付工程进度款和结算提供依据

在工程的施工阶段,发包人根据承包人是否完成工程量清单规定的内容以及投标时在工程量清单中所报的单价作为支付工程进度款和进行结算的依据。工程结算时,发包人按照工程量清单计价表中的序号对已实施的分部分项工程或计价项目,按合同单价和相关的合同条款计算应支付给承包人的工程款项。

3) 是调整工程量、进行工程索赔的依据

在发生工程变更、索赔、增加新的工程项目等情况时,可以选用或者参照工程量清单中的分部分项工程或计价项目与合同单价来确定变更或索赔项目的单价和相关费用。

3. 工程量清单的内容

1）分部分项工程量清单的内容

分部分项工程量清单应包括项目编码、项目名称、项目特征、计量单位和工程量。分部分项工程量清单应根据附录规定的项目编码、项目名称、项目特征、计量单位和工程量计算规则进行编制。

2）措施项目清单的内容

措施项目清单指为完成工程项目施工，发生于该工程施工前和施工过程中技术、生活、文明、安全等方面非工程实体项目清单。措施项目清单的编制应考虑多种因素，除工程本身的因素外，还涉及天文、气象、环境、安全等以及施工企业的实际情况。措施项目清单以"项"为计量单位，相应数量为"1"。出现表中未列的措施项目，编制人可作补充。补充项目应列在清单项目最后，并在"序号"栏中以"补"字示之。措施项目清单应根据拟建工程的实际情况列项。

3）其他项目清单的内容

其他项目清单是指分部分项工程量清单、措施项目清单所包含的内容以外，因招标人的特殊要求而发生的与拟建工程有关的其他费用项目和相应数量的清单。工程建设标准的高低、工程的复杂程度、工程的工期长短、工程的组成内容、发包人对工程管理要求等都直接影响其他项目清单的具体内容。其他项目清单的内容，在具体工程项目中可根据工程实际补充。其他项目清单的内容包括暂列金额、暂估价（包括材料暂估单价、专业工程暂估价）、计日工、总承包服务费。

4）规费、税金项目清单的内容

根据建设部、财政部《关于印发〈建筑安装工程费用项目组成〉的通知》（建标[2003]206 号）的规定，规费包括工程排污费、工程定额测定费、社会保障费（养老保险、失业保险、医疗保险）、住房公积金、危险作业意外伤害保险。规费是政府和有关权力部门规定必须缴纳的费用，编制人对《建筑安装工程费用项目组成》未包括的规费项目，在编制规费项目清单时应根据省级政府或省级有关权力部门的规定列项。

规费项目清单应按照下列内容列项：工程排污费、工程定额测定费、社会保障费。社会保障费包括养老保险费、失业保险费、医疗保险费、住房公积金、危险作业意外伤害保险。

根据建标[2003]206 号文件的规定，目前我国税法规定应计入建筑安装工程造价的税种包括营业税、城市建设维护税及教育费附加。如国家税法发生变化，税务部门依据职权增加了税种，应对以上税金项目清单进行补充。

4. 工程量清单计价的方法

工程量清单计价是指在建设工程招标时，由招标人先计算工程量，编制出工程量清单并根据工程量清单编制招标控制价或投标报价的一种计价行为。就招标单位而言，工程量清单计价可称为招标控制家；就投标单位而言，工程量清单计价可称为工程量清单报价。

1）工程量清单计价适用的项目类型

《建设工程工程量清单计价规范》(GB 50500—2008)明确规定：全部使用国有资金投资或以国有资金投资为主(以下二者简称"国有资金投资")的工程建设项目，必须采用工程量清单计价。由于全部使用国有资金投资或国有资金投资为主的大中型建设工程在工程承发包和计价过程中往往存在着政府部门干预的可能，通过推行工程量清单计价，有利于公平竞争、合理使用资金。

2）工程量清单计价适用的项目阶段

(1）工程招标阶段。国有资金投资的工程建设项目应实行工程量清单招标，并应编制招标控制价。招标控制价超过批准的概算时，招标人应将其报原概算审批部门审核。投标人的投标报价高于招标控制价的，其投标应予以拒绝。

(2）工程投标报价阶段。投标单位接到招标文件后，根据工程量清单和有关要求、施工现场实际情况以及拟定的施工方案或施工组织设计，根据企业定额和市场价格信息，并参照建设行政主管部门发布的社会平均消耗量定额编制报价。

3）工程量清单计价的程序

实行工程量清单计价时，建筑安装工程造价由分部分项工程费、措施项目费、其他项目费和规费、税金五部分组成。《建筑工程施工发包与承包计价管理办法》(建设部令第107号)第五条规定，工程计价方法包括工料单价法和综合单价法。实行工程量清单计价应采用综合单价法，综合单价是指完成一个规定计量单位的分部分项工程量清单项目或措施清单项目所需的人工费、材料费、施工机械使用费和企业管理费与利润，以及一定范围内的风险费用。

工程量清单计价的基本程序如图5-1所示。从计价过程的示意图中可以看出，工程量清单计价过程可以分为2个阶段：工程量清单编制和利用工程量清单编制投标报价(或招标控制价)2个阶段。

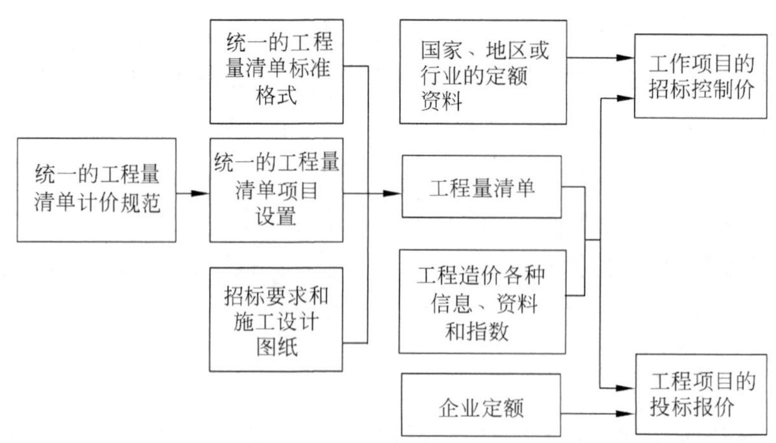

图5-1 工程量清单计价的程序

4）工程量清单及其计价的标准格式

(1）分部分项工程量清单的标准格式。分部分项工程量清单是指表示拟建工程分项实体工程项目名称和相应数量的明细清单，应包括项目编码、项目名称、项目特征、计量单位和工程量五个部分的要件。其格式如表 5-2 所示。

表 5-2　分部分项工程量清单与计价表

工程名称：　　　　　　　　　　　　　　标段：　　　　　　　　　　　　第　页　共　页

序号	项目编码	项目名称	项目特征描述	计量单位	工程量	金额/元		
						综合单价	合价	其中：暂估价

注：根据建设部、财政部发布的《建筑安装工程费用组成》(建标[2003]206 号)的规定，为计取规费等的使用，可在表中增设"直接费"、"人工费"或"人工费＋机械费"。

(2) 措施项目清单及其计价的标准格式。措施项目费用的发生与使用时间、施工方法或者两个以上的工序有关，并大都与实际完成的实体工程量的大小关系不大，但有些非实体项目还是可以计算出工程量的，如模板工程、脚手架等与完成的工程实体有直接关系，并且可以精确计算出工程量。因此，GB 50500—2008 对措施项目清单的计量给出了两种清单标准格式，分别如表 5-3、表 5-4 所示。

对于不能计算出工程量的措施项目清单，以"项"为计量单位进行编制(如表 5-3 所示)，对于能计算出工程量的措施项目清单宜采用分部分项工程量清单的方式编制，列出项目编码、项目名称、项目特征、计量单位和工程量计算规则(表 5-4)。

表 5-3　措施项目清单与计价表(一)

工程名称：　　　　　　　　　　　　　　标段：　　　　　　　　　　　　第　页　共　页

序号	项 目 名 称	计算基础	费率/%	金额/元
1	安全文明施工费			
2	夜间施工费			
3	二次搬运费			
4	冬雨季施工			
5	大型机械设备进出场及安拆费			
6	施工排水			
7	施工降水			
8	地上、地下设施、建筑物的临时保护设施			
9	已完工程及设备保护			
10	各专业工程的措施项目			

注：① 本表适用于以"项"计价的措施项目。

② 根据建设部、财政部发布的《建筑安装工程费用组成》(建标[2003]206 号)的规定，"计算基础"可为"直接费"、"人工费"或"人工费＋机械费"。

表 5-4 措施项目清单与计价表(二)

工程名称： 标段： 第 页 共 页

序号	项目编码	项目名称	项目特征描述	计量单位	工程量	金额/元	
						综合单价	合价

注：本表适用于以综合单价形式计价的措施项目。

(3) 其他项目清单及其计价的标准格式。其他项目清单及其计价的标准格式,如表5-5所示。

表 5-5 其他项目清单与计价汇总表

工程名称： 标段： 第 页 共 页

序号	项 目 名 称	计量单位	金额/元	备注
1	暂列金额			
2	暂估价			
2.1	材料暂估价			
2.2	专业工程暂估价			
3	计日工			
4	总承包服务费			
5				
合 计				

注：材料暂估单价进入清单项目综合单价,此处不汇总。

(4) 规费、税金项目清单及其计价的标准格式。规费和税金项目清单及其计价的标准格式如表5-6所示,当出现新的规费、税金项目时,可对规费、税金项目清单进行补充。

表 5-6 规费、税金项目清单与计价表

工程名称： 标段： 第 页 共 页

序号	项目名称	计算基础	费率/%	金额/元
1	规费			
1.1	工程排污费			
1.2	社会保障费			
(1)	养老保险费			
(2)	失业保险费			
(3)	医疗保险费			
1.3	住房公积金			
1.4	危险作业意外伤害保险			
1.5	工程定额测定费			
2	税金	分部分项工程费+措施项目费+其他项目费+规费		
合 计				

注：根据建设部、财政部发布的《建筑安装工程费用组成》(建标[2003]206号)的规定,"计算基础"可为"直接费"、"人工费"或"人工费+机械费"。

5.3　施工项目成本计划与成本控制

5.3.1　施工项目成本计划的概念

成本计划是我国建筑业从 20 世纪 50 年代开始创造的进行成本管理的一项基本制度，是过去计划经济条件下施工企业财务计划体系的重要内容，它曾对保证施工项目质量、进度和降低施工项目成本，起到过重要的推动作用。但在今天的市场经济条件下，随着传统的计划体制向市场体制和项目成本核算制的转变，运用好施工项目成本计划将会收到更好的社会效益和经济效益。

施工项目成本计划是施工项目全面计划管理的核心。其内容涉及项目范围内的人、财、物和项目管理各职能部门等方方面面，是受企业成本计划制约又相对独立的计划体系，并且施工项目成本计划的实现，又依赖于项目组织对生产要素的有效控制。项目作为基本的成本核算单位，就更加有利于项目成本计划管理体制的改革和完善，更有利于解决传统体制下施工预算与计划成本、施工组织设计与项目成本计划相互脱节的问题，为改革施工组织设计，创立新的成本计划体系，创造了有利条件和环境。改革、创新的主要措施，就是将编制项目质量手册、施工组织设计、施工预算或项目计划成本与项目成本计划有机结合，形成新的项目计划体系，将工期、质量、安全和成本目标高度统一。

由此可见，施工项目成本计划是指项目经理部在进行成本预测的基础上，以货币形式确定的项目计划期内施工生产所需支出和降低成本的具体行动计划；并且按成本管理层次、成本项目以及项目进展的情况，逐阶段对成本加以分解，并制订各级成本实施方案。

5.3.2　施工项目成本计划的作用

施工项目成本计划是施工项目成本控制中的重要一环，是实现降低施工项目成本任务的指导性文件。正确编制施工项目成本计划的作用如下。

1. 对生产耗费进行控制、分析和考核的重要依据

成本计划体现了社会主义市场经济体制下对成本核算单位降低成本的客观要求，也反映了核算单位降低产品成本的目标。成本计划可作为对生产耗费进行事先预计、事中检查控制和事后考核评价的重要依据。许多建筑业企业仅单纯重视项目成本控制的事中控制和事后考核，却忽视甚至省略了至关重要的事前计划，使得成本控制从一开始就缺乏控制的目标，对于成本的控制，也无从对比，产生很大的盲目性。施工项目成本计划一经确定，就应层层落实到部门、班组及个人，并应经常将实际生产耗费与成本计划指标进行对比分析，揭示执行过程中存在的问题，及时采取有效的措施，改进和完善成本控制工作，以保证施工项目成本计划各项指标的实现。

2. 编制施工项目其他有关生产经营计划的基础

每一个施工项目都有自己的项目计划，是一个完整的计划体系。在这个体系中，成本计划与其他各方面的计划有着密切的联系。他们既相互独立,又相互依存和相互制约。如编制项目流动资金计划、企业利润计划等都需要成本计划的资料,同时,成本计划也需要以施工方案、物资供应计划与材料价格计划等为基础。因此,正确编制施工项目成本计划,是编制施工项目其他有关生产经营计划进而综合平衡项目施工的重要保证。

3. 动员全体职工深入开展增产节约、降低成本的活动

成本计划是全体职工共同奋斗的目标。为了保证成本计划的实现,企业必须加强成本管理责任制,把成本计划的各项指标进行分解,落实到各部门、班组乃至个人,实行归口管理,并做到责、权、利相结合。针对此,项目经理部应动员全体职工广泛深入地开展增产节约、降低成本的活动,执行和完成各项成本计划指标。

5.3.3 项目经理部成本计划的编制

1. 成本计划的编制步骤

成本计划的重要作用,要求对成本计划的编制一定要按照科学的程序和步骤,一般来讲,项目经理部应按以下步骤来确定成本计划:

(1) 企业确定项目经理部的责任目标成本。

(2) 项目经理部确定项目计划目标成本。

(3) 项目经理部分解目标成本。

(4) 确定计划目标成本的预控措施。

(5) 形成施工项目成本计划。

2. 项目经理部责任目标成本的确定

项目经理部的责任目标成本应由企业按以下程序确定,首先,每个施工项目,在施工合同签订后,企业和项目经理协商,由企业根据合同造价、施工图和招标文件中的工程量清单,确定正常情况下的企业管理费、财务费用和制造成本。其次,企业将正常情况下的制造成本确定为项目经理的可控成本,形成项目经理部的责任目标成本。

由于按制造成本法计算出来的施工项目成本,实际上是项目的施工现场成本,反映了项目经理部的成本水平,这样,用制造成本法所确定的责任目标成本既便于对项目经理部成本管理责任的考核,也为项目经理部节约开支、降低消耗提供了可靠的基础。

责任目标成本是企业对项目经理部提出的指令性成本目标,是对项目经理进行施工项目管理规划、优化施工方案、制定降低成本的对策和管理措施提出的具体要求,同时也是项目管理目标责任书中的核心内容之一。

3. 项目经理部计划目标成本的确定

项目经理在接受企业法定代表人委托之后,应通过主持编制项目管理实施规划寻求降低成本的途

径，组织编制施工预算，以此来确定项目的计划目标成本。

施工预算是项目经理部根据企业下达的责任目标成本，在编制施工项目管理实施规划时，不断优化施工方案和合理配置生产要素，通过工料消耗分析和制定节约成本措施之后确定的计划目标成本，也称现场目标成本。一般情况下，施工预算总额应控制在责任目标成本的范围之内并留有一定的余地；在特殊情况下，若项目经理部经过反复挖潜，仍不能把施工预算总额控制在责任目标成本范围内时，则应与企业进一步协商修正责任目标成本或共同探索进一步降低成本的措施，以使施工预算建立在切实可行的基础上。

1）编制施工预算的要求

项目经理部编制施工预算应符合下列规定：

（1）以施工方案和管理措施为依据，按照本企业的管理水平、消耗定额、作业效率等进行工料分析，根据市场价格信息，编制施工预算。

（2）当某些环节或分部分项工程施工条件尚不明确时，可按照类似工程施工经验或招标文件所提供的计量依据计算暂估费用。

（3）施工预算应在工程开工前编制完成。

2）编制施工预算的要点

在编制施工预算时，项目经理部应注意处理好以下几个问题，抓住编制施工预算的关键环节，主要有：

（1）必须充分了解投标估价过程，哪些方面在投标时已经考虑了降低成本措施，还有哪些途径可继续采取降低成本措施。

（2）必须认真研究合同条件和现场施工条件。

（3）必须寻求最经济合理、又能结合工程实际的施工方案。

（4）必须处理好企业内部消耗定额与企业外部消耗定额、企业内部统一价格与市场价格以及内协外协合同价之间的关系。

（5）施工预算编制完成后，要结合项目管理方案评审，进行可行性和合理性的论证评价，并在措施上进行必要的补充。

4. 项目经理部计划目标成本的分解与责任体系的建立

施工项目的成本控制，不仅是专业成本员的责任，所有的项目管理人员，特别是项目经理，都要按照自己的业务分工各负其责。为了保证项目成本控制工作的顺利进行，需要把所有参加项目建设的人员组织起来，将计划目标成本进行交底，使项目经理部的所有成员和各个单位、部门明确自己的成本责任，并按照各自的分工开展工作。

1）项目经理部进行目标成本分解的要求

项目经理部进行目标成本分解应符合下列要求：

（1）按工程部位进行项目成本分解，为分部分项工程成本核算提供依据。

（2）按成本项目进行成本分解，确定项目的人工费、材料费、机械台班费、其他直接费和间接成本的构成,为施工生产要素的成本核算提供依据。

2) 项目经理部成本控制责任体系的建立

建立成本控制责任体系的目的就是为了明确各参与项目施工人员的成本控制责任并落实。项目经理部应将各分部分项工程成本控制目标和要求、各成本项目的控制目标和要求,落实到成本控制的责任者,并应对确定的成本控制措施、方法和时间进行检查和改善。

项目管理人员的成本责任,不同于工作责任。有时工作责任已经完成,甚至还完成得相当出色,但成本责任却没完成。因此,应该还要在原有职责分工的基础上,进一步明确成本控制责任,使每一个项目管理人员都有这样的认识:在完成工作责任的同时还要为降低成本精打细算,为节约成本开支严格把关。

5.3.4 施工项目成本控制

1. 施工项目成本控制的概念

施工项目成本控制是指在施工项目成本形成的过程中,对生产经营所消耗的人力资源、物质资源和各项费用开支,进行指导、监督、调节和限制,及时纠正将要发生和已经发生的偏差,把各项生产费用,控制在计划成本的范围之内,以保证成本目标的实现。

由于施工项目管理是一次性行为,它的管理对象也只有一个施工项目,且将随着项目建设的完成而结束其历史使命。因此,在施工期间,项目成本能否降低,有无经济效益,得失在此一举,别无回旋余地,有很大的风险性。为了确保项目成本必盈不亏,成本控制不仅必要,而且必须要做好。合同文件和成本计划是成本控制的目标,进度报告、工程变更和索赔资料是成本控制过程中的动态资料。

成本控制应满足以下要求:

(1) 要按照计划成本目标值来控制生产要素的采购价格,并认真做好材料、设备进场数量和质量的检查、验收与保管。

(2) 要控制生产要素的利用效率和消耗定额,如任务单管理、限额领料、验工报告审核等。同时做好不可预见成本风险的分析和控制,包括编制相应的应急措施等。

(3) 控制影响效率和消耗量的其他因素所引起的成本增加。

(4) 把项目成本管理责任制度与对项目管理者的激励机制结合起来,以增强管理人员的成本意识和控制能力。

(5) 承包人必须有一套健全的项目财务管理制度,按规定的权限和程序对项目资金的使用和费用的结算支付进行审核、审批,使其成为项目成本控制的一个重要手段。

2. 施工项目成本控制的依据及程序

1) 施工项目成本控制的依据

(1) 合同文件。

(2) 成本计划。

(3) 进度报告。

(4) 工程变更与索赔资料。

合同文件与成本计划是成本控制的目标；进度报告和工程变更与索赔资料是成本控制过程中的资料。

2) 施工项目成本控制的程序

成本控制的程序是按照成本动态跟踪控制的原理进行的：

(1) 收集实际成本数据。

(2) 将实际成本数据和成本计划目标进行比较。

(3) 分析成本偏差及原因。

(4) 采取措施纠正偏差。

(5) 必要时修改成本计划。

(6) 按照规定的时间间隔编制成本报告。

3. 施工项目成本控制的方法

1) 价值工程项目成本控制法

(1) 价值工程的基本概念。价值工程，又称价值分析，是一门技术与经济相结合的现代化管理科学。它以产品或作业的功能分析为核心，以提高产品或作业的价值为目的，力求以最低的寿命周期成本实现产品或作业的必要功能的一项有组织的创造性活动。

(2) 价值工程在建设工程项目成本控制中的应用。价值工程在建设工程项目成本控制中的应用应从控制项目的寿命周期费用出发，结合施工，研究工程设计的技术经济的合理性，探索有无改进的可能。具体地说，就是应用价值工程，分析功能与成本的关系，以提高项目的价值系数；同时，通过价值分析来发现并消除工程设计中的不必要功能，达到降低成本、降低投资的目的。

结合价值工程活动，制订技术先进、经济合理的施工方案，实现施工项目成本控制。

① 通过价值工程活动，进行技术经济分析，确定最佳施工方法。

② 结合施工方法，进行材料使用的比选。在满足功能要求的前提下，通过代用、改变配合比、使用添加剂等方法降低材料消耗。

③ 结合施工方法，进行机械设备选型，确定最合适的机械设备的使用方案。如：机械要选择功能相同、台班费最低或台班费相同、功能最高的机械；模板，要联系结构特点，在组合钢模、大钢模、滑模中选择最合适的一种。

④ 通过价值工程活动，结合项目的施工组织设计和所在地的自然地理条件，对降低材料的库存成本和运输成本进行分析，以确定最节约的材料采购方案和运输方案，以及最合理的材料储备。

2) 赢得值项目成本控制法

(1) 赢得值法的概念。赢得值法(又称偏差分析方法)是对建设工程项目进度、成本进行综合控制的一种有效方法。赢得值法通过测量和计算已完成的工作的预算成本与已完成工作的实际成本和计划工作的预算成本得到有关计划实施的进度和费用偏差，从而达到判断项目执行的状况。

(2) 赢得值法的三个基本参数。①计划工作的预算成本 BCWS,是指项目实施过程中某阶段要求完成的工作量所需的预算费用。用费用反映进度计划应当完成的工作量。BCWS=计划工作量×预算定额。②已完工作的实际成本 ACWP,是指项目实施过程中某阶段实际完成的工作量所花费的成本。ACWP=已完工作量×实际单价。③已完工作的预算成本 BCWP,是指项目实施过程中某阶段实际完成的工作量及按照预算定额计算出的费用,即赢得值 BCWP=已完工作量×预算定额。

(3) 赢得值法的分析步骤如下:①项目预算和计划,首先要制订详细的项目预算,把预算分解到每个分项工程,尽量分解到详细的实物工作量层次,为每个分项工程建立总预算成本。项目预算的第二步是将每一分项工程总预算成本分配到各分项工程的整个工期中去。每期的成本计划依据各分项工程的各分项工作量进度计划来确定。当每一分项工程所需完成的工程量分配到工期的每个时段,就能确定何时需用多少预算。这一数字通过截止到某期的过去每期预算成本累加得出,即累计计划预算成本 BCWS。②收集实际成本,项目执行过程中,会通过合同委托每一工作包的工作给相关承包商。合同工程量及价格清单形成承付款项。承包商在完成相应工作包的实物工程量以后,会按合同进行进度支付。在项目每期对已发生成本进行汇总,即累计已完工程量与合同单价之积,就形成了累计实际成本 ACWS。③计算赢得值,如前所述,仅监控以上两个参数并不能准确地估计项目的状况,有时甚至会导致错误的结论和决策。赢得值 BCWP 是整个项目期间必须确定的重要参数。

(4) 通过以上三个基本参数,计算以下指标:

① 费用偏差 CV,是指检查期间 BCWP 与 ACWP 之间的差异。CV=BCWP-ACWP。当 CV 小于 0,表明执行效果不佳,即超支;当 CV 大于 0,表明实际成本低于预算成本,即有节余或效率高。

② 进度偏差 SV,是指检查日期 BCWP 与 BCWS 之间的差异。SV=BCWP-BCWS。当 SV 小于 0,表明进度提前;当 SV 大于 0,表明进度延误。

③ 费用执行指标 CPI,是指赢得值与实际成本之比。CPI=BCWP/ACWP,当 CPI 小于 1,表明超出预算,当 CPI 大于 1,表明低于预算。

④ 进度执行指标 SPI,是指项目赢得值与计划值之比。SPI=BCWP/BCWS,当 SPI 小于 1,表明进度延迟,当 SPI 大于 1,表明进度提前。

要做好成本、进度综合控制,应十分关注 CPI 或 CV 的走势,当 CPI 小于 1 或逐渐变小、CV 为负且绝对值越大时,就应该及时制定纠偏措施并加以实施。应集中注意那些有负成本差异的工作包或分项工程上,根据 CPI 或 CV 值确定采取纠正措施的优先权,也就是说,CPI 最小或 CV 负值最大的工作包或分项工程应该给予最高优先权。

例 5-2 对于宝鸡电信大楼施工项目各项费用进行仔细分析之后,最终制定的各项工作的费用预算修正结果如表 5-7 所示。该项目经过一段时间的实施之后,现在到了第 19 个月,在 19 个月初你对项目前 18 个月的实施情况进行了总结,有关项目各项工作在前 18 个月的执行情况也汇总在表 5-7 中。

表 5-7　项目各项工作费用预算及前 18 个月计划与执行情况统计

代号	工作名称	预算费用/千元	实际完成的百分比	实际消耗费用/千元	净利润/千元
A	总体设计	250	100%	280	250
B	土建工程施工	7 000	100%	6 500	7 000
C	邮机工程施工	2 000	100%	2 100	2 000
D	电源工程施工	800	100%	700	800
E	电梯工程施工	2 000	100%	2 100	2 000
F	消防工程施工	500	80%	410	400
G	装修工程施工	2 500	100%	2 500	2 500
H	场地附属工程施工	500	100%	450	500
I	土建工程验收	450	100%	400	450
J	邮机工程验收	150	90%	150	135
K	电源工程验收	100	85%	90	85
L	电梯工程验收	250	80%	200	200
M	消防工程验收	300	70%	200	210
N	装修工程验收	500	60%	320	300
	合计	17 300		16 400	16 830

根据表 5-7 可知，到 18 个月时，BCWP＝16 830 千元；BCWS＝17 300 千元；ACWP＝16 400 千元。

故本项目费用偏差 CV＝BCWP－ACWP＝16 830－16 400＝430 千元，费用节约；进度偏差 SV＝BCWP－BCWS＝16 830－17 300＝－470 千元，进度拖延。

4. 工程变更与索赔管理

在施工项目成本控制过程中，项目经理部应及时按规定程序做好变更签证、施工索赔所引起的施工费用增减变化的调整处理，例如按发包人或监理工程师的指令及时执行设计变更；对非承包人原因导致的施工条件变化，及时要求监理工程师确认批准变更后的施工方案或施工措施；对由于发包人提供图纸的时间延误或按合同规定应由发包人提供的其他施工条件不能按规定落实到位，影响施工进度而造成工期延误和经济损失时，应及时进行索赔等。有效地防止施工效益流失。

1) 工程变更

工程变更是指在项目施工过程中，由于种种原因发生了事先没有预料到的情况，使得工程施工的实际条件与规划条件出现较大差异，需要采取一定措施作相应处理。工程变更常常涉及额外费用损失的承担责任问题，因此，进行施工项目成本控制必须要能够识别各种各样的工程变更情况，并了解发生变更后的相应处理对策，最大限度地减少由于变更带来的损失。

2) 工程变更种类

(1) 施工条件变更，施工条件变更是指项目设计文件与现场不符或表达不清。例如：设计图纸和说明书互相矛盾，以及设计文件出现遗漏或错误；施工现场地质或水文条件实使工作业受到限制；设计文件标定的自然或认为施工条件与实际情况不符；在设计文件中明确指出的设计条件，与实际出现的情况有显著差异。

(2) 工程内容变更或停工,通常由于建设单位要求,向设计单位提出修改设计而变更工程内容,致使承包单位暂时停止全部或部分工程。

(3) 延长工期,由于天气等客观原因的影响,而使工程被迫暂时停工或降低作业效率,项目经理必须向建设单位提出延长工期的要求。

(4) 缩短工期,由于发包人某些原因,要求缩短工期,由此项目增加的费用应由发包人承担。

(5) 物价变动,在项目施工过程中,由于工资、物价发生较大变动,引起承包费用发生较大偏差,项目经理可向发包人提出追加成本费用的要求。

(6) 天灾或其他不可抗拒因素,它包括暴风、大雨或洪水等恶劣气候;地震、火灾、滑坡或动乱等不可抗拒因素。这些因素都会对已完工程、临时设施、现场的材料、机械和人员造成严重损失。

3) 工程变更处理

当工程变更超出合同规定的限度时,常常会对项目的施工成本产生很大影响,如不进行相应的处理,就会影响企业在该项目上的经济效益。工程变更处理就是要明确各方的责任和经济负担。

在处理工程变更问题时,要根据变更的内容和原因,明确承担责任者;如果施工合同有明确规定,则按施工合同执行;如果合同未做规定,则应查明原因,根据相应仲裁或法律程序判明责任和损失的承担者。通常由于发包人的原因造成的工程变更,损失由发包人负担;由于客观条件影响造成的工程变更,在合同规定的范围内,按合同规定处理,否则由双方协调解决;如属不可预见费用的支付范围,则由承包人解决。

在明确损失承担责任之后,还要准确统计已造成的损失和预测变更后可能带来的损失。经双方协商同意的工程变更,必须做好记录,并形成书面材料,由双方代表签字后生效,这些材料将成为工程款结算的合同依据。

4) 工程变更处理程序

建设单位需对原工程设计进行变更,根据《建设工程施工合同条件》的规定,甲方应不迟于变更前14天以书面形式向乙方发出变更通知。变更超过原设计标准或批准的建设规模时,须经原规划管理部门和其他有关部门审查批准,并由原设计单位提供变更的相应图纸和说明。甲方办妥上述事项后,乙方根据甲方变更通知并按工程师要求进行变更。因变更导致合同价款的增减及造成的乙方损失,由甲方承担,延误的工期相应顺延。

合同履行中甲方要求变更工程质量标准及发生其他实质性变更,由甲、乙双方协商解决。

5) 索赔与施工项目成本控制

索赔指在合同的实施过程中,合同一方因对方不履行或未能正确履行合同所规定的义务而受到损失,向对方提出赔偿要求的行为。

对承包人来说,一般只要不是自身责任,而由于外界干扰造成工期延长和成本增加,都有可能提出索赔,这包括两种情况:

(1) 发包人违约,未履行合同责任。如未按合同规定及时交付设计图纸造成工程拖延,或未及时支付工程款,承包人可就此提出赔偿要求。

(2) 发包人未违反合同,而由于其他原因,如发包人行使合同赋予的权利指令变更工程;工程环境出现事先未能预料的情况或变化,如恶劣的气候条件,与勘探报告不同的地质情况,国家法令的修改,物价上涨,汇率变化等。由此造成的损失,承包人也可提出补偿要求。

施工项目管理人员,如果缺乏明确的成本观念,便无能力做好施工索赔工作。这是因为,索赔要求的提出和解决,都是建立在成本控制基础上的。

施工项目管理人员,应十分熟悉该施工项目的工作范围以及施工成本的各个组成部分,对施工项目的各项主要开支要心中有数,对超出合同项目工作范围的工作,要及时发现,并及时提出索赔要求。在计算索赔款时,亦应准确提出所发生的新增成本,或者是额外成本。只有这些超出投标报价范围的工程成本才是可以索赔的。

施工项目管理人员,在成本观念方面应有深刻理解,并将其贯彻于合同管理与索赔管理工作中去。

工程施工的实践经验证明,每项工程的成本从开工之日起便处于不断变化中,随着工程量和工期的不断变化,施工成本大多数都在不断的增加,直到项目建成为止,才形成一个定值。这是因为,在所有工程施工过程中,难免出现工程量变更、设计修改、新增(减)工程,以及地基条件变化等问题,因而,施工项目实际成本可能不断发生变化,直至工程建成。

施工项目管理人员,在进行成本控制过程中,须逐项检查正在施工的每一项工作是否在合同工作范围内。如果发现了超出合同范围的工作,或者施工受到了计划外的干扰,引起施工效率降低和施工费用增加时,就要考虑提出施工索赔的问题。通过施工索赔,可以收回超出计划成本以外的开支,增加了工程款收入。

例 5-3　某建设工程项目,业主与施工单位按《建设工程施工合同文本》签订了工程施工合同,工程未进行投保。在工程施工过程中,遭受暴风雨不可抗力的袭击,造成了相应的损失,施工单位及时向监理工程师提出索赔要求,并附索赔有关的资料和证据。索赔报告的基本要求如下:

(1) 遭暴风雨袭击是因非施工单位原因造成的损失,故应由业主承担赔偿责任。

(2) 给已建分部工程造成破坏,损失计18万元,应由业主承担修复的经济责任,施工单位不承担修复的经济责任。

(3) 施工单位人员因此灾害数人受伤,处理伤病医疗费用和补偿金总计3万元,业主应给予赔偿。

(4) 施工单位进场的在用机械、设备受到损坏,造成损失8万元,由于现场停工造成台班费损失4.2万元,业主应负担赔偿和修复的经济责任。工人窝工费3.8万元,业主应予支付。

(5) 因暴风雨造成现场停工8天,要求合同工期顺延8天。

(6) 由于工程破坏,清理现场需费用2.4万元,业主应予支付。

问:监理工程师对施工单位提出的要求如何处理?(请逐条回答)

解答:

(1) 经济损失由双方分别承担,工期延误应予签证顺延。

(2) 工程修复、重建18万元工程款应由业主支付。

(3) 3万元的索赔不予认可,由施工单位承担。

(4) 16万元的索赔不予认可,由施工单位承担。

(5) 认可顺延合同工期8天。

(6) 2.4万元的清理现场费用由双方协商承担。

5.4 施工项目成本核算、分析与考核

5.4.1 施工项目成本核算

1. 施工项目成本核算的概念

施工项目成本核算,通常是指在项目成本的形成过程中,对生产经营所消耗的人力资源、物质资源和费用开支,根据国家财务制度和会计制度的有关规定,在企业(公司)职能部门的指导下,按照一定的原则、程序、方法和要求对实际成本发生额进行统计和分析比较的过程。

施工项目成本核算是施工项目成本控制中一个极其重要的子系统,也是项目管理最根本标志和主要内容。

2. 施工项目成本核算的对象

成本核算对象,是指在计算工程成本中,确定归集和分配生产费用的具体对象,即生产费用承担的客体。成本核算对象的确定,是设立施工项目成本明细分类账户,归集和分配生产费用以及正确计算施工项目成本的前提。

具体的成本核算对象主要应根据企业生产的特点加以确定,同时还应考虑成本控制的要求。由于建筑产品用途的多样性,带来了设计施工的单件性。每一建筑安装工程都有其独特的形式、结构和质量标准,需要一套单独的设计图纸,在建造时需要采用不同的施工方法来组织施工。即使采用相同的标准设计,但由于建造地点不同,在地形、地质、水文及交通等方面也会有差异。施工企业这种单件性生产的特点,决定了施工企业成本核算对象的独特性。

施工项目并不等于成本核算对象。有时一个施工项目包括几个单位工程,需要分别核算。单位工程是编制施工预算,制订施工项目成本计划和与建设单位结算工程价款的计算单位。施工项目成本一般应以每一独立编制施工图预算的单位工程为成本核算对象,并与施工项目管理责任目标成本的界定范围相一致;但也可以按照承包工程项目的规模、工期、结构类型、施工组织和施工现场等情况,结合成本管理要求,灵活划分成本核算对象。一般来说有以下几种划分方法:

(1) 一个单位工程由几个施工单位共同施工时,各施工单位都应以同一单位工程为成本核算对象,各自核算自行完成的部分。

(2) 规模大、工期长的单位工程,可以将工程划分为若干部位,以分部位的工程作为成本核算对象。

(3) 同一建设项目,由同一施工单位施工,并在同一施工地点,属同一结构类型,开竣工时间相近的若干单位工程,可以合并作为一个成本核算对象。

(4) 改建、扩建的零星工程，可以将开竣工时间相接近，属于同一建设项目的各个单位工程合并作为一个成本核算对象。

(5) 土石方工程，打桩工程，可以根据实际情况和管理需要，以一个单项工程为成本核算对象，或将同一施工地点的若干个工程量较少的单项工程合并作为一个成本核算对象。

成本核算对象确定后，各种经济、技术资料归集必须与此统一，一般不要中途变更，以免造成项目成本核算不实，结算漏账和经济责任不清的弊端。这样划分成本核算对象，是为了细化项目成本考核和考核项目经济效益。丝毫没有削弱项目经理部作为工程承包合同事实上的履约主体和对工程最终产品以及建设单位负责的管理实体的地位。

3. 施工项目成本核算的原则

为了发挥施工项目成本管理的职能，提高施工项目管理水平，施工项目成本核算就必须讲求质量，这样才能提供对决策有用的成本信息。要提高成本核算质量，除了建立合理、可行的施工项目成本管理系统外，很重要的一条，就是遵循成本核算的原则。概括起来一般有以下几条：

1) 确认原则

这是指对各项经济业务中发生的成本，都必须按一定的标准和范围加以认定和记录。只要是为了经营目的所发生的或预期要发生的，并要求得以补偿的一切费用支出，都应作为成本来加以确认。正确的成本确认往往与一定的成本核算对象、范围和时期相联系，并必须按一定的确认标准来进行。这种确认标准具有相对的稳定性，主要侧重定量，但也会随着经济条件和管理要求的发展而变化。在成本核算中，往往要进行再确认，甚至是多次确认，如确认是否属于成本，是否属于特定核算对象的成本以及是否属于当期核算成本等。

2) 分期核算原则

施工生产一般是连续不断的过程，企业(项目)为了取得一定时期的施工项目成本，就必须将施工生产活动划分为若干时期，并分期计算各期项目成本。成本核算的分期应与会计核算的分期相一致，这样便于财务成果的确定。《企业会计准则》第51条指出："成本计算一般应当按月进行"，这就明确了成本分期核算的基本原则。但要指出，成本的分期核算，与项目成本计算期不能混为一谈。不论生产情况如何，成本核算工作，包括费用的归集和分配等都必须按月进行。至于已完施工项目成本的结算，可以是定期的，按月结转；也可以是不定期的，等到工程竣工后一次结转。

3) 相关性原则

它也称"决策有用原则"。《企业会计准则》第11条指出："会计信息应该符合国家宏观经济管理要求，满足有关方面了解企业财务状况和经营成果的需要，满足企业加强内部经营管理的需要"。因此，成本核算要为企业(项目)成本管理目的服务，成本核算不只是简单的计算问题，要与管理融于一体，算为管用。所以，在具体成本核算方法、程序和标准的选择上，在成本核算对象和范围的确定上，应与施工生产经营特点和成本管理要求特性相结合，并与企业(项目)一定时期的成本管理水平相适应。正确地核算出符合项目管理目标的成本数据和指标，真正使项目成本核算成为领导的参谋和助手。无成本控制目标，成本核算是盲目和无益的，无决策作用的成本信息是没有价值的。

4) 连贯性原则

这是指企业(项目)成本核算所采用的方法应前后一致。《企业会计准则》第51条指出："企业也可以根据生产经营特点,生产经营组织类型和成本管理的要求自行确定成本计算方法。但一经确定,不得随意变动"。只有这样,才能使企业各期成本核算资料口径统一,前后连贯,相互可比。成本核算办法的一贯性原则体现在各个方面,如耗用材料的计价方法、折旧的计提方法、施工间接费的分配方法、未完施工的计价方法等。坚持连贯性原则,并不是一成不变的,如确有必要变更,要有充分的理由对原成本核算方法进行改变的必要性作出解释,并说明这种改变对成本信息的影响。如果随意变动成本核算方法,并不加以说明,则有对成本、利润指标、盈亏状况弄虚作假的嫌疑。

与可比性原则不同的是:可比性原则要求企业(项目)尽可能使用统一的成本核算、会计处理方法和程序,以便横向比较。而连贯性原则则要求同一成本核算单位在不同时期尽可能采用相同的成本核算、会计处理方法和程序,以便于不同时期的纵向比较。

5) 实际成本核算原则

这是指企业(项目)核算要采用实际成本计价。《企业会计准则》第52条指出:"企业应当按实际发生额核算费用和成本。采用定额成本或者计划成本方法的,应当合理计算成本差异,月终编制会计报表时,调整为实际成本"。即必须根据计算期内已完工程量以及实际消耗和实际价格计算实际成本。

6) 及时性原则

这是指企业(项目)成本的核算、结转和成本信息的提供应当在要求时期内完成。要指出的是:成本核算及时性原则,并非越快越好,而是要求成本核算和成本信息的提供,以确保真实为前提,在规定时期内核算完成,在成本信息尚未失去时效情况下适时提供,确保不影响企业(项目)其他环节会计核算工作顺利进行。

7) 配比原则

这是指营业收入与其相对应的成本、费用应当相互配合。为取得本期收入而发生的成本和费用,应与本期实现的收入在同一时期内确认入账,不得脱节,也不得提前或延后。以便正确计算和考核项目经营成果。

8) 权责发生制原则

这是指,凡是当期已经实现的收入和已经发生或应当负担的费用,不论款项是否收付,都应作为当期的收入或费用处理;凡是不属于当期的收入和费用,即使款项已经在当期收付,都不应作为当期的收入和费用。权责发生制原则主要从时间选择上确定成本会计确认的基础,其核心是根据权责关系的实际发生和影响期间来确认企业的支出和收益。根据权责发生制进行收入与成本费用的核算,能够更加准确的反映特定会计期间真实的财务成本状况和经营成果。

9) 谨慎原则

这是指在市场经济条件下,在成本、会计核算中应当对企业(项目)可能发生的损失和费用,作出合理预计,以增强抵御风险的能力。为此,《企业会计准则》规定企业可以采用后进先出法、提取坏账准备金、加速折旧法等,这就体现了谨慎原则的要求。

10）划分收益性支出与资本性支出原则

划分收益性支出与资本性支出原则是指成本、会计核算应当严格区分收益性支出与资本性支出界限，以正确的计算当期损益。所谓收益性支出是指该项支出发生是为了取得本期收益，即仅仅与本期收益的取得有关，如支付工资，水电费支出等。所谓资本性支出是指不仅为取得本期收益而发生的支出，同时该项支出的发生有助于以后会计期间的支出，如构建固定资产支出。

11）重要性原则

这是指对于成本有重大影响的业务内容，应作为核算的重点，力求精确，而对于那些不太重要的琐碎的经济业务内容，可以相对从简处理，不要事无巨细，均作详细核算。坚持重要性原则能够使成本核算在全面的基础上保证重点，有助于加强对经济活动和经营决策有重大影响和有重要意义的关键性问题的核算，达到事半功倍，简化核算，节约人力、财力、物力，提高工作效率的目的。

12）明晰性原则

这是指项目成本记录必须直观、清晰、简明、可控、便于理解和使用。使项目经理和项目管理人员了解成本信息的内涵，弄懂成本信息的内容，便于信息利用，有效地控制本项目的成本费用。

4. 施工项目成本核算的任务与范围

1）施工项目成本核算的任务

鉴于施工项目成本核算在施工项目成本管理中所处的重要地位，施工项目成本核算应完成以下基本任务：

(1) 执行国家有关成本开支范围，费用开支标准，工程预算定额和企业施工预算，成本计划的有关规定，控制费用，促使项目合理、节约地使用人力、物力和财力。这是施工项目成本核算的先决前提和首要任务。

(2) 正确及时地核算施工过程中发生的各项费用，计算施工项目的实际成本。这是项目成本核算的主体和中心任务。

(3) 反映和监督施工项目成本计划的完成情况，为项目成本预测，为参与项目施工生产、技术和经营决策提供可靠的成本报告和有关资料，促进项目改善经营管理，降低成本，提高经济效益。这是施工项目成本核算的根本目的。

2）施工项目成本核算的范围

要提高施工项目成本管理水平，在施工项目成本核算中必须要明确成本核算的范围，一般来讲，施工项目成本核算包括直接成本的核算和间接成本的核算两部分。

(1) 直接成本的范围，施工项目成本相当于工业产品的制造成本或营业成本。根据财务制度规定，直接成本的范围为在工程施工过程中所发生的各项直接支出，包括人工费、材料费、机械使用费、其他直接费等。

(2) 间接成本的范围，为工程施工而发生的各项施工间接费(间接成本)分配计入施工项目成本。根据财务制度规定：企业(公司)行政管理部门为组织和管理生产经营活动而发生的管理费用和财务费用应当作为期间费用，直接计入当期损益；可见，期间费用与施工生产经营没有直接联系，费用的发生基本不受业务量增减的影响;在“制造成本法”下,它不是施工项目成本的一部分。项目经理部为组织和管理施工生产经营活动而发生的管理费用(现场管理费)则属于间接成本核算的范围。

5. 施工项目成本核算的方法

项目经理部在承建工程项目,并收到设计图纸以后,一方面要进行现场“三通一平”等施工前期工作;另一方面,还要组织力量分头编制施工图预算、施工组织设计及施工项目成本计划;最后,将施工项目成本计划付诸实施并进行有效控制,控制效果的好坏必须得通过成本核算才能知晓。

施工项目成本核算应采取会计核算、统计核算和业务核算相结合的方法,并应做实际成本与目标成本的比较分析,对比的内容,包括项目总成本和各个成本项目的相互对比,用以观察分析成本升降情况,同时作为考核的依据。比较的方法具体如下:

(1) 通过实际成本与责任目标成本的比较分析,来考核施工项目成本的降低水平。

(2) 通过实际成本与计划目标成本的比较分析,来考核施工项目成本的管理水平。

6. 施工项目成本核算的内容

施工过程中项目成本的核算,宜以每月为一核算期,在月末进行。核算对象应按单位工程划分,并与施工项目管理责任目标成本的界定范围相一致。项目成本核算应坚持施工形象进度、施工产值统计、实际成本归集“三同步”的原则。施工产值及实际成本的归集,宜按照下列方法进行:

(1) 应按照统计人员提供的当月完成工程量的价值及有关规定,扣减各项上缴税费后,作为当期工程结算收入。

(2) 人工费应按照劳动管理人员提供的用工分析和受益对象进行账务处理,计入工程成本。

(3) 材料费应根据当月项目材料消耗和实际价格,计算当期消耗,计入工程成本;周转材料应实行内部调配制,按照当月使用时间、数量、单价计算,计入工程成本。

(4) 机械使用费按照项目当月使用台班和单价计入工程成本。

(5) 其他直接费应根据有关核算资料进行财务处理,计入工程成本。

(6) 间接成本应根据现场发生的间接成本项目的有关资料进行账务处理,计入工程成本。

7. 项目月度成本报告的编制

项目经理部应在跟踪核算分析的基础上,编制月度项目成本报告,上报企业成本主管部门进行指导检查和考核。

对于项目经理部来说,定期编制成本报告,是最重要的管理手段之一,在工程施工期间,定期编制成本报告既能提醒注意当前急需解决的问题,又能掌握本项目的施工总情况。成本报告报表要用简明扼要、易于阅读的形式来汇集必须的资料数据。

尽管编制成本报告报表需要耗费一些时间;然而,坚持采用定期成本报告报表正是取得项目成功的主要措施之一。

1）人工费周报表

人工费是项目经理部最能直接控制的成本。它不仅能控制工人的选用，也能控制工人的工作量和工作时间。由于这个原因，项目经理部必须经常掌握人工费用的详细情况。

人工费周报表的实际意义，是使项目经理部能够一看就了解该周某工程施工中的每个分项工程的人工单位成本和总成本，以及与之对应的预测数据。有了这些资料，就不难发现那些分项工程的单位成本或总成本与预算存在差异，从而进一步找出症结所在。这样，项目经理部就可以在施工项目实施过程中，采取措施来纠正存在的问题。

2）工程成本月报表

人工费周报表内只包括人工费用，而工程成本月报表内却包括工程的全部费用。工程成本月报表是针对每一个施工项目设立的。

工程成本月报表有助于项目经理评价本工程中各个分项工程的成本支出情况。

3）工程成本分析月报表

工程成本分析月报表将施工项目的分部分项工程成本资料和结算资料汇于一表，使得项目经理能够纵观全局。成本分析报表可以一月一编报，也可以一季编报一次。

工程成本分析月报表的资料来源于施工项目的成本日记账和成本分类账以及应收账款分类账，起报告工程成本现状的作用。

最后，项目经理部应根据项目月度成本报告的有关资料，分析计算每月分部分项工程成本的累计偏差和相应的计划目标成本的余额，预测后期成本的变化趋势和状况；根据偏差原因制定改善成本控制的措施，控制下月施工任务的成本。

5.4.2　施工项目成本分析

1. 施工项目成本分析的概念

施工项目成本分析，是指根据统计核算、业务核算和会计核算提供的资料，对项目成本的形成过程和影响成本升降的因素进行分析的过程。其目的是为了寻求进一步降低成本的途径，包括项目成本中有利偏差的挖掘和不利偏差的纠正。

施工项目成本分析，应该随着项目施工的进展，动态地、多形式地开展，而且要与生产诸要素的经营管理相结合。这是因为成本分析必须要为生产经营服务，即通过成本分析与预测，及时发现矛盾，解决矛盾，从而改善生产经营，又可从中找出降低成本的途径。

2. 施工项目成本分析的原则

从成本分析的效果出发，施工项目成本分析应坚持以下原则：

1）实事求是

在成本分析当中，必然会涉及一些人和事，也会有表扬和批评。受表扬的当然高兴，受批评的未必都能做到“闻过则喜”，因而常常会有一些不愉快的场面出现，乃至影响成本分析的效果。因此，成本分析一定要有充分的事实依据,应用“一分为二”的辩证方法,对事务进行实事求是的评价,并要尽可能做到措辞恰当,能为绝大多数人所接受。

2)用数据说话

成本分析要充分利用统计核算、业务核算、会计核算和有关辅助台账的数据进行定量分析,尽量避免抽象的定性分析。因为定量分析对事物的评价更为准确,更令人信服。

3)注意时效

也就是:成本分析及时,发现问题及时,解决问题及时。否则,就有可能贻误解决问题的最好时机,甚至造成问题成堆,积重难返,发生难以挽回的损失。

4)为生产经营服务

成本分析不仅要揭露矛盾,而且要分析矛盾产生的原因,并为克服困难献计献策,提出积极的有效的解决矛盾的合理化建议。这样的成本分析,必然会深得人心,从而受到项目经理和有关项目管理人员的配合和支持,使施工项目的成本分析更健康地开展下去。

3. 施工项目成本分析的方法

由于施工项目成本涉及的范围很广,需要分析的内容也很多,所以应该在不同的情况下采取不同的分析方法。一般来讲,成本分析的方法有以下三种:

1)对比法

对比法又称“指标对比分析法”,就是通过技术经济指标的对比,检查目标的完成情况,分析产生差异的原因,进而挖掘内部潜力的方法。这种方法,具有通俗易懂、简单易行、便于掌握的特点,因而得到广泛的应用,但在应用时必须注意各技术经济指标的可比性,应按照量价分离的原则进行。

对比法的应用,通常有下列几种形式:

(1)将实际工程量与预算工程量进行对比,此种对比分析的目的在于检查工程量清单报价中工程量的增减变化情况,从而分析由于工程量的变化所带来的施工项目成本节超的情况。在进行此项对比时,一定要注意工程量计量依据的统一和计量单位的统一。

(2)将实际消耗量与计划消耗量进行对比,此种对比分析的目的在于检查成本计划的执行情况,及时分析完成计划的积极因素和影响计划实现的消极因素,以便及时采取措施,保证成本目标的实现。如发现成本计划目标太高,应重新调整成本目标,以免挫伤人的积极性。

(3)将实际采用价格和计划价格进行对比,由于施工项目一般工期较长,在市场经济条件下,施工期间价格水平不可避免地将会产生波动。因此,及时地将实际价格与计划价格进行对比分析,能够快捷地了解成本的节超情况。

(4)将各种费用实际发生额与计划支出额进行对比,一般来讲,在成本计划中已详细地列出了人工费、材料费、机械使用费、其他直接费及间接费等各项费用支出数,但实际发生额是否与计划一致,还得靠实践来检验,所以及时地进行各项费用的对比分析,将非常有益于成本计划和成本核算的动态实施。

2）连环替代法

连环替代法又称连锁置换法或因素分析法。这种方法，可用来分析各种因素对成本形成的影响程度。在进行分析时，首先要假定众多因素中的一个因素发生了变化，而其他因素则不变，然后逐个替换，并分别比较其计算结果，以确定各个因素的变化对成本的影响程度。

连环替代法的计算分析步骤如下：

(1) 确定分析对象(所分析的技术经济指标)，并计算出实际与目标(或预算)数的差异。

(2) 确定该指标是由哪几个因素组成的，并按其相互关系进行排序。

(3) 以目标(或预算)数为基础，将各因素的目标(或预算)数相乘，作为分析替代的基数。

(4) 将各个因素的实际数按照上面的排列顺序进行替换计算，并将替换后的实际数保留下来。

(5) 将每次替换计算所得的结果，与前一次的计算结果相比较，两者的差异即为该因素对成本的影响程度。

(6) 各个因素的影响程度之和，应与分析对象的总差异相等。

例 5-4　某工程浇筑某商品混凝土构件，目标成本为 364 000 元，实际成本为 422 813 元，比目标成本增加 58 812 元。根据表 5-1 的资料，试用“连环替代法”分析其成本增加的原因。

解：(1) 分析对象是浇筑某商品混凝土构件的成本，实际成本与目标成本的差额为 58 812 元。

(2) 该指标是由产量、单价、损耗率三个因素组成的，其排序见表 5-1。

(3) 以目标数 364 000 元(＝500×700×1.04)为分析替代的基础。

(4) 第一次替代：产量因素

以 550 替代 500，得 400 400 元，即 550×700×1.04＝400 400 元

第二次替代：单价因素

以 750 替代 700，并保留上次替代后的值，得 429 000 元，即 550×750×1.04＝429 000 元

第三次替代：损耗率因素

以 1.025 替代 1.04，并保留上两次替代后的值，得 422 812 元，即 550×750×1.025＝422 812 元

(5) 计算差额：

第一次替代与目标数的差额＝400 400－364 000＝36 400(元)

第二次替代与第一次替代的差额＝429 000－400 400＝28 600(元)

第三次替代与第二次替代的差额＝422 812－429 000＝－6 188(元)

产量增加使成本增加了 36 400 元，单价提高使成本增加了 28 600 元，而损耗率下降使成本减少了 6 188 元。

(6) 各因素的影响程度之和＝36 400＋28 600－6 188＝58 812(元)，与实际成本与目标成本的总差额相等。

为了使用方便，企业也可以通过运用因素分析表来求出各因素的变动对实际成本的影响程度，其具体形式见表 5-8 和表 5-9。

表 5-8 商品混凝土目标成本与实际成本对比表

项目	计划	实际	差额
产量/m^3	500	550	+50
单价/元	700	750	+50
损耗率	4%	2.5%	-1.5%
成本/元	364 000	422 813	+58 812

表 5-9 商品混凝土成本变动因素分析表

顺　　序	连环替代计算	差异/元	因素分析
目标数	500×700×1.04		
第一次替代	550×700×1.04	36 400	由于产量增加 50m^3 成本增加 36 400 元
第二次替代	550×750×1.04	28 600	由于单价提高 50 元成本增加 28 600 元
第三次替代	550×750×1.025	-6 188	由于损耗率下降 1.5%,成本减少 6 188 元
合计	58 812	58 812	

必须说明,在应用"连环替代法"时,各个因素的排列顺序应该固定不变。否则,就会得出不同的计算结果,也会产生不同的结论。

3) 差额计算法

差额计算法是连环替代法的一种简化形式,它利用各个因素的目标与实际的差额来计算其对成本的影响程度。

例 5-5 某施工项目某月的实际成本降低额比目标数提高了 2.40 万元(表 5-10)。

表 5-10 降低成本目标与实际对比表

项　　目	目标	实际	差异
预算成本/万元	300	320	+20
成本降低率/%	4	4.5	+0.5
成本降低额/万元	12	14.4	+2.40

根据表 5-10 资料,应用"差额计算法"分析预算成本和成本降低率对成本降低额的影响程度。

解:(1) 预算成本增加对成本降低额的影响程度

$$(320-300)\times 4\%=0.80\text{ 万元}$$

(2) 成本降低率提高对成本降低额的影响程度

$$(4.5\%-4\%)\times 320=1.60\text{ 万元}$$

以上两项合计:0.80+1.60=2.40 万元

4. 施工项目成本分析结果的处理与纠偏措施

项目经理部应将成本分析的结果形成文件,为成本偏差的纠正与预防、成本控制方法的改进、制定降低成本措施、改进成本控制体系等提供依据。

成本偏差的控制,分析是关键,纠偏是核心。因此,要针对分析得出的偏差发生原因采取切实纠偏措施，加以纠正。需要强调的是，由于偏差已经发生，所以纠偏的重点应放在今后的施工过程中。成本的纠偏措施主要包括组织措施、技术措施、经济措施和合同措施等。

1）组织措施

成本控制是全企业的活动，为使项目成本消耗保持在最低限度，实现对项目成本的有效控制，项目经理部应将成本责任分解落实到各个岗位和专人，对成本进行全过程控制、全员控制、动态控制。形成一个分工明确、责任到人的成本控制责任体系。在所有岗位中，成本员、核算员的工作显得尤其重要。他们要从财务角度做成本账，进行成本分析，从投标估价开始直至合同终止，对全过程中有关成本的一切问题负总的责任。他们的工作也与投标估价、合同、施工方案、施工计划、材料和设备供应、财务等各方面有关。

进行成本控制的另一个组织措施应该是确定合理的工作流程。成本控制工作只有建立在科学管理的基础之上，具备合理的管理体制，完善的规章制度，稳定的作业秩序，完整准确的信息传递，才能取得成效。

2）技术措施

在施工准备阶段应多做不同施工方案的技术经济比较。这方面的方法很多，如：VE（价值工程）、OR 方法、统筹方法（CPM）、ABC 分析法、量本利分析法，等等。

另外，由于施工的干扰因素多，因此在作方案比较时，应认真考虑不同方案对各种干扰因素影响的敏感性。

不但在施工准备阶段，还应在施工进展的全过程中注意在技术上采取措施，以降低成本。例如：进行技术经济分析，确定最佳的施工方法；结合施工方法，进行材料使用的比较和选择；在满足功能要求的前提下，通过代用、改变配合比、使用添加剂等方法降低材料消耗的费用；确定最合适的施工机械、设备使用方案；结合项目的施工组织设计及自然地理条件，降低材料的库存成本和运输成本；先进施工技术的应用；新材料的应用；新开发出的机械设备的使用等。

3）经济措施

（1）认真做好成本的预测和各种计划成本。由于工程成本的不稳定性、不确定性以及施工过程中会受到各种不利因素的影响等特点，成本的计划应尽量准确。认真做好合同预算成本、施工预算成本。

（2）对各种支出，应认真做好资金的使用计划，并在施工中严格控制各项开支。

（3）及时准确地记录、收集、整理、核算实际发生的成本。

（4）对各种变更，及时做好增减账，及时找业主签证。

（5）及时结算工程款。

4）合同措施

选用合适的合同结构对项目的合同管理至关重要，在施工任务组织的模式中，有多种合同结构模式。在使用时必须对其分析、比较，选用适合于工程的规模、性质和特点的合同结构模式。

其次，在合同条文中应细致的考虑一切影响成本、效益的因素。特别是潜在的风险因素，通过对引起成本变动的风险因素的识别和分析，采取必要的风险对策，如通过合理的方式同其他参与方共同承担,增加承担风险的个体数量,降低损失发生的比例,并最终使这些策略反映在签订的合同的具体条款中。

采用合同措施控制项目成本,应贯彻在合同的整个生命期,包括从合同谈判开始到合同终结的整个过程。

在合同执行期间,合同管理部门应主要进行合同文本的审查,合同风险分析。在这个时间范围内,合同管理的任务既要密切注视对方合同执行的情况,以寻求向对方索赔的机会,也要密切注意我方是否履行合同的规定,以防止被对方索赔。应看到,合同双方既有义务也有权利,既约束对方,也被对方所约束。经济合同体现了两个法人之间的经济关系。

5.4.3 施工项目成本考核

1. 施工项目成本考核的含义

施工项目成本考核是指对成本指标完成情况的总结和评价,奖优罚劣。成本考核制度包括考核的目的、时间、对象、方式、依据、指标、组织领导、评价与奖罚原则等内容。

施工项目成本考核的目的,在于贯彻落实责权利相结合的原则,促进成本管理工作的健康发展,更好地完成施工项目的成本目标。

在施工项目的成本控制中,项目经理和所属部门及各作业队,都有明确的成本控制责任,而且有定量的成本目标。通过定期和不定期的成本考核,既可对他们加强督促,又可调动他们成本控制的积极性。

项目成本控制是一个系统过程,而成本考核则是系统的最后一个环节。如果对成本考核工作抓得不紧,或者不按正常的工作要求进行考核,前面的成本预测、成本实施、成本核算、成本分析都将得不到及时正确的评价。这不仅会挫伤有关人员的积极性,而且会给今后的成本控制带来不可估量的损失。

施工项目的成本考核,特别要强调施工过程中的中间考核。这对具有一次性特点的施工项目来说尤为重要。因为通过中间考核发现问题,还能"亡羊补牢"。而竣工后的成本考核,虽然也很重要,但对成本控制的不足和由此造成的损失,已经无法弥补。

施工项目的成本考核,又分为月度考核、阶段考核和竣工考核三种,通过不同阶段的考核,及时发现问题、奖励先进、鞭策落后。

2. 项目成本考核的内容和要求

项目成本考核以项目成本降低额和项目成本降低率作为成本考核的主要指标,要加强组织管理层对项目管理部的指导,并充分依靠技术人员、管理人员和作业人员的经验和智慧,防止项目管理在企业内部异化为靠少数人承担风险的以包代管模式,成本考核也可分别考核组织管理层和项目经理部。

项目管理组织对项目经理部进行考核与奖惩时,既要防止虚盈实亏,也要避免实际成本归集差错等的影响,使项目成本考核真正做到公平、公正、公开,在此基础上兑现项目成本管理责任制的奖惩或激励措施。

3. 施工项目成本考核的方法

1）施工项目的成本考核采取评分制

具体方法为：先按考核内容评分，然后按七与三的比例加权平均。即：责任成本完成情况的评分为七，成本管理工作业绩的评分为三。这是一个假设的比例，施工项目可以根据自己的具体情况进行调整。

2）施工项目的成本考核要与相关指标的完成情况相结合

具体方法为：成本考核的评分是奖罚的依据，相关指标的完成情况为奖罚的条件。也就是：在根据评分计奖的同时，还要参考相关指标的完成情况加奖或扣罚。与成本考核相结合的相关指标，一般有进度、质量、造价、安全和现场标准化管理等。

3）强调项目成本的中间考核

项目成本的中间考核，可从两方面进行考虑：

（1）月度成本考核，一般是在月度成本报表编制以后，根据月度成本报表的内容进行考核。在进行月度成本考核的时候，不能单凭报表数据，还要结合成本分析资料和施工生产、成本管理的实际情况，然后作出正确的评价，带动今后的成本管理工作，保证项目成本目标的实现。

（2）阶段成本考核，民用建筑项目的施工阶段，一般可划分为：基础、主体、装饰、总体四个阶段。如果是高层建筑，可对主体阶段进行分层考核。

阶段成本考核的优点，在于能对施工告一段落的成本进行考核，可与施工阶段其他指标（如进度、质量等）的考核结合得更好，也更能反映施工项目的管理水平。

4）正确考核施工项目的竣工成本

施工项目的竣工成本，是在工程竣工和工程款结算的基础上编制的，它是竣工成本考核的依据。

工程竣工，表示项目建设已经全部完成，并已具备交付使用的条件（已具有使用价值）。而月度完成的分部分项工程，只是建筑产品的局部，并不具有使用价值，也不可能用来进行商品交换，只能作为分期结算工程进度款的依据。因此，真正能反映全貌而又正确的项目成本，是在工程竣工和工程款结算的基础上编制的。

由此可见，施工项目的竣工成本是项目经济效益的最终反映。它既是上交利税的依据，又是进行职工分配的依据。由于施工项目的竣工成本关系到企业和职工的利益，必须做到核算正确，考核正确。

思　考　题

1. 施工项目成本、施工项目成本管理的定义是什么？
2. 承包成本、计划成本与实际成本之间的关系是什么？
3. 简述建筑安装工程费用的组成。
4. 简述工程量清单的构成。

5. 施工项目成本计划的定义是什么？它在成本控制中起何作用？
6. 简述施工项目成本控制的内容。
7. 简述施工项目成本控制的方法。
8. 施工项目成本核算的定义是什么？如何确定核算的对象？
9. 施工项目成本核算的原则是什么？
10. 施工项目成本分析的定义是什么？
11. 施工项目成本分析应坚持的原则是什么？
12. 简述连环替代法的分析步骤。
13. 对比法在成本分析中如何应用？
14. 施工项目成本考核的定义是什么？考核的内容和要求是什么？
15. 施工项目成本考核的一般方法是什么？

第6章

施工项目职业健康安全与环境管理

本章提要 为保证施工中劳动者在生产作业过程中的健康安全和保护人类的自然生存环境，必须加强施工项目职业健康安全与环境管理。本章主要包括施工项目安全生产管理和现场文明施工及环境管理的内容，并对职业健康安全与环境管理体系结构、内容和运用进行了介绍。

通过学习，要求掌握的主要施工项目安全生产管理内容有：安全生产责任制、安全教育、安全检查、施工安全技术措施、安全监察、危险源辨识与风险评价、职业伤亡事故分类和处理等。同时要求掌握工程环境保护、施工项目现场管理、文明施工的内容和要求，熟悉职业健康安全与环境管理的任务及相应管理体系要素和运行模式。

6.1 施工项目安全生产管理

6.1.1 施工项目安全管理概述

1. 安全管理的概念及原则

安全管理是指管理者对安全生产进行的立法(法律、条例、规程)和建章立制，计划、组织、指挥协调和控制的一系列活动，目的是保护职工在生产过程中的安全与健康，保护财产不受损失。我国现行的安全生产管理体制为“企业负责、行业管理、国家监察、群众监督和劳动者遵章守纪”。它是适应我国市场经济体制要求，符合国际惯例的安全生产管理体制。“企业负责”是指企业在其经营活动中必须对本企业的安全生产负全面责任；“行业管理”是指各级行业主管部门对用人单位的劳动保护工作应加强指导，充分发挥行业主管部门对本行业劳动保护工作进行管理的作用；“国家监察”是指各级政府部门对用人单位遵守劳动保护法律、法规的情况实施监督检查，并对用人单位违反劳动保护法律、法规的行为实施行政处罚；“群众监督”规定工会依法对用人单位劳动保护工作实行监督，劳动者对违反劳动保护法律、法规和危害生命及身体健康的行为，有权提出批评、检举和控告；“劳动者遵章守纪”是指安全生产目标的实现,根本取决于广大劳动者素质的提高,取决于劳动者能否自觉履行好自己的安全生产法律责任。我国《劳动法》规定,"劳动者在劳动过程中,必须严格遵守安全操作规程",要"珍惜生命,爱护自己,勿忘安全",广泛深入开展"三不伤害"活动,自觉做到遵章守纪、遵纪守法,确保安全。

建筑行业具有产品固定,作业流动性大;产品体积大,露天作业和高处作业多;施工周期长,涉及面广;手工作业多,劳动条件差,作业强度大;人员及其素质不稳定;施工现场受地理环境、季节气候影响大等特点,是安全事故的高发行业。建筑安全关系到劳动者的安全和健康,关系到建筑行业和整个社会的发展与进步。近年来,随着我国建筑行业的迅速发展,建筑行业呈现市场规模不断增大、行业新技术发展较快、建筑市场逐渐与国际接轨的特点,这给施工安全提出了更多更高的要求。

施工项目安全管理是建筑企业安全管理系统的关键,是保证建筑企业处于安全状态的重要基础。它是在项目施工的全过程中,运用科学管理的理论、方法,通过法规、技术、组织等手段,使人、物、环境构成的施工生产体系达到最佳安全状态,实现项目安全目标所进行的一系列活动的总称。开展施工项目安全管理,是保证项目施工中避免人员伤亡、财物损毁,追求最佳效益的需要,也是保证建设单位对施工项目工期、质量和项目工程功能最佳实现的需要,同时安全管理也是工程项目建立良好的生产秩序和优美环境的必要手段,因此对施工项目必须实施科学、严格的安全管理。

为了有效地进行施工项目安全管理与控制,应当遵循以下几条基本原则。

(1) 安全管理法制化

安全管理法制化,是指要依靠国家以及有关部委制定的安全生产法律文件,对施工项目进行管理。要加强对建筑施工管理人员和广大职工的安全法律教育,增强法制观念,做到知法、守法、安全生产。对违反安全生产法律的单位和个人要视责任大小,给予处罚,直至追究刑事责任,做到坚决依法处理。

多年来,我国已逐步建立起了建筑安全生产法规体系和建筑安全技术标准体系,2004年2月1日我国第一部建筑安全行政法规《建设工程安全生产管理条例》开始实施,标志着我国建设工程安全监管进入了法制化的新阶段。

(2) 安全管理制度化

安全管理制度化,是指必须建立和健全各种安全管理规章制度和规定,实行安全管理责任制,以对项目建设过程中各种安全因素进行有效控制,从而预防和减少安全事故。

(3) 安全管理科学化

要加强对安全管理方法和手段的科学研究,使生产技术和安全管理技术协调同步发展,学习在变化的生产活动中不断消除新的危险因素,不断总结提高企业安全管理水平。

(4) 贯彻"预防为主"的方针

"安全第一,预防为主"是安全工作的基本方针,但关键是必须将"预防为主"放在首位,才能将事故消除在发生之前。贯彻"预防为主"要端正对生产中不安全因素的认识和态度,选准消除不安全因素的时机。同时,要贯彻国家的劳动安全法律及上级制定的安全规程、制度和办法,在生产活动中,经常检查,及时发现不安全因素尽快采取措施。

(5) 全员参与安全管理

安全管理的核心是企业内各个管理层次的人员对安全工作要有统一的认识、态度,要具有安全管理能力并实际履行安全职责。项目中的工人、班组长、安全员、项目经理及公司高级管理人员在安全管理中必须良好合作，共同履行各自的安全职责。同时，与工程建设有关的各方，包括承包商、分包商、业主和设计人员等都应有各自的安全责任。要按照《建设工程安全生产管理条例》规范和增强建设各方主体的安全行为和安全责任意识，强化和提高政府安全监管水平，从源头上遏制建筑施工重特大安全事故发生，保证从业人员和广大民众的生命财产安全。

2. 安全管理的要素

在项目管理过程中承包商要认真制定一套安全管理制度来体现公司的安全理念，确保公司安全目标的实现。为了使安全计划有效实施，要合理组织、充分落实每位员工的安全责任，要采取符合工程项目特点的安全技术措施，要通过安全教育不断提高员工安全素质，要开展标准化、规范化的安全检查和评价活动，对事故隐患要及时有效地控制处理。

1）安全理念和安全目标

建筑企业的经理们心中应当有一个明确的安全目标或指导思想，它是安全计划的核心，是决定安全计划能否有力落实的关键。同时管理者应该为项目及安全工作建立起一种氛围，只有当安全已成为项目及企业中所有员工无时不在的观念，安全目标才能成为一个可接受且能够有效实现的目标。

在制订安全计划时，首先要对安全目标进行阐述。这个阐述表达公司对员工安全负责的态度，是公司执行安全计划的推动力。

2）安全计划

在项目开工前，承包商应编制项目安全保证计划，其内容应包括：工程概况、控制程序、控制目标、组织结构、职责权限、规章制度、资源配置、安全措施、检察评价、奖惩制度等。对结构复杂、施工难度大、专业性强的项目，除制订项目安全技术总体安全保证计划外，还必须制定单位工程或分部、分项工程的安全施工措施。对专业性强的施工作业、特殊工种的作业，应制订单项安全技术方案和措施。

安全计划的内容应该结合本工程项目的特点，要符合国家有关建筑安全的法律法规和技术标准，并应力求考虑周全，详细具体，确保从业人员在安全的环境下工作。

3）安全生产责任制

我国《建筑法》对建筑工程安全生产管理，提出要建立健全安全生产责任制、安全生产教育培训制、伤亡事故报告制，安全生产检查制等管理制度。安全生产责任制是最主要的安全管理制度。它是根据“管生产必须管安全”，“安全工作，人人有责”的原则，以制度的形式，明确规定各级领导和各类人员在生产活动中应负的安全职责。它是企业责任制的一个重要组成部分，是实现安全生产工作制度化、规范化、科学化的重要手段。企业在安全管理过程中，各项规章制度必须建立在安全生产责任制的基础上，通过安全生产责任制的落实去保证其他各种规章制度的贯彻执行。同时，它可以激发管理人员和职工安全生产的积极性。人人都有安全责任，人人安全操作，方能落实安全计划。

4）安全技术法规

经过多年积累，我国已建立了建筑安全生产法律体系和建筑安全技术标准体系，已颁布有《工程建设重大事故报告和调查程序规定》、《建筑安全生产监督管理规定》等部门规章，《施工企业安全生产评价标准》(JGJ/T 77—2003)、《建筑施工安全检查标准》(JGJ 59—1999)、《建筑施工高处作业安全技术规范》(JGJ 46—1988)、《龙门架及井字架物料提升机安全技术规范》和《施工现场临时用电安全技术规范》、《建筑施工门型脚手架安全技术规范》、《建筑施工扣件式钢管脚手架安全技术规范》等建筑安全技术标准和规范,《中华人民共和国建筑法》(1998年3月1日起施行)、《标准化法》(1998年9月1日施行)、《劳动法》(1995年5月1日施行)等法律以及国务院《建筑安装工程安全技术规程》、国务院第75号《企业职工伤亡事故报告和处理规定》(1995年5月1日施行)、国务院《关于特大安全事故行政责任追究的规定》(2001年4月28日施行)、国务院《建设工程安全生产管理条例》(2004年2月1日施行)等法规。一些重要技术规范被列为强制性条文,必须严格执行。这些法规体系和标准体系对工程项目施工过程中各环节的安全生产管理起到了积极的指导和规范作用。

5) 安全技术措施

《建筑法》第三十八条规定,建筑施工企业在编制施工组织设计时,应当根据建筑工程的特点制定相应的安全技术措施。JGJ 59—1999 标准将施工组织设计安全技术措施列入"安全管理检查评分表"的"保证项目"。所有建筑工程施工都必须要有施工安全技术措施,它是施工组织设计的重要内容之一。它针对建筑工程施工中存在的不利条件和不安全因素,进行预先分析,从而从技术上和管理上制定控制和消除隐患,防止事故的措施。

编制安全技术措施要针对工程施工特点、场地环境、施工条件、施工方法、施工机械、变配电设施、架设工具等条件进行预先分析,制定对策,同时要考虑施工中是否有有毒、易爆、易燃作业和材料以及构件运输等条件。对脚手架搭设、高空作业、施工用电、设备装拆、基坑支护、模板工程、起重吊装作业,塔吊、物料提升机等专业性强的项目应单独编制专项安全技术措施。安全技术措施应包括防火、防灾害、防高空坠落、环境污染等方面,同时还应包括各专业工种(木工、混凝土工、机械工、起重工等)的安全操作规程。

制定的施工安全技术措施必须符合国家颁发的施工安全技术法规、规范及标准。在开工前,在组织工程施工技术交底时,应同时进行层层安全交底。措施中的各项安全设施应当任务下达、责任到人,安全设施也应按建设部规定进行量化验收,合格后才准使用。

6) 安全培训

安全培训是安全计划的核心内容之一,是让所有现场人员都明确安全计划和掌握安全生产知识的前提和保证。

企业应针对不同层次的施工人员开展安全培训的教育,对刚进企业的新工人必须接受三级安全教育,即公司、项目、班组的三级安全培训教育,经考核合格后,方能上岗。公司安全培训教育的主要内容是:国家和地方有关安全生产的方针、政策、法规、标准、规范、规程和企业的安全规章制度等。项目安全培训教育的主要内容是:工地安全制度、施工现场环境、工程施工特点及可能存在的不安全因素等。班组安全培训教育的主要内容是:本工种的安全操作规程、事故安全剖析、劳动纪律和岗位讲评等。

对容易发生人员伤亡事故,对操作者本人、他人及周围设施安全有重大危害的特种作业人员(如电工、焊工、爆破工、登高架设作业、起重机械作业、压力容器操作等)还必须进行专业安全技术教育和实际操作训练,经考核合格后持证上岗。企业在做好新工人入场教育、特种作业人员安全生产教育、操作人员新技术、新岗位安全教育的同时，还应把经常性的安全教育贯穿于管理工作的全过程。如在工地入口悬挂安全纪律牌、进行安全广播、举办安全报告会、针对季节与节假日开展适时安全教育，班组长在班前进行上岗交底，进行上岗检查等。

7）安全检查

为确保安全计划的有效执行，为了及时发现和消除施工中存在的不安全行为和事故隐患，在项目施工中，必须对生产进行监督检查。通过安全检查，能更好地贯彻落实国家安全生产方针政策、各项安全生产规章制度，能及时把握现场安全生产状况，为加强安全管理提供信息，能相互学习，总结经验，取长补短，同时，安全检查也是群众性的安全教育活动，能提高领导和群众的安全意识和责任感。

安全检查主要有上级检查、定期检查、专业性检查、经常性检查、季节性检查及自行检查等形式。如项目经理部在施工过程中组织定期和不定期的安全检查，施工班组每日进行班前安全检查，在施工过程中经常进行的自检、互检和交接检查，安全管理小组成员进行日常安全巡查，对专业工种进行专项安全检查，各级管理人员在检查施工的同时检查安全等。

安全检查的内容包括各级人员安全施工规章制度的落实和现场安全措施的落实两大方面。规章制度主要指安全生产责任制、教育制度、检查制度；现场安全检查的重点是现场劳动条件、生产设备、现场管理、安全卫生设施、生产人员行为等，如现场安全组织状况、安全记录、安全技术交底及操作规程的学习情况、设施防护、安全用电、现场防火、防坠落、防坍塌措施等。

对检查中发现的隐患应进行登记，发出隐患整改通知单，对违章指挥、作业，检查人员可当场指出，进行纠正。被检单位对查出的隐患，应立即研究整改方案，按照“三定”即“定人、定期限、定措施”，立即进行整改，整改完成后要及时通知有关部门进行复查，复查合格后进行销案。

为科学评价建筑施工安全情况，实现安全检查工作标准化、规范化，建设部颁发了安全检查评分表，如表 6-1、表 6-2 所示。

表 6-1　建筑施工安全检查评分汇总表

单位工程（施工现场）名称	总计得分（满分100分）	项目名称及分值									
		安全管理（满分10分）	文明施工（满分20分）	脚手架（满分10分）	基坑支护及模板工程（满分10分）	“三宝”及“四口”防护（满分10分）	施工用电（满分10分）	物料提升机与外用电梯（满分10分）	塔吊（满分10分）	起重吊装（满分5分）	施工机具（满分5分）

评语及整改意见：

检查单位		负责人		受检单位		负责人	
公司性质		技术等级		结构类型		建筑面积	

年　月　日

注：“三宝”是指安全帽、安全网、安全带。

表 6-2 安全管理评分表

<table>
<tr><th>序号</th><th colspan="2">检查项目</th><th>扣 分 标 准</th><th>应得分数</th><th>扣减分数</th><th>实得分数</th></tr>
<tr><td rowspan="2">1</td><td rowspan="12">保证项目</td><td rowspan="2">安全施工责任制</td><td>未建立安全施工责任制扣10分
各级各部门未执行责任制扣4～10分
经济承包中无安全施工指标扣10分</td><td></td><td></td><td></td></tr>
<tr><td></td><td>10</td><td></td><td></td></tr>
<tr><td rowspan="2">2</td><td rowspan="2">安全教育</td><td>新工人未进行安全教育扣10分
变换工种时未进行安全教育扣10分
每有一人不懂本工种安全技术操作规范扣2分</td><td></td><td></td><td></td></tr>
<tr><td></td><td>10</td><td></td><td></td></tr>
<tr><td rowspan="2">3</td><td rowspan="2">施工组织设计</td><td>无安全措施扣10分
安全措施未经审批扣10分
安全措施不全面扣2～4分
安全措施无针对性扣6～8分</td><td></td><td></td><td></td></tr>
<tr><td></td><td>10</td><td></td><td></td></tr>
<tr><td rowspan="2">4</td><td rowspan="2">分部(分项)工程安全技术交底</td><td>无书面安全技术交底扣10分
交底针对性不强扣4～6分
交底不全面扣2～4分
交底未履行签字手续扣2～4分</td><td></td><td></td><td></td></tr>
<tr><td></td><td>10</td><td></td><td></td></tr>
<tr><td rowspan="2">5</td><td rowspan="2">特种作业持证上岗</td><td>有1人未经培训考试合格或非特殊工种从事特种作业扣10分
有1人未持操作证上岗扣2分</td><td></td><td></td><td></td></tr>
<tr><td></td><td>10</td><td></td><td></td></tr>
<tr><td rowspan="3">6</td><td rowspan="2">安全检查</td><td>无定期安全检查制度扣5分
安全检查无记录扣5分
检查出事故隐患整改做不到定人、定时、定措施扣2～6分
对重大事故隐患整改通知书所列项目未如期完成扣5分</td><td></td><td></td><td></td></tr>
<tr><td></td><td>10</td><td></td><td></td></tr>
<tr><td colspan="2">小计</td><td></td><td>60</td><td></td><td></td></tr>
<tr><td rowspan="2">7</td><td rowspan="6">一般项目</td><td rowspan="2">班前安全活动</td><td>未建立班前安全活动制度扣10分
班前安全活动无记录扣2分</td><td></td><td></td><td></td></tr>
<tr><td></td><td>10</td><td></td><td></td></tr>
<tr><td rowspan="2">8</td><td rowspan="2">遵章守纪</td><td>工人违章每人次扣2分
管理人员违章每人次扣5分</td><td></td><td></td><td></td></tr>
<tr><td></td><td>10</td><td></td><td></td></tr>
<tr><td rowspan="2">9</td><td rowspan="2">工伤事故处理</td><td>工伤事故未按事故调查分析规则处理扣10分
工伤事故未按规定报告的扣3～5分
未建立工伤事故档案扣4分</td><td></td><td></td><td></td></tr>
<tr><td></td><td>10</td><td></td><td></td></tr>
</table>

续表

序号	检查项目		扣 分 标 准	应得分数	扣减分数	实得分数
10	一般项目	施工现场与安全标志	施工现场无安全标语和安全色标或安全色标的位置未达到国家要求扣 3～6 分 大型构件、材料堆放混乱扣 4～6 分 施工现场道路不通畅扣 2～4 分			
				10		
	小计			40		
检查项目合计				100		

注：① 每项最多扣分数不大于该项应得分数。

② 保证项目有一项不得分或保证项目小计得分不足 40 分的，检查评分表计 0 分。

汇总表是七个分项检查结果的汇总，用其总分来反映受检工地的安全生产情况，进行安全生产评价。安全管理检查评分表把管理工作中的关键部分列为“保证项目”，保证项目能做好，整体安全工作也就有了一定保证。

8）事故处理

伤亡事故指职工在劳动过程中发生的人身伤害、急性中毒事故。根据伤害程度分为轻伤事故、重伤事故、死亡事故、重大死亡事故。工程建设重大事故是指在建设过程中由于责任过失造成工程倒塌或报废、机械设备毁坏和安全设施失当造成人员伤亡或者重大经济损失的事故。施工现场的事故通常有物体打击、车辆机具伤害、起重伤害、触电、火灾、高处坠落、坍塌、中毒窒息、其他伤害等。

建设工程施工过程中发生伤亡事故的，施工单位应当在规定期限内向劳动行政部门、公安部门、检察机关、工会以及市或者区、县建设行政管理部门报告。同时，做好现场勘察、事故调查处理，事故总结、写出调查报告，报送上级主管部门。

9）工程保险

工程保险属于风险管理的风险转移措施，由于施工项目劳动条件差、高空作业多、危险因素多，投保相应险种，在发生自然灾害或意外事故时，能够减少参保者的财产和人身损失。主要有工程一切险、第三者责任险、施工机械设备损坏和施工人员人身意外险。《建筑法》规定：建筑施工企业必须为从事危险作业的职工办理意外伤害保险，支付保险费。

10）安全业绩评价

建立对工程项目安全业绩进行评价的方法十分重要，在企业中进行分级安全评价，将安全业绩指标的考核与奖励挂钩，完成不佳的进行惩罚。我国现行的《施工现场安全管理评分标准》(JGJ 59—1999)就是针对施工现场有可能出现安全隐患和安全施工的环节进行检查评价的量化指标体系。业主可要求承包商定期提交安全报告来监督其安全业绩，并可制定一定的安全激励措施来鼓励安全管理业绩良好的承包商。通过业绩评价，也可促使有安全违纪行为的员工及时纠正失误，减少不安全生产行为。

6.1.2　安全生产责任制

1. 施工现场参与各方的安全职责

《建设工程安全生产管理条例》规定了施工现场参与各方的安全责任：

1) 建设单位的安全责任

(1) 建设单位应向施工单位提供施工现场及毗邻区域内供水、排水、供电、供气、供热、通信、广播电视等地下管线资料,气象和水文观察资料,相邻建筑物和构筑物、地下工程的有关资料,并保证资料的真实、准确、完整。

(2) 建设单位不得对勘察、设计、施工、工程监理等单位提出不符合建设工程安全生产法律、法规和强制性标准规定的要求,不得压缩合同约定的工期。

(3) 建设单位在编制工程概算时,应当确定建设工程安全作业环境及安全施工措施所需费用。

(4) 建设单位不得明示或暗示施工单位购买、租赁、使用不符合安全施工要求的安全防护工具、机械设备、施工机具及配件、消防设施和器材。

(5) 建设单位在申请领取施工许可证时,应当提供建设工程有关安全施工措施的资料。

(6) 建设单位应当将拆除工程发包给具有相应资质等级的施工单位。

2) 勘察、设计、工程监理及其他有关单位安全责任

(1) 勘察单位应当按照法律、法规和工程建设强制性标准进行勘察,提供的勘察文件应当真实、准确,满足建设工程安全生产的需要。

(2) 设计单位应当按照法律、法规和工程强制性标准进行设计,防止因设计不合理导致生产安全事故的发生。在设计文件中应注明涉及施工安全的重点部位,对采用新工艺、材料的工程,在设计文件中应提出安全保障措施。

(3) 工程监理单位应当审查施工组织设计中的安全技术措施或专项施工方案是否符合工程强制性标准。按法律、法规和工程建设强制性标准实施监理。

(4) 为建设工程提供机械设备和配件的单位,应当按照安全施工的要求配备齐全有效的保险、限位等安全设施和装置。

(5) 出租的机械设备和施工机具及配件,应当具有生产(制造)许可证、产品合格证。出租单位要对出租的机械设备和施工机具及配件的安全性能进行检测,不合格的禁止出租。

(6) 在施工现场安装、拆卸施工起重机械和整体提升脚手架、模板等自升式架设设施,必须由具有相应资质的单位承担。应当编制拆装方案、制定安全施工措施,由专业技术人员现场监督进行。安装单位安装完毕后应自检,出具合格证明向施工单位进行安全使用说明,办理验收手续。

(7) 施工起重机械和整体提升脚手架、模板等自升式架设设施的使用达到国家规定检验检测期限的,必须经具有专业资质的检验检测机构检测。检测机构对合格的机械,出具安全合格证明文件,并对检测结果负责。

3) 施工单位的安全责任

(1) 施工单位从事建设工程的新建、扩建、改建和拆除等活动,应当具备国家规定的注册资本、专业技术人员、技术装备和安全生产安全等条件,依法取得相应等级的资质证书,并在其资质等级许可的范围内承揽工程。

(2) 施工单位主要负责人依法对本单位的安全生产工作全面负责。应由取得相应执业资格的人员

担任，对项目安全施工负责，落实各项安全生产制度，确保安全生产费用有效使用，结合工程特点组织安全施工措施，做好安全检查和安全事故处理。

(3) 施工单位对列入建设工程概算的安全作业环境及安全施工措施所需费用，应当用于施工安全防护用具及设施的采购和更新、安全施工措施的落实、安全生产条件的改善，不得挪作他用。

(4) 施工单位应当设立安全生产管理机构，配备专职安全生产进行现场监督检查，发现隐患，应及时报告。

(5) 建设工程实行施工总承包的，由总承包单位对施工现场的安全生产负总责。总承包单位应自行完成建设工程主体结构的施工，分包合同中应明确各自安全生产的权利、义务，总承包单位和分包单位对分包工程的安全生产承担连带责任。分包单位应服从总承包单位的安全生产管理，不服从而导致安全事故的，分包单位承担主要责任。

(6) 特种作业人员，必须按国家规定经过专门安全作业培训，并取得特种作业操作资格证书后，方可上岗作业。

(7) 施工单位应在施工组织设计中编制安全技术措施和施工现场临时用电方案，对达到一定规模的危险性较大的分部分项工程编制专项施工方案，如基坑支护与降水工程、土方开挖、模板、起重吊装、脚手架、拆除、爆破工程及其他规定的危险性较大的工程。并附具安全验算结果，经施工单位技术负责人、总监理工程师签字后实施，由专职安全生产管理人员进行现场监督。

(8) 施工前，负责项目管理的技术人员应当向施工作业班组、作业人员对有关安全施工的技术要求作详细说明，双方签字确认。

(9) 施工单位应在现场入口处、起重机械、临时用电设施、脚手架、“四口”等危险部位，设置明显的安全警示标志。应根据不同施工阶段和环境季节变化的不同，采取相应安全施工措施。

(10) 应把现场办公、生活区与作业区分开设置，保持安全距离；办公、生活区的选址应符合安全性要求。职工膳食、饮水、休息场所应符合卫生标准，不得在未竣工建筑物内设置员工集体宿舍。现场临时搭建的建筑物应符合安全使用要求。

(11) 对因工程施工可能造成损害的毗邻建筑物、构筑物和地下管线，应采取专项防护措施。应遵守有关环保法律法规，采取措施减少对人和环境的危害及污染。市区的建设工程，应对现场实行封闭围挡。

(12) 应在现场建立消防安全责任制度，确定消防安全责任人，制定用电、用火、使用易燃、易爆材料的多项消防安全管理制度和操作规程，设置消防通道、配备消防设施，在现场入口处设置明显标志。

(13) 应向作业人员提供安全防护用具和服装，书面告知危险岗位的操作规程和违章操作的危害。作业人员有权拒绝违章指挥和冒险作业。

(14) 作业人员应遵守安全施工强制性标准、规章制度和操作规程，正确使用安全防护用具、机构设备等。

(15) 施工单位采购、租赁的安全防护用具、机械设备、施工机具及其配件应当具有生产许可证、产品合格证，并经过查验，由专人负责管理。

(16) 施工单位在使用施工起重机械和整体提升脚手架、模板等自升式架设设施前,应当组织有关单位进行验收;承租的机械设备和施工机具及配件由施工总承包单位、分包单位、出租单位和安装单位共同进行验收,验收合格的方可使用。《特种设备安全监察条例》规定的施工起重机械,在验收前应当经有相应资质的检验检测机构监督检验合格。

(17) 施工单位的主要负责人、项目负责人、专职安全生产管理人员应当经建设行政主管部门或者其他有关部门考核合格后方可任职。施工单位应对管理人员和作业人员定期进行安全生产教育培训,培训考核不合格的人员,不得上岗。作业人员进入新的岗位或者新的施工现场前,应当接受安全生产教育培训。未经教育培训或者教育培训考核不合格的人员,不得上岗作业。施工单位在采用新技术、新工艺、新设备、新材料时,应当对作业人员进行相应的安全生产教育培训。

(18) 施工单位应当为施工现场从事危险作业的人员办理意外伤害保险。保险费由施工单位支付,期限自建设工程开工之日起至竣工验收合格止。

2. 项目经理部安全责任分解

1) 项目经理的安全职责

项目经理是安全生产的首要责任者,要对全体职工的健康与安全负责。其主要安全职责是:

(1) 在组织与指挥生产过程中,认真贯彻安全生产方针、政策、法规和各项规章制度。

(2) 建立安全管理机构,制定和执行安全生产管理办法,严格执行安全考核指标和安全生产奖惩办法,严格执行安全技术措施审批和交底制度。

(3) 定期组织安全生产检查和分析,针对可能产生的安全生产隐患制定相应的预防措施。

(4) 发生安全事故时,按安全事故处理的有关规定和程序及时上报和处置,并制定防止同类事故再次发生的措施。

2) 项目技术负责人的安全职责

项目技术负责人对建筑项目安全施工的技术工作负专业领导责任。其职责如下:

(1) 在组织编制和审批施工组织设计或施工方案时,应同时编制相应的安全技术措施。

(2) 当采用新工艺、新材料、新技术、新设备时,应制定相应安全技术操作规程。

(3) 负责提出改善劳动条件的有关技术措施并付诸实施。

(4) 解决生产中的安全技术问题。

(5) 对职工进行安全技术教育。

(6) 参加重大伤亡事故的调查分析,提出技术鉴定意见和改进措施。

3) 作业队长安全职责

作业队长是组织施工生产的一线指挥人员,对施工项目的安全生产负直接领导责任。其主要责任有:

(1) 组织施工生产中,认真执行安全生产制度,并制定实施细则。

(2) 向作业人员进行分项、分层、分工种的安全技术措施交底,组织实施安全技术措施。

(3) 对施工现场安全防护装置和设施进行验收。

(4) 对作业人员进行安全操作规程培训，提高作业人员的安全意识，避免产生安全隐患。

(5) 经常检查施工现场，发现隐患及时处理；当发生事故时，应保护现场，立即上报，并参与事故调查处理。

4) 班组长安全职责

(1) 安排施工生产任务时，向本工种作业人员进行认真执行安全措施交底。

(2) 带领本班组人员严格执行本工种安全技术操作规程，拒绝违章指挥。

(3) 作业前对本次作业所使用的机具、设备、防护用具及作业环境进行安全检查，消除安全隐患，检查安全标牌是否按规定设置，标识方法和内容是否正确完整。

(4) 组织班组开展安全活动，召开上岗前安全生产会。

(5) 每周进行安全讲评。

(6) 发生工伤或事故应立即上报。

5) 安全员的安全职责

(1) 落实安全设施的设置。

(2) 对施工全过程的安全进行监督，纠正违章作业，配合有关部门排除安全隐患。

(3) 组织安全教育和全员安全活动。

(4) 监督劳保用品质量和正确使用。

(5) 督促实施各项安全技术措施。

6) 操作工人安全职责

(1) 认真学习并严格执行安全技术操作规程，不违规作业。

(2) 自觉遵守安全生产规章制度，执行安全技术交底和有关安全生产的规定。

(3) 服从安全监督人员的指导，积极参加安全活动。

(4) 爱护安全设施。

(5) 正确使用防护用具。

(6) 对不安全作业提出意见，拒绝违章指挥。

6.1.3 施工项目现场安全生产保证体系

安全生产保证体系是以安全生产为目的，由确定的组织结构形式，明确的活动内容，配备必须的人员、资金、设施和设备，按规定的技术要求和方法，去开展安全管理工作这样一个系统的整体。它是随着我国建筑业的发展，随着入世对建筑业企业安全管理提出更多的新的要求而产生的。历年来重大伤亡事故分析表明，事故原因多为在安全管理方面的缺陷。为规范和强化建筑企业安全管理行为，推行施工现场安全生产保证体系成为一种有效的途径。以上海建筑业颁布的《施工现场安全生产保证体系》地方标准为例，介绍其结构和运用。

1. 安全体系的结构和运行机制

施工项目安全管理的重点在现场，保证体系为实现现场的安全与健康管理，提供了一个系统化管理过程。它根据施工现场安全生产各项管理活动的内在联系和运行规律,归纳出一系列体系要素,并将离散无序的活动置于一个统一有序的整体中来考虑,使得体系更便于操作和评价,从而推动和提高现场安全管理水平。这些要素包括:

(1) 安全职责。

(2) 安全生产保证体系。

(3) 采购(安全设施所需的材料、设备及防护用具)。

(4) 分包方的控制。

(5) 施工现场的安全控制。

(6) 检查、检验和标识。

(7) 事故隐患的控制。

(8) 纠正和预防措施。

(9) 教育和培训。

(10) 安全记录。

(11) 内部安全体系审核。

这些体系要素建立在由"计划、实施、检查、处理"诸环节构成的PDCA动态循环过程中,连同对体系运行起主导作用的安全管理目标,构成安全保证体系运行的基本模式。见图6-1。

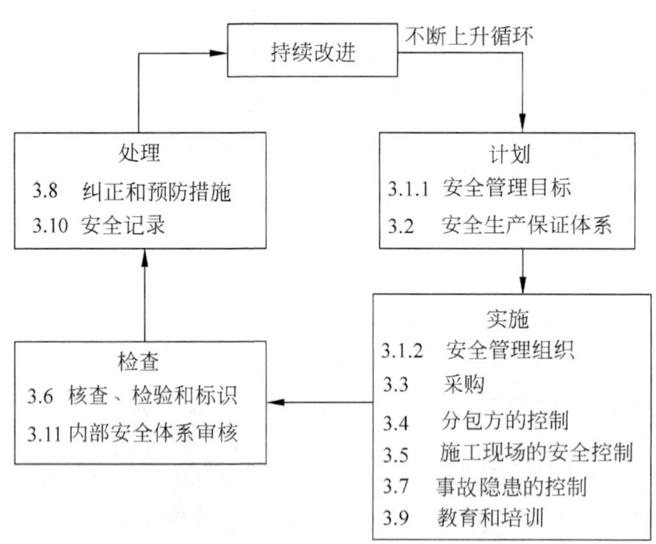

图6-1 安全体系结构、要求和运行机制图

注:图中文本的编号是在上海市《施工现场安全生产保证体系》中的编号。

图6-1描述了施工现场安全生产保证体系建立、实施并且保持的过程,即通过合理的资源配置、职责分工及对各体系要素有计划、不间断地核查审核和持续改进,通过有序地、协调一致地处理体系中的安全事务,不断螺旋上升循环,保持体系不断完善提高的过程。

2. 安全生产保证体系

建立实施施工现场安全生产保证体系一般分为策划准备、文件化和运行三个阶段。

安全策划是指针对工程项目建设的特点，结合业主提供的技术资料，对项目建设过程中与安全有关的因素进行全面综合的考虑。包括安全检查次数的确定、作业安全技术措施、季节安全性措施、难点特殊项目的安全技术保证措施、技术交底制度、危险地带安全防护、安全记录准备等。

根据安全策划结果编制安全保证计划，形成安全体系文件。体系文件按分工不同，由归口负责部门制定，先提出草案再组织审核。按照规定的安全体系要素，逐个开展各项安全活动，将安全职责分配落实到各个职能部门和个人。安全生产体系文件要做到协调、统一，文件应包括安全保证计划，施工过程中应执行和贯彻落实的各种安全规程标准，国家、行业、地方政府的各类法规文件，还包括施工中的作业交底文本、安全记录、安全表格、报告等。

3. 安全检查和安全记录

工程项目部应对施工过程、行为及设施进行检查、检验或验证，以确保各方面符合安全要求。开展安全检查，要严格按照建设部强制性行业标准 JGJ 59—1999 执行，安全管理检查表见表 6-1、表 6-2。对事故隐患要进行分析处理，如：停止使用、封存，整改、返工，对有不安全行为人员进行教育或处罚，对不安全生产的过程重新组织等。对安全设施所需的材料、设备及防护用品要进货检验，对现场的安全设施、设备要检验后方能安装使用，如脚手架、起重机、升降机组装搭设的验收检查等。

安全记录是进行统计、总结经验、研究安全措施的依据，也是对安全工作的监督和检查。工程项目部应建立证明安全生产保证体系运行必需的安全记录，其中应包括相关的台账、报表、原始记录等。记录的内容包括：安全教育记录、安全会议记录、安全组织状况、安全措施登记、安全检查记录、事故调查、分析处理记录、奖惩记录等。应当确定安全记录的部门或相关人员，规定收集、整理包括分包方在内的各类安全管理资料的要求，对安全记录进行符合国家、行业、地方和上级有关规定的标识、编目、立卷、储存、保管，应当由专人对安全记录进行保管，储存的环境应利于保存和检索。记录应当完整及时，延续到工程项目竣工。

4. 内部安全体系审核

安全体系审核是确定安全活动和有关结果是否符合安全保证计划的安排及有关规定的要求，以及这些安排和要求是否有效实施，并能达到预定的安全管理目标所作的系统的和独立的检查和评价活动，也是对它是否符合施工现场安全生产保证体系的要求进行的验证。

根据审核实施主体不同分为内部安全体系审核和外部安全体系审核两类。内部安全体系审核是建筑施工企业对其施工现场组织的自我审核，也是体系运行中的一个重要环节。“外审”，是经行业行政部门认可、有资质的认证机构对施工现场组织的第三方审核，用于认证、注册及向外界证明等目的。施工现场安全生产保证体系在经过运行和通过企业内部安全体系审核后，方能申请外部安全体系审核认证。

企业内部安全体系审核是一种重要的管理手段，通过审核能及时发现安全管理中存在的问题，从而组织力量加以纠正和预防,使安全生产保证体系运作满足各类标准、规程规定和其他约定文件的要求,以有效控制施工现场的安全生产。内部审核也是一种自我改进机制,使安全生产保证体系持续地保持其有效性,并能不断改进、不断完善。

1) 内审的程序

企业内部安全体系审核的一般程序为:确定任务、审核准备、现场审核、纠正措施的跟踪和验证、编制审核报告、保存审核记录。

审核前的准备工作主要有审核组的组成、编制审核计划及编制审核检查表。审核计划中要确定审核日程和审核员任务分配,经领导审批后,通知受审核现场,并征得同意。

现场审核要召开首次会议,说明审核的目的、范围、依据和方法。现场核查要以事实为依据,以标准和体系文件规定为准绳,客观公正判断。发现不合格的,要按规定填写不合格报告,请受审核现场负责人签字认可。审核完毕要召开末次会议,报告审核结果,要求现场制订纠正措施计划,确保每一项不合格都已采取相应纠正措施,并记录备查。

审核组要对纠正措施计划实施跟踪验证并记录其是否实施并有效。

审核报告的编写内容应包括:对审核经过的全面概括描述、对安全保证体系符合性、有效性和适应性的全面评价、存在的主要问题、针对不合格和存在问题制定的纠正措施,以及对纠正措施的实施和有效性进行跟踪验证情况。

应当保存的审核记录有:审核计划,审查检查表审查记录,不合格报告,审查报告。

2) 各要素审核的主要内容

(1) 施工现场安全生产保证体系"管理职责"要素审核的主要内容有:工程项目部是否制定安全管理目标,与安全有关的部门和各类人员的职责、权限及相互关系是否明确,主要安全责任人安全职责履行情况,资源配置是否符合项目实际及有关规定。

(2) "安全生产保证体系"要素审核的主要内容有:项目是否建立了文件化的安全保证体系,文件完整否,相互间是否协调一致;安全保证计划是否覆盖了标准的全部,安全体系要求是否经过审核、确认,引用的管理、技术文件是否现行有效;是否有针对工程项目特殊要求的安全技术方案或作业指导书,以及相应的安全记录等。

(3) "采购"要素审核内容有:安全保证计划或有关规程是否对工程项目部自行采购安全用品按标准要求作出规定,项目部对自行采购安全用品的要求是否建立相应的责任制;是否按规定对供应商进行评价和选择,建立并保存合格供应商名录及相应的评价记录;采购资料或合同是否清楚说明采购产品的要求,并对规定要求的正确性与完整性进行审核、审批;是否保存对供应商的供货和检验记录,发现其不能满足要求时,有无采取措施,直至取消其资格;是否对分包方自行采购的安全用品规定控制措施,建立和保存相应的控制实施记录。

(4) "分包方的控制"要求审核内容为:项目部是否在有关文件中明确对分包方的管理职责和控制要求;在签订分包合同时,是否签订安全生产协议书、治安消防协议书、环境卫生协议书等附件;选用的分包方资质、经营范围是否符合国家、行业和地方有关法规的规定;对分包方的评价、管理和考核是否符合既定管理程序的要求；分包方进场后是否落实了施工交底，交底内容、手续是否完备有效。

(5)“施工现场安全控制”要素审核内容是：工程项目部是否按安全保证计划要求，落实施工前的各项准备工作；施工人员上岗资格是否符合要求；施工临时用电是否按临时用电施工组织设计安装和验收；施工机具是否按要求组织验收；大型施工机械是否经过企业验收，行业检测资料是否齐全、完备、规范；脚手架验收是否按分阶段验收要求进行，附着式升降脚手架施工方案是否齐全，有无专业资质证书；施工中监督、监控和控制措施工作的落实情况；现场安全防火工作是否按规定进行；对事故隐患的处置、反馈是否符合要求；文明施工中的环保等工作是否按规定落实；现场生活设施是否符合规定要求。

(6)“检查、检验和标识”要素审核主要内容有：项目部安全生产检查制度的建立与实施，对安全设施所需材料、设备及防护用品的检验计划和实施，对施工设施、机械设备安全防护设施检验的计划和实施，施工现场各类检查、检验是否按规定进行记录、挂牌、标识。

(7)“事故隐患的控制”要素审核内容有：文件中对安全设施、生产过程、人员行为的事故隐患控制的职责分工的明确规定；对安全生产检查和检验中发现的事故隐患，是否按规定进行处理和复查验证；对上级单位或政府主管部门提出的事故隐患通知，是否按规定报告、处理、自查、核查和消项。

(8)“纠正和预防措施”要素审核的内容：纠正与预防措施的责任部门与岗位职责，实施程序的规定；对事故及事故隐患的处置、原因调查，制定、实施纠正措施并监督验证；是否恰当利用有关信息，结合工程特点，识别潜在事故隐患，制定、实施并监督验证预防措施；是否将所采取的预防措施及有关信息反馈到相关部门与人员，必要时是否相应更改安全体系文件。

(9)“教育和和培训”要素审核的主要内容：保证计划是否明确，对现场各类人员的培训和教育要求，培训和教育工作的责任部门是否明确；项目部培训和教育计划是否满足安全目标的需要，安全意识和专业技能培训内容是否能满足目标需要，计划实施情况及记录。

管理人员、作业人员是否全部做到先培训后上岗、有无记录；分包队伍进场、新工人入场、经常性、特定情况的针对性教育是否落实；安全员、特种作业人员是否按规定培训及进行资格考试、持证上岗；是否建立职工劳动保护记录卡，做好培训教育记录。

(10)“安全记录”要素审核内容有：安全策划确定的各类安全记录是否落实到部门或专人；记录是否按要求填写及时、内容完整、清晰、齐全；安全记录的标识、收集、整理、编目、装订、储存和保管是否符合要求。

(11)“内部安全体系审核”要素审核的内容：施工企业是否按项目安全保证计划和有关规定及时组织内审；是否有详细的审核计划安排和实施记录；是否对内审发现的每一项不合格问题都进行了原因分析、采取纠正措施，是否对纠正措施跟踪和验证其有效性，直至解决；内审员是否经过一定层次正规培训，并与施工现场无直接责任关系；内审报告是否报送上级行政主管部门，内容是否完备。

6.1.4　施工项目安全技术措施

工程项目施工组织设计或施工方案中必须有针对性的安全技术措施，特殊和危险性大的工程必须单独编制安全施工方案或安全技术措施。

1. 安全技术措施与方案的编制

安全技术措施和方案的编制,必须考虑现场的实际情况、施工特点及周围作业环境,措施要有针对性。凡施工过程中可能发生的危险因素及建筑物周围外部环境不利因素等,都必须从技术上采取具体且有效的措施予以预防。同时,安全技术措施和方案必须有设计、有计算、有详图、有文字说明。

1) 安全技术措施或安全施工方案的编制依据

(1) 国家和政府有关安全生产的法律、法规和有关规定。

(2) 安全技术标准、规范,安全技术规程。

(3) 企业的安全管理规章制度。

编制安全技术措施和方案应熟悉的安全技术资料或规定,包括:

(1) 建筑安装工程安全技术操作规程,技术规范、标准、规章制度。

(2) 一般施工的安全要求。

(3) 施工现场的安全规定。

(4) 脚手架施工的安全规定。

(5) 土方工程的安全措施规定。

(6) 机电设备和安装的安全规定。

(7) 拆除工程的安全规定。

(8) 防护用品的安全规定。

(9) 安全工作一般规定。

(10) 建筑登高作业人员的素质要求。

(11) 作业环境的安全要求。

(12) 各类工具及使用的安全要求。

(13) 施工现场的安全防护;基础工程施工的安全防护。

(14) 架子工程施工的安全防护;吊篮工程施工的安全防护。

(15) 井字架、龙门架、外用电梯的安全防护。

2) 编制内容

一般工程:

(1) 深坑、桩基施工与土方开挖方案。

(2) ±0.00以下结构施工方案。

(3) 工程临时用电技术方案。

(4) 结构施工临边、洞口及交叉作业、施工防护安全技术措施。

(5) 塔吊、施工外用电梯、垂直提升架等安装与拆除安全技术方案(含基础方案)。

(6) 大模板施工安全技术方案(含支撑系统)。

(7) 高大、大型脚手架、整体式爬升(或提升)脚手架及卸料平台安全技术方案。

(8) 特殊脚手架——吊篮架、悬挑架、挂架等安全技术方案。

(9) 钢结构吊装安全技术方案。

(10) 防水施工安全技术方案。

(11) 设备安装安全技术方案。

(12) 新工艺、新技术、新材料施工安全技术措施。

(13) 防火、防毒、防爆、防雷安全技术措施。

(14) 临街防护、临近外架供电线路、地下供电、供气、通风、管线,毗邻建筑物防护等安全技术措施。

(15) 主体结构、装修工程安全技术方案。

(16) 群塔作业安全技术措施。

(17) 中小型机械安全技术措施。

(18) 安全网的架设范围及管理要求。

(19) 冬雨期施工安全技术措施。

(20) 场内运输道路及人行通道的布置。

单位工程:

对于结构复杂、危险性大、特性较多的特殊工程,应单独编制安全技术方案。如爆破、大型吊装、沉箱、沉井、烟囱、水塔、各种特殊架设作业、高层脚手架、井架和拆除工程等,必须单独编制安全技术方案,并要有设计依据、有计算、有详图、有文字要求。

季节性施工安全技术措施:

(1) 高温作业安全措施:夏季气候炎热,高温时间持续较长,制定防暑降温安全措施。

(2) 雨期施工安全方案:雨期施工,制定防止触电、防雷、防坍塌、防台风安全技术措施。

(3) 冬期施工安全方案:冬期施工,制定防风、防火、防滑、防煤气中毒、防亚硝酸钠中毒的安全措施。

2. 安全技术交底

工程项目部制定的安全技术措施在组织实施过程中要严格进行技术交底。因此,安全技术交底是指导工人安全施工的技术措施,是项目安全技术方案的具体落实。安全技术交底一般由技术管理人员根据分部分项工程的具体要求、特点和危险因素编写,是操作者的指令性文件,因而要具体明确针对性强,不得用施工现场的安全纪律、安全检查等制度代替,在进行工程技术交底的同时进行安全技术交底,与工程技术交底一样,实行分级交底制度:

(1) 大型或特大型工程由公司总工程师组织有关部门向项目经理部和分包商(含公司内部专业公司)进行交底。交底内容:工程概况、特征、施工难度、施工组织、采用的新工艺、新材料、新技术、施工程序与方法、关键部位应采取的安全技术方案或措施等。

(2) 一般工程由项目经理部总(主任)工程师会同现场经理向项目有关施工人员(项目工程管理部、工程协调部、物资部、合同部、安全总监及区域责任工程师、专业责任工程师等)和分包商(含公司内部专业公司)行政和技术负责人进行交底,交底内容同前款。

(3) 分包商(含公司内部专业公司)技术负责人要对其管辖的施工人员进行详尽的交底。

(4) 项目专业责任工程师要对所管辖的分包商的工长进行分部工程施工安全措施交底,对分包工长向操作班组所进行的安全技术交底进行监督与检查。

(5) 专业责任工程师要对劳务分承包方的班组进行分部分项工程安全技术交底并监督指导其安全操作。

(6) 各级安全技术交底都应按规定程序实施书面交底签字制度,并存档以备查用。

3. 安全验收制度

1) 验收范围

(1) 脚手杆、扣件、脚手板、安全帽、安全带、漏电保护器、临时供电电缆、临时供电配电箱以及其他个人防护用品。

(2) 普通脚手架、满堂红架子、井字架、龙门架等和支搭的各类安全网。

(3) 高大脚手架,以及吊篮、插口、挑挂架等特殊架子。

(4) 临时用电工程。

(5) 各种起重机械、施工用电梯和其他机械设备。

2) 验收要求

(1) 脚手杆、扣件、脚手板、安全网、安全帽、安全带、漏电保护器以及其他个人防护用品,必须有合格的实验单及出厂合格证明。当发现有疑问时,请有关部门进行鉴定,认可后才能使用。

(2) 井字架、龙门架的验收,由工程项目经理组织,工长、安全部、机械管理等部门的有关人员参加,经验收合格后,方能使用。

(3) 普通脚手架、满堂红架子、堆料架或支搭的安全网的验收,由工长或工程项目技术负责人组织,安全部参加,经验收合格后方可使用。

(4) 高大脚手架以及特殊架子的验收,由批准方案的技术负责人组织,方案制订人、安全部及其他有关人员参加,经验收合格后方可使用。

(5) 起重机械、施工用电梯的验收,由公司(厂、院)机械管理部门组织,有关部门参加,经验收合格后方可使用。

(6) 临时用电工程的验收,由公司(厂、院)安全管理部门组织,电气工程师、方案制订人、工长参加,经验收合格后方可使用。

(7) 所有验收都必须办理书面签字手续,否则验收无效。

4. 分部分项工程施工安全要求

在施工准备阶段,要从技术准备、物资准备、施工现场准备、施工队伍准备各方面开展安全技术措施。如在施工组织设计中编制切实可行、行之有效的安全技术措施,及时供应质量合格的安全防护用品,进行施工机具、设备的安全技术性能检测,现场各种临时设施、库房布置易燃、易爆品存放符合安全预防要求,特种工人岗位培训后持证上岗等。施工阶段安全技术措施要求主要有:单项、单位工程均有安全技术措施，分部分项工程有安全技术具体措施；安全技术和生产技术的统一，各项安全技术措施应在相应工序施工前完成；操作者严格遵守操作规程，实行标准化作业；针对新工艺、新技术、新设备、新结构制定专门的施工安全措施；有预防自然灾害、特殊工程、特殊作业的专业安全技术措施；在明火作业现场有防火、防爆安全技术措施。

1）基础施工安全要求

土方工程前，应对施工区域内存在的各种影响施工的障碍物进行拆除、清理或迁移。挖土时要注意土壁的稳定性，发现有裂缝及倾坍可能时，人员要立即离开并及时处理。每日或雨后必须检查土壁及支撑稳定情况，在确保安全情况下继续工作，不得将土和其他物件堆放在支撑上，不得在支撑下行走或站立。人工挖土，前后操作人员间距离不应小于 2～3m，堆土要在 1m 以外，高度不得超过 1.5m。机械挖土，启动前应检查离合器、钢丝绳等，经空车试运转正常后再开始作业。机械在输电线路下工作，在线路一侧工作时，机械任何部位与架空输电线路的最近距离应符合安全操作规程要求。机械应停在坚实的地基上，如基础过差，应采取走道板等加固措施，不得将挖土机履带与挖基的基坑平行 2m 停、驶。运土汽车不宜靠近基坑平行行驶，防止塌方翻车。

基坑工程，施工前要详细了解整个施工区域和施工场地内的工程地质和水文资料、施工环境及气候条件等，编制专项施工组织设计（方案），制定有针对性的安全技术措施。深基坑开挖要按规定放坡，随时注意边坡稳定情况，若有裂缝或部分塌落要及时进行支撑或放缓放坡，并注意支撑的稳固和边坡的变化。采用坑壁支撑，要随挖随支撑，支撑拆除要自下而上逐层拆除，随拆随填土。深基坑施工，基坑四周设防护栏杆，人员上下要有专用爬梯，应设梯子或坡道，以便上下，禁止踩踏支撑上下。

桩基施工，各类成孔钻应安放平稳，开钻前应对钻机全面检查，发现问题及时解决，并进行试运转，以免钻孔时钻机突然倾倒或钻具突然下落而发生事故。操作人员开机时先启动操纵机构，起锤后应将保险装置固定牢靠，下班时应将电源切断，并将电动机盖好。冲抓锥或冲孔锤施工时，任何人不得进入落锤区施工范围内。检查钻孔尺寸时，应将冲抓锥头平放在钻孔旁边，防止锥头突然下落，砸伤人员。移动桩机和停止作业时，桩锤应放在最低位置，打混凝土预制桩，吊桩前应将桩锤提升到一定位置固定牢靠，防止吊桩时桩锤坠落。起吊时吊点必须正确，速度要均匀，桩身应平稳，必要时桩架应设缆风绳。桩身附着物要清除干净，起吊后人员不准在桩下通过。插桩时，手脚严禁伸入桩与龙门之间。打桩时锤击不宜偏心，开始落距要小。如遇贯入度突然增大，桩身突然倾斜、位移、桩头严重损坏、桩身断裂、桩锤严重回弹等应停止锤击，经采取措施后方可继续作业。灌注桩施工时桩管沉入到设计深度后，应将桩帽及桩锤升高到 4m 以上锁住，方可检查桩管或浇注混凝土。在浇注混凝土前，孔口应加盖板，附近不得堆放重物。

2）砌筑、屋面工程施工的安全要求

砌筑施工前应检查安全设施和防护用品是否齐全，机具是否完好牢固。墙身砌体高度超过地坪 1.2m 以上时，应搭设脚手架，在一层以上或高度超过 4m 时，采用脚手架必须支搭安全网，采用外脚手架应设护身栏杆和挡脚板后方可砌筑。脚手架上堆料量不得超过规定荷载，堆砖高度不得超过 3 皮侧砖，同一块脚手架板上的操作人员不应超过 2 人。不准用不稳固的工具或物体在脚手板面垫高操作，更不准在未经过加固的情况下,在一层脚手架上随意再叠加一层,脚手板不允许有空头现象,不准用钢模板作立人板。用起重机吊砖要用砖笼,吊砂浆的料斗不能装得过满,吊件回转范围内不得有人停留。用于垂直运输的吊笼、绳索具等必须满足负荷要求,牢固无损,须经检查,及时修理。在同一垂直面上下交叉作业时,必须设置安全隔板,下方操作人员必须戴好安全帽。

砌块工程施工要检查夹具有关零件是否灵活牢靠,剪刀夹具悬空吊起后夹具是否自动拉拢,夹板齿或橡胶块是否磨损,夹板齿槽中的垃圾是否清楚。砌块在装夹前,应先检查砌块是否平稳,如果有歪斜不齐应撬正后再夹,夹具的夹板在砌块中心线上,以防止砌块起吊后歪斜。砌块起吊过程中如发现有部分破裂,严禁继续起吊,起重拨杆回转时,严禁将砌块停留在操作人员上空或在空中修理、加工砌块,拨杆或吊钩下方不得站人或进行其他操作,砌块吊装时不准在下层楼面进行其他工作。砌块吊装就位时,应待砌块放稳后,方可松开夹具。已就位的砌块,应立即竖缝灌浆,对稳定性较差的窗间墙独立柱和挑出墙面较多的部位,应加临时支撑,以保证其稳定性。

屋面施工严禁患有心脏病、高血压、神经衰弱及贫血症的作业者作业。装卸、搬运、熬制、铺涂沥青必须使用规定的防护用品,使皮肤不和沥青接触。熬制沥青地点不得设在电线的垂直下方,一般应距建筑物25m以外,必须有人看守,下班熄灭余火,关闭炉门,盖好锅盖。盖瓦屋面施工,用屋架承重结构时,送瓦上屋面要两坡同时进行,脚踏在椽条或桁条上,不能踏在挂瓦条中间。不能穿硬底易滑鞋操作,在平瓦屋面上行走,要踩踏在瓦头处,不能在瓦片中间部位踩踏。石棉水泥、玻璃钢波形屋面施工时必须搭设临时走道板,走道板搁置在桁条上。在波瓦上行走,应踩踏在钉位或桁条上边,不应在两桁之间的瓦面上行走,严禁在瓦上面跳动、踩踏、随意敲打。安装屋面板必须架设操作平台,当风速较大时,应停止起重及屋面作业。

3) 钢筋混凝土工程施工的安全要求

钢筋断料、配料、弯料等工作应在地面进行,不准在高空操作。机械垂直吊运钢筋,应捆扎牢固,吊点应设在钢筋束两端。起吊时,下方禁止站人,待钢筋骨架落至离楼地面或安装标高1m内人员方准靠近操作。钢筋冷拉时,两端须装置防护设施,严禁在冷拉线两端站人,或跨越、触动正在冷拉的钢筋。钢筋焊接时,电焊机必须接地,焊工必须穿戴防护衣具,大量焊接时,变压器升温不得超过60℃,室内电弧焊时,应有排气通风装置。绑扎钢筋,对绑扎立柱、墙体,严禁沿骨架攀登上下,柱筋高4m以上时,应搭设工作台,柱筋在4m以内,重量不大,可在地面或楼面上绑扎,整体竖起。柱梁骨架应用临时支撑拉牢,以防倾倒。绑扎高层建筑的围梁、挑檐、外墙、边柱钢筋,应搭设外挂架或安全网,同时系好安全带。

5. 施工机械安全要求

1) 土石方机械施工时的安全要求

土石方工程施工采用的机械主要有推土机、铲运机、装载机、压路机、挖掘机、夯实机、风动凿岩机、装岩机、潜孔钻机、磨钎机等。机械使用之前都必须做安全检查,具体检查项目应有制度规定,使用时应遵守《建筑机械使用安全技术规程》(JGJ 33—1986)的有关规定。

推土机上、下坡或超过障碍物时应采用低速挡,上坡时不得换挡,下坡不得空挡滑行,横向行驶的坡度不得超过10°。当需在陡坡上推土时,应先进行填挖,使机身保持平衡,方可作业。在上坡途中,若突然熄火，应立即放下铲刀，并锁住制动踏板，使主离合器分离，方可重新启动。作业完毕后，应将推土机开到平坦安全的地方，落下铲刀，有松土器的，应将松土器爪落下。

挖掘机有单斗和多斗两类。机械正铲作业时，除松散土壤外，其最大开挖高度和深度，不应超过机械本身性能规定。在拉铲或反铲作业时，履带距工作面边缘距离应大于 1.0m，轮胎距工作面边缘距离应大于 1.5m。作业时挖掘机应保持水平位置，将行走机构制动住，并将履带或轮胎楔紧。遇到较大坚硬石块或障碍物时，应待清除后方可开挖，不得用铲斗破碎石块、冻土，或用单边斗齿硬啃。作业后，机械应停放在坚实平坦的安全地带，将铲斗收回平放于地面，所有操纵杆置于中位，关闭操纵室和机棚。

压路机变速与换向时应先停机，变速时应降低内燃机转速。由于重量大，严禁在坡道上停车。振动压路机碾压时，振动频率应保持一致，换向离合器、起振离合器和制动器的调整，应在主离合器脱开后进行。静作用压路机碾压时行驶速度宜控制在 3～4km/h 范围内，在一个碾压过程中不得变速，碾压第二行时，必须与第一行重叠半个滚轮压痕。两台以上压路机同时作业时，前后间距不得小于 3m，在坡道上不得纵队行驶。

风动凿岩机开钻时，应先开风，后开水；停站后，应先关水，后关风；并应保持水压低于风压，不得让水倒流入凿岩机汽缸内部。开孔时，应慢速运转，不得用手脚去挡钎头，应待孔深达 10～15mm 后再逐渐转入全速运转。退钎时，应慢速徐徐拔出，若岩粉较多，应强力吹孔。运转中，当遇卡钎或转速减慢时，应立即减少轴向推力，若钎杆仍不转，应立即停机排除故障。当钻孔深度达 2m 以上时，应先采用短钎杆钻孔，待钻到 1.0～1.3m 深度后，再换用长钎杆钻孔。严禁在装完炸药的炮眼 5m 以内钻孔。

磨钎机的地基应牢固，砂轮的规格性能应符合要求，并设有防护罩。砂轮失圆、过薄或因磨损，离夹板边缘小于 30mm 时，不得使用。

2）钢筋混凝土机械施工安全要求

（1）钢筋加工机械

钢筋加工机械主要包括钢筋调直机、钢筋切断机、钢筋弯曲机、钢筋除锈机、钢筋冷拉机以及钢筋焊接设备等。

使用调直切断机应按调直钢筋的直径，运用适当的调直块及传运速度。在调直块未固定、防护罩未盖好前不得送料。作业中严禁打开各部防护罩并调整间隙。

用切断机切钢筋时，应注意被切钢筋不能超过切断机的负荷能力，切长钢筋要有人帮扶，切断短断时，手和切刀之间的距离应保持在 1.50mm 以上，如手握端小于 400mm 时，应采用套管或夹具将钢筋短头压住或夹牢。

使用弯曲机弯曲钢筋，被弯曲钢筋的直径、长度等要符合机械加工规定。弯曲高强度或低合金钢筋时，应按机械铭牌规定换算最大允许直径并应调换相应的芯轴。在弯曲钢筋的作业半径内和机身不设固定销的一侧严禁站人。

使用冷拉机，冷拉场地应在两端地锚外设置警戒区，并安装防护栏及警告标志。要检查夹具、夹齿、地锚、拉钩等是否牢固完好，操作时要站在冷拉机防护挡板后面并离开钢筋至少 2m 以外。

(2) 混凝土工程机械使用安全要求

混凝土工程机械主要有混凝土搅拌机、混凝土搅拌站、混凝土振捣器、混凝土喷射机等。

混凝土搅拌机按搅拌原理可分为自落式搅拌机和强制式搅拌机。搅拌机的传动齿轮、皮带轮等均应牢固,并装设防护罩。使用的骨料规格应与搅拌机性能相符。强制式混凝土搅拌机的搅拌叶片和搅拌筒底及侧壁的间隙,应注意检查使其符合规定要求。

混凝土振捣器按其传播振动的作用方式不同,可分为插入式内部振捣器、附着式外部振捣器、平板式表面振捣器及振动平台四类。插入式振捣器的电动机电源上,应安装漏电保护装置,接地或接零应安全可靠,作业时人员应穿戴绝缘胶鞋和手套。作业时振动棒软管弯曲半径不得小于500mm,并不得多于两个弯,振动棒不宜触及钢筋、芯管及预埋件。附着式、平板式振捣器轴承不应承受轴向力,在使用时电动机轴应保持水平状态。使用混凝土喷射机作业前应检查安全阀、电源接线、各部密封件、压力表指针极限值、喷枪水环孔眼畅通等各项目符合要求的情况。喷射机加入的干料配合比及潮润程度,应符合机械性能要求,不得使用结块的水泥和未经筛选的砂石。操作时喷嘴前方严禁站人,操作人员应始终站在已喷射过的混凝土支护面以内。

混凝土施工前对混凝土施工机械进行检查,搅拌机加料时严禁将头、手伸入料斗与机架间察看进料。使用振动机前要检查电源电压。振动机移动时,不能硬拉电线,更不能在钢筋和其他锐利物上拖拉,防止割破拉断电线而造成触电伤亡事故。浇灌框架、梁、柱混凝土,应设操作台,不得直接站在模板或支撑上操作。吊装混凝土构件,现场工作人员须戴安全帽,高空作业人员须系安全带。作业人员应熟悉和掌握起重信号,信号不明或可能引起事故时,应暂停操作。

6.1.5 安全事故及其处理

1. 施工项目危险源辨识与风险评价

危险源是安全管理的主要对象,因其在一定条件诱发下往往能造成人员伤亡、健康损害、物体破坏、环境污染等危害后果。根据其在事故发生发展中的作用分为两大类:第一类危险源是可能发生意外释放的能量,如锅炉爆炸、高处作业势能、噪声声能、机械车辆动能等;第二类危险源是造成约束、限制能量和危险物质措施失控的各种不安全因素,如设备故障(物的不安全状态)、人为失误(人的不安全行为)和管理缺陷等。

人的错误推测与错误行为、物的不安全状态、危险的环境和较差的管理都会造成事故。由于管理较差,人的不安全行为和物、环境的不安全状态发生接触时就会发生工伤事故。而在各种事故原因构成中,人的不安全行为和物的不安全状态是造成事故的直接原因,物的不安全状态和人的不安全行为在一定的时空里发生交叉就是事故的触发点。所以,预防事故发生的根本是消除物的不安全状态,控制人的不安全行为,原则上讲,只要人们认识并制止了危险行为的发生或控制了危险因素向事故转化的条件,事故是可以避免的。

1) 人因本质安全因素的辨识

人的不安全行为有两种情况,一是由于安全意识差而做的有意的行为或错误的行为;二是由于人的大脑对信息处理不当所做的无意行为。前者如使塔吊、搅拌机超速运行,未经许可或未发出警告就开动机器、使用有缺陷的木工机械、私自拆除安全装置或造成安全装置失效、没有使用个人防护用品、机器运转中进行维修和调整或清扫等作业；后者如误操作、误动作；调整的错误，造成安全装置失效；开动、关停机器时未给信号；开关未锁紧，造成意外转动、通电或泄露；忘记关闭设备等错误。

2）现场物态本质安全因素的辨识

对现场物态本质安全因素的辨识也就是对事故发生的危险源进行的有效控制。危险源是指一个施工项目整个系统中具有潜在能量和物质释放危险的，在一定的触发因素作用下可转化为事故的部位、区域、场所、空间、设备及其位置。危险源由三个要素构成：潜在危险性、存在条件和触发因素。

现场物态本质安全因素的辨识的目的就是通过对整个施工项目进行系统的分析，界定出系统中的哪些部分、区域是危险源，其危险性质、危害程度、存在状况、危险源能量与物质转化为事故的转化过程规律、转化的条件、触发因素等，以便有效地控制能量和物质的转化，使危险源不至于转化为事故。它是利用科学方法对生产过程中那些具有能量，物质的性质、类型、构成要素、触发因素或条件，以及后果进行分析与研究，作出科学判断，为控制事故发生提供必要的、可靠的依据。

具体应分析项目施工特点和施工阶段性特点及部位，调查事故危险源：

(1) 了解施工工艺、设备、设施和使用的材料情况。现场所使用的生产材料、设备名称、设备性能及所使用的材料种类、性质、危害，使用的能量类型及强度。

(2) 作业环境情况。安全通道情况，生产系统的结构、布局，作业空间的布置等。

(3) 操作情况。依据过去的事故及危害状况来确定操作过程中的危险，工人接触危险的程度，过去事故处理应急方法，故障处理措施。

(4) 安全防护情况。危险部位是否有安全防护措施，安全标志的使用是否正确，易燃易爆物品存放是否采取了安全措施等。

3）施工现场危害辨识的类别

(1) 管理类：包括设备、材料、劳动保护用品、化学危险品、施工组织设计、事故调查、培训等内容。

(2) 工业与民用建筑施工、机电安装、市政工程和装饰工程类，应考虑：

① 基础施工：如土石方工程，挡土墙、护坡桩、大孔径桩及扩底桩施工。

② 脚手架作业、井字架与龙门架搭设。

③ 临边与洞口防护：如楼梯口、电梯口防护，预留洞口、坑井防护，通道口防护。

④ 木工房。

⑤ 油漆工程。

⑥ 塔吊、电梯拆装。

⑦ 防水作业。

⑧ 电气焊作业。

⑨ 高处作业：如攀登作业、悬空作业、吊篮作业。

⑩ 职业健康、消防、交通安全类。

风险评价是评估危险源所带来的风险大小及确定风险是否可容许的全过程。这里介绍作业条件危险性分析的 LEC 方法。该方法将可能造成安全风险的大小用事故发生的可能性(L)、人员暴露于危险环境中的频繁程度(E)和事故后果(C)三个随机自变量的乘积来衡量,即

$$\text{系统危险性 } D \text{ 取决于以下三个因素: } D = L \times E \times C \tag{6-1}$$

式中:D 为风险大小,取值见表 6-3;L 为事故或危险事件发生的可能性,取值见表 6-4;E 为人员暴露于危险环境的频繁程度,取值见表 6-5;C 为事故后果的严重程度,取值见表 6-6。

表 6-3 危险性大小等级划分标准(D)

危险性分数值(R)	危险程度	备注
≥320	极度危险,不能继续作业	相当于"不容许风险"
160~320	高度危险,需要立即改进	相当于"重大风险"
70~160	显著危险,需要改进	相当于"中度风险"
20~70	比较危险,需要注意	相当于"可容许风险"
≤20	稍有危险,可以接受	相当于"可忽略风险"

表 6-4 事故发生的可能性(L)

分数值	事故发生的可能性	分数值	事故发生的可能性
10	必然发生的	0.5	很不可能、可以设想
6	相当可能	0.2	极不可能
3	可能,但不经常	0.1	实际不可能
1	可能性极小,完全意外		

表 6-5 暴露于危险环境中的频繁程度(E)

分数值	人员暴露于危险环境的频繁程度	分数值	人员暴露于危险环境的频繁程度
10	连续暴露	2	每月一次暴露
6	每天工作时间内暴露	1	每年几次暴露
3	每周一次暴露	0.5	非常罕见的暴露

表 6-6 发生事故产生的后果(C)

分数值	事故发生造成的后果	分数值	事故发生造成的后果
100	大灾难,多人死亡	7	严重致残
40	灾难,数人死亡	3	较大,受伤较重
15	非常严重,一人死亡	1	引人注目,轻伤

最后根据分值判断系统危险程度的大小,对风险进行分级,按不同级别的风险有针对性地采取风险控制措施。

2. 职业伤害事故的分类

职业健康安全事故分职业伤害事故与职业病两大类。职业伤害事故是指因生产过程及工作原因或与其相关的其他原因造成的伤亡事故。

伤亡事故是职工在劳动过程中由于企业设备和设施不安全，劳动条件和作业环境不良、管理不善或企业领导指派到企业外从事企业活动过程中，所发生的人身伤害（轻伤、重伤、死亡）和急性中毒事故。

1）伤亡事故的等级

根据国务院 1991 年《企业职工伤亡事故报告和处理规定》和《企业职工伤亡事故分类》（GB 6441—1986）的规定及劳动部对《特别重大事故调查程序暂行规定》的解释，职工在劳动过程中发生的人身伤害、急性中毒伤亡事故具体分类见表 6-7。

表 6-7　伤亡事故严重程度分类

事故类别	说　明
轻伤	劳动能力轻度或暂时丧失，损失工作日 1～105 个工作日的失能伤害
重伤	引起人体长期存在功能障碍或劳动能力有重大损失，或损失工作日等于或超过 105 个工作日的失能伤害
死亡	一次事故中死亡职工 1～2 人
重大伤亡事故	一次事故中死亡 3 人以上（含 3 人）的事故
特大伤亡事故	一次死亡 10 人以上（含 10 人）的事故
特别重大伤亡事故	符合下列情况之一： 铁路、水运、矿山、水利、电力事故造成一次死亡 50 人及以上，或直接经济损失 1 000 万元及以上； 公路和其他发生一次死亡 30 人及以上，或直接经济损失 500 万元及以上； 一次造成职工和居民 100 人及以上的急性中毒事故

注：损失工作日是指估价事故在劳动力方面造成的直接损失。某种伤害的损失工作日一经确定，即为标准值，与受伤害者的实际休息日无关。

2）伤亡事故的分类

GB 6441—1986 把事故分为 20 类，与建筑业有关的有以下 12 类：

（1）物体打击，指落物、滚石、锤击、碎裂崩块、碰伤等伤害，包括因爆炸而引起的物体打击；

（2）车辆伤害，包括挤、压、撞、倾覆等；

（3）机具伤害，包括绞、碾、碰、割、戳等；

（4）起重伤害，指起重设备或操作过程中所引起的伤害；

（5）触电，包括雷击伤害；

（6）灼烫，火焰引起的烧伤，高温物体引起的烫伤，强酸、碱引起的灼伤，放射线引起的皮肤损伤；

（7）火灾，在火灾时造成的人体烧伤、窒息、中毒等；

（8）高处坠落，包括从架子、屋架上坠落以及从平地坠入地坑等；

（9）坍塌，包括建筑物、堆置物、土石方倒塌等；

（10）火药爆炸，指火药的生产、运输、储藏过程中发生的爆炸事故；

（11）中毒和窒息，指煤气、油气、沥青、化学、一氧化碳中毒等；

（12）其他伤害，扭伤、跌伤、野兽咬伤等。

其中高处坠落、触电、物体打击、机械伤害及坍塌是事故最常发生的类型，分析其原因往往是由于脚手架搭设不规范、高处作业防护不严、基坑及模板工程支护不牢、施工临时用电不规范、机械设备使用不当等造成。

3. 安全事故的应急救援预案

应急救援是指危险源、环境因素控制措施失效情况下,为预防和减少可能随之引发的伤害和其他影响,所采取的补救措施和抢救行动。应急救援预案是指事先制定的关于重大生产安全事故发生时进行紧急救援的组织、程序、措施、责任以及协调等方面的方案和计划,是制定事故应急救援工作的全过程。

施工单位应在制订本单位施工安全计划的同时编写事故应急救援预案,建立应急救援组织或者配备应急救援人员,配备必要的应急救援器材、设备,并定期组织演练。同时,施工单位应制定施工现场生产安全事故应急救援预案,并根据建设工程施工的特点、范围,对施工现场易发生重大事故的部位、环节进行监控。实行施工总承包的,由总承包单位统一组织编制建设工程生产安全事故应急救援预案,工程总承包单位和分包单位按照应急救援预案,各自建立应急救援组织或者配备应急救援人员,配备救援器材、设备,并定期组织演练。

应急救援预案主要包括下列内容:

(1) 应急救援组织机构、职责和人员的安排,应急救援器材、设备的准备和平时的维护保养。

(2) 在作业场所发生事故时,如何组织抢救,保护事故现场的安排,其中应明确如何抢救,使用什么器材、设备。

(3) 建立应急救援报警机制,应急救援报警机制应包括上报报警机制、内部报警机制、外部报警机制,形成自下而上、由内到外的有序网络应急救援报警机制。

上报报警机制是指在作业场所发生事故时,第一时间报告项目经理,项目经理应立刻向公司汇报,由公司主要负责人决定是否启动应急救援预案。当公司主要负责人决定启动应急救援预案时,应按相关规定上报当地政府有关管理部门,请求应急救援;内部报警机制是指应急救援预案启动后,公司总部、项目经理部两级应急救援组织启动,并拉响应急救援警报,通过广播等通知公司总部的相关人员以及事故现场的全体人员进入应急救援状态,公司总部、项目经理部两级应急救援组织进入应急救援预案及实施应急救援;外部报警机制是指内部报警机制启动的同时,按应急救援总指挥的部署,立即启动外部报警机制,向已经确定的施工场区周边、外部已建立的应急救援体系、社会公共救援机构(消防、医疗、救险等)报警。

(4) 建立施工现场应急救援的安全通道体系。应急救援预案中,必须依据施工总平面布置、建筑物的施工内容以及施工特点,确立应急救援状态时的安全通道体系,体系包括垂直、水平、场外连接的通道,并应准备好多通道体系设计方案,以解决事故现场发生变化带来的问题,确保应急救援安全通道能有效地投入使用。

(5) 工作场所内全体人员疏散的要求。

(6) 建立交通管制机制,由事故现场警戒和交通管制两部分构成。事故发生后,对场区周边必须警戒隔离,并应及时通知交警部门,对事故发生地的周边道路实施有效的管制,为救援工作提供畅通的道路。

4. 安全事故处理的原则和程序

安全事故处理必须坚持“事故原因不清楚不放过，事故责任者和员工没有受到教育不放过，事故责任者没有处理不放过，没有制定防范措施不放过”的原则。

安全事故的处理应按以下程序进行：

(1) 报告安全事故。安全事故一旦发生，受伤人员或最先发现事故的人员应立即用最快的传递手段，将发生事故的时间、地点、伤亡人数、事故原因等情况，上报至企业安全主管部门。企业安全主管部门视事故造成的伤亡人数或直接经济损失情况，按规定向政府主管部门报告。

(2) 事故处理。事故发生后，现场人员要保持镇静，听从组织指挥，首先要迅速抢救伤员，排除险情，制止事故蔓延扩大，同时为调查分析事故需要，要做好标识，保护好现场。

(3) 事故调查。企业接到事故报告后，经理和各业务部门主管领导及有关人员应立即赶到现场组织抢救，并迅速成立调查组开展调查。发生轻、重伤事故，调查组由企业负责人和施工生产、技术、安全、劳资、工会等部门有关人员组成。死亡事故由企业主管部门会同现场所在地区的市劳动部门、公安部门、人民检察院、工会组成事故调查组进行调查。重大死亡事故应按企业隶属关系，由省、自治区、直辖市企业主管部门或国务院有关主管部门、公安、监察、检查部门、工会组成调查组，并邀请有关专业和技术人员参加。

现场勘察主要内容包括：作出笔录、实物拍照、现场绘图。记录要包含发生事故的时间地点，勘察人员姓名及职务，勘察起止时间及过程，事故发生前的劳动组合及现场人员的具体位置和行动，重要物证等；实物拍照有方位拍照、全面拍照、中心拍照、细目拍照、人体拍照等各种角度；绘制示意图有建筑物平、剖面图，事故发生时人员位置及疏散图、破坏物立体图、涉及范围图、设备或工器具构造图等。

(4) 写出事故调查报告。通过观察和调查，查明事故发生的经过，通过对现场和事故发生情况的分析，找出事故发生原因，从而确定事故的性质，研究制定防止发生类似事故的具体方法措施，并要定人、定时间、定标准，迅速执行措施规定的各项条款。调查组在完成以上工作后，应立即撰写事故调查文字报告，内容包括事故发生的经过、原因、责任分析和处理意见及本次事故的教训、估算和实际发生的损失，对事故单位提出的改进安全生产工作意见、措施和建议。报告经全体调查组人员同意签名后报有关部门审批。

(5) 事故的审理和结案。事故调查处理结论报出后，须经当地有关审批权限机关审批后方能结案。对事故责任者的处理，应根据事故情节轻重、各种损失大小、责任轻重加以区分，予以严肃处理。事故资料应专案存档。

安全事故会给企业造成不同程度的人员伤亡和经济损失，事故的发生多由隐患加触发性违章造成。施工企业应做好各类事故的预测、预防工作，研究事故发生的原因和规律，提出相应对策，做好预测，预报和预防，以最大程度减少事故发生。

6.2 施工项目现场管理与文明施工管理

6.2.1 施工项目现场管理概述

建筑产品的施工,不仅涉及劳动力、材料、机械设备、资金、技术等多方面因素,还要求项目部围绕施工现场发生的变化进行组织管理。施工现场管理以施工现场为管理对象,施工现场是指从事施工活动经批准占用的施工场地,它也包括红线以外现场附近经批准占用的临时施工用地。所谓施工现场管理就是运用科学的管理思想、管理组织、管理方法和管理手段,对施工现场的各种生产要素,如人(操作者、管理者)、机(设备)、料(原材料)、法(工艺、检测)、环境、资金、能源、信息等,进行合理配置和优化组合,通过计划、组织、控制、协调、激励等管理职能,以保证现场按预定的目标,实现优质、高效、低耗、按期、安全、文明的生产。如何对场地进行科学安排、合理使用,使其与各种环境保持协调是现场管理的核心内容。

1. 施工项目现场管理的意义和特点

施工现场管理的任务主要是合理地组织施工现场的各种生产要素,并优化配置,使之有效地结合起来形成一个有机的生产系统,并经常处于良好的运行状态,达到优质、低耗、高效、安全和文明施工的目的。其具体的任务有:以市场需求为导向,生产满足社会生产和人民生活需要的建筑产品,全面完成生产计划规定的任务,包括产量、产值、质量、工期、资金、成本、利润和安全等技术经济指标;按施工客观规律组织生产、优化生产要素配置,尽可能采用新工艺、新技术,开展技术革新和合理化建议活动,消除施工现场的浪费现象,实现高效率和高效益;优化劳动组织,搞好班组建设和民主管理,不断提高施工现场人员的思想和技术业务素质;加强定额考核、施工任务单和限额领料单等现场管理制度,降低物料和能源消耗,减少生产储备和资金占用,不断降低生产成本;优化专业管理,建立与完善技术工艺、质量、设备、计划调度、财务、安全等专业管理保证体系,并使它们在施工现场协调配合,发挥综合管理效应,有效地控制施工现场的投入和产出;推行施工现场标准化,做到事事有标准,现场的所有工作均按标准进行,按标准检查,按标准考核;加强管理基础工作,做到人流、物流动转有序,信息交流及时、准确,出现异常现象能及时发现解决,使施工现场始终处于正常、有序、可控的状态;整治施工现场环境,改变施工现场“脏、乱、差”的状况,确保安全与文明施工。

施工现场管理是各项管理的枢纽,它将各专业管理连接到现场一点,现场人流、物流、财流的畅通,直接关系到施工活动能否正常进行,关系到其他管理目标能否有效实现。同时,现场文明施工的组织不仅利于提高工程质量也是树立企业形象的窗口,有利于提高企业的社会信誉。另外,现场管理也是贯彻执行城市法规的“焦点”,如与地产开发、城市规划、市政管理、环境保护、市容美化、城市绿化、交通运输、环境卫生、消防安全、文物保护、居民安全、工业生产保障、文明建设等有关的法规的执行等。因此,现场管理不仅是施工项目管理的重要内容,也关系到社会和政治的需要,必须严格执行相关法律、法规。

施工现场管理具有以下特点：

1）基础性

施工现场管理属于建筑企业的最基本管理工作，离不开标准、定额、计量、信息、原始记录、规章制度和教育等工作，而这些都是企业的基础工作。企业只有把基础工作做得扎实，才能适应企业外部环境的变化和增强企业的应变能力。而且，企业的生产经营目标、计划、指令和各项专业管理要求才能顺利地在施工现场贯彻和落实。因此，企业管理的基础工作是否健全，直接影响施工现场管理水平。通过加强施工现场管理又可以进一步促进健全企业管理和治理企业"散"的基础工作。

2）系统性

施工现场管理是直接从事建筑产品生产的管理活动，必须以生产合格的建筑产品为目标。因此，施工现场管理是围绕目标系统的活动。若只注意各项专业管理，忽视其系统性，不注意它们在施工现场中的协调与配合，则收效不大。例如，北京市建筑工程总公司在某住宅小区推广一次抹面工艺时，将围绕地坪施工的各道工序纳入统一计划，进行系统管理，要求从楼板安装、混凝土垫层浇筑、预留管线、抹灰等工序都严格控制平整度，建立正常的分段分层工序搭接和成品保护职责，工序之间严格交接制度，最后经一次抹面合格检查后，立即交给下道工序负责保管，其结果不仅质量好，节约材料，人工进度快，综合效益好，而且施工现场管理水平有了很大的提高。从这一实例可见，施工现场管理作为一个子系统，具有系统性、整体性、相关性、目的性和环境适应性的特点。要求施工现场必须实行统一指挥、综合管理，不允许各部门、各环节、各工序违背统一指挥而各行其是。尽管各专业管理也各成系统，但在施工现场这一子系统中必须协调配合，服从施工现场管理整体性的要求。

3）群众性

施工现场的所有施工活动和管理工作都是由现场上的人去完成的。因此，施工现场管理的核心是人。人与人、人与物的组合是施工现场生产要素最基本的组合。加强施工现场管理仅依靠少数专业管理人员是不够的，必须依靠现场所有职工的积极性、创造性，发动广大职工参与管理；按照施工现场标准化要求和规定，使每一个岗位上的人员实行自我管理、自我控制；并实行岗位人员之间的相互监督。要培养广大职工参与生产管理的能力，不断提高职工素质，这是当前施工现场管理中的一个突出的问题。

4）开放性

施工现场管理是一个开放性的系统，在系统内部以及与外部环境之间经常需要进行物质与信息反馈，以保证生产有秩序地进行。企业和现场的各类信息（如产量、质量、安全、班组核算等）的收集、传递和分析利用，必须做到及时、准确、齐全，尽量让现场各类人员都能看得见，随时都知道自己应干什么和干得怎么样。例如，施工现场的标牌（其内容应标明工程项目名称、建设单位、设计单位、建筑监理单位、施工单位、项目经理和总监理工程师的姓名、开竣工日期、施工许可证、批准文号等）和有关的规章制度（安全规定、操作规程、岗位责任制等）应公布于施工现场醒目处，便于施工现场全体人员共同遵守执行。施工现场划分、物品的摆放位置、危险处所等应有明显的标志。总之，施工现场要根据生产实际需要，在施工全过程，建立起信息网络和传导装置，使施工人员心中有数。如果施工影响现场周围地区有单位和居民，还必须经有关部门批准，并事先向受影响的单位和居民通告并表示歉意。

5) 动态性

动态性是系统的重要特征,施工现场各种生产要素的组合,是在投入与产出转换的运动过程中实现的。在一定条件下,施工现场生产要素的优化组合,具有相对的稳定性。生产技术条件稳定,有利于提高施工质量和经济效益。但是,由于施工现场内外环境的变化和新工艺、新材料、新设备的采用,原生产要素的组合就需要根据变化了的情况,进行必要的调整和合理配置,以提高施工现场对环境变化的适应能力,从而增强企业的竞争能力。此外,建筑施工过程一般分为基础施工阶段、主体结构施工阶段和装饰施工阶段,每一阶段的施工内容和特点不同。因此,施工现场管理内容必然要随施工阶段的不同有所变化。例如,在基础施工阶段和主体结构施工阶段,这两个阶段的施工平面布置图就有明显的不同。如果施工平面布置在整个施工过程中一成不变,就不能充分发挥施工现场管理的作用,是不符合施工现场动态管理要求的。

2. 施工项目现场管理的内容和要求

1) 管理的内容

(1) 合理组织施工用地。要根据施工项目及建筑用地的特点合理规划使用、方便施工并降低施工成本,若场地空间不足,应会同建设单位按规定向城市规划部门和公安交通部门申请,经批准后获得使用场外临时施工用地。

(2) 科学设计施工总平面。在编制施工组织设计时,应合理安排施工现场总平面图。临时设施、各类大型机械、材料堆场、物资仓库、构件堆场、治防设施、道路及进出口、加工场地、水电管线、周转使用场地等要布置合理、方便施工,符合各项安全、环保要求,呈现现场文明,有利于节约成本。

(3) 正确实施施工现场的动态管理及检查制度。应根据不同施工阶段的具体需要,对现场平面布置进行调整,以实现现场的动态管理和控制。现场管理人员应经常检查现场布置是否符合总平面图及各项规定,发现问题及时调整。

(4) 建立文明施工现场。文明施工现场指按有关法规的要求,使施工现场和临时占地范围内秩序井然,文明安全,环境得到保持,绿地树木不被破坏,交通畅通,文物得以保存,防火设施完备,居民不受干扰,场容和环境卫生符合要求。建立文明施工现场,具体可通过建立现场管理领导小组、各业务素质分口负责,制定现场管理检查制度,现场管理责任到人,及时整改,严明奖惩等措施来实现。施工结束后,应及时清场转移。

2) 管理的要求

现场管理的具体要求按规范场容、环境保护、防火保安、卫生防疫及其他事项详细列出。规范场容主要对科学合理设计施工平面图和物料器具管理标准化、现场围护、场地排水系统等作出具体要求。环境保护方面按照 ISO 14000 标准对现场排污、建筑垃圾、爆破、打桩施工、熔化沥青焚烧油毡、地下管线保护、用水、电、道路、现场绿化布置等方面提出具体要求。防火保安方面要求承包人按《中华人民共和国消防法》建立防火管理制度,要求设立门卫进行现场保卫工作,要求现场布置有满足消防要求的通路,紧急通道有明显标识,现场报警、灭火系统完备,进行爆破作业获得许可等。卫生防疫及其他事项对职工食宿卫生、防暑、防毒、医务设施、工程保险、现场管理考评等方面进行具体要求。

6.2.2 施工调度及总平面图管理

1. 施工调度工作

施工企业的调度工作，是按照施工计划、施工组织设计的要求和领导的指示，对工程的施工活动进行控制和指挥，及时解决施工中出现的问题，保持施工中各环节、各专业、各工作之间协调、平衡的工作，其目的是确保施工生产任务圆满完成。施工调度系统是施工信息的汇集中心，是施工活动的指挥中心，是施工活动的协调中心。它通过各种渠道，将可能对施工活动产生影响的信息汇集起来，经过分析、筛选、整理，形成指导施工的资料，提供给领导及有关单位和部门，作为制定施工对策的依据，以保证施工活动的顺利进行。它是企业内各单位和项目的统一指挥中心，能有机地协调各部门和各单位的行动，保证有计划、有步骤地实现施工目标。它根据施工计划、施工组织设计及所掌握的施工信息，对施工中出现的问题，通过各种方式（各业务部门之间进行协调，各单位之间进行统筹，报请有关领导和上级施工调度部门处理，或提请调度会议议定）及时解决，使施工活动顺利、均衡地进行。

施工调度的基本任务有：监督、检查施工生产计划和承发包合同的执行情况，掌握和控制施工进度，及时进行人力、物力的平衡和调配，保证施工的正常进行；及时解决施工现场出现的矛盾，协调各单位、各部门之间的工作；监督工程质量和安全生产；检查后续工序的准备情况，布置工序之间的交接；及时、准确地传达企业领导对施工方面的各项决定，发布调度命令，定期组织施工调度会，落实调度会议决定；及时公布天气预报，发现灾害天气时，及时通知有关单位做好预防工作。

其日常工作主要是：

1）上传下达

传达调度负责人及上级调度部门的施工指令，并检查落实情况，及时反馈；接受下级调度部门的汇报，必要时并向有关领导和部门转达；收集场内的工程进度情况，填报各类规定的报表，按时向有关人员和上级调度部门汇报；接受调度报告、调度通知、调度命令，并将其转呈有关领导指示，按照批示递交有关部门签认办理，并收集执行情况，及时反馈。

2）掌握情况

参加施工调查，了解拟建工程的自然社会环境和施工条件；参加各种施工会议，了解施工方案、施工安排及其他有关施工情况；了解下属各单位的施工能力，场内各种机械、电力、运输设备的使用和分布情况；经常深入现场，掌握施工进度及存在的问题；收听天气预报，并联系当地气象台，了解当地气象资料及与施工有关的水文资料。

3）指挥与协调

根据施工计划、施工组织设计及工程进展情况，督促、检查并指导现场的施工活动；根据下级调度部门的请求，与有关单位或业务部门进行协商，为施工现场消除矛盾、排除障碍；根据下级调度部门的报告，在场内进行适当的人力、物力调配，以便其安排合理、不缺不闲。

4）积累与存储资料

做好通话记录和调度日记，每旬做一次分析总结；建立各种调度台账并填写各类工程进度图表；定期将调度报表、调度报告、调度通知、调度命令分门别类装订成册；不定期将各类资料摘编整理，以“××工程纪实”的形式保留存档。

2. 总平面图设计

施工总平面图是一个具体指导现场施工的空间部署方案，它按照施工方案和进度的要求，要考虑以下内容的布置：地面上一切建筑物、构筑物，地下各类管线、设施及需保护的文物与设施；测量控制网、水准点、地形等高线、弃土场；起重机轨道、行驶路线及工作半径、井架位置；材料、构配件、半成品及机具堆放场地；各类生产、生活临时设施，包括搅拌站、钢筋加工棚、木工棚、仓库、办公用房占地、供水及排水线路、供电线路、施工道路；安全防火设施。

通过科学布置，可以确保施工顺利进行，尽量减少占地、减少临时设施费用，最大限度地减少场内运输，使各种原材料按使用时间要求按计划分批进场，减少二次搬运费用；可以有效保护地下管道及文物，合理利用永久建筑物为施工服务，尽量避免施工中的一些损坏事件；同时能够便利施工人员的生产和生活，充分考虑现场劳动保护及防火安全要求。

施工总平面图重点解决有关施工机械、搅拌站和加工厂、材料和预制品、运输道路、水电管网及其他临时设施等的合理布置问题。其比例一般为1∶200或1∶300。其设计步骤及方法如下：

1) 确定起重机械的位置

(1) 固定式垂直运输设备，如井架、门架等的布置，主要根据建筑物的平面形状和大小，施工段划分情况、材料来向等而定。一般来说，当建筑物各区段高度相同时，布置在施工段的分界线处；当建筑物各区段高度不同时，布置在高低分界线附近对准门窗口处，这样，可减少砌墙留搓和井架拆除后的修补工作。

(2) 塔吊的布置应能够将材料和构件直接运至任何施工地点，尽量避免出现“死角”。轨道通常是沿建筑物的一侧布置，必要时才增加转弯设备。同时做好轨道路基四周的排水工作。

(3) 无轨自行式起重机的开行路线主要取决于建筑物的平面布置、预制构件的排放、构件的重量、安装高度和吊装方法等。

2) 确定搅拌站、仓库和材料、构件堆场以及加工厂的位置

搅拌站、仓库和材料、构件堆场的位置应尽量靠近使用地点或在起重机能力范围内，并考虑到运输和装卸材料的方便。

(1) 基础工程和第一层施工所用的材料，应布置在建筑物的四周。材料堆放位置应与基槽边缘保持一定的安全距离，以免造成基槽(坑)坍方事故。

(2) 第二层以上施工用的材料，应布置在起重机附近。

(3) 砂、砾石等大宗材料应尽量布置在搅拌站附近。

(4) 当多种材料同时布置时，对大宗的、重的、先期使用的材料，应尽可能靠近使用地点或起重机附近布置；而少量的、轻的和后期使用的材料，则可布置得稍远一些。

(5) 按不同施工阶段使用不同材料的特点，在同一位置上可先后布置几种不同的材料，例如，砖混结构基础施工阶段，可在其四周布置土、石方，而在主体结构第一层施工时可沿四周布置砖等。

(6) 当设备基础的体积较大时，混凝土搅拌站可以直接布置在基坑附近，待混凝土浇筑完后再转移。一般小型工地则集中布置一个混凝土搅拌站供全场使用。

砂浆搅拌站应靠近使用地点分散布置。

(7) 木工棚和钢筋加工棚可布置在施工现场附近，并应有一定的堆放场地。

(8) 石灰和淋灰池的位置应接近砂浆搅拌站并在下风向；沥青熬制和其他有害环境的作业亦应布置在下风向。

3) 布置运输道路

现场主要道路应尽可能利用永久性道路，或先建好永久性道路的路基，在土建工程结束之前再铺路面。要注意保证车辆行驶畅通，并有回转的可能性。因此，最好围绕单位工程布置成环形道路。道路宽度一般为 6m，当场地狭小时可为 3.5m。

4) 布置行政管理及文化生活福利临时房屋

为单位工程服务的临时房屋一般有工地办公室、工地食堂、工人休息室、小卖部等临时房屋。确定它们的位置时，应考虑使用方便，不妨碍施工，并符合防火安全要求。

5) 布置水电管网

(1) 临时给水管网

一般由干管接入工地用水地点，布置时应力求管网总长度最短。管径的大小和龙头数目需视工程规模大小通过计算确定，管道一般沿道路边沿布置，埋置于地下。工地内应设置消火栓，距离拟建单位工程不小于 5m，不大于 25m。尽可能利用建设单位的永久性消防设施。

(2) 临时供电

主要沿各用电点布置低压动力线路和照明线路。如为独立的单位工程，施工临时供电还可能涉及用电量计算及变压器的选择。

在设计施工平面图时，还应考虑到施工是一个复杂多变的生产过程，各种施工机械、材料等是随着工程的进展而逐渐进场的，它们在工地上的存放位置也随时在改变着。因此，大型的、施工期限较长的工程，就需要按施工阶段布置几张施工平面图，但对整个施工时期使用的主要道路、水电管网和临时房屋等，不要轻易变动。

在布置施工平面图时，还应考虑到土建工程和其他专业工程的配合问题，一般以土建工程为主会同各专业施工单位，通过协商编制综合施工平面图，根据各专业工程的要求分阶段合理划分施工场地。

3. 总平面图管理

施工总平面管理就是对总平面图的具体贯彻与落实，它是施工现场管理的重要组成部分，对规范场容、文明施工、安全有序、防火防污染等现场管理目标的实现意义重大。

施工总承包单位应根据工程进展不断调整、补充、修改施工总平面图。在施工准备、主体工程、安装、装修等阶段都应有相应规划，并根据施工进度进行调整。要制定总平面管理制度，建立健全场容管理责任制。

经常性管理中要注意的问题有:

(1) 经常检查施工总平面图贯彻执行情况,监督按总平面图规定修建各项临时设施、堆放原材料,半成品及生产设备,未经主管部门批准,不得任意增添和拆迁仓库及临时设施。

(2) 保证道路和排水畅通,对排水沟和临时水道、供电线路要经常检查,及时维修。对临时停水、停电和断路,要提前申请,经调度部门批准方可进行。

(3) 做好土石方调配的平衡工作,审批各单位取弃土石方的地点、数量和运输路线,保护全场的测量控制桩和水准点,地下管网、电缆等设施的埋设情况尚未弄清楚时,不得盲目使用土方机械施工。

(4) 统筹安排运输道路、地下管网和动力路线的施工顺序和进度。

(5) 签署建筑物、构筑物、道路、管线等工程开工申请的审批意见,确定大型设施的位置并核实。

(6) 大宗原材料、设备和车辆进场应妥善安排,审批大型施工机械、设备进场运行路线。

(7) 计划平衡被破坏造成工期拖延或窝工使总平面图发生变化时,应迅速作出决策,采取应变补救措施。

(8) 制止违反制度、不服从统一管理现象,及时处理障碍物,对工地事故进行检查,提出改进意见。

(9) 掌握现场施工动态,做好总平面记录,定期召开总平面图管理检查会议,必要时邀请业主、监理方参加。

6.2.3 文明施工管理

文明施工是指保持施工现场良好的作业环境、卫生环境和工作秩序,文明施工也是保护环境的一项重要措施。主要包括:规范施工现场场容;保持作业环境的整洁卫生;科学组织施工,使生产有序进行;减少施工对周围居民和环境的影响;遵守施工现场文明施工的规定和要求,保证职工的安全和身体健康。

文明施工管理就是要彻底清除施工生产中,工地不设围挡、垃圾乱堆乱倒、污水横流、施工人员住宿在正在施工的建筑物内等轻视现场环境管理的现象,杜绝安全事故频频发生。它要求运用现代管理方法、科学组织施工,做好施工现场的各项管理工作,使之布置得当,秩序良好,利于节约、安全、卫生、生产和生活,做好环境保护。它体现了"以人为本"的原则,重视建筑工人的自身安全及生产的条件和环境,重视施工现场对城市、社会的影响。

文明施工管理要求施工现场安全生产、文明施工、现场布置整齐有序、确保建筑工人自身生产安全、对城市社会环境无影响和危害。其内容包括施工现场标识;施工现场设施;施工现场用电;施工现场机械布置;施工现场道路;施工现场安全;施工现场生活设施;施工现场保卫;施工现场防火;施工现场环境管理。重点关注施工现场围挡、封闭管理、施工场地、材料堆放、现场住宿、现场防火,以及治安综合治理、施工现场标牌、生活设施管理等内容。

建设部《建设工程施工现场管理规定》对文明施工管理实务作出如下规定:

(1) 施工单位应按施工总平面布置图设置各项临时设施。堆放大宗材料、成品、半成品和机具设备,不得侵占场内道路及安全防护等设施。

建设工程实行总包的和分包的,分包单位确需进行改变施工总平面布置图活动的,应当先向总包单位提出申请，经总包单位同意后方可实施。

（2）施工现场必须设置明显的标牌，标明工程项目名称、建设单位、设计单位、施工单位、项目经理和施工现场总代表人的姓名，开、竣工日期，施工许可证批准文号等。施工单位负责施工现场标牌的保护工作。

施工现场的主要管理人员在施工现场应当佩戴证明其身份的证卡。

（3）施工现场的用电线路、用电设施的安装和使用必须符合安装规范和安全操作规程并按照施工组织设计进行架设，严禁任意拉线接电。施工现场必须设有保证施工安全要求的夜间照明；危险潮湿场所的照明以及手持照明灯具，必须采用符合安全要求的电压。

（4）施工机械应当按照施工总平面布置图规定的位置和线路设置，不得任意侵占场内道路。施工机械进场必须经过安全检查，经检查合格的方能使用，施工机械操作人员必须建立机组责任制，并依照有关规定持证上岗，禁止无证人员操作。

（5）施工单位应该保证施工现场道路畅通，排水系统处于良好的使用状态；保持场容场貌的整洁，随时清理建筑垃圾。在车辆、行人通行的地方施工，应当设置沟井坎穴覆盖物和施工标志。

（6）施工单位必须执行国家有关安全生产和劳动保护的法规，建立安全生产责任制，加强规范化管理，进行安全交底，安全教育和安全宣传，严格执行安全技术方案。施工现场的各种安全设施和劳动保护器具，必须定期进行检查和维护，及时消除隐患，保证其安全有效。

（7）施工现场应当设置各类必要的职工生活设施，并符合卫生、通风、照明等要求。职工的膳食、饮水供应等应当符合卫生要求。

（8）建设单位或施工单位应当做好施工现场安全保卫工作，采取必要的防盗措施，在现场周边设立围护设施。施工现场在市区的，周围应当设置遮挡围栏，临街的脚手架也应当设置相应的围护设施。非施工人员不得擅自进入施工现场。

（9）非建设行政主管部门对建设工程施工现场实施监督检查时，应当通过或者会同当地人民政府建设行政主管部门进行。

（10）施工单位应当严格按照《中华人民共和国消防条例》的规定，在施工现场建立和执行防火管理制度，设置符合消防要求的消防设施，并保持完好的备用状态。在容易发生火灾的地区施工或者储存、使用易燃易爆器材时，施工单位应当采取特殊的消防安全措施。

（11）施工现场发生的工程建设重大事故的处理，依照《工程建设重大事故报告和调查程序规定》执行。

（12）施工单位应当遵守国家有关环境保护的法律规定，采取措施控制施工现场的各种粉尘、废气、废水、固体废弃物以及噪声、振动对环境的污染和危害。

（13）施工单位应当采取下列防止环境污染的措施：

① 妥善处理泥浆水，未经处理不得直接排入城市排水设施和河流。

② 除设有符合规定的装置外，不得在施工现场熔融沥青或者焚烧油毡、油漆以及其他会产生有毒有害烟尘和恶臭气体的物质。

③ 使用密封式的圈筒或者采取其他措施处理高空废弃物。

④ 采取有效措施控制施工过程中的扬尘。

⑤ 禁止将有毒有害废弃物用作土方回填。

⑥ 对产生噪声、振动的施工机械,应采取有效控制措施,减轻噪声扰民。

文明施工检查评分表如表6-8所示。

表6-8 文明施工检查评分表

序号	检查项目		扣分标准	应得分数	扣减分数	实得分数
1	保证项目	现场围挡	在市区主要路段的工地周围未设置高于2.5m的围挡扣10分 一般路段的工地周围未设置高于1.8m的围挡扣10分 围挡材料不坚固、不稳定、不整洁、不美观扣5~7分 围挡没有沿工地四周边界设置的扣3~5分	10		
2		封闭管理	施工现场进出口无大门的扣3分 无门卫和无门卫制度的扣3分 进入施工现场不佩戴工作卡的扣3分 门头未设置企业标志的扣3分	10		
3		施工场地	工地地面未做硬化处理的扣5分 道路不畅通的扣5分 无排水设施、排水不通畅的扣4分 无防水泥浆、污水、废水外流或堵塞下水道和排水河道措施的扣3分 工地有积水的扣2分 工地未设置吸烟处、随意吸烟的扣2分 温暖季节无绿化布置的扣4分	10		
4		材料堆放	建筑材料、构件、料具不按总平面布局堆放的扣4分 料堆未挂名称、品牌、规格等标牌的扣2分 堆放不整齐的扣3分 未做到工完场地清的扣3分 建筑垃圾堆放不整齐、未标出名称、品种的扣3分 易燃易爆物品未分类存放的扣4分	10		
5		现场住宿	在建工程兼作住宿的扣8分 施工作业区与办公、生活区不能明显划分的扣6分 宿舍无保暖和防煤气中毒措施的扣5分 宿舍无消毒和防蚊虫叮咬措施的扣3分 无床铺、生活用品放置不整齐的扣2分 宿舍周围环境不卫生、不安全的扣3分	10		
6		现场防火	无消防措施、制度或无灭火器材的扣10分 灭火器材配置不合理的扣5分 无消防水源(高层建筑)或不能满足消防要求的扣8分 无动火审批手续和动火监护的扣5分	10		
小计				60		

续表

序号	检查项目		扣分标准	应得分数	扣减分数	实得分数
7	一般项目	治安综合治理	生活区未给工人设置学习和娱乐场所的扣 4 分 未建立治安保卫制度的、责任未分解到人的扣 3～5 分 治安防范措施不力，常发生失窃事件的扣 3～5 分	8		
8		施工现场标牌	大门口处挂的五牌一图内容不全，缺一项扣 2 分 标牌不规范、不整齐的扣 3 分 无安全标语的扣 5 分 无宣传栏、读报栏、黑板报等扣 5 分	8		
9		生活设施	厕所不符合卫生要求的扣 4 分 无厕所、随地大小便的扣 8 分 食堂不符合卫生要求的扣 8 分 无卫生责任制的扣 5 分 不能保证供应卫生饮水的扣 10 分 无淋浴室或淋浴室不符合要求的扣 5 分 生活垃圾未及时清理、未装容器、无专人管理的扣 3～5 分	8		
10		保健急救	无保健医药箱的扣 5 分 无急救措施和急救器材的扣 8 分 无经培训的急救人员的扣 4 分 未开展卫生防病宣传教育的扣 4 分	8		
11		社区服务	无防粉尘、防噪声措施的扣 5 分 夜间未经许可施工的扣 8 分 现场焚烧有毒、有害物质的扣 5 分 未建立施工不扰民措施的和 5 分	8		
小计				40		
检查项目合计				100		

对现场住宿及生活设施的管理注意事项如下：

施工现场不宜设置职工宿舍，必须设置时应尽量和施工场地分开。现场应准备必要的医务设施，在办公室显著位置应张贴急救车及有关医院电话号码。办公区和作业区要明显区分，办公用房、宿舍、食堂、垃圾站、厕所、引水站、吸烟室要统一设计，统一制作标牌，生活区垃圾要按指定地点集中、及时清理，宿舍要通风，有防暑、取暖设施，食堂、厕所应符合卫生要求，现场应设置饮水设施；项目部要进行现场节能管理，承包人应明确施工保险及第三者责任险的投保人和投保范围。

对现场防火保安管理的要求：

承包人必须严格按《中华人民共和国消防法》的规定，建立和执行防火管理制度，要加强职工消防知识教育，建立安全用火制度；施工总平面图、施工方法要符合消防安全要求，现场安全设施要配足数量和合适的种类，由专人负责维护管理；现场从事电焊、气割工作人员应受过消防知识教育，持有效证件上岗；高层建筑施工要设置高压水泵或其他防火设备设施，并保证水枪射程遍及建筑物各部位；各类电气设备线路不准超负荷使用，易燃易爆库房内，照明线要穿管保护，库内要采用防爆灯具，开关应设在库外；高压线下，不准搭设临时建筑，不准堆放可燃材料；场内严禁吸烟等。

施工现场要建立保安组织机构，建立健全各项规章制度。现场应设立门卫，并采取必要的防盗措施。主要管理人员在现场应佩戴证明其身份的证卡，其他施工人员应有标识。规章制度有现场门卫和巡逻护场制度、入场教育制度、出入证件办理、使用与管理规定、携带物品出场的规定、成品保护实行分区、分级、分类防火防盗防破坏的规定等。施工中需爆破作业的，须经政府主管部门审查批准，并提供爆破器材的品名、数量、用途、爆破地点、四邻距离等文件和安全操作规程，向所在地县、市局公安局申领"爆破物品使用许可证"，由具备爆资质的专业队伍按有关规定进行施工。确保职工宿舍、财会室、更衣室安全，对机房、通信、监控室、发射接收等现场重要部位制定保卫措施。做好成品保护、工程退场工作，定期检查治安秩序，并做好记录，规章落实情况并及时纠正解决，做好保卫工作总结。

6.2.4 施工项目环境保护的要求及措施

建设工程项目必须满足有关环境保护法律法规的要求，在施工过程中注意环境保护，对企业发展、员工健康和社会文明有重要意义。环境保护是按照法律法规、各级主管部门和企业的要求，保护和改善作业现场的环境，控制现场的各种粉尘、废水、废气、固体废弃物、噪声、震动等对环境的污染和危害。环境保护也是文明施工的重要内容之一。

工程建设过程中的污染主要包括对施工场界内的污染和对周围环境的污染，前者防治属于职业健康问题，后者防治是环境保护问题。

施工现场环境保护是要最大程度避免施工垃圾、污水以及噪声对环境产生污染，主要措施涉及大气污染防治，水污染防治，噪声污染防治和固体废弃物处理及文明施工措施等。《建设工程项目管理规范》要求施工项目部按《环境管理系列标准》(GB/T 24000—ISO 14000)建立项目环境监控体系，不断反馈监控信息，并采取整改措施。

1. 防止大气污染

大气污染物包括气体状态和粒子状态两种。气体状态污染物如二氧化硫、氮氧化物、一氧化碳、碳氢化合物、机动车尾气等；粒子状态污染物主要是降尘和飘尘，飘尘又称为可吸入颗粒，随呼吸进入人体肺脏，危害健康。

具体防治措施：建筑垃圾、渣土应在指定地点堆放，每日进行治理。高层或多层施工垃圾及废弃物应采用密闭式串筒或其他措施清理搬运；水泥等粉细散装材料，应尽量库内存放，如露天存放应严密遮盖，卸运时要采取有效措施，减少扬尘；现场道路应结合设计中永久道路布置，面层可采用焦砟、混凝土等减少道路扬尘的材料，并随时修复损坏的路面以减少浮土；无符合规定装置时不得在现场熔化沥青和焚烧油毡、油漆及其他会产生有毒有害烟尘和恶臭气味的废弃物，禁止将有毒有害废弃物作土方回填；运输车辆不得超载，运输工程土方、建筑渣土或其他散装材料，不得超过槽帮上沿，车辆出场前，应将车辆槽帮和车轮冲洗干净，防止带泥土车辆驶出现场，遗撒渣土在路途中；现场搅拌设备，应搭设封闭式围挡及安装喷雾除尘装置；现场要制定洒水降尘制度，配备洒水设备、设专人负责和及时清理浮土；拆除建筑物时，应配合洒水，减少扬尘污染。

2. 防止水污染

施工现场泥浆和污水未经处理不得直接排入城市排水设施和河流、湖泊、池塘；凡需进行混凝土、砂浆等搅拌作业的现场，必须设置沉淀池，排放的废水要排入沉淀池内经两次沉淀后，方可排入市政污水管线或回收用于洒水降尘；凡进行现制水磨石作业产生的污水，必须控制污水流向，防止蔓延，并在合理位置设沉淀池，经沉淀后方可排入污水管线；现场食堂污水要设置简易有效的隔油池，定期掏油，污水排放要经过隔油池；现场要设置专用的油漆和油料库，油库地面和墙面要做防渗漏的特殊处理，使用和保管要专人负责，防止油料跑、冒、滴、漏，污染水体；禁止有毒有害废弃物用作土方回填，污染地下水和环境。

3. 防止噪声污染

现场应遵照《建筑施工场界噪声限值》(GB 12523—1990)(见表 6-9)制定降噪制度及措施；在居民和单位密集区域进行爆破、打桩等施工作业，要按规定申请批准，向受影响范围居民和单位通报说明作业计划、影响范围、程度及有关措施等情况，同时，要严格控制作业时间，建立施工不扰民措施；现场强噪声机械，如搅拌机、电锯、电刨、砂轮机等要设置封闭的机械棚，以减少强噪声扩散；能产生强噪声的成品半成品加工和制作作业应放在工厂、车间完成，以减少现场噪声污染；加强现场管理，杜绝人为敲打、尖叫、野蛮装卸噪声等现象，最大限度减少噪声扰民。

表 6-9　建筑施工场界噪声限值

施工阶段	主要噪声源	噪声限值/dB(A)	
		昼间	夜间
土石方	推土机、挖掘机、装载机等	75	55
打桩	各种打桩机械等	85	禁止施工
结构	混凝土搅拌机、振捣棒、电锯等	70	55
装修	吊车、升降机等	65	55

4. 固体废弃物的处理

建设工程施工工地上常见的固体废物有建筑渣土、废弃的散装大宗建筑材料、生活垃圾、设备材料等的包装材料、粪便等。固体废弃物的主要处理方法是：回收利用；减量化处理；焚烧；稳定和固化；填埋。如粉煤灰的应用就是回收利用，利用废钢铁做炼钢原料等；减量化处理是对已产生的固体废弃物分选、破碎、压实浓缩、脱水等减少最终处置量；焚烧处理适于不宜直接填埋处置的废物，同时要注意避免对大气二次污染；稳定和固化是利用水泥沥青等胶结材料，将松散的废物胶结包裹，减少有害物质向外迁移、扩散；填埋是将无害化、减量化处理的废物残渣集中到填埋场填埋，要尽量与环境隔离，并保持废物的稳定性和长期安全性。

6.3 职业健康安全管理与环境管理体系标准

6.3.1 施工项目职业健康安全管理与环境管理概述

施工项目职业健康安全管理的目的是通过管理和控制影响施工现场工作人员、临时工作人员、合同方人员、访问者和其他人员健康和安全的条件和因素，保护施工现场员工和其他可能受工程项目影响的人的健康与安全。

施工项目环境管理的目的是通过管理和控制施工现场的各种粉尘、废水、废气、固体废弃物、噪声、振动等对环境的污染和危害，考虑能源节约和避免资源的浪费，从而保护生态环境，使社会的经济发展与人类的生存环境相协调。

建设工程职业健康安全管理与环境管理的任务是建筑施工企业为达到建设工程职业健康安全管理与环境管理的目的而进行的计划、组织、指挥、协调和控制本企业的活动，包括制定、实施、实现、评审和保持职业健康安全方针及环境方针所需的组织机构、计划活动、职责、惯例、程序、过程和资源。不同的建筑施工企业应根据自身的实际情况制定方针，并为实施、实现、评审、保持及持续改进而建立组织机构，进行活动策划，明确职责，并遵守有关法律法规和惯例编制程序控制文件，同时实行过程控制，并提供人员、设备、资金和信息资源，以保证职业健康安全管理与环境管理任务的完成。

6.3.2 职业健康安全管理体系标准

职业健康安全管理体系(英文简写“OHSMS”)是20世纪80年代后期在国际上兴起的现代安全生产管理模式，它与ISO 9000和ISO 14000等标准体系一并被称为“后工业化时代的管理方法”。

1. 职业健康安全管理体系简介

职业健康安全管理体系产生的主要原因是企业自身发展的要求。随着企业规模扩大和生产集约化程度的提高，对企业的质量管理和经营模式提出了更高的要求。企业必须采用现代化的管理模式，使包括安全生产管理在内的所有生产经营活动科学化、规范化和法制化。职业健康安全管理体系产生的另外一个重要原因是世界经济全球化和国际贸易发展的需要。WTO的最基本原则是“公平竞争”，其中包含环境和职业健康安全问题。关贸总协定(GATT，世界贸易组织前身)乌拉圭回合谈判协议就已提出，“各国不应由法规和标准的差异而造成非关税壁垒和不公平贸易，应尽量采用国际标准”。欧美等发达国家提出，发展中国家在劳动条件改善方面投入较少使其生产成本降低，由此造成的不公平是不能被接受的，它们已经开始采取协调一致的行动对发展中国家施加压力和采取限制行为。北美和欧洲都已在自由贸易区协议中规定，“只有采取同一职业健康安全标准的国家与地区才能参加贸易区的国际贸易活动”。换言之，如果没有实行统一职业健康标准的国家和地区的企业所生产的产品将不能在北美和欧洲地区销售。

我国已经加入世界贸易组织(WTO)，在国际贸易中享有与其他成员国相同的待遇，职业健康安全问题对我国社会与经济发展产生潜在和巨大的影响，因此在我国必须大力推广职业健康安全管理体系。

1）职业健康安全管理体系发展的情况

（1）1996 年，英国颁布了 BS 8800《职业健康安全管理体系指南》。

（2）1996 年，美国工业卫生协会制定了《职业健康安全管理体系》指导性文件。

（3）1997 年，澳大利亚和新西兰提出了《职业健康安全管理体系原则、体系和支持技术通用指南》草案、日本工业安全卫生协会（JISHA）提出了《职业健康安全管理体系导则》、挪威船级社（DNV）制定了《职业健康安全管理体系认证标准》。

（4）1999 年，英国标准协会（BSI）、挪威船级社（DNV）等 13 个组织提出了职业健康安全评价系列（OHSAS）标准，即 OHSAS 18001《职业健康安全管理体系——规范》、OHSAS 18002《职业健康安全管理体系——实施指南》。此标准并非国际标准化组织（ISO）制定的，因此不能写成“ISO 18001”。

（5）1999 年 10 月，原国家经贸委颁布了《职业健康安全管理体系试行标准》；2001 年 11 月 12 日，国家质量监督检验检疫总局正式颁布了《职业健康安全管理体系——规范》，自 2002 年 1 月 1 日起实施，代码为 GB/T 28001—2001，属推荐性国家标准，该标准与 OHSAS 18001 内容基本一致。

2）实施职业健康安全管理体系的作用和意义

（1）为企业提高职业健康安全绩效提供了一个科学、有效的管理手段。

（2）有助于推动职业健康安全法规和制度的贯彻执行。

（3）使组织的职业健康安全管理由被动强制行为转变为主动、自愿行为，提高职业健康安全管理水平。

（4）有助于消除贸易壁垒。

（5）对企业产生直接的和间接的经济效益。

（6）将在社会上树立企业良好的品质和形象。

2. 职业健康安全管理体系的内容与运行模式

1）GB/T 28001—2001 的内容

《职业健康安全管理体系—规范》（GB/T 28001—2001）是组织进行规划、实施、检查、评审职业健康安全管理运作系统的规范性职业健康安全管理体系，其总体结构如图 6-2 所示。

职业健康安全管理体系包含 5 个一级要素、17 个二级要素，一级要素包括职业健康安全方针、策划、实施和运行、检查和纠正措施、管理评审。该体系围绕职业健康安全方针的要求展开职业健康安全管理，其内容包括制定职业健康安全方针、根据职业健康安全方针制定符合本组织的目标指标、实施并实现职业健康安全方针及目标的相关内容、对实施情况和实现程度予以评审并保持等。

2）GB/T 28001—2001 的运行模式

职业健康安全管理体系遵循 PDCA 管理模式，即策划（PLAN）-实施（DO）-检查（CHECK）-改进（ACTION）。即策划出管理活动要达到的目的和遵循的原则；在实施阶段实现目标并在实施过程中体现以上原则；检查和发现问题，及时采取纠正措施，保证实施与实现过程不会偏离原有目标与原则，实现过程与结果的改进提高。见图 6-3。

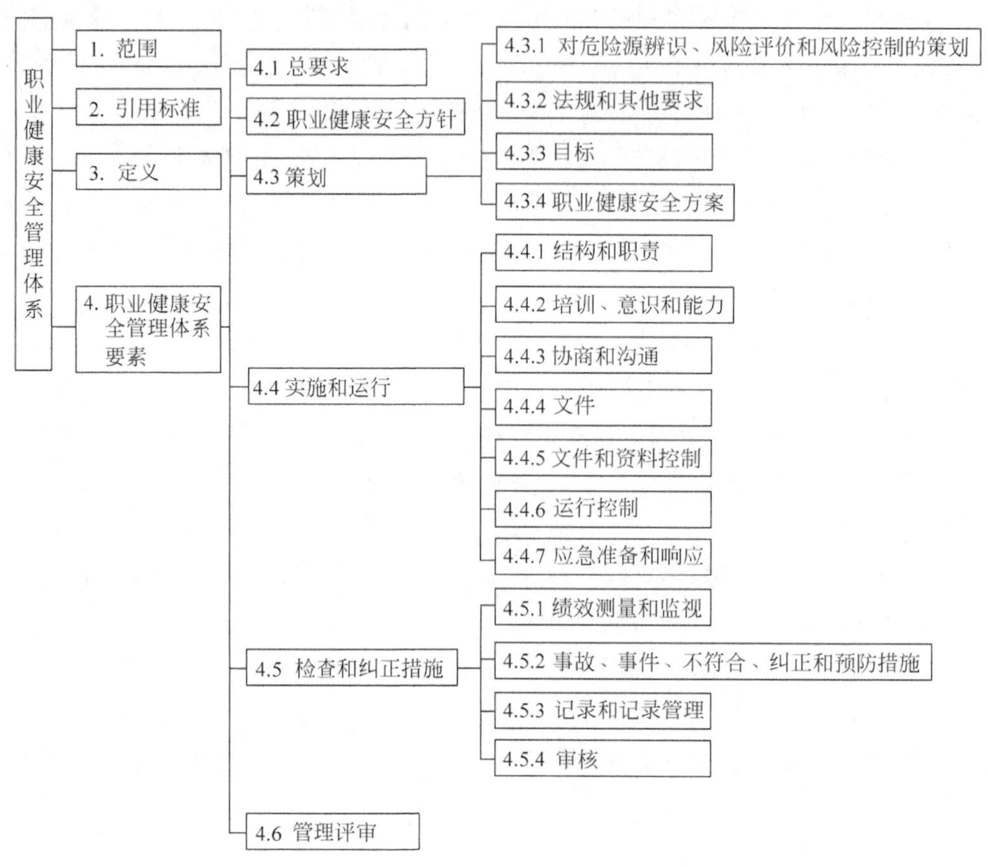

图 6-2 《职业健康安全管理体系——规范》总体结构图

3) 主要术语

(1) 事故：造成死亡、疾病、伤害、损坏或其他损失的意外情况。要注意区分事故和事件,造成了死亡、疾病、伤害、损坏或其他损失的情况是事故,没有造成上述情况的是事件。如日光灯坠落,砸到人是事故,没砸到人虚惊一场是事件。

(2) 持续改进：为改进职业健康安全总体绩效,根据职业健康安全方针,组织强化职业健康安全管理体系的过程。也就是我们通常所说的长效机制,职业健康安全管理体系不是通过认证就算完事了,而是需要长期保持。

(3) 危险源：可能导致伤害或疾病、财产损失、工作环境破坏或这些情况组合的根源或状态。

(4) 危险源辨识：识别危险源的存在并确定其特性的过程。

(5) 事件：导致或可能导致事故的情况。

(6) 相关方：与组织的职业健康安全绩效有关的或

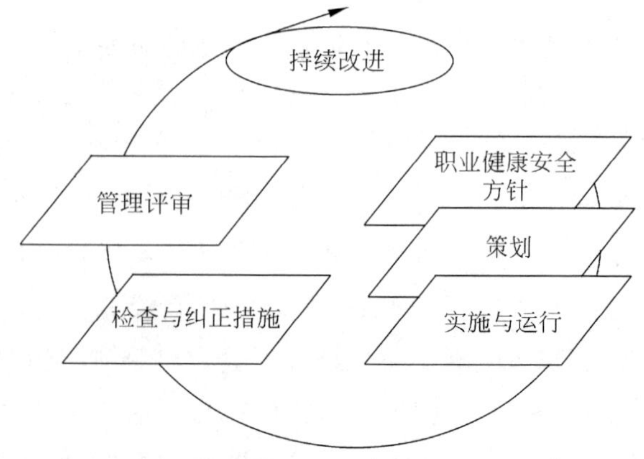

图 6-3 职业健康安全管理体系运行模式

受其职业健康安全绩效影响的个人或团体。

(7) 不符合：任何与工作标准、惯例、程序、法规、管理体系绩效等的偏离，其结果能够直接或间接导致伤害或疾病、财产损失、工作环境破坏或这些情况的组合。

(8) 目标：组织在职业健康安全绩效方面所要达到的目的。

(9) 风险：某一特定危险情况发生的可能性和后果的组合。

(10) 风险评价：评估风险大小以及确定风险是否可容许的全过程。

(11) 可容许风险：根据组织的法律义务和职业健康安全方针，已降至组织可接受程度的风险。

4) 职业健康安全管理体系的基本要素(共 17 个)

(1) 职业健康安全方针

必须经过最高管理者批准，必须包括最高管理者对"遵守法规"和"持续改进"的承诺。

(2) 对危险源辨识、风险评价和风险控制的策划

辨识危险源时必须考虑：①常规和非常规活动；②所有进入工作场所的人员(包括合同方人员和访问者)的活动；③工作场所的设施(无论由本组织还是由外界所提供)。此外，危险源辨识还是一个动态的过程，每当工作场所发生变化(如办公地点搬迁等)、设备设施(如新购进一台搅拌机)及工艺(如由原来的合成生产改为来料加工)发生改变时，都要对危险源辨识重新进行辨识。

(3) 法规和其他要求

至少遵守现行的职业健康安全法律法规和其他要求，并将法律法规的文本进行收集，识别需要遵守或适用的条款。

(4) 目标

目标和职业健康安全管理方案通常是用来控制不可容许风险的，目标必须是能够完成的，如果条件允许，目标应当予以量化，以便于考核。(如实现 1 000 天无安全事故、驾驶员持证上岗率 100%、重大责任事故为 0 等)

(5) 职业健康安全管理方案

职业健康安全管理方案要与组织的实际情况相适应，并且必须具备职责、权限和完成时间表等要素，否则就不是一个完整的、规范的管理方案。

(6) 结构和职责

最高管理者应指定一名管理成员作为管理者代表承担特定职责，管理者代表的职责是负责体系的建立和实施。除管理者代表之外，职业健康安全管理体系还应有一名或几名员工代表，参加协商和沟通。

(7) 培训、意识和能力

培训的目的在于提高员工的安全意识，使之具有在安全的前提下完成工作的能力。本要素重点关注的是员工的上岗资质以及安全意识和能力。如驾驶员的驾驶证和上岗证，稽查人员的检查证和执法证，炊事员的健康证等。

(8) 协商和沟通

协商沟通的主要内容有：参与风险管理、方针和程序的制定和评审；参与商讨影响工作场所职业健

康安全的任何变化；参与职业健康安全事务；了解谁是职业健康安全的员工代表和管理者代表；关于职业健康安全方面的意见和建议。

(9) 文件

本要素的主要目的在于建立和保持足够的文件并及时更新，以便起到沟通意图，统一行动的作用，确保职业健康安全管理体系得到充分了解和充分有效地运行。

(10) 文件和资料控制

文件和资料的控制主要目的是便于查找，当文件发生变化时要及时传达到员工，保证重要岗位人员的作业手册是最新版本。

(11) 运行控制

在进行了(2)～(4)之后，应当按照策划的结果实施。组织应识别与所认定的风险有关的、与需要采取控制措施的风险有关的运行和活动。

(12) 应急准备和响应

应急准备和响应包括两个方面，一是准备，二是响应。如果可能，这些应急程序应当定期进行测试，也就是通常所说的应急预案演练。演练的目的是为了检测预案的可行性。

(13) 绩效测量和监视

本要素主要是对(11)的结果进行监测和检查的过程。

(14) 事故、事件、不符合、纠正和预防措施

本要素是在监测或检查时发现不遵守法律法规、制度、流程等方面的行为而采取的纠正、整改措施。

(15) 记录和记录管理

体系运行中的各种记录，记录的作用在于它的可追溯性，也就是平时经常提到的"有据可查"。记录必须规定保存期限和保存地点，记录的管理必须便于检索，即需要查记录时，必须在很快的时间内找到该记录。

(16) 审核

此处的审核是指职业健康安全管理体系的内部审核，即组织自我审核，也称为"第一方审核"，就是通常所说的"内审"，是检验职业健康安全管理体系的运行情况的重要手段。

(17) 管理评审

管理评审是最高管理者的职责，一般至少每年进行一次，管理评审的目的是确保职业健康安全管理体系的持续适宜性、充分性和有效性。通俗地说，管理评审是指组织的某个部门在改进体系的职业健康安全业绩时，需要别的部门的配合、协助，或者是准备购买某种物品而需要使用资金等重大的、涉及面较广的、本部门不能独立完成的、需要上级批准的问题的解决过程。

职业健康安全管理体系基本要素的管理作用：

(1) 危险源辨识、风险评价和风险控制的策划是职业健康安全管理体系的基础。

(2) 职业健康安全管理体系具有实现遵守法规要求的承诺的功能。

(3) 职业健康安全管理体系的监控(要素(13)绩效测量和监视)系统是对体系运行的保障。

(4) 明确组织结构和职责是实施职业健康安全管理体系的必要前提。

(5) 其他职业健康安全管理体系要素具有的独特管理作用。

5) 职业健康安全管理体系的特点

(1) 采用建立管理体系的方式对职业健康安全绩效进行控制。

(2) 采用 PDCA 循环管理(戴明模型,P 指策划,D 指实施和运行,C 指检查,A 指改进)的思想。

(3) 强调预防为主、持续改进以及动态管理。

(4) 遵守法规的要求贯穿在体系的始终。

(5) 要求全员参与。

(6) 适用于各行各业,并作为认证的依据。

健全的职业健康安全管理体系应能够达到以下水平:

管理方面:事事有人管、人人有专责、办事有程序、检查有标准、问题有处理。

技术方面:人才资源和专业技能充足,设计、研制、制造、检验和实验设备齐全,仪器、仪表、设备和计算机软件先进。

6.3.3 环境管理体系标准

国际标准化组织(ISO)1993 年 6 月正式成立环境管理技术委员会,其宗旨为通过制定和实施一套环境管理的国际标准,规范企业和社会团体等所有组织的环境表现,使之与社会经济发展相适应,改善生态环境质量,减少人类各项活动造成的环境污染,节约能源,促进经济的可持续发展。于 1996 年推出了 ISO 14001 系列标准,2004 年又推出了 ISO 14001—2004。同年,我国将其等同转换为国家标准 GB/T 24000 系列标准。

ISO 14001 环境管理体系标准自 1996 年由国际标准化组织发布以来,很快在世界各国得到了认同和响应。作为环境管理方面的一个体系标准,它是融合了世界上许多发达国家在环境管理方面的经验而形成的一套完整的、操作性很强的体系标准。对企业改善自身的环境管理工作,提高环境管理绩效有着强大的推进作用。

1. 环境管理标准的产生

发达国家如英国、日本也曾是污染大国,许多发达国家都吃过环境污染的苦头,到 20 世纪 60 年代,西方发达国家相继建立环境保护的政府机构、制订了标准,从 70 年代开始,大量环境公约相继出台,国际标准化组织(ISO)于 1991 年建立了环境战略咨询组,1993 年成立 ISO/TC207 技术委员会,着手制订环境管理标准,1996 年 10 月 ISO 正式颁布 ISO 14000 环境管理体系标准。2004 年 11 月 15 日正式颁布新版标准。

2. 实施环境管理标准的意义

实施环境管理标准对社会的意义:利于提高民族的环保意识,树立科学自然观;利于提高人们遵纪守法的意识;调动企业防止污染的积极性,促进企业自律机制的建立;利于经济与环保的协调统一,把治理环境污染与减少资源、能源消耗并重,利于可持续发展。

实施环境管理标准,获取环境管理体系认证证书对企业的意义:改善环境行为,从而降低环境和法律风险;促使全员为本企业(组织)降低资源能源的消耗作贡献;避免一些客商以"组织的产品在生产过程中污染环境"为理由而拒绝采购,从而提高企业的市场竞争能力,特别是出口创汇的能力;提高企业的环保管理水平和员工环保意识;保持良好的社会关系,满足相关方要求。

3. GB/T 24001—1996 标准的内容及运行模式

GB/T 24001—1996《环境管理体系——规范及使用指南》于1996年9月颁布,是组织规划、实施、检查、评审环境管理运作系统的规范性环境管理体系,其总体结构如图6-4所示。

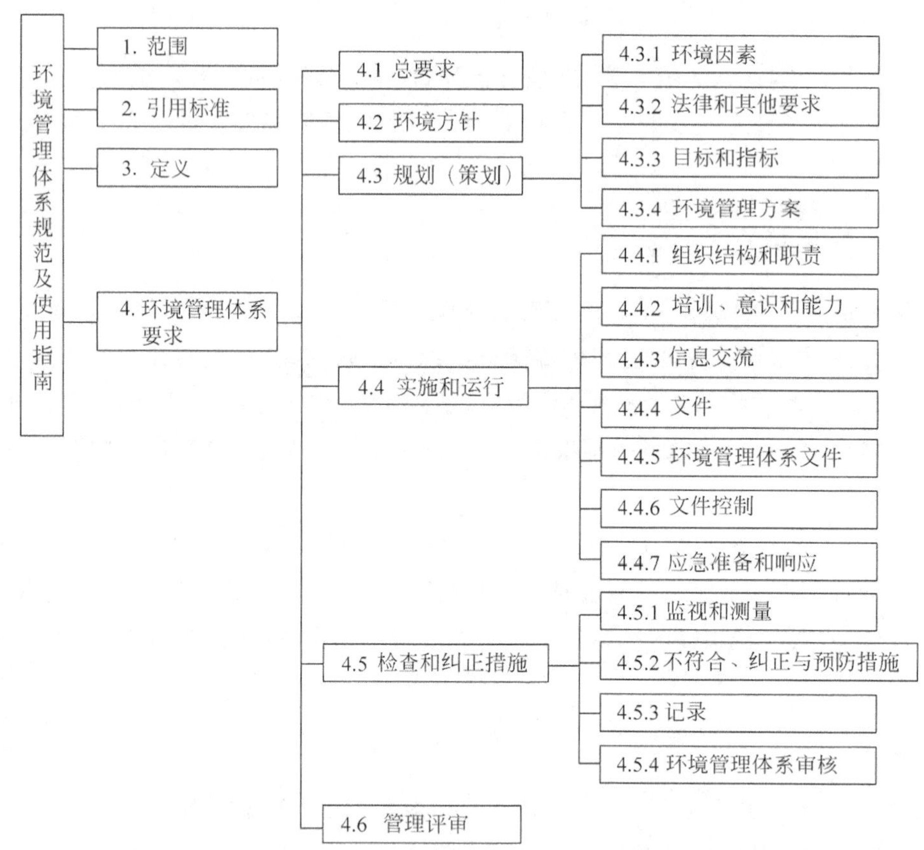

图6-4 《环境管理体系——规范及使用指南》总体结构图

环境管理体系包括5个一级要素,17个二级要素,该体系围绕环境方针的要求展开环境管理,其内容包括制定环境方针、根据环境方针制定符合本组织的目标指标、实施并实现环境方针及目标指标的相关内容、对实施情况和实现程度予以评审并予以保持等。

GB/T 24001—1996 标准的运行模式遵循 PDCA 管理模式,如图6-5所示。

4. 主要术语和定义

(1) 环境:组织运行活动的外部存在,包括空气、水、土地、自然资源、植物、动物、人以及它们之间的

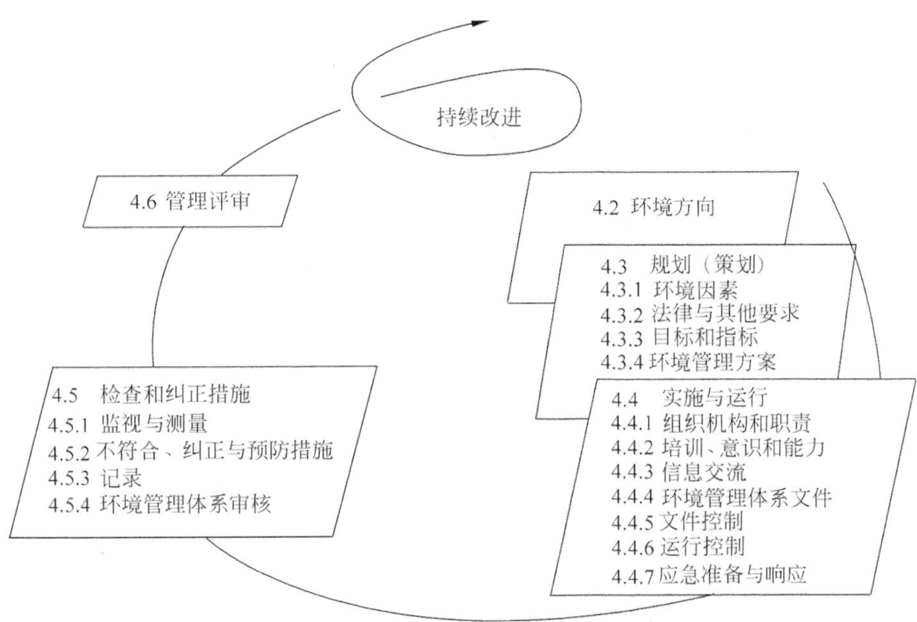

图 6-5　环境管理体系运行模式

相互关系。

(2) 环境因素：一个组织的活动、产品或服务中能与环境发生相互作用的要素。

重要环境因素是指具有或能够产生重大环境影响的环境因素。

(3) 环境影响：全部或部分地由组织的活动、产品或服务给环境造成的任何有害或有益的变化。

(4) 环境方针：组织对其全部环境表现(行为)的意图与原则的声明，它为组织的行为及环境目标和指标的建立提供了一个框架。

(5) 环境目标：组织依据其环境方针规定自己所要实现的总体环境目的，如可行应予以量化。环境指标是指直接来自环境目标，或为实现环境目标所需规定并满足的具体的环境表现(行为)要求，它们可适用于组织或其局部，如可行应予量化。

(6) 环境管理体系：整个管理体系的一个组成部分，包括为制定、实施、实现、评审和保持环境方针所需的组织结构、计划活动、职责、惯例、程序、过程和资源。

(7) 环境绩效：组织基于其环境方针、目标和指标，对它的环境因素进行控制所取得的可测量的环境管理体系结果。

(8) 环境管理体系审核：客观地获取审核证据并予以评价，以判断组织的环境管理体系是否符合所规定的环境管理体系审核准则的一个文件支持的系统化验证过程，包括将这一过程的结果呈报管理者。

(9) 相关方：关注组织的环境表现(行为)或受其环境表现(行为)影响的个人或团体。

(10) 污染预防：旨在避免、减少或控制污染而对各种过程、惯例、材料或产品的采用，可包括再循环、处理、过程更改、控制机制、资源的有效利用和材料替代等(注：污染预防的潜在利益包括减少有害的环境影响、提高效益和降低成本)。

(11) 持续改进：强化环境管理体系的过程，目的是根据组织的环境方针，实现对整体环境表现(行为)的改进(注：该过程不必同时发生于活动的所有方面)。

6.3.4 职业健康安全管理体系与环境管理体系的建立、实施与认证

职业健康安全管理体系与环境管理体系的建立、实施与认证过程如表6-10所示。

表6-10 职业健康安全管理体系与环境管理体系建立步骤

<table>
<tr><th>序号</th><th>阶　段</th><th>主要内容</th><th>备　注</th></tr>
<tr><td>1</td><td>准备阶段</td><td>1. 最高管理者决策
2. 任命管理者代表
3. 建立组织机构
4. 提供资源保障(人、财、物、时间)</td><td></td></tr>
<tr><td>2</td><td>人员培训</td><td>1. 内审员培训
2. 初始状态评审及要求
3. 体系策划与设计
4. 文件编写指导</td><td></td></tr>
<tr><td>3</td><td>初始状态评审</td><td>1. 法律法规和其他要求
2. 识别与评价危险源(环境因素)
3. 评价现有的管理制度与GB/T 28001(GB/T 24001)的差距</td><td rowspan="3">体系的建立主要包括领导决策、成立工作组、人员培训、初始状态评审、制定方针、目标、指标和管理方案、管理体系策划与设计、体系文件的编写、文件的审查、审批和发布的主要步骤</td></tr>
<tr><td>4</td><td>体系策划与体系文件编制</td><td>1. 编写职业健康管理手册/程序文件/作业指导书(环境管理手册/程序文件/作业指导书)
2. 文件修改一次至两次并定稿</td></tr>
<tr><td>5</td><td>体系试运行</td><td>1. 正式颁布文件
2. 进行全员培训
3. 按文件的要求实施</td></tr>
<tr><td>6</td><td>内部审核与管理评审</td><td>1. 企业组成审核组进行审核
2. 对不符合项进行整改
3. 最高管理者组织管理评审</td><td rowspan="2">管理体系的运行是按照已建立体系的要求进行实施，其实施的重点围绕培训意识和能力，信息交流，文件管理，执行控制程序，监测，不符合、纠正和预防措施，记录等活动来推进。同时要进行体系的内部审核及管理评审</td></tr>
<tr><td>7</td><td>模拟审核</td><td>1. 由咨询机构对职业健康管理体系(环境管理体系)进行审核
2. 对不符合项进行整改
3. 协助企业办理正式审核前期工作</td></tr>
<tr><td>8</td><td>认证审核准备</td><td>1. 选择确定认证审核机构
2. 提供所需文件及资料
3. 必要时接受审核机构预审</td><td></td></tr>
<tr><td>9</td><td>认证审核</td><td>1. 第一阶段(现场)审核
2. 第二阶段现场审核
3. 不符合项整改</td><td></td></tr>
<tr><td>10</td><td>颁发证书</td><td>1. 提交整改结果
2. 审核机构的评审
3. 审核机构颁发证书</td><td></td></tr>
</table>

6.4 案例分析：某高层建筑施工安全

20 世纪 90 年代广州市第二建筑工程有限公司施工的广州百货大厦坐落在广州市最繁华中心区北京路与西湖路之间，大厦共 35 层、高 133m、建筑面积 73 000m^2，一层至八层设计为大型超级商场，营业面积达 20 000m^2。业主要求九层结构完工后一层至八层超级商场先装修开业，实行边施工边营业方法，续建九层以上的楼层。该工程难点为：大厦周围车辆、人员流量大，每天进入广州百货大厦购物者达几万人次；施工场地少；实行边施工边营业方法；施工期间不能全封闭现场等。由于公司领导和项目部全体员工对安全生产高度重视，周密制定安全措施，并贯彻落实，经过两年半的努力，顺利完成广州百货大厦建设任务，且施工期间未发生一例安全伤亡事故和火灾事故，开创广州市大型高层建筑边施工边营业先例。以下是广州百货大厦施工安全的具体做法。

1. 制定完善的施工组织设计安全防护措施

1.1 编制适合该工程并对施工有指导性的施工方法及安全技术措施。

1.2 编制夜间施工安全技术措施。

1.3 编制防火与治安管理、文明施工管理措施。

1.4 编制各专业工种(木工、铁工、混凝土工、瓦工、机械工、起重工、水电工、棚工等)的安全操作规程。

1.5 编制专题施工方案(脚手架搭设、高空作业、施工设备装拆、施工用电、外墙风、电焊作业等)的安全技术措施。

2. 建立以领导为主的安全生产监督机构

2.1 项目部成立以项目经理为领导，各部门主管负责人参加的安全、防火领导小组。

2.2 每班作业配备 3～5 名专职安全员巡查安全生产执行、安全防护设施维护、防火制度执行情况，对违章作业员工有权停止生产，经整改符合要求才复工。

2.3 每周定期召开一次由项目经理主持的安全生产、防火会议，各部门汇报执行安全生产情况；解决碰到的困难；协调各专业工种的安全生产运作；提出下周施工安全要求及措施的落实。

3. 实施准用证及安全验收制度

3.1 井架物料提升机安装后，经公司设备管理部门验收合格签证，并报市安全监督机构检测及发《准用证》方可使用；井架加高后由项目部设备主管、质量安全员检查验收。

3.2 塔式起重机、施工电梯安装后经公司设备管理部门验收合格签证，并报市安全监督机构检测及发《准用证》方可使用；顶升加高后由项目部设备主管、质量安全员检查验收。

3.3 施工现场临时用电设施安装后，经项目部机电主管、质量安全员检查验收方可使用。

3.4 落地式外脚手架搭设及每阶段加高后，经公司质量安全部门检查验收方可使用。

3.5 施工现场安全立网、平网由安全监督机构检测及发《准用证》方可使用。

3.6 模板工程安装完毕后经项目部木工主管、质量安全员检查验收方可下道工序施工。

3.7 现场动火先向公司防火部门申请,批准后并配备监护人员方可动火。

4. 对员工进行"三级"安全教育和严格执行"三检"制度

4.1 新进场员工必须进行4小时安全学习,并了解工作环境、明确工作责任、熟悉现场安全防火要求,经考核合格才安排工作;专业工种主管对员工进行本工种安全操作规程宣讲学习并签名记录入卡;建立班前安全交底制度,班组每天对员工进行施工要求、工作环境的安全交底,以日记方式记录备查。

4.2 严格执行"三检"制度,即日检,每日当班各工种人员对安全生产进行自检,并把有关情况记录到交接班本上;周检,以班组长牵头组织检查并作记录;月检,由项目经理带队,各部门主管参加,并按JGJ 59—1999《建筑施工安全检查标准》评分。发出安全隐患整改通知书,限期整改将反馈记录保存备查。

4.3 每季对安全生产、防火工作做得好的员工表彰和奖励,对违章作业和破坏安全防护措施的员工通报批评罚款直至辞退。

5. 加强安全防护措施保障安全生产

5.1 在大厦入口和周围安装两度安全防护层,第一度是钢结构支撑组成防护棚,棚顶满铺3mm钢板。第二度距离第一度防护棚1m高架设柔性安全网起缓冲作用。确保工地施工坠落工具和材料杂物不会击穿安全防护棚。

5.2 外墙排栅脚手架外侧设置密目式安全网;每间隔3层设置平网防护、排栅脚手架内立杆与建筑物之间每层设置平网防护;安装外墙排栅脚手架规定要高出建筑物施工层4m。

5.3 外墙施工(风、电焊、瓦工作业)必须用篼底盆回收余料及建筑材料。

5.4 高空作业工具如扳手、铰钳、铁件用绳子与身体联结,以防失手坠落。

5.5 "四口"和临边防护统一用钢筋(钢管)制作安装并加密目式安全网,电梯口、楼梯口、通道口做好防护后安装低压36V照明灯警示。

广州市第二建筑工程有限公司在施工安全生产中,树立"生产必须安全,安全促进生产的"理念,采取可靠的安全防护措施,找出施工中各种不安全因素并力争消除,做到防患于未然,切实保障了建筑生产安全顺利地进行。

摘自《建筑安全》2002年第3期

思 考 题

1. 试述职业健康安全与环境管理的目的和任务。
2. 安全管理有哪些要素?安全计划包括哪些内容?

3. 如何理解安全教育，安全检查在施工项目安全控制中的作用？
4. 怎样理解安全生产责任制？施工现场参与各方的安全责任有哪些？
5. 阐述施工项目现场安全保证体系的要素和运行机制。
6. 简述现场安全保证体系各要素审核的主要内容。
7. 施工准备阶段、施工阶段对安全技术措施有哪些要求？
8. 试述事故处理的原则和程序。
9. 试述施工项目现场管理的内容和具体要求。
10. 如何设计施工总平面图，总平面图管理要注意哪些问题？
11. 简述文明施工管理的内容。
12. 简述现场环境保护的措施。

第 7 章

施工项目信息管理

内容提要 在施工项目信息管理过程中，首先应建立信息管理体系。其次应明确项目信息管理的对象——各类工程资料和工程实际进展信息。通过优化信息结构和使用各类施工项目管理软件，及时、准确地获得和快捷、安全、可靠地使用所需的信息，实现项目管理信息化。

7.1 概 述

信息是各项管理工作的基础和依据，没有及时、准确和满足需要的信息，管理工作就不能有效地起到计划、组织、控制和协调的作用。随着现代化的生产和建设日益复杂化，社会分工越来越细，管理工作不仅对信息的及时性和准确性提出了更高的要求，而且对信息的需求量也大大增加，这些都对信息的组织和管理工作提出了越来越高的要求。实践表明，如果继续沿用传统的手工处理数据和传递信息的方式，那么往往不能在需要的时间和范围内，把有用的信息送到有关人员手中，从而影响管理工作的正常进行。只有根据现代管理科学理论(如运筹学、网络计划技术、系统分析、模拟技术等)和计算机的普遍应用，才有可能高速度、高质量地处理大量的信息，作出最优的决策，取得良好的经济效果。

在施工项目管理中，信息管理同样必不可少。只有切实做好施工项目的信息管理工作，才能保证项目的有关人员及时获得各自所需的信息，在此基础上才能够进一步做好成本管理、进度管理、质量管理、安全管理及合同管理等各项工作，最终达到优质、低价、快速地完成施工任务的目标。同时，由于施工项目管理是一种动态的管理，需要及时地对大量的动态信息进行快速处理，这就需要借助于电子计算机这一现代化的工具来进行。因此，在施工项目管理中必须把信息管理和计算机的应用有机地结合起来，充分发挥计算机在信息管理中的优势，为实现施工项目的动态管理服务，从而实现项目管理信息化。

7.1.1　信息

1. 信息的含义

信息是现代社会中为人们所广泛使用的一个概念。对信息的定义，目前还没有统一的说法。综合各种表述，能够比较准确包含信息本质特征的定义是：信息是经过加工的数据；信息是有意义的数据；信息是对决策有价值的数据。信息反映着客观世界中各种事物的特征和变化，是可以借助某种载体加以传递的有用知识。

2. 信息的性质

尽管信息的类型及表现形式是多种多样的，但都具有以下性质：

1）真实性

真实的信息才是有价值的，在信息管理中，保证信息的真实性非常重要。一方面，要注意所收集信息的正确性；另一方面，对信息进行传送、存储和加工处理时，要切实保证不失真。

2）时效性

对信息使用者来说，信息的传输、加工和利用都必须考虑其时效性。时间间隔越短、使用信息越及时、使用程度越高，时效性越强。

3）不完全性

数据收集或信息转换要有主观思路，要运用已有的知识，抓住事物的主要矛盾，进行分析和判断，去粗存精、去伪存真，抽出有用的信息。

4）层次性

不同级别的管理者有不同的职责，处理的决策类型不同，需要的信息也不同。

5）可存储性

在一定的条件下，信息可借助于不同的载体，以某种方式存储起来。信息的可存储性为信息的积累、加工以及不同场合的应用提供了可能。

6）共享性

一个信息源的信息可以为多个信息接收者接收并且多次使用，还可以由接收者继续传输。

7）价值性

信息是经过加工并对生产经营活动产生影响的数据，是劳动创造的，是一种资源，因而是有价值的。信息的使用价值必须经过转换才能得到，信息的价值还体现在及时性上。管理者要善于信息资源的转换，及时实现信息的价值。

7.1.2　信息管理

信息管理是指在项目的各个阶段，对所产生的、面向管理业务的信息进行收集、传递、加工、存储、维护和使用等信息规划和组织工作的总称。信息管理的目的就是要通过有效的信息规划和组织，使项目管理人员能及时、准确地获得进行项目规划、项目控制和管理决策所需的信息。

一般来说,信息管理应遵循以下程序。

1. 确定信息管理目标

1) 组建信息管理机构

信息管理需要处理施工项目与设计、施工、监理、供应商、分包商、金融保险、政府主管单位等各部门之间大量的信息,为了使信息准确、有效、及时、一致而又高度集中和共享,必须首先组建信息管理机构。该机构负责信息的收集、加工、整理及综合运用,并为决策服务提供支持。

2) 建立信息管理制度

为了使建立的信息管理机构有效参与日常管理并及时提供决策支持,必须建立和完善信息管理制度,并将信息管理的责任落实到具体岗位和人员,真正做到全员参与、规范管理。

3) 打造项目公共信息平台

使用计算机及网络技术来管理项目,不仅仅是提高处理的数量和效率,更应通过项目管理信息化提高施工质量、缩短建设工期、降低工程造价。从而使得全体项目管理人员充分认识到信息的重要性,建立起一种基于信息高度集中和共享的企业管理文化氛围。通过制度要求各级管理人员按照各自的权限和信息编码方法把与项目有关的合同、图纸、报告、文件等各类纸质介质和音像等非纸质介质信息及时录入信息管理系统,并依据共享信息制定和执行下一步工作方案,形成良性循环,再逐步完善信息管理系统,将其最终打造成一个企业内部的公共信息平台。

融合制度、人员、软件、计算机和网络的项目公共信息平台强化了信息的共享和交流,减少了纸张的使用,提高了信息传递的速度,保证了多部门间信息的一致性。

2. 进行信息管理策划

首先,项目经理部应根据实际需要,配备熟悉工程管理业务、经过培训的人员担任信息管理工作。信息管理策划的内容包括信息需求分析、信息编码系统、信息流程、信息管理制度以及信息的来源、内容、标准、时间要求、传递途径、反馈的范围、人员以及职责和工程程序等。

3. 信息收集

1) 信息的来源

一般而言,管理信息的来源可分为组织内部经营方面所产生的信息以及外部环境方面的信息。按照建设管理对象,信息主要来自建设单位、施工单位、设计单位、监理单位、材料供应单位、政府相关部门等。

2) 信息收集的内容和范围

组织应根据业务活动性质及管理目标的要求,围绕经营与管理重点,集中力量收集某方面的信息,一般应包括:组织机构信息,经济信息,技术信息,资料信息,法规信息,商品信息,供应商、竞争者及消费者方面的信息,同时,社会文化、风俗习惯等信息在重大工程和国际工程中也需要加以注意。

3）信息收集的方法

信息的来源渠道和信息收集的内容确定以后，就应当采取恰当的方法来收集信息。收集信息的主要方法有两类：一是直接到信息产生的现场去调查研究；二是收集、整理已有的情报资料，间接获取信息。

4. 信息的传递与加工处理

将收集到的信息及时地传递到信息需求者手中是信息管理的一项重要内容，这就要求建立一套合理的信息传递制度，并使其标准化。通常的传递信息的方法主要有：

（1）专人负责信息的传递；

（2）通过通信方式传递信息；

（3）会议方式进行信息传递。

所谓信息的加工处理是指将组织收集到的原始信息，根据管理的不同需要及要求，运用一定的设备、技术、手段和方法对其进行分析处理，以获得可供利用的或可存储的真实可靠的信息资料。

对原始信息的加工主要包括判断、分类整理、分析和计算、编辑归档等几方面工作。

信息资料经过加工和处理后，管理者便可直接利用，为管理决策和管理控制等服务。

工程资料的档案管理应符合有关规定，宜采用计算机辅助管理。

5. 信息运用

根据信息管理所依赖的软硬件环境发展情况以及项目信息管理水平，信息的运用从低到高可以分为四个层次：

（1）简单应用（如数据计算、打字排版等）。

（2）单项程序（如概预算报价软件、进度计划编制软件、竣工资料整理软件等，其特点是仅能自动完成一些比较有规律的、固定的重复性工作）。

（3）管理系统（如办公自动化系统、财务管理系统等，其特点是协同工作但集中在某一特定专业或业务领域）。

（4）信息平台。

项目信息平台（Project Information Portal，PIP），是在项目全寿命过程中项目参与各方产生的信息和知识进行集中管理的基础上，为项目参与各方在互联网平台上提供一个个性化项目信息的单一入口，从而为项目参与各方提供一个高效率信息交流和共同工作的环境。其核心功能是通过改变信息管理和共享过程而达到信息高度集中和交流，项目参与各方紧密协同工作的目的。

6. 信息管理评价

信息管理的效率和成本将直接影响项目管理其他环节的工作效率、质量和成本。传统的项目管理缺乏透明度和可控制性，不容易及时发现项目实施过程中出现的问题并加以调整；信息化的管理有很多优点但却需要投入额外的信息管理系统购买（或开发）、使用培训、计算机及网络设备购置等费用，所以应结合具体的建设项目,基于施工管理的全过程以及投资、质量、进度的总体要求选择合适的信息管理系统,在信息管理系统的具体实施过程中,应定期检查信息的有效性和信息成本,不断改进信息管理工作,在项目完成后对信息系统的使用结果进行总结,并与常规的项目管理统计数据进行对比评价,逐步提高项目信息管理的水平。

7.1.3 施工项目信息管理

1. 施工项目信息管理的基本要求

为了能够全面、及时、准确地向项目管理人员提供有关信息,施工项目信息管理应满足以下几方面的基本要求。

(1) 有时效性和针对性;

(2) 有必要的精度;

(3) 综合考虑信息成本及信息收益,实现信息效益最大化。

2. 施工项目信息管理的内容

(1) 明确施工项目信息内容,建立信息的代码系统。

在项目管理过程中,应明确公共信息、工程概况信息、工程施工信息、工程管理信息等施工项目信息;并且必须编制一组能反映其主要特征的代码,用以表征信息的实体或属性,以便于利用计算机和网络进行管理。

(2) 建立施工项目信息管理系统。

在信息的收集、加工整理、存储、传递、应用等基础上,开发或购买建立施工项目信息管理系统。主要内容包括:系统分析与设计、系统实施和系统运行维护等。

(3) 使用各类施工项目管理软件。

近年来,商品化的施工项目管理软件大量涌现,它们可以用于施工项目管理过程的各项活动,帮助用户制定任务、管理资源、进行成本预算、跟踪项目进度等。由于项目管理者自发研制信息管理系统前期需要较大投资和较长的开发周期,因此,熟悉并使用现有的施工项目管理软件就显得非常必要。这方面的商业软件主要有工程项目进度管理软件、概预算与投标报价软件、工程资料管理软件等。

7.2 施工项目信息的内容

7.2.1 项目公共信息

1. 法律、法规与部门规章信息

法规和部门规章采用编目管理,也可建立计算机文档存入计算机。无论哪种管理方式,都应在施工项目信息管理系统中建立法规和部门规章表,表中至少应包括:编号、题目名称、颁发单位、解释单位、颁布日期、性质(法规、规范、标准、定额、文件、施工技术、管理、制度、条例等)、主题词、内容提要、密级、收到日期、保管人等。

2. 市场信息

市场信息包括：材料价格表、材料供应商表、机械设备供应商表、机械设备价格表、新材料、新技术、新工艺、新管理方法信息表等。

1) 材料价格表

表中至少应包括：厂商编号、材料编号、材料名称、材料规格、质量等级、保质期、产品特性、单位、各地区报价、报价有效截止日期等。

2) 材料供应商表

表中至少应包括：厂商编号、厂商名称、邮编、地址、E-mail、网址、单位法人、业务联系人、企业性质、企业资质等级、固定资产额、流动资金、信誉(优、良、中、差)、建厂时间等。

3) 机械设备价格表

表中至少应包括：厂商编号、机械设备编号、机械设备名称、机械设备规格、质量等级、产品特性、单位、报价、报价有效截止日期等。

4) 机械设备供应商表

表中至少应包括：厂商编号、厂商名称、邮编、地址、E-mail、网址、单位法人、业务联系人、企业性质、企业资质等级、固定资产额、流动资金、信誉(优、良、中、差)、建厂时间等。

5) 新材料、新技术、新工艺、新管理方法信息表

表中至少应包括：编号、题目名称、类别(新材料、新技术、新工艺、新管理方法)、内容摘要、应用范围、发明人、发明单位、发明日期、联系电话、应用实例、应用单位、应用结果、应用日期等。

3. 自然条件信息

应建立自然条件表，表中至少应包括：地区、场地土类别、年平均气温、年最高气温、年最低气温、雨季(×月—×月)、冬季(×月—×月)、风季(×月—×月)、年最大风力、地下水位高度、交通运输条件(优、良、中、差)、环保要求书等。

7.2.2 工程概况信息

应建立工程概况表，表中至少应包括：工程编号、工程名称、工程地点、建筑面积、地下层数、地上层数、结构形式、计划工期、实际工期、开工日期、竣工日期、合同质量等级、建设单位、设计单位、施工单位、监理单位、工程概预算书等。

7.2.3 工程施工技术资料信息

施工技术资料信息包括：施工日志、质量检查记录表、材料设备进场记录表、技术交底、设计变更单等信息。

1. 施工日志

施工日志至少应包括：日期、星期、气候(上午、下午、夜间)、生产情况记录、技术质量安全工作记录等。

2. 质量检查记录表

质量检查记录表至少应包括：检查日期、分部分项工程名、施工单位、专业工长、项目技术负责人、分包单位负责人、检查部位区段、施工单位评定结果、监理(建设)单位评定结论等。

3. 材料设备进厂记录表

材料设备进厂记录表至少应包括：材料(设备)编号、材料(设备)名称、检验日期、规格型号、总数量、检查件数、检查记录(技术证件、备件与附件、外观情况、测试情况)、检查结果(名称、规格、单位、数量、结论)、检查单位、检查人、供货单位、移交人、送货人等。

4. 技术资料汇总目录表

技术资料汇总目录表至少应包括：序号、案卷题名、文字册数、文字页数、图样册数、图样页数、其他册数、其他页数、保管人、备注等，见表7-1。

表7-1 技术资料汇总目录表

序号	案卷题名	文字		图样		其他		保管人	备注
		册数	页数	册数	页数	册数	页数		
1									
2									
3									
…									

5. 技术资料分目录表

技术资料分目录表至少应包括：序号、单位工程名称、分目录名称、资料编号、资料日期、案卷题名、主题词、内容摘要、文字册数、文字页数、图样册数、图样页数、其他册数、其他页数、保管人、备注等，见表7-2。

表7-2 技术资料分目录表

序号	单位工程名称	分目录名称	资料编号	资料日期	案卷题名	主题词	内容摘要	文字		图样		其他		保管人	备注
								册数	页数	册数	页数	册数	页数		
1															
2															
3															
…															

7.2.4 工程管理信息

1. 工程组织协调信息

包括施工计划表、工程统计表、材料消耗表和现金台账等。

(1) 施工计划表至少应包括：工作编号、日期、分部工程名、分项工程名、施工部位、单位、计划工程量、负责人、施工单位、专业工种及人数等。

(2) 工程统计表至少应包括：工作编号、分部工程名、分项工程名、施工部位、单位、完成工程量、负责人、施工单位、日期、备注等。

(3) 材料消耗表至少应包括：工作编号、单位、工程量、材料编号、材料名称、材料单位、材料定量、规格型号、单价、运费单价、领用数量、领用日期、负责人等。

(4) 现金台账表至少应包括：工作编号、日期、摘要、费用类别(人工费、材料费、机械费、其他直接费、施工管理费)、增(元)、减(元)、余额等。

2. 工程进度及资源信息

包括工程进度计划表、资源计划表、资源表、WBS工作分解结构编码表、劳动力需要量计划表、主要材料需要量计划表、构件和半成品需要量计划表、施工机械需要量计划表、设备需要量计划表、资金需要量计划表等。

1) 工作进度计划表至少应包括：序号、工作序号、工作名称、单位、工程量、人工日、工期、开工日期、完成日期、可宽限时间、总可宽限时间、WBS编码、附注等。

2) 资源计划表至少应包括：序号、工作序号、工作名称、资源编号、资源名称、单位、用量、正常工作日、加班工日等。

3) 资源表至少应包括：资源编号、资源名称、单位、数量、单位、加班单价、一次计价、结算方式(开始、按比例、结束)、费用类别(人工费、材料费、机械费、其他直接费、施工管理费)、备注等。

4) WBS工作分解结构编码表至少应包括：WBS编码、工作名称、工期、作业内容、目标要求、前提条件、工艺描述、责任人、参加者、所需资源、计划质量要求、评定质量等级、计划费用、实际费用、计划开工日期、计划竣工日期、实际开工日期、实际竣工日期、版本号、编制日期等。

5) 劳动力需要量计划表至少应包括：序号、工种名称、数量、需要时间(某月上旬、中旬、下旬)、备注等。

6) 主要材料需要量计划表至少应包括：序号、材料编号、材料名称、规格型号、单位、数量、供应日期、备注等。

7) 构件和半成品需要量计划表至少应包括：序号、构件和半成品名称、规格型号、单位、数量、使用单位、加工单位、供应日期、备注等。

8) 施工机械需要量计划表至少应包括：序号、施工机械名称、规格型号、单位、数量、供应单位、开始使用日期、结束使用日期、备注等。

9）设备需要量计划表至少应包括：序号、设备名称、规格型号、单位、数量、使用部位、供应单位、供应日期、备注等。

10）资金需要量计划表至少应包括：序号、使用时间、合计、其中人工费、材料费、机械费、其他直接费、施工管理费等。其中"使用时间"可按需要给出，如旬、月、季、年等。

3. 成本信息

施工过程中，用承包成本表、责任目标成本表、实际成本表、降低成本计划和成本分析来管理成本信息。

1）承包成本表应包括：序号、工作名称、合计、其中人工费、材料费、机械费、其他直接费、施工管理费等。

2）责任目标成本表至少应包括：序号、工作名称、合计、其中人工费、材料费、机械费、其他直接费、施工管理费等。

3）实际成本表应包括：序号、工作名称、合计、其中人工费、材料费、机械费、其他直接费、施工管理费等。

4）降低成本计划由成本降低率表、成本降低额表和施工管理费降低计划表组成。其中：

(1) 成本降低率表应包括：费用项目名称(人工费、材料费、机械费、其他直接费、施工管理费)、预算成本、计划成本、计划降低额、计划降低率等，见表7-3。

表7-3 成本降低率表

项目名称	承包成本	计划成本	计划成本降低额	计划成本降低率/%
1. 直接费	1 493 797.7	1 344 417.3	149 380.4	10
人工费	318 588.65	286 729.77	31 858.88	10
材料费	1 137 579.77	1 023 821.79	113 757.98	10
机械费	37 626.39	33 863.74	3 762.65	10
2. 其他直接费	2.89	2	0.89	30.8
3. 施工管理费	100 000	90 000	10 000	10
合计	1 493 797.7	1 344 417.3	149 380.4	10

(2) 成本降低额表应包括：序号、工作名称、降低额合计、其中人工费、材料费、机械费、其他直接费、施工管理费。

(3) 施工管理费降低计划表应包括：序号、施工管理费名称、预算成本、计划成本、计划降低额。

5）成本分析由计划偏差表、实际偏差表、目标偏差表和成本现状分析表组成。其中：

(1) 计划偏差表、实际偏差表和目标偏差表分别应包括：序号、工作名称、偏差合计、其中人工费、材料费、机械费、其他直接费、施工管理费。

(2) 成本现状分析表至少应包括：序号、工作名称、单位、工程量、完成百分率、计划成本、实际消耗成本、节超额、日期等。

4. 商务信息

包括：施工预算(或工程量清单及其单价)、中标的投标书、合同、工程款、索赔。

1) 施工预算表

分部(分项)工程名称、单位、工程量、单价(其中人工费、材料费、机械费)、总价、施工管理费率、利润率等。

2) 中标的投标书

应建立标书工程量表和标书文本文件。其中，标书工程量表至少应包括：序号、项目名称、单位、工程量、单价、总价、简要说明等。

标书主文是文本文件，其中必须写明下列各项：总标价、成品综合价(如房屋：×元/m^2；道路：×元/km；管道：×元/m；…)、总标价的构成(按工程项目分列)、工期、工程质量标准及主要施工技术组织措施、主要材料指标、要求建设单位提供的配合条件、其他需说明的事项。

3) 合同

应建立管理合同表和合同文件。其中管理合同表至少应包括：编号、合同名称、内容、提要、合同类别、签订日期、合同总价、纠纷次数、违约原因、变更次数、变更原因、合同文件名等。

4) 工程款

可不必另建表，与现金台账表共用。

5) 索赔

应建立索赔管理表和索赔文件。其中索赔管理表至少应包括：编号、索赔主要事项、索赔具体内容、索赔依据、索赔计算凭证、索赔日期、执行结果、索赔文件名、备注。

5. 安全文明施工及现场管理信息

在施工项目活动中，安全文明施工及现场管理信息的主要内容有：安全交底、安全设施验收、安全教育、安全措施、安全处罚、安全事故、安全检查、复查整改记录、会议通知、会议记录等。

1) 安全交底、安全设施验收、安全教育、安全措施、安全处罚、安全事故、安全检查和复查整改记录，应建立安全信息表以编目方式进行管理。安全信息表至少应包括：编号、简要名称、类别(交底、验收、教育、处罚、事故、检查、复查、整改)、正文、原因、发出单位、发出人、接受单位、接收人、发出日期、处理结果、处理日期、备注等。

2) 会议通知、会议记录，应建立会议文件表以编目方式进行管理。会议文件表至少应包括：编号、简要名称、类别(会议、通知、……)、内容提要、发出单位、密级、抄报送单位、抄报送人、接收单位、接收人、发出日期、负责人意见、处理结果、处理日期、备注等。

6. 竣工验收信息

在施工项目活动中，竣工验收信息的主要内容有：施工项目质量合格证书、单位工程竣工质量核定表、竣工验收证明书、施工技术资料移交表、施工项目结算、回访与保修等。

1)施工项目质量合格证书、单位工程竣工质量核定表、竣工验收证明书、施工技术资料移交表等信息的管理参考技术资料汇总目录表和技术资料分目录表进行处理。

2)施工项目结算表至少应包括:序号、工作名称、合计、人工费、材料费、机械费、其他直接费、施工管理费、结算日期等。

3)回访与保修表至少应包括:序号、回访与保修内容、范围、日期、处理方法、处理结果、用户意见等。

为方便信息的计算机管理,可采用如图7-1所示的施工项目信息目录结构图。

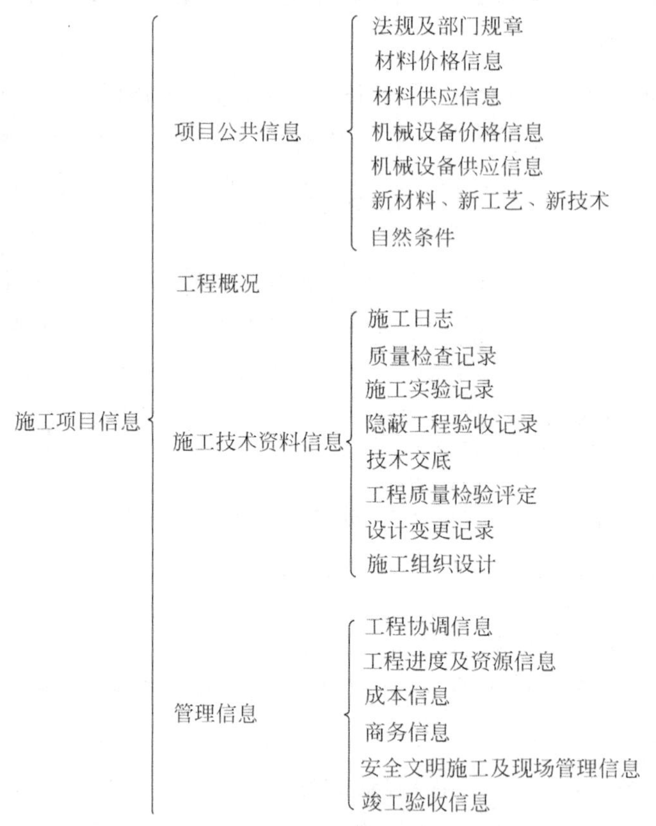

图7-1 施工项目信息目录结构图(局部)

7.3 施工项目信息管理计划与实施

采用信息管理系统作为施工项目管理的基本手段,不仅提高了信息处理的效率,而且在一定程度上规范管理工作流程、增强项目管理工作效率和目标控制工作的有效性。如果利用计算机和网络来提高施工项目管理水平,首先面临着建立以计算机和网络为基础的信息管理系统的问题,而建立该系统,可以采用基于企业管理现状原型开发研制或者直接购买商业信息管理系统软件两个方法。前者研发周期长、对管理水平的提升促进大,后者投入少、见效快但整体性差。重点工程、重复性项目建议采用研发的方式,一次性项目、投资较小项目建议购买商业软件边使用边二次开发完善适合企业自身管理的信息管理系统。

7.3.1　施工项目信息管理系统开发研制

信息管理系统的研制一般都要经过系统规划、系统分析、系统设计、系统实施与评价四个阶段。系统规划是施工项目信息管理系统研发的第一个阶段,这一阶段的主要目标是制定出管理信息系统的长期发展方案,并决定管理信息系统在整个生命周期内的发展方向、规模以及发展进程。

1. 系统规划

1）系统规划的内容

(1) 信息系统的总目标、发展目标与总体结构的确定。应根据组织的战略目标和内外约束条件,确定信息系统的总目标和总体结构。信息系统的总目标规定其发展方向,发展战略规划提出衡量具体工作的标准,总体结构则提供系统开发的框架。

(2) 组织现状分析。包括对计算机软件、硬件配置使用情况,专业人员水平,开发费用及当前信息系统的功能、应用环境和应用现状等情况进行充分的了解和评价。

(3) 进行可行性研究。在现状分析的基础上,从技术、经济和企业环境因素等方面研究并论证系统开发的可行性。

(4) 组织流程重组。对业务流程现状、存在问题和不足进行分析,使流程在新技术条件下进行优化重组。

(5) 对相关信息技术发展的预测。对规划中涉及的软、硬件技术、网络技术、数据处理技术的发展变化及其对信息系统的影响应作出合理预测。

(6) 资源分配计划。制定出为实现系统开发计划而需要的各种资源、设备、人员、技术和资金等计划。

2）系统规划的框架结构

系统规划的框架结构是指由系统规划的层次及其内容要素组成的系统规划矩阵,如图 7-2 所示。

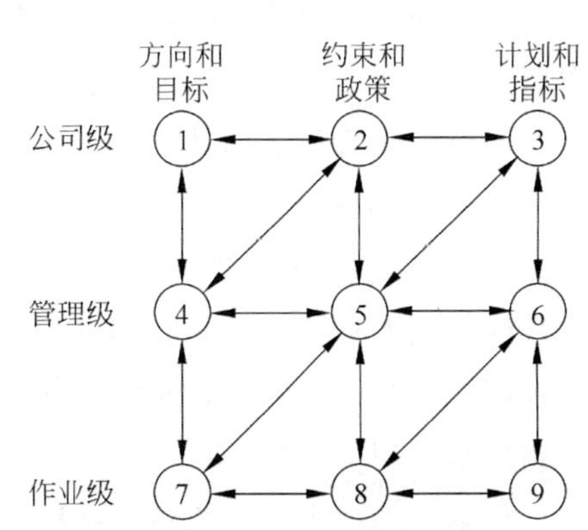

图 7-2　系统规划的框架结构

在系统规划框架图中,行表示系统规划的层次,列表示系统规划的内容。它们之间的关系为:上下是上下级的集成关系,左右是相互引导的关系,左下和右上是相互影响的关系。

3）系统规划的步骤

施工项目信息管理系统的规划从开始到结束一般分为 9 个步骤,如图 7-3 所示。

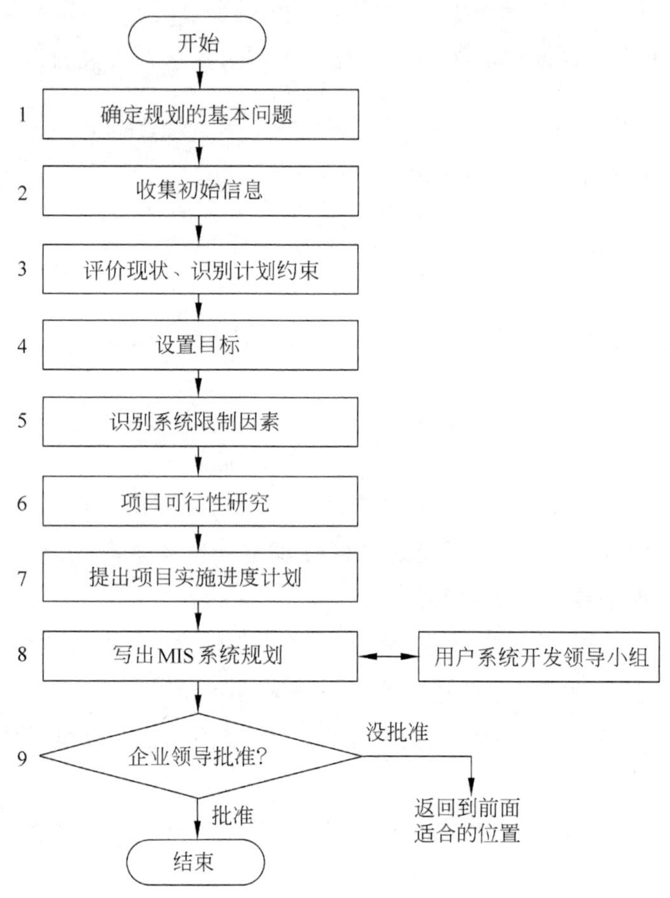

图 7-3 系统规划的步骤

2. 系统分析

系统分析是施工项目信息管理系统研发的第二个阶段,主要解决系统"能做什么"的问题。通过详细调查研究和需求分析,深入描述及研究现行系统的工作流程及用户的各种需求,构思和设计出用户比较满意的新系统逻辑模型,并提出适当的计算机硬/软件配置方案。

系统分析是管理信息系统开发的重要环节,包括现行系统的详细调查、组织结构与管理功能分析、业务流程分析、数据流程分析等步骤,最后提出新系统的逻辑方案,形成系统分析报告。

1) 现行系统的详细调查

系统详细调查的目的是全面掌握现行系统,为系统分析和提出新系统的逻辑方案做好准备。因此,要本着用户参与及真实性、全面性、规范性和启发性的原则,选择合适的调查方法,详细了解系统的管理业务和数据流程。

系统调查的内容十分广泛,要涉及企业的生产、经营、管理、资源、环境等各个方面,一般可以从定性调查和定量调查两个方面进行。

(1) 系统的定性调查。定性调查主要是对现有系统的功能进行总结,包括组织结构的调查、管理功能的调查、工作流程的调查、处理特点的调查、系统环境的调查等。

(2) 系统的定量调查。定量调查的目的是弄清数据流量的大小、时间分布和发生频率，明确实施项目所必需的信息，包括信息的类型、格式、传递要求及复杂性等，并进行信息价值分析，从而掌握系统的信息特征，并据此确定系统规模，估计系统建设工作量，为下一阶段的系统设计提供科学依据。其内容主要包括：收集各种原始凭证、收集各种输出报表、统计各类数据的特征、收集与新系统对比所需的资料等。

2) 组织结构与业务流程分析

(1) 组织结构与管理功能分析

① 组织结构分析。组织结构分析主要是根据系统调查的结果，给出组织结构图，并据此分析组织各部门间的内在联系，判断各部门的职能是否明确，是否真正发挥作用。同时，对组织结构设置的合理性进行分析，找出存在的问题。根据计算机管理的要求，为决策者提供调整机构设置的参考意见，并在系统设计前进行确认。

② 组织与功能的关系分析。借助于组织与功能关系分析，可以将组织内各部门的主要业务职能、所承担的工作及相互之间的业务关系清楚地反映出来，有助于后续的业务流程、数据流程分析。表 7-4 为某单位的组织/功能关系表。

表 7-4　组织/功能关系表

功能 \ 组织	计划部	统计部	生产部	质量安全部	预算合同部	财务部	销售部	材料设备部
计划	●	√	○				○	○
销售		√		√		○	●	
供应	√		○					●
生产	√	√	●	○	○		√	○
设备			√	√				●
…								

注：表中“●”表示该项功能是对应组织的主要功能；“○”表示该单位是参加协调该项功能的单位；“√”表示该单位是参加该项功能的相关单位。

③ 管理功能分析。为了实现目标，系统必须有一定的功能。功能要以各部门的组织结构为背景来识别和分析，经过归纳和整理后，形成各部门的功能结构图(如图 7-4 所示)。

(2) 业务流程分析

业务流程分析是在管理功能分析的基础上将其细化，利用系统调查的资料将业务处理过程中每一个步骤用一个完整的图形将其连接起来。业务流程分析的主要任务是调查系统中各环节的管理业务活动，掌握管理业务的内容、作用及信息的输入、输出、数据存储和信息的处理方法及过程等，为建立信息系统数据模型和逻辑模型打下基础。在此基础上，用计量标准的符号描述出来，绘制成现行系统业务流程图。图 7-5 给出了某施工项目的材料管理业务流程图。

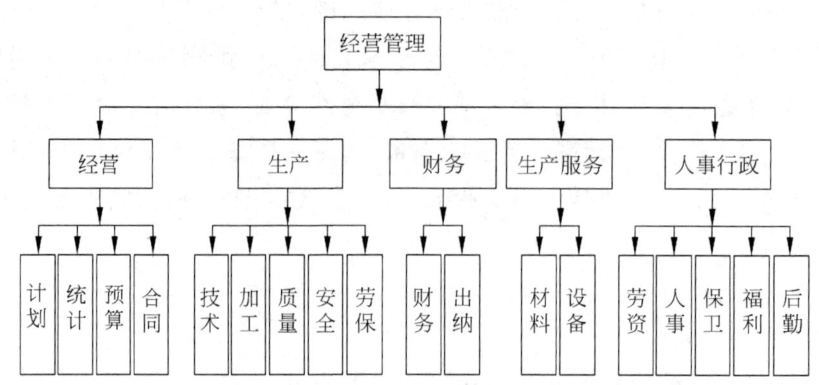

图 7-4 某施工单位功能结构图

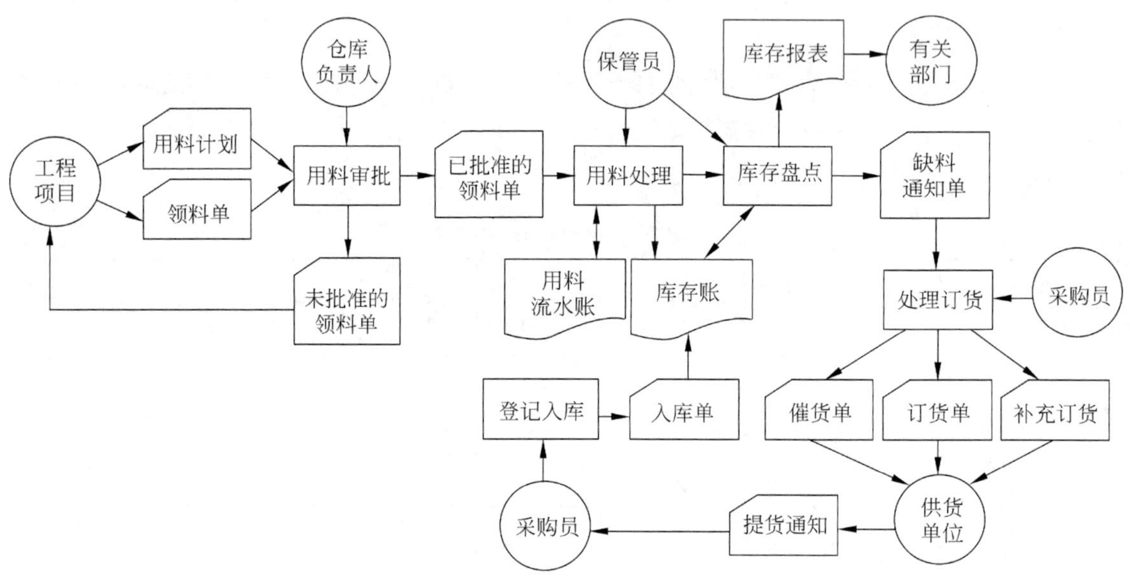

图 7-5 某施工项目材料管理业务流程图

3）数据流程分析

业务流程分析中绘制的业务流程图虽然能形象地表达管理过程中信息的流动和存储过程，但这其中还包括如货物、产品等物质要素。因此，必须进一步舍去物质要素，绘制出系统的数据流程图，对系统进行数据流程分析。

数据流程分析是在原业务流程图的基础上，把数据在原系统内部的流动情况抽象地独立出来，单从数据流动过程来考察实际业务的数据处理模式。数据流程分析主要包括对信息的流动、传递、处理、存储等的分析，其目的是要发现和解决数据流通中的问题。

（1）数据流程图。数据流程分析可以按照自顶向下、逐层分解、逐步细化的结构化分析方式进行，通过分层的数据流程图(Data Flow Diagram，DFD)来实现。最终确定的流程应反映企业内部信息流和有关的外部信息流及各有关单位、部门和人员之间的关系，并有利于保持信息畅通。

数据流程图的形成过程也就是系统分析的过程。由基本数据系统模型加外部项构成顶层数据流程图。然后逐步分解加工，得到下一层数据流程图。这种分解工作不断进行，直至最终获得的每一子系统和每一文件都能用计算机加以处理的底层数据流程图。

图 7-6 为某施工项目材料库存管理的二层数据流程图。

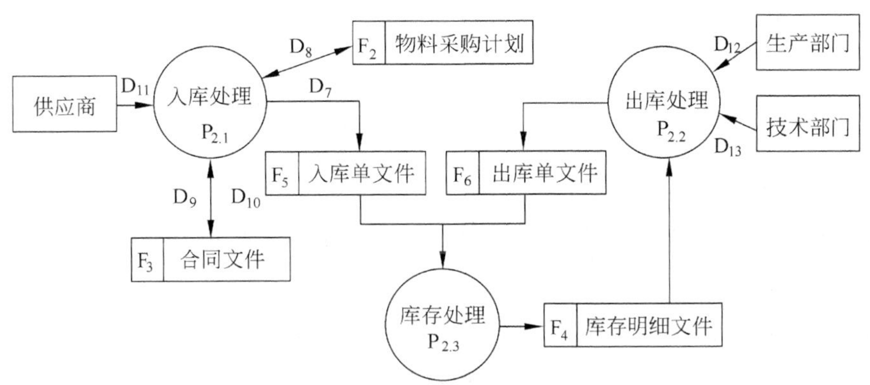

图 7-6　材料库存管理二层数据流程图

(2) 数据词典。数据词典是关于数据信息的集合，是在数据流程图的基础上，对其中出现的每个数据流、文件和数据项、外部项进行定义的工具。其作用是在软件分析和设计的过程中提供关于数据的描述信息。数据流程图中出现的每一个数据流名、每一个文件名和每一个加工名以及每一个数据项在数据词典中都应有一个条目给出其定义。如对某数据项条目的定义见表 7-5。

表 7-5　数据项条目

数据编号	名　　称	数据类型	长度	取值范围
0001	材料编号	字符型	4	0001～9999
0002	材料名称	字符型	20	10 个汉字
0003	库存量	数值型	9	

4) 建立新系统逻辑模型

通过系统调查，对现行系统的业务流程、数据流程、处理逻辑等进行了深入的分析后，就应提出系统建议方案，即建立新系统逻辑模型。建立新模型是系统分析阶段的重要成果，也是下一阶段系统设计工作的重要依据。

(1) 系统目标。系统目标是只要达到系统目的所要完成的具体事项。在系统详细调查的基础上，结合系统可行性研究报告中提出的系统目标及系统建设的环境和条件重新考虑系统目标。新系统目标可以从功能、技术及经济三个方面考虑。

系统功能性目标是指系统所能处理的特定业务和完成这些处理业务的质量，也就是系统能解决什么问题，以什么水平实现；系统技术目标是指系统应具有的技术性能和应达到的技术水平，主要技术指标有系统运行效率、响应速度、存储能力、可靠性、灵活性、操作使用方便性及通用性等；系统经济目标是指系统开发的预期费用和经济效益。

(2) 系统信息处理方案。新系统的信息处理方案就是上述各项分析和优化的结果。包括:

① 确定合理的业务处理流程。

② 确定合理的数据处理流程。

③ 确定新系统功能结构和子系统的划分。

④ 确定新系统数据资源分布。

⑤ 确定新系统中的管理模型。

(3) 系统计算机资源配置。新系统计算机资源配置是从系统分析的需要出发提出新系统对计算机软、硬件配置和网络连接的基本要求,作为系统设计阶段确定新系统计算机物理配置的依据。

5) 系统分析报告

系统分析报告是系统分析阶段的成果,反映了这一阶段调查分析的全部情况,全面地总结了系统分析工作,是下一步系统设计与实现系统的纲领性文件。

一份好的系统分析报告应该不但能够充分展示前段调查的结果,而且还要反映系统分析的结果,即新系统的逻辑方案,并提出新系统的设想。其主要内容应包括:

(1) 现行系统情况简述。

(2) 新系统目标。

(3) 现行系统状况。

(4) 新系统的逻辑方案。

(5) 新系统开发费用估算与时间进度计划。

3. 系统设计

系统设计是施工项目信息管理系统研发的第三个阶段,主要解决系统"怎么做"的问题。其目标是进一步实现系统分析阶段提出的系统模型,详细地确定新系统的结构、应用软件的研制方法及内容。系统设计一般应遵循系统性、灵活性、可靠性、经济性的原则,按照从概要设计到详细设计,从粗到细、从总体到局部的过程进行。

1) 系统概要设计

系统概要设计也就是对系统进行总体结构设计,它是根据系统分析的结果对新系统的总体结构形式和可利用的资源进行大致的设计。通过总体结构设计划分出子系统并对系统功能模块进行描述,给出系统平台的设计方案。

(1) 划分子系统。划分子系统即将系统划分成若干个子系统,再将子系统划分为若干个模块。每一个子系统或模块,无论是设计、调试、修改或补充,基本上可以互不干扰地进行。

划分子系统一般有两种方法:按功能划分和采用系统输入/输出图的方式划分。

(2) 系统功能模块设计。系统功能模块设计是在子系统划分的基础上,根据系统分析所得到的系统逻辑模型(数据流程图和数据词典),借助一套标准化的图、表工具,导出系统的功能模块结构图。

功能模块设计主要采用结构化设计(Structured Design,SD)方法,该方法可适用于任何信息管理系统的软件结构设计。

(3) 系统平台设计。系统平台设计是施工项目信息管理系统开发、应用的基础。主要工作内容包括计算机处理方式选择、网络系统设计等。

2) 系统详细设计

系统的详细设计是系统概要设计的深入,是由总体到局部再由局部到总体的反复优化过程。

(1) 代码设计。代码是指代表事物名称、属性、状态等的符号,它以简短的形式代替了具体的文字说明。在施工项目信息管理中,为了便于计算机处理,节省存储空间和处理时间,提高处理的效率与精确性,需要将处理对象代码化。

代码设计是一项关系到全局的工作,设计时需要考虑唯一性、通用性、可扩充性、简洁性、系统性、易修改性等原则。最终建立的信息编码系统应有助于提高信息的结构化程度,方便使用,并且应与企业信息编码保持一致。施工项目信息管理系统中需要代码设计的地方很多,如材料编码设计、项目编码设计、工作分解结构编码设计(WBS)等。

(2) 输入/输出设计。系统的输出最终提供给用户,是系统的目标;而为了得到输出才需要一些相应的输入。因此要先考虑输出设计、后考虑输入设计。

① 输出设计。输出设计的主要内容有:输出方式的选择、输出报表的设计及输出设计说明等。

② 输入设计。输入设计的主要工作包括:输入方式的选择、输入格式的设计和数据校验。输入设计的目标是在保证输入信息正确性和满足输出需要的前提下,做到输入简便、迅速、经济。

(3) 数据存储设计。数据存储设计的主要内容有:数据存储结构的规范化、文件的分类与设计和数据库设计。

(4) 处理过程设计。利用结构化设计方法,可以完成系统总体模块结构的设计,而每一个模块完成的具体操作,则在处理过程设计中完成。处理过程设计的成果表现为,为每个模块编制一个输入—处理—输出图,即 IPO 图,它是程序设计的主要依据。常用的 IPO 图的结构如图 7-7 所示。

4. 系统实施与评价

信息系统设计阶段完成之后,就进入了信息系统实施阶段,系统工作的重点就从分析、设计和创造性思考的阶段转入到具体的实践性阶段。系统实施阶段的主要内容包括:软、硬件系统的建立,信息系统测试、实现、运行、维护和评价等。

1) 硬件系统的建立

信息系统的硬件系统包括计算机系统和通信网络系统等。如果所开发的信息系统是建立在已有的网络系统之上,则可以直接进行信息系统软件系统的建立过程。如果新开发的信息系统要求建立新的网络或改造原有的旧网络,就必须建立和测试新的网络系统。

在建立和测试网络时,首要的工作是确定网络的拓扑结构。网络拓扑是由网络节点设备(包括计算机、集线器、交换机、路由器等)和传输介质构成的网络结构图。在选择网络拓扑结构时,一般应考虑实施安装的难易程度、改造升级后重新配置的难易程度、维护的难易程度、传输介质发生故障对其他设备影响的程度等因素。

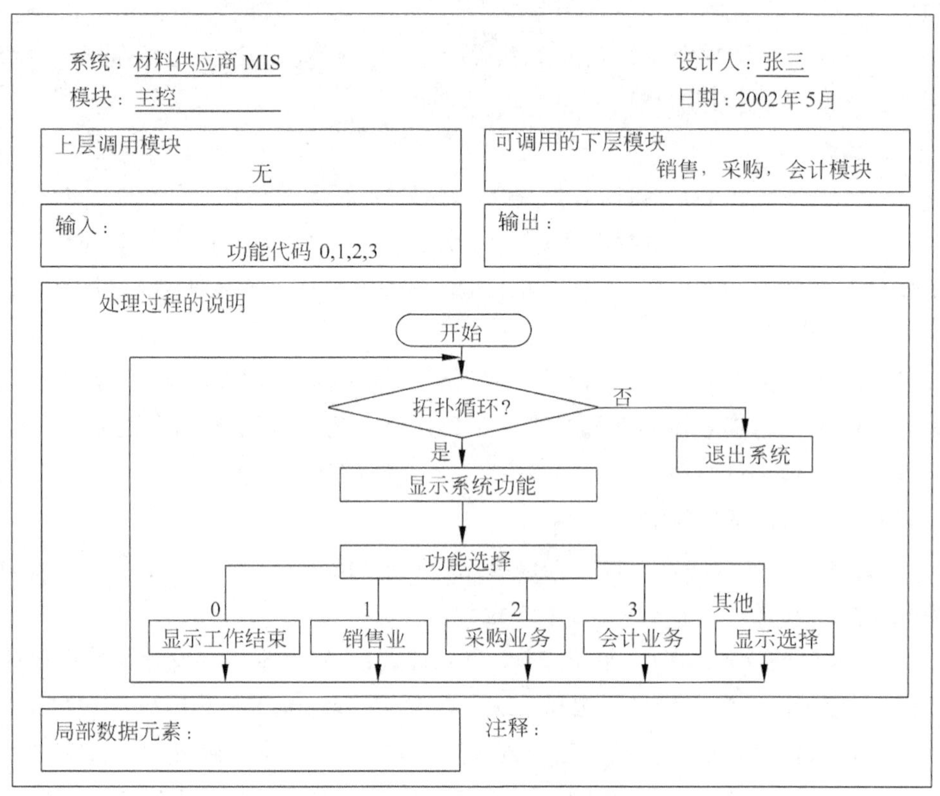

图 7-7 系统的 IPO 图(主控模块)

2）软件系统的建立

(1) 程序设计准备。程序设计是实现新系统的最重要的环节,它是根据系统设计说明书的要求,分成若干程序来完成系统的各项数据处理任务。其设计的好与坏,直接关系到能否有效的利用计算机圆满达到预期目的。

在程序设计中首先要选择编程环境。在管理信息系统开发中,目前主要是基于大型关系数据库如SQL Server结合Client/Server(C/S)模式或者Browse/Server(B/S)模式进行开发,在保证高性能的同时又具有很大的灵活性,已被社会广泛接受。

(2) 程序设计方法。程序设计的目的是为了实现系统分析和系统设计中提出的管理方法和处理构想。编写程序应符合软件工程的思想。

按程序开发路径有两种程序设计方法。一种是自顶向下的开发方法,要求程序员首先实现软件结构的最高层次,之后再实现下一层次,直至用程序设计语言实现最低层次为止;另一种方法是自底向上的方法,它恰恰相反,是从最底层开始,直至实现最高层为止。通常用自顶向下的方法开发的程序可读性好、条理分明、可靠性也较高;而用自底向上开发方法得到的程序往往局部是最优的,系统的整体结构却较差。

(3) 结构化程序设计。由于结构化程序具有结构清晰、易于阅读和修改、容易验证正确性等优点,目前,多种计算机程序语言都支持结构化程序设计。

3）信息系统测试

在信息系统测试阶段,应采用各种测试方法和技术,力图发现系统中的错误并及时纠正。系统测试过程依次是模块测试、子系统测试和系统测试。在测试完成后,应该编写出一份详细的系统说明文件交给用户,该文件即是用户以后使用和维护信息管理系统的指导文件,也是验收系统和检定系统是必须的技术资料。

4）信息系统的实现

信息系统的实现是指用新的信息系统代替原有系统的一系列过程,其最终的目的是将信息系统完全移交给用户使用。为了使新系统能按预期目标正常运行,进行用户测试和对用户进行必要的培训是系统转换前的重要工作。而系统的转换方式通常有三种：直接转换、平行转换和分段转换。

5）信息系统运行及维护

在信息管理系统投入日常运行后,系统维护的工作人员就要不断地对该系统进行维护,使信息系统的运行始终处于最佳的工作状态。根据维护活动的目的,系统维护可分为：改正性维护、适应性维护、完善性维护和预防性维护。

系统维护的具体内容包括程序的维护、数据的维护、代码的维护和设备的维护四个方面。

6）信息系统评价

在新的信息系统建成和运行后,要对其性能和效果、对组织的贡献等状况进行系统评价工作,并根据检查和评价的结果,找出系统的不足及薄弱环节,为今后进一步改进和完善提出建议。对信息系统的评价指标主要有系统性能、直接经济效益、间接经济效益三个方面。

7.3.2　施工项目信息管理系统相关软件

1. 目前施工项目管理软件已涉及的工程领域

自 20 世纪 80 年代我国就开始使用工程项目管理软件,这些软件中,大部分是从国外引进的。进入 21 世纪以来,随着计算机技术的飞速发展和应用范围的不断扩展,国内大量不同版本和功能各异的工程项目管理软件也如雨后春笋般地被开发出来。有通用性很好的集成软件的,也有适用于特定领域的专业软件,目前施工项目管理软件已覆盖了项目管理的各个层面,主要包括进度管理、费用管理、资源管理、风险管理、交流管理、图档管理、合同管理、采购管理、质量管理、索赔管理、组织管理和过程管理等。

1）进度管理

对于建设工程来说,时间是最重要的资源。基于网络计划技术的进度计划管理功能是施工项目管理中开发最早、应用最普遍、技术最成熟的功能,它是绝大多数施工项目信息管理系统的核心部分。

进度管理软件应提供的功能包括：定义作业,作业编码,计算关键路径,时间进度分析,资源平衡,实际计划执行情况,编制网络计划,输出报告等。

2）费用管理

最简单的费用管理是用于费用跟踪管理,这类功能往往与时间进度计划集成在一起,但难以完成复杂的费用管理工作。高水平的费用管理功能应能够胜任项目寿命周期内所有费用单元的分解、分析和管理工作。

费用管理软件应提供的功能包括：投标报价、预算管理、费用预测、实际投资与预算对比分析、费用控制、绩效检测和差异分析以及多种投资报表。

3）资源管理

资源管理软件应提供的功能包括：拥有完善的资源库，能通过与其他功能（如进度计划管理）的配合提供资源需求，能对资源需求和供给的差异进行分析，能自动或协助用户通过不同途径解决资源冲突问题，计算资源利用费用和提供多种项目资源报表。

4）风险管理

风险管理软件应提供的功能包括：进度计划模拟、投资模拟、减少风险的计划管理、消除风险的计划管理等。目前的风险管理软件包有些是独立使用的，有些是和其他功能集成使用的。

5）交流管理

目前流行的大部分项目管理软件都集成了交流管理的功能，所提供的功能包括进度报告发布、需求文档编制、文档管理、电子邮件、项目组成员及其与外界的通信与交流、公告板和白板等。

2. 施工项目管理软件分类

目前在建设工程管理过程中使用的管理软件数量多、应用面广，几乎覆盖了建设工程管理的所有领域及建设工程的各个阶段和各个方面。为了便于了解施工项目常用管理软件的现状，有必要从以下几方面对其进行分类。

1）按适用阶段分

(1) 适用于某个阶段特殊用途的软件。这类软件种类繁多。软件定位的使用对象和使用范围被限制在一个比较窄的范围内，注重实用性。如用于项目前期决策的项目评估与经济分析软件、房地产开发软件，用于设计和招投标阶段的概预算软件、投标管理软件、快速报价软件等。在具体的施工项目管理阶段又可划分为：

① 竣工资料管理软件。

② 工程量计算软件。

③ 概预算软件。

④ 招投标软件。

(2) 集成管理软件。工程建设的各个阶段是紧密联系的，每个阶段的工作都是对上一阶段工作的细化和补充，同时又受到上一阶段所确定框架的制约，很多管理软件的应用过程就体现了这样一种阶段间的相互控制、相互补充的关系。例如，一些高水平的费用管理软件能清晰地体现投标报价（概预算）形成—合同价核算与确定—工程结算、费用比较分析与控制—工程决算的整个过程，并可自动将这一过程的各个阶段关联在一起。

目前流行的项目管理软件大部分是系列化的管理软件，亦称为管理软件套件（Management Software Suite）。一个套件通常可以拆分为一些功能模块或独立软件，这些模块或独立软件大部分可以单独使用,但如果这些模块或独立软件组合在一起使用,则可以最大限度地发挥它们的效率。

2）按软件提供的功能划分

（1）投资控制。概预算软件是最早出现在工程领域的软件之一,近年来,随着我国建筑业的管理变革和进步,招投标软件、工程量计算软件、钢筋计算软件,审计软件等也迅速得到推广使用。

（2）进度控制。进度编制管理软件也属于较早应用于工程领域的软件,国外的该类软件有 P3,Project 等,国内的有梦龙进度管理软件、PKPM 进度管理软件、广联达进度管理软件、翰文工程进度计划编制系统等。

① Microsoft Project。Microsoft Project 是微软公司开发的项目管理系统,它是应用最普遍的项目管理软件之一,Project 4.0、Project 98、Project 2000 已经在我国获得了广泛的应用。2007 年,微软又推出了最新版 Project 2007 版。

Project 2007 系统功能强大,它具有项目管理所需的各种功能,包括项目计划、资源分配、项目跟踪等。其界面易懂、图形直观,还可以通过 VBA(Microsoft Visual Basic for Application)扩展、资源工具、软件开发工具等进行二次开发,以满足特定项目管理的需要。

作为一个优秀的项目管理软件,Project 2007 不仅能够管理一般项目,而且还具备管理复杂大型项目的能力。能够在不同项目之间进行任务级链接,使项目间复杂控制得以实现,支持现代化的信息交流工具,与 Microsoft 系列产品具有良好的接口,便于广泛扩展项目管理功能。

② Primavera Project Planner(P3)。P3 工程项目管理软件是美国 Primavera 公司的产品,是世界上顶级的工程项目管理软件,其精髓是广义网络计划技术与目标管理的有机结合。P3 代表了现代工程项目管理方法和计算机最新技术,它也是全球用户最多的项目进度控制软件。该软件适用于任何工程类项目,对大型复杂项目可以非常有效地控制,并可以同时管理多个项目。

P3 软件的主要功能与特点有：在多用户环境中管理多个项目；有效地控制大而复杂的项目；平衡资源；利用网络进行信息交换；资源共享；自动调整；优化目标；工作分解功能；对工作进行处理；数据接口功能等。

（3）质量控制。如安全管理软件、施工项目成本管理软件、冬期施工软件、临时用水用电设计软件等。

（4）施工管理。如钢筋下料软件、合同编制与管理软件、监理软件、竣工资料编制和管理软件、施工平面图布置软件、脚手架计算软件、办公自动化软件等。

管理类软件如工程图档管理系统开始用于对各种工程图样、办公文档、文书档案、图片资料、图书资料等知识和信息进行计算机管理。这样的系统应该具有对各类档案的编辑、登记、统计、检索、自动归类、报表输出等功能,同时还应具有灵活高效的查询检索方式。近年来随着网络的迅速普及已经融合了数据网络共享和协同工作的功能,甚至开始将其他专业软件的功能进行了集成。

7.3.3　项目信息安全

1. 什么是信息安全

信息安全是一门涉及计算机技术、网络技术、通信技术、密码技术、安全技术等多种学科的综合性学科。根据国际标准化组织的定义,信息安全性的含义主要是指信息的完整性、可用性、保密性和可靠性。

项目信息安全是指项目信息管理系统的硬件、软件及其系统中的数据受到保护,不受偶然的或者恶意的原因而遭到破坏、更改、泄露,并且系统能连续可靠的运行,保证信息服务不中断。

网络环境下建立信息安全体系是保证信息安全的关键,包括建立安全协议、安全机制(数字签名,信息认证,数据加密等)和安全系统。因为信息在存储、处理和交换过程中,都存在泄密或被截收、窃听、篡改和伪造的可能性,单一的保密措施已很难保证信息的安全,必须综合应用各种保密措施,即通过技术的、管理的、行政的手段,实现信源、信号、信息三个环节的保护,借以达到信息安全的目的。

2. 信息安全的实现目标

(1) 真实性

对信息的来源进行判断,能对伪造来源的信息予以鉴别。

(2) 保密性

保证信息不被窃听,或窃听者不能了解信息的真实含义。

(3) 完整性

保证数据的一致性,防止数据被非法用户篡改。

(4) 可用性

保证合法用户对信息和资源的使用不会被不正当地拒绝。

(5) 不可抵赖性

建立有效地责任机制,防止用户在承担责任时否认其在信息管理系统中发生的行为。

(6) 可控制性

对信息的传播及内容具有控制能力。

(7) 可审查性

对出现的网络安全问题提供调查的依据和手段。

3. 主要的信息安全威胁

(1) 破坏信息的完整性

数据被非授权地进行增删、修改或破坏而受到损失。

(2) 窃听

用各种可能的合法或非法的手段窃取系统中的信息资源和敏感信息。例如对通信线路中传输的信号搭线监听,或者利用通信设备在工作过程中产生的电磁泄露截取有用信息等。

(3) 抵赖

这是一种来自用户的攻击,比如:否认自己曾经发布过的某条消息、伪造一份对方来信等。

(4) 计算机病毒

一种在计算机系统运行过程中能够实现传染和侵害功能的程序。

(5) 媒体废弃

信息被从废弃的磁盘或打印过的存储介质中获得。

(6) 自然灾害

如断电,硬件损坏等意外事故。

(7) 人为错误

比如使用不当,防范意识差等。

(8) 内部泄密

一个授权的人为了某种利益,或由于粗心,将信息泄露给一个非授权的人。

4. 信息安全策略

信息安全策略是指为保证提供一定级别的安全保护所必须遵守的规则。实现信息安全,不能只依靠先进的技术,更得靠严格的安全管理,法律约束和安全教育。

(1) 先进的信息安全技术是网络安全的基本保证

用户首先对威胁进行风险评估,决定所需要的安全服务级别,选择相应的安全机制,然后集成先进的安全技术,形成一个全方位的安全系统。如:给系统中的关键服务器提供安全运行平台,构成安全WWW服务,安全FTP服务,安全SMTP服务,加强入侵检测,做好数据备份和防火墙等。

(2) 严格的安全管理

各计算机网络使用机构,企业和单位应建立相应的网络安全管理办法,加强内部管理,建立合适的网络安全管理系统,加强用户管理和授权管理,建立安全审计和跟踪体系,提高整体网络安全意识;

(3) 制订严格的法律、法规

计算机网络上的许多行为无章可循,适用法律少,导致网络犯罪多发频发。面对日趋严重的网络犯罪,必须尽快建立与网络安全相关的法律、法规,使非法分子慑于法律,不敢轻举妄动。

思　考　题

1. 什么是信息?信息具备什么性质?信息与数据有什么区别?
2. 施工项目的公共信息包括哪些内容?
3. 工程管理信息应包括哪些内容?
4. 施工项目信息系统规划的内容包括哪些?
5. 说明施工项目组织结构与管理功能分析、业务流程分析、数据结构分析的联系与区别。
6. 施工项目信息系统详细设计包括哪些内容?
7. 施工项目管理软件主要包括哪几类?
8. 信息安全面临的威胁主要有哪些?

第 8 章

施工项目竣工验收及评价

本章提要 本章内容主要包括施工项目竣工验收的定义、特点、条件、程序；施工项目竣工收尾计划的编制、执行与检查，工程竣工预验与正式验收的预约；施工项目竣工资料的要求、管理制度、内容、整理要求与移交验收；施工项目竣工验收的种类、依据、要求，竣工验收工程的标准、报验，竣工验收组织，竣工验收报告的内容及竣工工程移交；施工项目竣工结算程序、依据、检查、编制原则及报审；施工项目竣工结算的内容、编制依据及编制步骤；施工项目回访与保修的概念、意义、程序与依据，施工项目回访工作计划、记录与方式，工程质量保修制度的建立、保修期限与原则，工程质量保修通知书的内容与保修责任；施工项目考核评价的概念、依据、方式，考核评价组织的建立、程序与所需的考核资料，考核评价的定性与定量的指标等内容。

8.1 施工项目竣工验收阶段管理

8.1.1 施工项目竣工验收概述

1. 施工项目竣工验收的定义

施工项目竣工验收是指由竣工主体(承包人)按施工合同完成了全部施工任务、施工项目具备竣工条件后，向验收主体(即发包人)提出工程竣工报告，发包人或监理工程师组织承包人、设计人在约定的时间、地点进行交工验收的过程。由此可见，施工项目竣工验收的交工主体应是承包人，验收主体应是发包人。

竣工验收是我国建设工程项目建设周期的最后一道程序，也是我国建设工程的一项基本法律制度。实行竣工验收制度，是全面考核建设工程，检查建设工程是否符合设计文件要求和工程质量是否符合验收标准，能否交付使用、投产，发挥投资效益的重要环节。国家的有关法律、法规明确规定，所有建设工程按照批准的设计文件、图纸和建设工程合同约定的工程内容施工完毕，具备规定的竣工验收条件，都要组织竣工验收。竣工验收工作依据《建筑法》、《合同法》、《建设工程质量管理条例》、《工程施工质量验收标准》、施工合同等进行。验收合格后，形成"工程竣工验收报告"，承包人便可向发包人办理工程移交手续。

2. 施工项目竣工验收的特点

施工项目作为发包人与承包人在施工合同中约定的特殊的标的物，由于其本身的技术经济特点，如施工生产的流动性、单件性、本身体积庞大，消耗的人力、物力、财力多，一次性投资数额大等特点，决定了其竣工验收活动具有强烈的针对性、单件性、专业性和系统性。

1）针对性

针对性即发包人和承包人在施工合同中约定的项目，而不是其他项目，承包人必须对施工合同承诺的项日目标负责到底，切实加强项目管理。

2）单件性

单件性即承包人的施工项目是单件生产的，不同于工业产品的批量性生产，一般不会重复，承包人按承包的项目，无论是单位工程还是单项工程，建成后都要依法履行竣工验收手续。

3）专业性

专业性即建设工程的专业特点不同，如工业建筑、民用建筑、设备安装工程、道路桥梁工程等，在交付竣工验收时，采用的技术规范和质量标准也不尽相同。

4）系统性

系统性即建设工程无论规模大小，造价高低，"麻雀虽小，五脏俱全"，其竣工验收都是系统性的验收，而不是局部的、个别的、主观的要求。

3. 施工项目竣工验收的条件

根据有关规定，竣工验收的施工项目必须具备规定的交付竣工验收条件。这里所指的竣工验收条件是指法律、行政法规和合同约定等强制性规定条款，承包人必须不折不扣地贯彻执行，不得无故违规、违约。

1）必须符合国家有关法律的规定

《中华人民共和国合同法》第二百七十九条规定："建设工程竣工后，发包人应当根据施工图纸及说明书、国家颁发的施工验收规范和质量检验标准及时进行验收。"还规定："建设工程竣工验收合格后，方可交付使用；未经验收或者验收不合格的，不得交付使用。"

《中华人民共和国建筑法》第六十一条规定："交付竣工验收的建筑工程，必须符合规定的建筑工程质量标准，有完整的工程技术经济资料和经签署的工程保修书，并具备国家规定的其他竣工条件。"还规定："建筑工程竣工验收合格后，方可交付使用；未经验收或者验收不合格的，不得交付使用。"

《中华人民共和国建筑法》第六十条规定："建筑工程竣工时，屋顶、墙面不得留有渗漏、开裂等质量缺陷；对已发现的质量缺陷，建筑施工企业应当修复。"

2）必须符合国家有关行政法规的规定

国务院令第 279 号《建设工程质量管理条例》第十六条规定："建设单位收到建设工程竣工报告后，

应当组织设计、施工、工程监理等有关单位进行竣工验收。”

还规定:“建设工程竣工验收应当具备下列条件:

(1) 完成建设工程设计和合同约定的各项内容。

(2) 有完整的技术档案和施工管理资料。

(3) 有工程使用的主要建筑材料、建筑构配件和设备进场实验报告。

(4) 有勘察、设计、施工、工程监理等单位分别签署的质量合格文件。

(5) 有施工单位签署的工程保修书。”

还规定:“建设工程经验收合格后,方可交付使用。”

3) 必须符合建设工程施工合同的规定

《合同法》第十二条二款规定:“当事人可参照各类合同的示范文本订立合同。”承包人与发包人在签订施工合同中一旦约定了竣工验收的具体内容和事项,在履行施工合同时即具有强制性。承包人和发包人在工程交付竣工验收时,必须按施工合同的约定执行,不得违约。违约应承担违约的经济责任。

《建设工程施工合同(示范文本)》第32.7条规定:“因特殊原因,发包人要求部分单位工程或工程部位甩项竣工的,双方另行签订甩项竣工协议,明确双方责任和工程价款支付方法。”第32.8条规定:“工程未经竣工验收或竣工验收未通过的,发包人不得使用。发包人强行使用时,由此发生的质量问题及其他问题,由发包人承担责任。”

4. 施工项目竣工验收的程序

施工项目进入竣工验收阶段,是一项复杂而细致的工作,承发包双方和工程监理机构应加强配合协调,按竣工验收管理程序依次进行。其程序如图8-1所示。

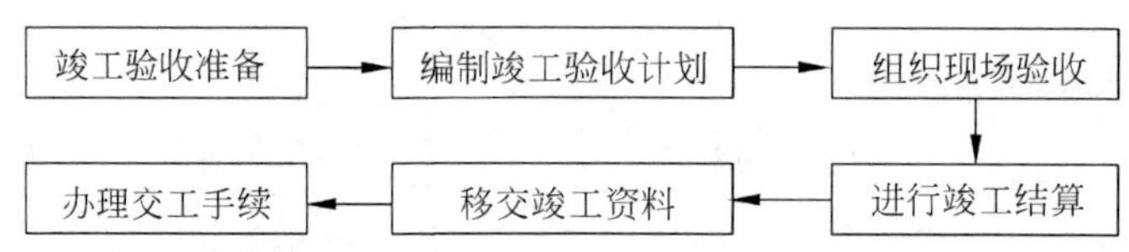

图8-1 施工项目竣工验收程序

1) 竣工验收准备

由承包人所属项目经理部具体操作实施,搞好施工现场的自检,建立完整的工程质量记录,收集、汇总工程技术资料和施工管理资料,扎扎实实做好竣工验收前的各项竣工收尾及管理基础工作。

2) 编制竣工验收计划

项目经理部负责编制工程交付竣工验收的收尾计划(含中间交工工程范围和竣工时间),并纳入企业施工生产计划执行和管理,项目经理部对按计划完工并经自检合格的施工项目应填写工程竣工报告和竣工报验单,提交工程监理机构签署审查意见。

3) 组织现场验收

首先由工程监理机构依据施工图纸、施工及验收规范和质量检验标准,对工程进行竣工预验收,提出工程竣工验收评估报告。最终由发包人对承包人提交的工程竣工报告进行审定，决定组织有关单位进行正式竣工验收的事宜。

4）进行竣工结算

工程竣工结算要与竣工验收工作同步进行。承包人编制的竣工结算，应通过监理机构审核后正式向发包人递交工程竣工结算报告及完整的结算资料，承发包双方依据合同和资料，调增、调减后最终确定工程结算价款。

5）移交竣工资料

承包人向发包人移交的工程竣工资料应齐全、完整、准确，符合国家城市建设档案管理和基本建设项目（工程）档案资料管理和建设工程文件归档整理规范的有关规定。移交的竣工资料标识、编目、组卷、书写应符合科技档案管理质量的要求。

6）办理交工手续

工程已正式组织竣工验收，建设、设计、施工、监理和其他有关单位已在工程竣工验收报告上签认，工程竣工结算办完，承包人应与发包人办理工程移交手续，签署工程质量保修书。办完交工手续，项目经理部应及时撤离施工现场，解除全部管理责任。

8.1.2　施工项目竣工验收准备

施工项目竣工验收准备工作主要包括：编制竣工收尾计划，竣工收尾计划的执行与检查，企业组织预验和向发包人预约正式验收等工作。在竣工验收的整个准备工作中，项目经理起着非常重要的作用，项目经理应全面负责工程交付竣工验收前的各项准备工作。

1．竣工收尾计划的编制

项目经理应全面负责工程交付竣工验收前的各项准备工作，建立竣工收尾小组，编制项目竣工收尾计划并限期完成。

项目经理是施工现场管理的最高指挥者和企业在项目实施上的代表人，应当全面负责施工项目竣工验收前的各项收尾工作，加强项目竣工验收前的施工组织与管理。项目经理要从大局出发，小处着手，认真反复核对施工图纸和工程预算项目，把漏项列入竣工收尾计划，下达到施工作业层，指定专人负责，督促完成并组织验收。

项目经理要针对收尾工程零碎、产值不高、工程量不多、往往不引起重视、搞不好“尾巴”会拉得很长的特点，把施工项目的组织与管理工作做好、做扎实。在编制竣工收尾计划时，项目经理要突出抓好以下两个环节的工作：

1）建立竣工收尾小组

施工项目进入竣工验收阶段，项目经理部要有的放矢地组织配备好竣工收尾工作小组，明确分工管理责任制，做到因事设岗、以岗定责、以责考核、限期完成。收尾工作小组要由项目经理亲自挂帅，成员应包括技术负责人、质量负责人、材料负责人、造价负责人、作业队负责人等多方面的人员参加，收尾项目完工要有验证手续，建立完善的收尾工作制度，形成收尾工作强有力的组织保证体系。

2) 编制完成竣工收尾计划

根据施工项目的专业和技术特点,编制完成有针对性的竣工收尾计划,并纳入统一的施工生产计划汇总,实行目标管理方式,以正式计划下达并作为管理层和作业层岗位业绩考核的依据之一。竣工收尾计划应包括下列内容:

(1) 竣工项目名称。

(2) 竣工项目收尾具体内容。

(3) 竣工项目质量要求。

(4) 竣工项目进度计划安排。

(5) 竣工项目文件档案资料整理要求。

2. 竣工收尾计划的执行和检查

竣工收尾计划编制好以后,项目经理和技术负责人要亲自抓竣工验收准备工作的落实,应责成各有关部门严格按照收尾计划的内容和要求付诸实施,要责任到部门、岗位和个人;同时,项目经理和技术负责人应对竣工收尾计划的执行情况进行检查,并且对重要部位要做好检查记录。严格掌握竣工验收标准,对施工安装漏项、成品受损、污染和其他质量缺陷、收尾工作不到位、档案资料不规范等各类问题要一一限时整改完毕,不留尾巴。

工程竣工验收前,项目经理和技术负责人要定期和不定期地组织对竣工收尾计划进行反复的检查。有关施工、质量、安全、材料、内业等技术、管理人员要积极协作配合,对列入计划的收尾、修补、成品保护、资料整理、场地清扫等内容,要按分工原则逐项检查核对,做到完工一项、验证一项、消除一项,不给竣工收尾留下遗憾。

检查竣工收尾计划要高起点,严要求。应依据法律、行政法规和强制性标准的规定,进行严格检查,发现偏差要及时进行调整、纠偏,发现问题要强制执行整改。检查竣工收尾计划应满足下列要求:

(1) 全部收尾项目施工完毕,工程符合竣工验收条件的要求。

(2) 工程的施工质量经自检合格,各种检查记录,评定资料齐备。

(3) 水、电、气、设备安装、智能化等经过实验、调试,达到使用功能的要求。

(4) 建筑物室内外做到文明施工,四周2m以内的场地达到了工完、料净、场地清。

(5) 工程技术档案和施工管理资料收集、整理齐全,装订成册,符合竣工验收规定。

3. 企业组织工程竣工预验

项目经理部应在完成施工项目竣工收尾计划后,向企业报告,提交有关部门进行验收。实行分包的项目,分包人应按质量验收标准的规定检查工程质量,并将验收结论及资料交承包人汇总。

《建筑法》第二十九条规定:"建筑工程总承包单位按照总承包合同的约定对建设单位负责;分包单位按分包合同的约定对总承包单位负责。总承包单位和分包单位就分包工程对建设单位承担连带责任。"

项目经理部完成施工项目竣工收尾计划,确认达到竣工条件后,应按规定向所在企业报告,提交有关部门组织预验收，填写工程质量竣工验收记录、质量控制资料核查记录、工程质量观感记录表，并对工程施工质量作出是否合格结论。

企业组织工程竣工预验的步骤一般为：

1）属于承包人一家独立承包的施工项目，应由企业技术负责人组织项目经理部的项目经理、技术负责人、施工管理人员和企业的有关部门对工程质量进行检验评定，并做好质量检验记录。

2）依法实行总分包的项目，应按照法律、行政法规的规定，承担质量连带责任，按规定的程序进行自检和复检，直到分包项目和整个施工项目达到竣工预验的条件。施工项目总分包竣工预验的一般程序如图 8-2 所示。

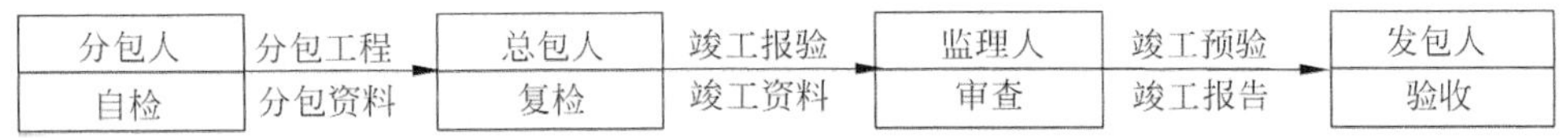

图 8-2　施工项目总分包竣工预验程序

3）当施工项目达到竣工预验的条件后，承包人应向工程监理机构递交工程竣工报验单，提请监理机构组织竣工预验收，审查工程是否符合正式竣工验收条件。若施工项目是实行总分包管理模式的，则应分两步进行：首先，由分包人对工程进行自检，向总包人提交完整的工程施工技术档案资料，总包人据此对分包工程进行复检和验收；然后，由总包人向工程监理机构递交工程竣工报验单，监理机构据此按《建设工程监理规范》(GB 50319—2000)的规定对工程是否符合竣工验收条件进行审查，符合竣工验收条件的予以签认。

项目经理部要按照竣工报验的程序，把各自范围内的竣工验收准备工作做扎实、做充分，才能从根本上保证工程顺利通过竣工验收。

4. 正式竣工验收的预约

《建设工程监理规范》规定："建设单位与承包单位之间与建设工程合同有关的联系活动应通过监理单位进行。"

在建设工程监理中，监理机构受发包人的委托，对工程建设活动实行监督和管理。承包人全面完成工程竣工验收前的各项准备工作，经监理机构审查签认合格后，发包人才能组织正式验收。

承包人应向发包人递交预约竣工验收的书面通知，说明竣工验收前的准备情况，包括竣工工程实体和竣工档案资料审查结论。发出预约竣工验收的书面通知应表达两个含义：一是承包人按施工合同的约定已全面完成建设工程施工内容，预验收合格。二是请发包人按合同的约定和有关规定，组织施工项目的正式竣工验收。"预约竣工验收通知书"的内容格式如下：

预约竣工验收通知书

×××××(发包单位名称)：

根据施工合同的约定，由我单位承建的×××××工程，已于××××年××月××日竣工，经自检合格，监理单位审查签认，可以正式组织竣工验收。请贵单位接到通知后，尽快洽商，组织有关单位和人员于××××年××月××日前进行竣工验收。

附件：1. 工程竣工报验单

2. 工程竣工报告

××××(单位公章)

年　月　日

在项目经理部自检自验的基础上，经过施工企业的技术和质量部门的检查和确认之后，才算完成竣工验收的准备工作。

8.1.3 施工项目竣工资料的管理

1. 竣工资料的一般要求

工程竣工资料是记录和反映施工项目全过程工程技术与管理档案资料的总称。整理工程竣工资料，是建设工程承包人按工程档案管理的有关规定，在工程施工过程中按时收集、整理，竣工验收后移交发包人汇总归档备案的管理要求。承包人应按竣工验收条件的规定，认真整理工程竣工资料。

工程竣工资料的内容，必须真实反映施工项目管理全过程的实际，资料的形成应符合其规律性和完整性，做到图物相符、数据准确、齐全可靠、手续齐备、相互关系紧密。竣工资料的质量，必须符合《科学技术档案案卷构成的一般要求》(GB/T 11822—2000)的规定。

一个建设工程由多个单位工程组成时，竣工资料应以单位工程为对象整理组卷，案卷构成应符合《科学技术档案案卷构成的一般要求》的规定。

2. 竣工资料的管理制度

企业应建立健全竣工资料管理制度，实行科学收集，定向移交，统一归口，便于存取和检索。

建设工程承包人根据国家和有关部门发布的工程档案资料管理和标准的规定，应制定行之有效的工程竣工资料形成、收集、整理、交接、立卷、归档的管理制度。根据专业分工、实行统一领导、分级管理、按时交接、归口立卷的原则，保证竣工资料完整、准确、系统和规范。要做到竣工资料不损坏、不变质和不丢失，组卷时符合规定。

1) 施工项目竣工资料的管理要在企业总工程师的领导下，由归口管理部门负责日常业务工作。相关的职能部门，如工程、技术、质量安全、实验、材料、合同等部门要密切配合，督促、检查、指导各项目经理部工程竣工资料收集和整理的基本工作。

2) 施工项目竣工资料的收集和整理，要在项目经理的领导下，由项目技术负责人牵头，安排胜任工作的内业技术员具体负责收集整理工作。施工现场的其他管理人员要按时交接资料，统一归口整理，保证竣工资料组卷的有效性。工作流程见图8-3。

3) 施工项目实行总承包的，分包项目经理部负责收集、整理分包范围内的工程竣工资料，交总包项目经理部汇总、整理。工程竣工验收时，由总包人向发包人移交完整、准确的工程竣工资料。

4) 施工项目由发包人分别向几个承包人发包的，由各承包人的项目经理部负责收集、整理所承包工程范围的工程竣工资料。工程竣工报验时，交发包人汇总、整理，或由发包人委托一个承包进行汇总、

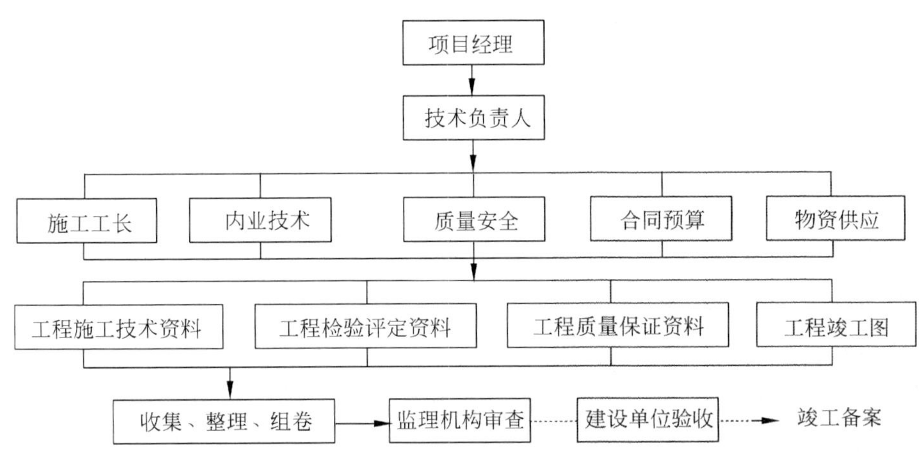

图 8-3　施工项目竣工资料工作流程

整理，竣工验收时进行移交。

3. 竣工资料的内容

对一个建设工程施工项目而言，竣工资料的内容应有两个方面含义：一是承包人将在工程建设过程中形成的竣工资料向本单位档案管理部门移交，内容是全面的；二是承包人将在工程建设过程中形成的竣工资料向发包人移交，内容是归档范围规定的。竣工资料由母系统和子系统构成。母系统是竣工资料的总和，子系统是竣工资料的分类。每一个分类，由若干个竣工资料的明细即各种表式组成。竣工资料的母子系统如图 8-4 所示。

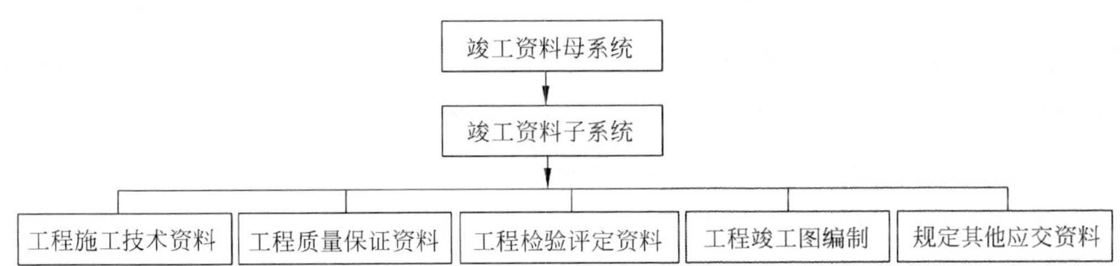

图 8-4　竣工资料母子系统

1）工程施工技术资料

这是施工项目建设全过程中的真实记录，是施工各阶段客观产生的工程施工技术文件。工程施工技术档案资料的主要内容有：

(1) 开工报告、竣工报告。

(2) 项目经理、技术人员聘任文件。

(3) 施工组织设计。

(4) 图纸会审记录。

(5) 技术交底记录。

(6) 设计变更通知。

(7) 技术核定单。

(8) 地质勘察报告。

(9) 定位测量记录。

(10) 基础处理记录。

(11) 沉降观测记录。

(12) 防水工程抗渗实验记录。

(13) 混凝土浇筑令。

(14) 商品混凝土供应记录。

(15) 工程复核记录。

(16) 质量事故处理记录。

(17) 施工日志。

(18) 建设工程施工合同,补充协议。

(19) 工程质量保修书。

(20) 工程预(结)算书。

(21) 竣工项目一览表。

(22) 施工项目总结等。

2) 工程质量保证资料

这是建设工程施工全过程中全面反映工程质量控制和保证的依据性证明资料,诸如原材料、构配件、器具及设备等的质量证明、合格证明、进场材料及施工实验报告等,这些资料全面反映了施工全过程中质量的保证和控制情况。根据行业和专业的特点不同,依据的施工及验收规范和质量检验标准不同,具体又分为土建工程、建筑采暖卫生与煤气工程、建筑电气安装工程、通风与空调工程、电梯安装工程、建筑智能化工程,以及其他行业的专业工程质量保证资料等。

(1) 土建工程主要质量保证资料

①钢材出厂合格证、实验报告;②焊接试(检)验报告、焊条(剂)合格证;③水泥出厂合格证或报告;④砖出厂合格证或实验报告;⑤防水材料合格证或实验报告;⑥构件合格证;⑦混凝土试块实验报告;⑧砂浆试块实验报告;⑨土壤实验、打(试)桩记录;⑩地基验槽记录;⑪结构吊装、结构验收记录;⑫工程隐蔽验收记录;⑬中间交接验收记录等。

(2) 建筑采暖卫生与煤气工程主要质量保证资料

①材料、设备出厂合格证;②管道、设备强度、焊口检查和严密性实验记录;③系统清洗记录;④排水管灌水、通水、通球实验记录;⑤卫生洁具盛水实验记录;⑥锅炉烘炉、煮炉、设备试运转记录等。

(3) 建筑电气安装工程主要质量保证资料

①主要电气设备、材料合格证;②电气设备实验、调整记录;③绝缘、接地电阻测试记录;④隐蔽工程验收记录等。

(4) 通风与空调工程主要质量保证资料

①材料、设备出厂合格证；②空调调试记录；③制冷系统检验、实验记录；④隐蔽工程验收记录等。

(5) 电梯安装工程主要质量保证资料

①电梯及附件、材料合格证；②绝缘、接地电阻测试记录；③空、满、超载运行记录；④调整、实验报告等。

3) 工程检验评定资料

这是建设工程施工全过程中按照国家现行工程质量检验标准，对施工项目进行单位工程、分部工程、分项工程的划分，再由分项工程、分部工程、单位工程逐级对工程质量作出综合评定的工程检验评定资料。但是，由于各行业、各部门的专业特点不同，各类工程的检验评定均有相应的技术标准，工程检验评定资料的建立均应按相关的技术标准办理。

工程检验评定资料一般应包括以下内容：

(1) 质量管理体系检查记录。

(2) 分项工程质量验收记录。

(3) 分部工程质量验收记录。

(4) 单位工程竣工质量验收记录。

(5) 质量控制资料检查记录。

(6) 安全和功能检验资料核查及抽查记录。

(7) 观感质量综合检查记录等。

4) 竣工图

竣工图是建设工程施工完毕的实际成果和反映，是建设工程竣工验收的重要备案资料。竣工图的编制整理、审核盖章、交接验收应按国家对竣工图的要求办理。承包人应根据施工合同的约定，提交合格的竣工图。

工程竣工图应逐张加盖“竣工图”章。“竣工图”章的内容应包括：发包人、承包人、监理人等单位名称、图纸编号、编制人、审核人、负责人、编制时间等。编制时间应区别以下情况：

(1) 没有变更的施工图，由承包人在原施工图上加盖“竣工图”章标志作为竣工图。

(2) 在施工中虽有一般性设计变更，但能将原施工图加以修改补充作为竣工图的，可不重新绘制，由承包人在原施工图上注明修改部分，附以设计变更通知单和施工说明，加盖“竣工图”章标志作为竣工图。

(3) 结构形式改变、工艺改变、平面布置改变、项目改变以及其他重大改变，不宜在原施工图上修改、补充的，应按变更原因由建设单位、设计单位或施工单位重新绘制，由承包人负责在新图上加盖“竣工图”章标志作为竣工图。

5) 规定的其他应交资料

(1) 建设工程施工合同。

(2) 施工图预算、竣工结算。

(3) 工程项目施工管理机构(项目经理部)及负责人名单。

(4) 工程竣工验收记录。

(5) 工程质量保证书。

(6) 凡有引进技术或引进设备的项目,要做好引进技术和引进设备的图纸、文件的收集和整理。

(7) 地方行政法规、技术标准已有规定和施工合同约定的其他应交资料,均应作为竣工资料汇总移交。

4. 整理竣工资料的要求

为了加强对工程竣工资料的统一管理,确保施工项目顺利交工,竣工验收前,承包人应负责汇总、整理所承包工程范围内的所有竣工资料。竣工资料的整理应符合下列要求:

(1) 工程施工技术资料的整理应始于工程开工,终于工程竣工,真实记录施工全过程,可按形成规律收集,采用表格方式分类组卷。

(2) 工程质量保证资料的整理应按专业特点,根据工程的内在要求,进行分类组卷。

(3) 工程检验评定资料的整理应按单位工程、分部工程、分项工程划分的顺序,进行分类组卷。

(4) 竣工图的整理应区别情况按竣工验收的要求组卷。

工程竣工资料应随施工进度进行及时整理,应按系统和专业进行组卷。审核项目经理部施工全过程中建立的竣工资料时,对存在的问题要提出整改要求,在交付竣工验收前必须加以解决。实行建设监理的工程,还应具备取得监理机构签署认可的报审资料。承包人的有关部门要指导项目经理部按建设工程文件归档整理规范的有关规定,进行分类组卷,使之符合工程竣工验收的要求。

项目经理部在进行工程竣工资料的整理组卷排列时,应达到完整性、准确性、系统性的统一,做到字迹清晰、项目齐全、内容完整。各种资料表式一律按各行业、各部门、各地区规定的表格使用。

整理工程竣工资料的依据:一是国家有关法律、法规、规范对工程档案和竣工资料的规定;二是建设工程施工及验收规范和质量标准对资料内容的要求;三是国家和地方档案管理部门和工程竣工备案部门对竣工资料移交的规定。

5. 竣工资料的移交验收

交付竣工验收的施工项目必须有与竣工资料目录相符的分类组卷档案。承包人向发包人移交由分包人提供的竣工资料时,检查验证手续必须完备。

凡是列入归档范围的竣工资料,都必须按规定的竣工验收程序、建设工程文件归档整理规范和工程档案验收办法进行正式审定。承包人在工程承包范围内的竣工资料应按分类组卷的要求移交发包人,发包人则按照竣工备案制的规定,汇总整理全部竣工资料,向档案主管部门移交备案。

竣工资料的移交验收是施工项目竣工验收的重要内容。资料的移交应当符合国家档案局《建设项目(工程)档案验收办法》(国档发[1992]8号)和国家标准《建设工程文件归档整理规范》(GB/T 50328—2001)的规定和各地档案管理部门的规定。承包人应当在工程竣工验收前,将施工中形成的工程竣工资料向发包人归档。移交时，承发包双方应按编制的移交清单签字、盖章后方可交接。

8.1.4　施工项目竣工验收管理

1. 竣工验收的种类

1) 竣工验收的一般程序。竣工验收是一项法律制度，《合同法》、《建筑法》、《建设工程质量管理条例》对竣工验收都已作出了明确的规定。为了保证建设工程竣工验收顺利进行，必须遵循项目一次性基本特征，按施工的客观规律和竣工的先后顺序进行竣工验收。

根据《建设工程施工合同(示范文本)》的规定，竣工验收的一般程序如下所述：

(1) 工程具备竣工验收条件，承包人按国家工程竣工验收有关规定，向发包人提供完整竣工资料及竣工验收报告。双方约定由承包人提供竣工图的，应当在专用条款内约定提供的日期和份数。

(2) 发包人收到竣工验收报告后 28 天内组织有关单位验收，并在验收后 14 天内给予认可或提出修改意见。承包人按要求修改，并承担由自身原因造成修改的费用。

(3) 发包人收到承包人送交的竣工验收报告后 28 天内不组织验收，或验收后 14 天内不提出修改意见，视为竣工验收报告已被认可。

(4) 工程竣工验收通过，承包人送交竣工验收报告的日期为实际竣工日期。工程按发包人要求修改后通过竣工验收的，实际竣工日期为承包人修改后提请发包人验收的日期。

2) 竣工验收的种类。在建设工程项目管理实践中，因承包的范围不同，交工的形式也会有所不同。从承包人的角度看，交付竣工验收，意味着项目经理部任务的完成，可以承揽新的项目。工程交付竣工验收一般按以下 3 种情况分别进行。

(1) 单位工程(或专业工程)竣工验收。单独签订施工合同的单位工程，竣工后可单独进行竣工验收。在一个单位工程中满足规定交工要求的专业工程，可征得发包人同意，分阶段进行竣工验收。

按照现行建设工程项目划分标准，单位工程是单项工程的组成部分，有独立的施工图纸，承包人施工完毕，征得发包人同意，或原施工合同已有约定的，可进行分阶段验收。这种验收方式，在一些较大型的、群体式的、技术较复杂的建设工程中比较普遍地存在。

我国加入世贸组织后，建设工程领域利用外资或合作搞建设的机会越来越多，采用国际惯例的做法也会日益增多。分段验收或中间验收的做法也符合国际惯例，它可以有效控制分项、分部和单位工程质量，保证建设工程项目系统目标的实现。

我国近年来也借鉴了国际上的一些经验和做法，修订了施工合同示范文本，增加了中间交工的条款。新的《建设工程施工合同(示范文本)》“通用条款”32.6 款规定：“中间交工工程的范围和竣工时间，双方在专用条款内约定，其验收程序按本通用条款 32.1 款至 32.4 款办理。”

在施工合同“专用条款”中，双方一旦约定了中间交工工程的范围和竣工时间，如群体工程中，哪个(些)工程先行交工，则应按合同约定的程序进行分阶段的竣工验收。

(2) 单项工程竣工验收。单项工程竣工验收后应符合设计文件和施工图纸要求，满足生产需要或具备使用条件，并符合其他竣工验收条件要求。

对于投标竞争承包的单项工程施工项目,则根据施工合同的约定,仍由承包人向发包人发出交工通知书请予组织验收。竣工验收前,承包人要按国家规定,整理好全部竣工资料并完成现场竣工验收的准备工作,明确提出交工要求,发包人应按约定的程序及时组织正式验收。

对于工业设备安装工程的竣工验收,则要根据设备技术规范说明书和单机试车方案,逐级进行设备的试运行。验收合格后应签署设备安装工程的竣工验收报告。

(3) 建设项目竣工验收。整个建设项目已按设计要求全部建设完成,符合规定的建设项目竣工验收标准,可由发包人组织设计、施工、监理等单位进行建设项目竣工验收,中间竣工并已办理移交手续的单项工程,不再重复进行竣工验收。

对一个建设项目的全部工程竣工验收而言,大量的竣工验收基础工作已在单位工程和单项工程竣工验收中进行。实际上,全部工程竣工验收的组织工作,大多由发包人负责,承包人主要是为竣工验收创造必要的条件。

全部工程竣工验收的主要任务是:负责审查建设工程的各个环节验收情况;听取各有关单位(设计、施工、监理等)的工作报告;审阅工程竣工档案资料的情况;实地察验工程并对设计、施工、监理等方面工作和工程质量、试车情况等作综合全面评价。承包人作为建设工程的承包(施工)主体,应全过程参加有关的工程竣工验收。

2. 竣工验收依据

建筑产品的形成,是承包人依据若干技术、经济、管理文件,组织项目实施,最终达到的竣工效果。交付竣工验收,是承包人完成承建工程后办理的交工手续。办理竣工验收手续应依据与该建设工程有关的文件,这些文件具有设计、合同和技术的规定性和约束力。竣工验收应依据的主要文件有以下几种。

1) 批准的设计文件、施工图纸及说明书

这是由发包人提供的,主要内容涵盖:上级批准的设计任务书或可行性研究报告;用地、征地、拆迁文件;地质勘察报告;设计施工图及有关说明等。

《建筑法》第五十八条规定:"建筑施工企业必须按照工程设计图纸和施工技术标准施工,不得偷工减料。"照图施工是承包人的重要责任,这种责任是质量和技术的责任。所以,设计文件和施工图纸是组织施工的第一手技术资料,施工完毕是竣工验收的重要依据。

2) 双方签订的施工合同

建设工程施工合同是发包人和承包人为完成约定的工程,明确相互权利、义务的协议。

《合同法》第八条规定:"依法成立的合同,对当事人具有法律约束力。当事人应当按照约定履行自己的义务,不得擅自变更或者解除合同。依法成立的合同,受法律保护。"工程竣工验收时,对照合同约定的主要内容,可以检查发包人和承包人的履约情况,有无违约责任,是重要的合同文件和法律依据,受法律保护。

3) 设备技术说明书

发包人供应的设备,承包人应按供货清单接收并有设备合格证明和设备的技术说明书,据此按照施工图纸进行设备安装。设备技术说明书是进行设备安装调试、检验、试车、验收和处理设备质量、技术等问题的重要依据。

若由承包人采购的设备，应符合设计和有关标准的要求，按规定提供相关的技术说明书，并对采购的设备质量负责。

4）设计变更通知书

设计变更通知书，是施工图纸补充和修改的记录。《建筑法》第五十八条规定："工程设计的修改由原设计单位负责。建筑施工企业不得擅自修改工程设计。"

根据这一规定，明确了工程变更设计的程序，以及发包人和承包人的责任。设计变更原则上由设计单位主管技术负责人签发，发包人认可签章后由承包人执行。

5）施工验收规范及质量验收标准

施工中要遵循的工程建设规范和标准很多，主要有施工及验收规范、工程质量检验评定标准等。在建设工程项目管理中，经常使用的工程建设国家和行业标准与施工有关的就达数十个。对不按强制性标准施工，质量达不到合格标准的，不得进行竣工验收。

6）外资工程应依据我国有关规定提交竣工验收文件

国家规定，凡有引进技术和引进设备的建设项目，要做好引进技术和引进设备的图纸、文件的收集、整理工作，无论通过何种渠道得到的与引进技术或引进设备有关的档案资料，均应交档案部门统一管理。

3. 竣工验收要求

施工项目达到竣工验收的条件，进行竣工验收前，必须要满足工程建设各方对施工项目竣工验收的有关要求，主要有：

1）设计文件和合同约定的各项施工内容已经施工完毕

（1）民用建筑工程完工后，包括单位工程和群体工程，承包人按照施工及验收规范和质量检验标准进行自检，不合格品已自行返修或整改，达到验收标准。水、电、气、设备、智能化、电梯经过实验，符合使用要求。

（2）生产性工程、辅助设施及生活设施，按合同约定全部施工完毕，室内工程和室外工程全部完成，建筑物、构筑物周围 2m 以内的场地平整，障碍物已清除，给排水、动力、照明、通信畅通，达到竣工条件。

（3）工业项目的各种管道设备、电气、空调、仪表、通信等专业施工内容，已全部安装结束，已做完清洗、试压、吹扫、油漆、保温等，经过试运转，全部符合工业设备安装施工及验收规范和质量标准的要求。

（4）其他专业工程按照合同的约定和施工图规定的工程内容，全部施工完毕，已达到相关专业技术标准，质量验收合格，达到了交工条件。

2）有完整并经核定的工程竣工资料，符合验收规定

工程竣工资料的整理、移交归档应符合《建设工程文件归档整理规范》（GB/T 50328—2001）的规定，分类组卷应符合自然形成规律，并按国家有关规定，将竣工档案资料装订成册，达到归档范围的要求。

3）有勘察、设计、施工、监理等单位签署确认的工程质量合格文件

工程施工完毕，勘察、设计、施工、监理单位按照《建设工程质量管理条例》的规定，已按各自的质量责任和义务，签署了工程质量合格文件。

承包人按照合同要求，提交的全套竣工资料，应经专业监理工程师审查，确认无误后，由总监理工程师签署认可意见。承包人提交监理机构审查的文件表式主要有10种，各种表格的填写要求在《建设工程监理规范》(GB 50319—2000)中均有说明。

(1) 工程开工/复工报审表。

(2) 施工组织设计(方案)报审表。

(3) 分包单位资格报审表。

(4) ______________报验申请表。

(5) 工程款支付申请表。

(6) 监理工程师通知回复单。

(7) 工程临时延期申请表。

(8) 费用索赔申请表。

(9) 工程材料/构配件/设备报审表。

(10) 工程竣工报验单。

4）有工程使用的主要建筑材料、构配件和设备进场的证明及实验报告

(1) 现场使用的主要建筑材料(水泥、钢材、砖、砂、沥青等)应有材质合格证，必须有符合国家标准、规范要求的抽样实验报告。对水泥、钢材等尚应注明主要使用部位。

(2) 混凝土预制构件、钢构件、钢(木)铝塑门窗等应有生产单位的出厂合格证书，必要时，应附主要建筑材料的材质证明。

(3) 混凝土、砂浆等施工实验报告，应按结构部位和楼层依次填写清楚，取样组数应符合施工及验收规范和设计规定，并列表注明。

(4) 设备进场必须开箱检验，并有出厂质量合格证，检验完毕要如实做好各种进场设备的检查验收记录。

4. 竣工验收工程应符合的规定

由于工程建设是复杂的系统工程，涉及多部门、多行业、多专业，而各部门、各行业、各专业的要求又有所不同，质量验收标准很难以一概全。因此，对各类工程的检验和评定，都有相应的技术标准。对竣工验收而言，总的要求必须依法办事，符合工程建设强制性标准、设计文件和施工合同的规定。竣工验收的工程必须符合下列规定：

1）合同约定的工程质量标准

《建设工程施工合同(示范文本)》通用条款15.1规定："工程质量应达到协议书约定的质量标准，质量标准的评定以国家或行业的质量检验评定标准为依据。因承包人原因工程质量达不到约定的质量标准，承包人承担违约责任。"通用条款15.2规定："双方对工程质量有争议，由双方同意的工程质量检

测机构鉴定，所需费用及因此造成的损失，由责任方承担。双方均有责任，由双方根据其责任分别承担。”

合同约定的质量标准具有强制性，合同约束规范了承发包双方的质量责任和义务，合同人必须确保工程质量达到验收标准，不合格不得交付验收和使用。

2）单位工程质量竣工验收的合格标准

国家标准《建筑工程施工质量验收统一标准》（GB 50300—2001）对单位（子单位）工程质量验收合格规定如下：

（1）单位（子单位）工程所含分部（子分部）工程的质量均应验收合格。

（2）质量控制资料应完整。

（3）单位（子单位）工程所含分部工程有关安全和功能的检测资料应完整。

（4）主要功能项目的抽查结果应符合相关专业质量验收规范的规定。

（5）观感质量验收应符合要求。

其他专业工程的竣工验收标准，也必须符合各专业工程质量验收标准的规定。合格标准是工程验收的最低标准，不合格一律不允许交付使用。

3）单项工程达到使用条件或满足生产要求

建设项目的某个单项工程已按设计要求完成，即每个单位工程都已竣工、相关的配套工程整体收尾已完成，能满足生产要求或具备使用条件，工程质量经检验合格，竣工资料整理符合规定，发包人可组织竣工验收。

4）建设项目能满足建成投入使用或生产的各项要求

建设项目的全部子项工程均已完成，符合交付竣工验收的要求。在此基础上，项目能满足使用或生产要求并应达到以下标准：

（1）生产性工程和辅助公用设施，已按设计要求建成，能满足生产使用。

（2）主要工艺设备配套，设施经试运行合格，形成生产能力，能产出设计文件规定的产品。

（3）必要的设施已按设计要求建成。

（4）生产准备工作能适应投产的需要。

（5）其他环保设施、劳动安全卫生、消防系统已按设计要求配套建成。

5．竣工验收工程的报验

承包人确认工程竣工，具备竣工验收各项要求，并经监理单位认可签署意见后，向发包人提交“工程验收报告”。发包人收到“工程验收报告”后，应在约定的时间和地点，组织有关单位进行竣工验收。也就是说，施工项目竣工后，承包人应按有关规定和程序向发包人报验。

1）国家对竣工报验的规定

《建筑法》第三十条规定：“国家推行建筑工程监理制度。”第三十二条规定：“建筑工程监理应当依照法律、行政法规及有关的技术标准、设计文件和建筑工程承包合同，对承包单位在施工质量、建设工期和建设资金使用等方面，代表建设单位实施监督。”

《建设工程质量管理条例》第三十七条规定:“未经监理工程师签字,建筑材料、建筑构配件和设备不得在工程上使用或者安装,施工单位不得进行下一道工序的施工。未经总监理工程师签字,建设单位不拨付工程款,不进行竣工验收。”

未经总监理工程师签字,不进行竣工验收。根据这个基本要求,《建设工程监理规范》(GB 50319—2000)对竣工验收阶段总监理工程师的职责做了明确规定:审核签认分部工程和单位工程的质量检验评定资料,审查承包单位的竣工申请,组织监理人员对待验收的工程项目进行质量检查,参与工程项目的竣工验收。承包人递交的“工程竣工报验单”必须由总监理工程师签署。

2) 工程竣工报验的方法和要求

(1) 分包与总包项目经理部应在竣工验收准备阶段完成各项竣工条件的自检工作,报所在企业复检。

(2) 该工程已完成设计和施工合同约定的各项内容,工程质量符合有关法律、法规和工程建设强制性标准的规定。

(3) “工程验收报告”见表8-1,内容按表式要求填写,自检意见应表述明确,项目经理、企业技术负责人、企业法定代表人应签字,并加盖企业公章。

表 8-1 工程验收报告

<table>
<tr><td>工程名称</td><td></td><td>建筑面积</td><td></td></tr>
<tr><td>工程地址</td><td></td><td>结构类型/层数</td><td></td></tr>
<tr><td>建设单位</td><td></td><td>开、竣工日期</td><td></td></tr>
<tr><td>设计单位</td><td></td><td>合同工期</td><td></td></tr>
<tr><td>施工单位</td><td></td><td>工程造价</td><td></td></tr>
<tr><td>监理单位</td><td></td><td>合同编号</td><td></td></tr>
<tr><td rowspan="10">竣工条件自检情况</td><td colspan="2">项目内容</td><td>自检意见</td></tr>
<tr><td colspan="2">工程设计和合同约定的各项内容完成情况</td><td></td></tr>
<tr><td colspan="2">工程技术档案和施工管理资料</td><td></td></tr>
<tr><td colspan="2">工程所用建筑材料、建筑构配件、商品混凝土和设备的进场实验报告</td><td></td></tr>
<tr><td colspan="2">涉及工程结构安全的试块、试件及有关材料的实验、检验报告</td><td></td></tr>
<tr><td colspan="2">地基与基础、主体结构等重要分部、分项工程质量验收报告签证情况</td><td></td></tr>
<tr><td colspan="2">建设行政主管部门、质量监督机构或其他有关部门责令整改问题的执行情况</td><td></td></tr>
<tr><td colspan="2">单位工程质量自检情况</td><td></td></tr>
<tr><td colspan="2">工程质量保修书</td><td></td></tr>
<tr><td colspan="2">工程款支付情况</td><td></td></tr>
<tr><td colspan="4">经检验,该工程已完成设计和合同约定的各项内容,工程质量符合有关法律、法规和工程建设强制性标准。
项目经理:
企业技术负责人:(施工单位公章)
企业法定代表人:年 月 日</td></tr>
<tr><td colspan="4">监理单位意见:
总监理工程师: (公章)
年 月 日</td></tr>
</table>

(4) 递交“工程竣工报验单”(即《建设工程监理规范》(GB 50319—2000)规定的承包单位用表 A10),见表 8-2。“工程竣工报验单”的附件应齐全,足以证明工程已按合同约定完成并符合竣工验收要求。

表 8-2　工程竣工报验单

工作内容:

致: 我方已按合同要求完成了________________________工程,经自检合格,请予以检查和验收。 附件: 承包单位(公章): 项　目　经　理: 日　　　　期:
审查意见: 经初步验收,该工程 1. 符合/不符合我国现行法律、法规要求; 2. 符合/不符合我国现行工程建设标准; 3. 符合/不符合设计文件要求; 4. 符合/不符合施工合同要求。 综上所述,该工程初步验收合格/不合格,可以/不可以组织正式验收。 项目监理机构: 总监理工程师: 日　　　　期:

(5) 总监理工程师组织专业监理工程师对承包人报送的竣工资料进行审查,并对工程质量进行竣工验收。对存在的问题应要求承包人所在项目经理部及时进行整改。整改完毕,总监理工程师应签署工程竣工报验单,提出工程质量评估报告。

(6) 承包人根据工程监理机构签署认可的工程竣工报验单和质量评估结论,向发包人递交竣工验收通知,具体约定工程交付竣工验收的时间、会议地点和有关安排。

6. 竣工验收组织

当工程竣工,需要进行验收时,首先要组建竣工验收组织,一般来讲,应由发包人组织勘察、设计、施工、监理等单位按照竣工验收程序,对工程进行核查后,作出验收结论,并形成“工程竣工验收报告”,参与竣工验收的各方负责人应在竣工验收报告上签字并加盖单位公章。

发包人收到承包人递交的“交付竣工验收通知书”,应及时研究并按竣工验收程序和约定的时间,成立竣工验收组织,严格履行竣工验收职责。

建设行政主管部门应委托工程质量监督机构对工程竣工验收的组织形式、验收程序、执行标准等情况实施监督。

1) 竣工验收组织的成立

成立竣工验收组织要根据建设工程的重要性、规模大小、隶属关系、承发包关系、工程项目管理方式等具体情况而定。重点工程、大型项目、技术较复杂的工程应组成验收委员会,一般小型工程项目,组成验收小组即可。

竣工验收工作由发包人组织,参加单位应包括勘察、设计、施工、监理和相关单位。参加验收的主要人员是:

(1) 主持竣工验收的发包方负责人和现场总代表。

(2) 勘察单位的负责人。

(3) 设计单位的负责人。

(4) 总承包单位和分包单位的负责人、项目经理、技术负责人等。

(5) 监理单位的总监理工程师和专业监理工程师。

(6) 建设主管部门和备案部门的代表。

2) 竣工验收组织的职责

经竣工验收组织审查,确认工程达到竣工验收的各项条件,应形成竣工验收会议纪要和"工程竣工验收报告"。参加验收的各单位负责人应在竣工验收报告上签字并加盖公章,竣工验收组织的具体职责是:

(1) 听取各单位的情况报告。

(2) 审查各种竣工资料。

(3) 对工程质量进行评估、鉴定。

(4) 形成工程竣工验收会议纪要。

(5) 签署工程竣工验收报告。

(6) 对遗漏问题作出处理决定。

7. 竣工验收报告的内容

根据专业特点和工程类别不同,各地采用的工程竣工验收报告的格式也不尽相同。按国家对建设工程竣工验收条件的规定,工程竣工验收报告应包括以下主要内容:

1) 工程概况

(1) 工程名称、工程地址、建筑面积、结构层数、设备台件、开工日期、竣工验收日期。

(2) 建设单位、勘察单位、设计单位、施工单位、监理单位、质量监督单位名称。

(3) 完成设计文件和合同约定工程内容的情况,包括工程质量、设备试运行等内容。

2) 竣工验收组织形式

(1) 竣工验收委员会。

(2) 竣工验收小组。

3) 质量验收情况

(1) 建筑工程质量。

(2) 给排水与采暖工程质量。

(3) 建筑电气安装工程质量。

(4) 通风与空调工程质量。

(5) 电梯安装工程质量。

(6) 建筑智能化工程质量。

(7) 工程竣工资料审查结论。

(8) 其他专业工程质量(略)等。

4) 竣工验收程序

(1) 按工程规模大小划分。

(2) 按工程项目竣工先后组织。

(3) 按施工合同约定的程序进行。

5) 竣工验收意见

(1) 建设单位执行基本建设程序的情况。

(2) 对勘察、设计、施工、监理等各方面的评价。

(3) 对整个建设工程竣工验收的综合评估。

6) 签名盖章确认

(1) 参加竣工验收各单位代表签名。

(2) 加盖竣工验收各单位公章。

7) 竣工验收报告附件

(1) 施工许可证、施工图设计文件审查意见。

(2) 勘察、设计单位的质量检查报告。

(3) 施工单位的竣工资料分类目录及汇总表。

(4) 监理单位对工程质量的评估报告。

(5) 中间交工工程验收报告。

(6) 竣工验收遗留问题处理结果报告。

(7) 建设行政主管部门、质量监督机构责令整改的结果报告。

(8) 法律、法规、规章规定应交的其他文件资料。

“工程竣工验收报告”的一般格式见表 8-3。

表 8-3　工程竣工验收报告

工程概况	工程名称		建筑面积	m^2
	工程地址		结构类型	
	层数	地上　层；地下　层	总高	m
	电梯	台	自动扶梯	台
	开工日期		竣工验收日期	
	建设单位		施工单位	
	勘察单位		监理单位	
	设计单位		质量监督单位	
	工程完成设计与合同所约定内容情况			
验收组织形式				

续表

<table>
<tr><td rowspan="8">验收组组成情况</td><td>专业</td><td></td></tr>
<tr><td>建筑工程</td><td></td></tr>
<tr><td>采暖卫生和燃气工程</td><td></td></tr>
<tr><td>建筑电气安装工程</td><td></td></tr>
<tr><td>通风与空调工程</td><td></td></tr>
<tr><td>电梯安装工程</td><td></td></tr>
<tr><td>建筑智能化工程</td><td></td></tr>
<tr><td>工程竣工资料审查</td><td></td></tr>
<tr><td>竣工验收程序</td><td colspan="2"></td></tr>
<tr><td rowspan="5">工程竣工验收意见</td><td colspan="2">建设单位执行基本建设程序情况:</td></tr>
<tr><td colspan="2">对工程勘察方面的评价:</td></tr>
<tr><td colspan="2">对工程设计方面的评价:</td></tr>
<tr><td colspan="2">对工程施工方面的评价:</td></tr>
<tr><td colspan="2">对工程监理方面的评价:</td></tr>
<tr><td>建设单位</td><td colspan="2">(单位公章)
年 月 日</td></tr>
<tr><td>勘察单位</td><td colspan="2">勘察负责人:
(单位公章)
年 月 日</td></tr>
<tr><td>设计单位</td><td colspan="2">设计负责人:
(单位公章)
年 月 日</td></tr>
<tr><td>施工单位</td><td colspan="2">项目经理:
企业技术负责人:
(单位公章)
年 月 日</td></tr>
<tr><td>监理单位</td><td colspan="2">总监理工程师:
(单位公章)
年 月 日</td></tr>
<tr><td colspan="3">竣工验收报告附件:
1. 施工许可证;
2. 施工图设计文件审查意见;
3. 勘察单位对工程勘察文件的质量检查报告;
4. 设计单位对工程设计文件的质量检查报告;
5. 施工单位对工程施工质量的检查报告,包括工程竣工资料明细、分类目录、汇总表;
6. 监理单位对工程质量的评估报告;
7. 地基与勘察、主体结构分部工程以单位工程质量验收记录;
8. 工程有关质量检测和功能性实验资料;
9. 建设行政主管部门、质量监督机构责令整改问题的整改结果;
10. 验收人员签署的竣工验收原始文件;
11. 竣工验收遗留问题处理结果;
12. 施工单位签署的工程质量保修书;
13. 法律、行政法规、规章规定必须提供的其他文件。</td></tr>
</table>

8. 竣工工程移交

通过竣工验收程序，办完竣工结算后，承包人应在规定期限内向发包人办理工程移交手续。

工程通过竣工验收，承包人递交"工程竣工验收报告"的日期为实际竣工日期。承包人应在发包人对竣工验收报告签认后的规定期限内向发包人递交竣工结算报告和完整的结算资料。

承包人在收到工程竣工结算价款后，应在规定的期限内将竣工项目移交发包人，及时转移撤出施工现场，解除施工现场全部管理责任。

1）办理工程移交的工作内容

（1）向发包人移交钥匙时，工程室内外应清扫干净，达到窗明、地净、灯亮、水通、排污畅通、动力系统可以使用。

（2）向发包人移交工程竣工资料，在规定的时间内，按工程竣工资料清单目录，进行逐项交接，办清交接签章手续。

（3）原施工合同中未包括工程质量保修书附件的，在移交竣工工程时，应按有关规定签署或补签工程质量保修书。

2）撤出施工现场的计划安排

（1）项目经理部应按照工程竣工验收、移交的要求，编制工地撤场计划，规定时间，明确责任人、执行人，保证工地及时清场转移。

（2）撤场计划安排的具体工作要求：

① 暂设工程拆迁，场内残土、垃圾要文明清运。

② 对机械、设备进行油漆保养，组织有序退场。

③ 周转材料要按清单数量转移、交接、验收、入库。

④ 退场物资运输要防止重压、撞击，不得野蛮倾卸。

⑤ 转移到新工地的各类物资要按指定位置堆放，符合平面管理要求。

⑥ 清场转移工作结束，恢复临时占用土地，解除施工现场管理责任。

8.1.5　施工项目竣工结算

1. 施工项目竣工结算程序

"工程竣工验收报告"完成后，承包人应立即在规定的时间内向发包人递交工程竣工结算报告及完整的结算资料。

工程竣工验收合格，并签署了"工程竣工验收报告"，承发包双方应按国家有关规定进行工程价款的最终结算。

《建设工程施工合同(示范文本)》(GF-1999-0201)通用条款中对竣工结算作了详细规定：

1）工程竣工验收报告经发包人认可后的 28 天内，承包人向发包人递交竣工结算报告及完整的结算资料，双方按照协议书约定的合同价款及专用条款约定的合同价款调整内容，进行工程竣工结算。

2) 发包人收到承包人递交的竣工结算报告及结算资料后28天内进行核实,给予确认或者提出修改意见。发包人确认竣工结算报告后通知经办银行向承包人支付工程竣工结算价款。承包人收到竣工结算价款后14天内将竣工工程交付发包人。

3) 发包人收到竣工结算报告及结算资料后28天内不支付工程竣工结算价款,从29天起按承包人同期向银行贷款利率支付拖欠工程价款的利息,并承担违约责任。

4) 发包人收到竣工结算报告及结算资料后28天内不支付工程竣工结算价款,承包人可以催告发包人支付结算价款。发包人在收到竣工结算报告及结算资料后56天内仍不支付的,承包人可以与发包人协议将该工程折价,也可以由承包人申请人民法院将该工程依法拍卖,承包人就该工程折价或者拍卖的价款优先受偿。

5) 工程竣工验收报告经发包人认可后28天内,承包人未能向发包人提交竣工结算报告及完整的结算资料,造成工程竣工结算不能正常进行或工程竣工结算价款不能及时支付,发包人要求交付工程的,承包人应当交付;发包人不要求交付工程的,承包人承担保管责任。

6) 发包人承包人对工程竣工结算价款发生争议时,按关于争议的约定处理。

在办理工程竣工结算的实际工作中,当年开工,当年竣工的项目,一般实行全部工程竣工后一次结算。跨年施工项目,应按合同约定,根据工程形象进度实行分段结算。工程实行总承包的,总包人将工程部分或专业分包给其他分包人,其工程价款的结算由总包人统一向发包人按规定办理。

2. 施工项目竣工结算编制依据

施工项目竣工结算由承包人编制,发包人审查或委托工程造价咨询单位进行审核,最终由发包人和承包人共同确定。其具体的编制依据如下所示:

1) 合同文件

(1) 建设工程施工合同。根据《建设工程施工合同(示范文本)》所签订的施工合同,应该约定有关工程竣工结算的内容,同时,应该严格按照约定的内容执行。除此之外,承发包双方还可约定涉及竣工结算的其他内容。例如:确定合同价款的方式,可选择固定价格合同、可调价格合同、成本加酬金合同等,具体根据合同约定的办法进行确定。

(2) 中标投标书的报价单。无论是公开招标或邀请招标,招标人与中标人应根据中标价订立合同。中标投标书的报价单是订立合同且是竣工结算的重要依据。在招标投标中,因采用的计价方式不同,编制投标报价单的方法和内容会有一定的区别。在原中标价的基础上,根据施工的设计变更等增减变化,经过调整后,编制竣工结算。报价单的内容一般包括:

① 报价汇总表。

② 工程量清单报价表。

③ 工程量清单报价汇总取费表。

④ 主要材料用量表。

⑤ 设备清单及报价表。

2）竣工图纸和工程变更文件

（1）施工中发生的设计变更，由原设计单位提供变更后的施工图纸和设计变更通知单，承包人按已签发的设计变更通知单（表 8-4）执行。

表 8-4　设计变更通知单

工程名称		变更图号	
变更原因			
变更内容			
执行结果			
设计单位	建设单位	监理单位	施工单位
签发人 （签字） 年　月　日	现场代表 （签字） 年　月　日	总监理工程师 （签字） 年　月　日	项目负责人 （签字） 年　月　日

（2）因施工条件、施工工艺、材料规格、品种数量不能完全满足设计要求，以及合理化建议等原因发生的施工变更，实际已执行的技术核定单（表 8-5）。

表 8-5　技术核定单

工程名称		施工单位	
图纸编号		核定性质	
核定内容			
建设单位意见	签字：　年　月　日		
设计单位意见	签字：　年　月　日		
监理单位意见	签字：　年　月　日		
执行结果			
提出单位		核定单位	
技术负责人： （签字）　年　月　日		（公章） 核定人：（签字）　年　月　日	

（3）在合同履约中，发包人要求承包人改变工程内容和标准，导致施工中用工数和工程量增加，改变了工程施工程序和施工时间，承包人在施工中办理的技术经济签证单（表 8-6）。

表 8-6　技术经济签证单

工程名称			
建设单位		施工单位	
分部或分项			
临时用工数			
增加工程量			
用工事由			
增加工程量事由			
建设单位核定意见			
监理单位核定意见			
建设单位签证人	（签字）　年　月　日		

续表

监理单位签证人	（签字） 年 月 日	
施工单位填报人	（签字） 年 月 日	
建设单位	监理单位	施工单位
负责人(现场代表)： （签字） 年 月 日	总监理工程师： （签字） 年 月 日	项目经理： （签字） 年 月 日

3）有关技术核准资料和材料代用核准资料

4）工程计价文件、工程量清单、取费标准及有关调价规定

在目前市场经济及推行工程量清单的条件下，应以政府有关造价管理部门所颁发的工程计价文件、取费标准及调价规定为指导，来计算和调整竣工结算。

5）双方确认的有关签证和工程索赔资料

3. 施工项目竣工结算检查

项目经理部应做好竣工结算基础工作，指定专人对竣工结算书的内容进行检查。

项目经理部处在施工生产第一线，对施工各阶段的变化、变更情况最了解，有许多基础资料是从项目上产生的。离开项目经理部这个责任主体、执行主体，工程竣工结算工作就无法搞好。工程竣工结算工作搞得好与不好，对项目经济核算和考核都有直接影响。

在办理工程竣工结算中，项目经理部的主要职责是切实做好竣工结算的各项基础工作，核对施工合同条款，按约定的结算方式、计价定额、取费标准、主材价格、优惠条款、调整变更、项目内容等，对工程竣工结算书进行逐项检查，核对有无漏洞或计算失误的情况，一旦发现误差要尽快纠正，保证竣工结算书的编制质量。

在实际工作中，项目经理要安排专职人员对竣工结算书的内容进行核对，检查各种设计变更签证，资料有无遗漏，依据竣工图和变更签证核实工程数量，要按统一规定的计算规则核算工程量，按合同约定计价，还要特别注意各项费用的计取是否正确。检查工程竣工结算书一般包括以下内容：

1）工程开工前的施工准备和"三通一平"的费用计算是否准确。

2）钢筋混凝土结构工程中含钢量是否按规定进行了调整。

3）加工订货的项目、规格、数量、单价与工程预算及实际安装的规格、数量、单价是否相符。

4）特殊工程中使用的特殊材料的单价有无变化。

5）施工变更记录、技术经济签证与预算或合同价的调整是否相符。

6）分包工程费用支出与预算收入是否相符。

7）图纸要求与实际施工有无不相符的项目。

8）施工项目的工程量有无漏算、多算或计算失误等。

9）检查各项费率、价格指数或换算关系正确与否，价格调整是否符合要求。

10）工程竣工结算书的项目多、篇目多、要认真核对和计算。

4. 施工项目竣工结算编制原则

承包人预算主管部门应坚持科学的管理程序，从专业归口的角度，编制工程竣工结算报告及收集完整的结算资料。对原报价的主要内容，如分项工程、工程量、单价及计算结果进行检查和核对，发现差错应进行调整纠正。应按照单位工程、单项工程、建设项目分别编制工程结算报告。

在编制竣工结算报告和结算资料时，应遵循下列原则：

1）以单位工程或合同约定的专业项目为基础，应对原报价单的主要内容进行检查和核对。

2）发现有漏算、多算或计算误差的，应及时进行调整。

3）多个单位工程构成的施工项目，应将各单位工程竣工结算书汇总，编制单项工程竣工综合结算书。

4）多个单项工程构成的建设项目，应将各单项工程综合结算书汇总编制建设项目总结算书，并撰写编制说明。

编制工程竣工结算的目的，一是为发包人编制建设项目竣工决算提供基础资料，二是为承包人确定工程的最终收入，考核工程成本和进行核算提供依据。

5. 施工项目竣工结算报审

工程竣工结算报告和结算资料，应按规定报企业主管部门审定，加盖专用章，在竣工验收报告认可后，在规定的期限内递交发包人或其委托的咨询单位审查。承发包双方应按约定的工程款及调价内容进行竣工结算。

工程竣工结算报告和结算资料经工程预算部门审定，加盖工程造价执业资格专用章后，应及时递交发包人或其委托的咨询单位审查，并按有关规定进行竣工结算。

建设部令第107号《建筑工程施工发包与承包计价管理办法》第十六条规定："工程竣工验收合格，应当按照下列规定进行竣工结算：

1）承包方应在工程竣工验收合格后的约定期限内提交竣工结算文件。

2）发包方应当在收到竣工结算文件后的约定期限内予以答复。逾期未答复的，竣工结算文件视为已被认可。

3）发包人对竣工结算文件有异议的，应当在答复期内向承包方提出，并可以在提出之日起的约定期限内与承包方协商。

4）发包方在协商期内未与承包方协商或者经协商未能与承包方达成协议的，应当委托工程造价咨询单位进行竣工结算审核。

5）发包方应当在协商期满后的约定期限内向承包方提出工程造价咨询单位出具的竣工结算审核意见。

承发包双方在合同中对上述事项的期限没有明确约定的，可认为其约定期限均为28日。

承发包双方对工程造价咨询单位出具的竣工结算审核意见仍有异议的，在接到该审核意见后一个月可以向县级以上地方人民政府建设行政主管部门申请调解，调解不成的，可以依法申请仲裁或者向人民法院提出诉讼。

工程竣工结算文件经发包方与承包方确认即应当作为工程决算的依据。”

6. 施工项目竣工结算价款支付

工程竣工结算报告和结算资料递交后,项目经理应按照“项目管理目标责任书”规定,配合企业主管部门督促发包人及时办理竣工结算手续。企业预算部门应将结算资料送交财务部门,进行工程价款的最终结算和收款。发包人应在规定期限内支付工程竣工结算价款。

《合同法》第二百七十九条规定:“验收合格的,发包人应当按照约定支付价款,并接收该建设工程。”第二百八十六条规定:“发包人未按约定支付价款的,承包人可以催告发包人在合理期限内支付价款。发包人逾期不支付的,除按照建设工程的性质不宜折价、拍卖的以外,承包人可以与发包人协商将该工程折价,也可以申请人民法院将该工程依法拍卖。建设工程的价款就该工程折价或价款优先受偿。”

工程竣工结算是项目经理的重要工作,工程竣工结算价款的收取,是项目经理的重要职责和义务。工程竣工结算报告和结算资料向发包人递交后,项目经理应根据法律、法规、规章的规定,按照“项目管理目标责任书”规定的义务,积极配合企业工程预算主管部门催促发包人及时办理工程竣工结算的签认。

工程竣工结算经发包人签认后,工程预算主管部门应将竣工结算书送交财务部门一份,财务部门据此与发包人进行工程价款的最终结算和收款。

对于承包人来说,只有当发包人将工程竣工结算价款支付完毕,才意味着承包人获得了工程成本和相应的利润,实现了既定的经营目标和经济效益目标。

对于项目经理部来说,只有当工程价款结算完毕,才意味着考核施工项目成本目标和决定奖罚有了可靠的依据。

工程竣工结算价款支付的一般公式:

工程竣工结算最终价款=工程预算或合同价+工程变更调整数额-预付及已结算工程价款

工程竣工结算价款的支付与施工合同中约定的工程进度和预付备料款等方式有着十分密切的关系。一般而言,承包人完成的工程量越多,施工产值越多,工程结算的价款也就较多。项目经理部根据已结算的工程款与工程结算总价款的比例,就能发现工程项目管理效益的基本情况。

8.1.6 施工项目竣工决算

1. 竣工决算的概念

施工项目竣工决算是指所有建设项目竣工后,按照国家有关规定,由建设单位报告项目建设成果和财务状况的总结性文件,是考核其投资效果的依据,也是办理交付、动用、验收的依据。

竣工决算是以实物数量和货币指标为计量单位,综合反映竣工项目从筹建开始到项目竣工交付使用为止的全部建设费用、建设成果和财务情况的总结性文件,是竣工验收报告的重要组成部分,竣工决算是正确核定新增固定资产价值，考核分析投资效果，建立健全经济责任制的依据，是反映建设项目实际造价和投资效果的文件。

2. 竣工决算的作用

竣工决算的作用主要表现在以下三个方面：

1）竣工决算采用实物数量、货币指标、建设工期和各种技术经济指标，能综合、全面地反映建设项目自筹建到竣工为止的全部建设成果和财务状况，它是竣工项目建设成果及财务情况的总结性文件。

2）建设项目竣工决算是竣工验收报告的重要组成部分，也是办理交付使用资产的依据。建设单位与使用单位在办理交付资产的验收交接手续时，通过竣工决算反映交付使用资产的全部价值，包括固定资产、流动资产、无形资产和递延资产的价值。同时，它还详细提供了交付使用资产的名称、规格、型号、价值和数量等资料，是使用单位确定各项新增资产价值并登记入账的依据。

3）建设项目竣工决算是分析和检查设计概算的执行情况，考核投资效果的依据。竣工决算反映了竣工项目计划、实际的建设规模、建设工期以及设计和实际的生产能力，反映了概算总投资和实际的建设成本，同时还反映了建设项目所达到的主要技术经济指标。

3. 竣工决算的内容

大、中型和小型建设项目的竣工决算包括建设项目从筹建开始到项目竣工交付生产使用为止的全部建设费用，其内容包括竣工财务决算说明书、竣工财务决算报表和工程造价分析资料表三个方面的内容。

1）竣工财务决算说明书

竣工财务决算说明书主要反映竣工工程建设成果和经验，是对竣工决算报表进行分析和补充说明的文件，是全面考核分析工程投资与造价的书面文件，其内容主要包括：

（1）建设项目概况及对工程总的评价。一般从进度、质量、安全、造价及施工方面进行分析说明。进度方面主要说明开工和竣工的时间，对照合理工期和要求工期，分析是提前还是延期；质量方面主要根据竣工验收组成或质量监督部门的验收进行说明；安全方面主要根据劳动工资和施工部门的记录，对有无设备和安全事故进行说明；造价方面主要对照概算造价，说明节约还是超支，用金额和百分率进行说明分析。

（2）资金来源与运用等财务分析。主要包括工程价款结算、会计财务的处理、财产物资情况及债权债务的清偿情况。

（3）基本建设收入、投资包干结余、竣工结余资金的上交分配情况。通过对基本建设投资包干情况的分析，说明投资包干额、实际支用额和节约额，投资包干的有机构成和包干结余的分配情况。

（4）各项经济技术指标的分析。概算执行情况分析，根据实际投资完成额与概算进行对比分析；新增生产能力的效益分析，说明支付使用财产占总投资额的比例、占支付使用财产的比例，不增加固定资产的造价占投资总额的比例，分析有机构成。

(5) 基本建设项目管理及决算中存在的问题及建议。

(6) 决算与概算的差异和原因分析。

(7) 需要说明的其他事项。

2) 竣工财务决算报表

建设项目竣工财务决算报表要根据大、中型建设项目和小型建设项目分别制定。

大、中型建设项目竣工财务决算报表：
- ① 建设项目竣工财务决算审批表(表8-7)
- ② 大、中型建设项目竣工工程概况表(表8-8)
- ③ 大、中型建设项目竣工财务决算表(表8-9)
- ④ 大、中型建设项目交付使用资产总表(表8-10)
- ⑤ 建设项目交付使用资产明细表(表8-11)

小型建设项目竣工财务决算报表：
- ① 建设项目竣工财务决算审批表(表8-7)
- ② 小型建设项目竣工财务决算总表(表8-12)
- ③ 建设项目交付使用资产明细表(表8-11)

(1) 建设项目竣工财务决算审批表，见表8-7。该表作为竣工决算上报有关部门审批时使用，其格式按照中央级项目审批要求设计的，地方级项目可按审批要求作适当修改，大、中、小型项目均要按照下列要求填报此表。

表8-7 建设项目竣工财务决算审批表

建设项目法人(建设单位)		建设性质	
建设项目名称		主管部门	
开户银行意见： (盖章) 年 月 日			
专员办审批意见： (盖章) 年 月 日			
主管部门或地方财政部门审批意见： (盖章) 年 月 日			

(2) 大、中型建设项目竣工工程概况表，见表8-8。该表综合反映大、中型建设项目的基本概况、内容，包括该项目总投资、建设起止时间、新增生产能力、主要材料消耗、建设成本、完成主要工程量和主要技术经济指标及基本建设支出情况，为全面考核和分析投资效果提供依据。

(3) 大、中型建设项目竣工财务决算表，见表8-9。该表反映竣工的大中型建设项目从开工到竣工为止全部资金来源和运用的情况，它是考核和分析投资效果，落实结余资金，并作为报告上级核销基本建设支出和基本建设拨款的依据。

表 8-8　大、中型建设项目竣工工程概况表

<table>
<tr><td>建设项目工程名称</td><td colspan="2"></td><td>建设地址</td><td colspan="4"></td><td rowspan="10">基建支出</td><td colspan="2">项目</td><td>概算</td><td>实际</td><td>主要指标</td></tr>
<tr><td>主要设计单位</td><td colspan="2"></td><td>主要施工企业</td><td colspan="4"></td><td colspan="2">建筑安装工程</td><td></td><td></td><td></td></tr>
<tr><td rowspan="3">占地面积</td><td>计划</td><td>实际</td><td rowspan="3">总投资/万元</td><td colspan="2">设计</td><td colspan="2">实际</td><td colspan="2">设备、工具、器具</td><td></td><td></td><td></td></tr>
<tr><td rowspan="2"></td><td rowspan="2"></td><td>固定资产</td><td>流动资产</td><td>固定资产</td><td>流动资产</td><td colspan="2" rowspan="2">待摊投资
其中：建设单位管理费</td><td rowspan="2"></td><td rowspan="2"></td><td rowspan="2"></td></tr>
<tr><td></td><td></td><td></td><td></td></tr>
<tr><td rowspan="2">新增生产能力</td><td colspan="2">能力(效益)名称</td><td>设计</td><td colspan="4">实际</td><td colspan="2">其他投资</td><td></td><td></td><td></td></tr>
<tr><td colspan="2"></td><td></td><td colspan="4"></td><td colspan="2">待摊核销基建支出</td><td></td><td></td><td></td></tr>
<tr><td rowspan="2">建设起止时间</td><td colspan="2">设计</td><td colspan="5">从　年　月　开工至　年　月　竣工</td><td colspan="2" rowspan="2">非经营项目转出投资</td><td rowspan="2"></td><td rowspan="2"></td><td rowspan="2"></td></tr>
<tr><td colspan="2">实际</td><td colspan="5">从　年　月　开工至　年　月　竣工</td></tr>
<tr><td rowspan="2">设计概算批准文号</td><td colspan="7" rowspan="2"></td><td colspan="2">合计</td><td></td><td></td><td></td></tr>
<tr><td rowspan="4">主要材料消耗</td><td>名称</td><td>单位</td><td>概算</td><td>实际</td><td></td></tr>
<tr><td rowspan="3">完成主要工程量</td><td colspan="3">建筑面积/m^2</td><td colspan="4">设备/(台、套、t)</td><td>钢材</td><td>t</td><td></td><td></td><td></td></tr>
<tr><td colspan="2">设计</td><td>实际</td><td colspan="2">设计</td><td colspan="2">实际</td><td>木材</td><td>m</td><td></td><td></td><td></td></tr>
<tr><td colspan="2"></td><td></td><td colspan="2"></td><td colspan="2"></td><td>水泥</td><td>t</td><td></td><td></td><td></td></tr>
<tr><td rowspan="2">收尾工程</td><td colspan="3">工程内容</td><td colspan="2">投资额</td><td colspan="2">完成时间</td><td rowspan="2">主要技术经济指标</td><td rowspan="2"></td><td rowspan="2"></td><td rowspan="2"></td><td rowspan="2"></td><td rowspan="2"></td></tr>
<tr><td colspan="3"></td><td colspan="2"></td><td colspan="2"></td></tr>
</table>

表 8-9　大、中型建设项目竣工财务决算表　　元

资 金 来 源	金额	资 金 占 用	金额	补 充 资 料
一、基建拨款		一、基本建设支出		1. 基建投资余额借款期末余额
1. 预算拨款		1. 交付使用资产		
2. 基建基金拨款		2. 在建工程		2. 应收生产单位投资借款期末余额
3. 进口设备转账拨款		3. 待核销基建支出		
4. 器材转账拨款		4. 非经营项目转出投资		3. 基建结余资金
5. 煤代油专用基金拨款		二、应收生产单位投资借款		
6. 自筹基金拨款		三、拨款所属投资借款		
7. 其他拨款		四、器材		
二、项目资本金		其中：待处理器材损失		
1. 国家资本		五、货币资金		
2. 法人资本		六、预付及应收款		
3. 个人资本		七、油价证券		
三、项目资本公积金		八、固定资产		
四、基建借款		固定资产原值		

续表

资金来源	金额	资金占用	金额	补充资料
五、上级拨入投资借款		减：累计折旧		
六、企业债券资金		固定资产净值		
七、待冲基建支出		固定资产清理		
八、应付款		待处理固定资产损失		
九、未交款				
1. 未交税金				
2. 未交基建收入				
3. 未交基建包干结余				
4. 其他未交款				
十、上级拨入资金				
十一、留成收入				
合计		合计		

(4) 大、中型建设项目交付使用资产总表，见表8-10。该表反映建设项目建成后新增固定资产、流动资产、无形资产和递延资产价值的情况和价值，作为财务交接、检查投资计划完成情况和分析投资效果的依据。

表8-10 大、中型建设项目交付使用资产总表

单项工程项目名称	总计	固定资产					流动资产	无形资产	递延资产
		建设工程	安装工程	设备	其他	合计			

支付单位盖章 年 月 日　　　　接收单位盖章 年 月 日

(5) 建设项目交付使用资产明细表，见表8-11。该表反映交付使用的固定资产、流动资产、无形资产和递延资产及其价值的明细情况，是办理资产交接的依据和接收单位登记资产账目的依据，同时是使用单位建立资产明细账和登记新增资产价值的依据。

表8-11 建设项目交付使用资产明细表

单项工程项目名称	建筑工程			设备、工具、器具、家具						流动资产		无形资产		递延资产结构	
	结构	面积/m^2	价值/元	名称	规格型号	单位	数量	价值/元	设备安装费/元	名称	价值/元	名称	价值/元	名称	价值/元

支付单位盖章 年 月 日　　　　接收单位盖章 年 月 日

(6) 小型建设项目竣工财务决算总表，见表 8-12。由于小型建设项目内容比较简单，因此可将工程概况与财务情况合并编制一张“竣工财务决算总表”，该表主要反映小型建设项目的全部工程和财务情况。

表 8-12　小型建设项目竣工财务决算总表

<table>
<tr><td>建设项目名称</td><td colspan="3"></td><td colspan="2">建设地址</td><td colspan="2"></td><td colspan="2">资金来源</td><td colspan="2">资金运用</td></tr>
<tr><td>初步设计概算批准文件号</td><td colspan="7"></td><td>项目</td><td>金额/元</td><td>项目</td><td>金额/元</td></tr>
<tr><td rowspan="5">占地面积</td><td rowspan="2">计划</td><td rowspan="2">实际</td><td rowspan="5">总投资/万元</td><td colspan="2" rowspan="2">计划</td><td colspan="2" rowspan="2">实际</td><td rowspan="2">一、基建拨款
其中：预算拨款</td><td rowspan="2"></td><td>一、交付使用自资产</td><td></td></tr>
<tr><td>二、待核销基建支出</td><td></td></tr>
<tr><td rowspan="2"></td><td rowspan="2"></td><td>固定资产</td><td>流动资产</td><td>固定资产</td><td>流动资产</td><td>二、项目资本</td><td></td><td></td><td></td></tr>
<tr><td></td><td></td><td></td><td></td><td>三、项目资本公积金</td><td></td><td>三、非经营项目转出投资</td><td></td></tr>
<tr><td rowspan="2">新增生产能力</td><td colspan="2">能力(效益)名称</td><td>设计</td><td colspan="4">实际</td><td>四、基建借款</td><td></td><td rowspan="2">四、应收生产单位投资借款</td><td></td></tr>
<tr><td colspan="2"></td><td></td><td colspan="4"></td><td>五、上级拨入借款</td><td></td><td></td></tr>
<tr><td rowspan="2">建设起止时间</td><td>计划</td><td colspan="6">从　年　月　开工
至　年　月　竣工</td><td>六、企业债券基金</td><td></td><td>五、拨付所属投资借款</td><td></td></tr>
<tr><td>实际</td><td colspan="6">从　年　月　开工
至　年　月　竣工</td><td>七、待冲基建支出</td><td></td><td>六、器材</td><td></td></tr>
<tr><td rowspan="8">基建支出</td><td colspan="3">项目</td><td colspan="2">概算/元</td><td colspan="2">实际/元</td><td>八、应付款</td><td></td><td>七、货币资金</td><td></td></tr>
<tr><td colspan="3">建筑安装工程</td><td colspan="2"></td><td colspan="2"></td><td>九、未付款</td><td></td><td>八、预付及应收款</td><td></td></tr>
<tr><td colspan="3">设备、工具、器具</td><td colspan="2"></td><td colspan="2"></td><td>其中：未交基建收入
未交包干收入</td><td></td><td>九、有价证券</td><td></td></tr>
<tr><td colspan="3">待摊投资
其中：建设单位管理费</td><td colspan="2"></td><td colspan="2"></td><td>十、上级拨入资金</td><td></td><td>十、原有固定资产</td><td></td></tr>
<tr><td colspan="3">其他投资</td><td colspan="2"></td><td colspan="2"></td><td>十一、留成收入</td><td></td><td></td><td></td></tr>
<tr><td colspan="3">待摊销基建支出</td><td colspan="2"></td><td colspan="2"></td><td></td><td></td><td></td><td></td></tr>
<tr><td colspan="3">非经营性项目转出投资</td><td colspan="2"></td><td colspan="2"></td><td></td><td></td><td></td><td></td></tr>
<tr><td colspan="3">合计</td><td colspan="2"></td><td colspan="2"></td><td>合计</td><td></td><td>合计</td><td></td></tr>
</table>

3) 工程造价比较分析

经批准的概、预算是考核实际建设工程造价和进行工程造价比较分析的依据。在分析时，可先对比整个项目的总概算，然后将建筑安装工程费、设备工具器具购置费和其他工程费用逐一与竣工决算表中所提供的实际数据和相关资料及批准的概算、预算指标、实际的总工程造价进行对比分析，以确定竣工项目总造价是节约还是超支，并在对比分析的基础上，总结先进经验，找出节约和超支的内容和原因，提出改进措施。在实际工作中，应主要分析以下内容：

(1) 主要实物工程量。对于实物工程量出入比较大的情况,必须查明原因。

(2) 主要材料消耗量。考核主要材料消耗量,要按照竣工决算表中所列的三大材料实际超概算的消耗量,查明是在工程的哪个环节超出量最大,再进一步查明超耗的原因。

(3) 考核建设单位管理费、建筑及安装工程其他直接费、现场经费和间接费的取费标准。考核建设单位管理费、建筑及安装工程其他直接费、现场经费和间接费的取费标准要按照国家和各地的有关规定,根据竣工决算报表中所列的建设单位管理费与概预算所列的建设单位管理费数额进行比较,依据规定查明是否多列或少列费用项目,确定其节约超支的数额,并查明原因。

4. 竣工决算的编制

1) 竣工决算的编制依据

建设项目竣工决算的编制依据包括以下几个方面:

(1) 建设项目计划任务书和有关文件。

(2) 建设项目总概算和单项工程综合概算书。

(3) 建设项目设计图纸及说明书。

(4) 设计交底、图纸会审资料。

(5) 合同文件。

(6) 建设项目竣工结算书。

(7) 各种设计变更、经济签证。

(8) 设备、材料调价文件及记录。

(9) 竣工档案资料。

(10) 相关的项目资料、财务决算及批复文件。

2) 竣工决算的编制步骤

编制建设项目竣工决算应遵循下列程序:

(1) 收集、整理有关项目竣工决算依据。

(2) 清理项目账务、债务和结算物资。

(3) 填写项目竣工决算报告。

(4) 编写项目竣工决算说明书。

(5) 报上级审查。

8.2 施工项目回访保修管理

8.2.1 施工项目回访保修概述

1. 施工项目回访保修的概念

项目回访保修是指承包人在施工项目竣工验收后对工程使用状况和质量问题向用户访问了解,并按照有关规定及“工程质量保修书”的约定，在保修期内对发生的质量问题进行修理并承担相应经济责任的过程。

承包人应当在工程竣工验收之前，根据《建设工程质量管理条例》等规定，与发包人签订“工程质量保修书”。在“工程质量保修书”中应明确项目质量保修内容和范围、质量保修期、质量保修责任、质量保修金的支付等内容。在施工项目交工验收后，承包人必须根据“工程质量保修书”的规定对工程使用状况和质量问题向用户进行回访。工程发生质量问题，承包人应及时派人修理，并承担相应的责任。在工程合理使用寿命期限内，承包人应保证基础设施、地基基础工程和主体结构的质量。因承包人原因使工程在合理使用期限内造成人身和财产损害，承包人应承担赔偿责任。

2. 施工项目回访保修的意义

工程质量保修是《建筑法》规定的承包人质量责任；承包人应建立和健全实施工程回访与保修的制度，并正确贯彻和执行这项制度。

回访保修的责任应由承包人承担，承包人应建立施工项目交工后的回访与保修制度，听取用户意见，提高服务质量，改进服务方式。

工程交工后回访用户是一种“售后服务”方式，工程交工后实行质量保修是我国一项基本法律制度。通过建立和完善回访保修服务机制，贯彻“顾客至上”的服务宗旨，可以展示企业的良好形象。

贯彻回访保修制度，要求承包人在工程交付竣工验收后，自签署工程质量保修书的一定期限内，应对发包人和使用人进行工程回访，发现由施工原因造成的质量问题，承包人应负责工程保修，直到在正常使用条件下，建设工程的质量保修期结束为止。

《建筑法》规定，建筑工程实行质量保修制度。《建设工程质量管理条例》规定，建设工程实行质量保修制度。实行工程质量保修制度，对于促进承包人加强工程施工质量管理，保护用户及消费者的合法权益可以起到重要的保障作用。

承包人进行工程回访保修有以下重要意义：

1）有利于项目经理部重视项目管理，提高工程质量。只有加强施工项目的过程控制，增强项目管理层和作业层的责任心，严格按操作工艺和规程施工，从防止和消除质量缺陷的目的出发，才能从源头上杜绝工程保修问题的发生。

2）有利于承包人听取用户意见，履行回访保修承诺。发现工程质量缺陷，应采取相应的措施，及时派出人员登门进行修理；收集、倾听用户的意见，做好回访保修记录，纳入承包人回访用户和工程保修的服务程序进行控制。

3）有利于改进服务方式，增强用户对承包人的信任感。通过建立回访和保修的服务制度，组织编写一些用户服务卡、使用说明书、维修注意事项等资料，在回访中馈赠使用人或用户，真正树立全心全意为用户提供优质服务的企业形象。

3. 施工项目回访保修的程序

承包人应该有组织、有计划地对每项已交付使用的施工项目主动进行回访，收集反馈信息，及时处理保修问题。

承包人应建立与发包人及用户的服务联系网络,及时取得信息,并按计划、实施、验证、报告的程序,搞好回访和保修工作。

坚持工程回访保修制度,加强承包人与发包人及使用人或用户的广泛联系,并按规定和程序开展工作,可以赢得发包人的信任,创造"服务换合作"的机遇,提高承包人的社会信誉。

进行工程回访保修的一般程序如下:

1) 瞄准建设市场,提高工程质量,与发包人及用户建立良好的公共合作关系,并将回访保修工作纳入计划实施。

2) 适时召开一些易于融洽、有益双方交谈的座谈会、经验交流会、嘉庆茶话会等,及时取得信息,以加强联系,增进双方友好感和信任感。

3) 及时研究解决施工问题、质量问题,听取发包人对工程质量、保修管理、在建工程的意见,不断改善项目管理,才能真正提高工程质量水平,树立承包人的社会信誉。

4) 千方百计为发包人提供各种跟踪服务,建立健全工程项目登记、变更、修改等技术质量管理基础资料,把管理工作做的扎扎实实。

5) 妥善处理与发包人、监理人和外部环境的关系,捕捉机会,创造有利条件,精心组织,细心管理,形成"我精心,你放心,他安心"的"三位一体"工程质量保证机制。

6) 组织发放有关工程质量保修、维修的注意事项等资料,切实贯彻企业服务宗旨,进行工程质量问卷调查,收集反馈工程质量保修信息,对实施效果应有验证和总结报告。

4. 施工项目回访保修的依据

按照《合同法》第二百七十五条规定:"建设工程施工合同的内容包括'质量保修范围和质量保证期。'"第二百八十一条规定:"因施工人的原因致使建设工程质量不符合约定的,发包人有权要求施工人在合理期限内无偿修理或者返工、改建。"

《建设工程项目管理规范》规定:"保修工作必须履行施工合同的约定和'工程质量保修书'中的承诺。"因此,施工合同及"工程质量保修书"是承包人履行保修责任的基本依据。

《建设工程施工合同(示范文本)》通用条款中对质量保修也作了详细规定:

1) 承包人应按法律、行政法规或国家关于工程质量保修的有关规定,对交付发包人使用的工程在质量保修期内承担质量保修责任。

2) 质量保修工作的实施。承包人应在工程竣工验收之前,与发包人签订质量保修书,作为本合同附件。

3) 质量保修书的主要内容包括:

(1) 质量保修项目内容及范围。

(2) 质量保修期。

(3) 质量保修责任。

(4) 质量保修金的支付方法。

8.2.2　施工项目用户回访

1. 回访工作计划

1) 回访工作计划的内容

回访应纳入承包人的工作计划、服务控制程序和质量体系文件。承包人应编制回访工作计划。工作计划应包括以下内容：

(1) 主管回访与保修的部门。

(2) 执行回访保修工作的单位。

(3) 回访时间及主要内容和方式。

工程交付竣工验收并签署了工程质量保修书，承包人应将回访工作列入议事日程，编制正式的工作计划，规定服务控制程序，纳入质量管理与质量保证体系，使其得到执行的保证；没有建立质量管理体系的承包人，应建立相应的回访工作制度，以指导回访工作计划的制订与实施。

2) 编制回访工作计划的要求

回访工作计划应由承包人的归口管理部门统一编制，相关部门要积极配合，执行单位或项目经理部要尽职尽责，履行承诺，搞好工作保修服务。

回访工作要有计划、有步骤地进行，根据工程交付竣工验收的先后、交工工程所处的区位，据情况分别组织。对回访工作计划要特别引起重视，不能草率行事，流于形式。编制回访工作计划的一般格式如表 8-13 所示。

表 8-13　回访工作计划

序号	回访工程及内容	保修期	执行回访单位	参与回访单位	回访时间安排

编制部门：　　　　编制人：　　　　审批人：

2. 回访工作记录

执行单位在每次回访结束后应填写回访记录；在全部回访结束后，应编写“回访服务报告”。主管部门应依据回访记录对回访服务的实施效果进行验证。

根据回访工作计划的安排，每次回访结束，执行单位应填写“回访工作记录”，撰写回访纪要，执行负责人应在回访记录上签字确认。回访工作记录格式如表 8-14 所示。

表 8-14 回访工作记录

编号:

建设单位		使用单位	
工程名称		建筑面积	
施工单位		保修期限	
项目组织		回访日期	
回访工作纪要			
回访责任人		回访记录人	

撰写回访工作纪要的主要内容一般应包括:参与回访人员;回访发现的质量问题;发包人或使用人的意见;对质量问题的处理意见;主管部门对执行单位的验证签证等。

3. 回访工作方式

承包人的归口管理部门负责组织回访用户的业务工作,可采用电话询问、登门拜访、会议座谈等多种形式,搞好回访的服务工作。执行单位应随时听从召唤,及时履行服务承诺,做好记录并提交预防措施及主管部门验收证明。具体可采取以下回访工作方式:

1) 例行性回访

根据年度回访工作计划的统一安排,对已交付竣工验收并在保修期限内的工程,统一组织回访,一般半年或一年进行一次,广泛收集用户对工程质量的反映。对回访难以覆盖的地方,可以采取电话询问的方式,也可以适时采取召开一些易于融洽、有益交流的座谈会、茶话会等形式,把回访工作搞活。

2) 季节性回访

主要是针对具有季节性特点、容易造成负面影响、经常发生质量问题的工程部位进行回访,如夏季回访屋面工程、墙面工程的防水和渗水情况、空调工程等,冬季回访采暖系统等,了解有无施工质量缺陷或使用不当造成的损坏等问题,要分情况处置,妥善处理好外部公共关系,认真负责地解答用户提出的问题,必要时可分发一些资料,进行维护知识的宣传教育。

3) 技术性回访

根据建筑新技术在工程上应用日益增多的情况,通过回访用户的方式,及时了解施工过程中采用新材料、新技术、新工艺、新设备的技术性能,使用后的效果,从用户那里获得使用后的第一手材料,掌握设备安装竣工使用后的技术状态,运行中有无安装施工质量缺陷,若发现有质量问题,应及时进行处理。

4) 特殊工程的专访

对某些特殊工程、重点工程、有影响的工程及实行保修保险方式的工程应组织专访,可将服务工作往前延伸,一般由项目经理部自行组织为好,包括交工前对发包人的访问和交工后对使用人的访问,听取他们的意见,为其提供跟踪服务,满足他们提出的合理要求,改进服务方式和质量管理。交工验收后仍然要建立联系,发生问题应及时上门服务,为今后创造“服务换合作”的新机会。

8.2.3　施工项目保修

1. 工程质量保修制度

《建设工程质量管理条例》第三十九条规定:“建设工程实行质量保修制度。建设工程承包单位在向建设单位提交工程竣工验收报告时,应当向建设单位出具质量保修书。质量保修书中应当明确建设工程的保修范围、保修期限和保修责任等。”

建设部和国家工商行政管理局根据《建设工程质量管理条例》和《房屋建筑工程质量保修办法》的有关规定,印发了《房屋建筑工程质量保修书(示范文本)》,要求与《建设工程施工合同(示范文本)》一并执行。

《建设工程项目管理规范》也规定:“‘工程质量保修书’中应具体约定保修范围及内容、期限、责任和费用的承担等内容。”

2. 工程质量保修期限

1) 确定保修期限的原则

根据国务院公布的《建设工程质量管理条例》的规定,发包人和承包人在签署“工程质量保修书”时,应约定在正常使用条件下的最低保修期限。保修期限应符合下列原则:

(1) 条例有规定的,应按规定的最低保修期限执行。

(2) 条例中没有明确规定的,应在“工程质量保修书”中具体约定保修期限。

(3) 保修期应自竣工验收合格之日起计算,保修有效期限至保修期满为止。

2) 工程质量保修期限的一般规定

一般来讲,工程质量保修期为自竣工验收合格之日起计算,在正常使用条件下的最低保修期限。

《建设工程质量管理条例》第四十条规定:“在正常使用条件下,建设工程的最低保修期限为:

(1) 基础设施工程、房屋建筑的地基基础工程和主体结构工程,为设计文件规定的该工程的合理使用年限。

(2) 屋面防水工程、有防水要求的卫生间、房间和外墙面的防渗漏为 5 年。

(3) 供热与供冷系统为 2 个采暖期、供冷期。

(4) 电气管线、给排水管道、设备安装和装修工程为 2 年。

其他项目的保修期限由发包方与承包方约定。

建设工程的保修期,自竣工验收合格之日起计算。”

3. 工程质量保修通知

1) 工程质量保修通知书

在保修期内发生的非使用原因的质量问题,使用人应填写“工程质量修理通知书”告知承包人,并注明质量问题及部位、联系修理方式。

“工程质量修理通知书”由承包人统一印制,格式如表 8-15 所示。

(施工单位名称):

表 8-15 工程质量修理通知书

质量问题及部位:
承修单位验收: 年 月 日
使用单位(用户)意见: 年 月 日
使用单位(用户)地址: 电话: 联系人: 通知书发出日期: 年 月 日

本工程于××××年××月××日发生质量问题,根据国家有关工程质量保修规定和《工程质量保修书》约定,请你单位派人检查修理为盼。

交付竣工验收投入使用的工程发生施工质量问题时,使用人可直接到承包人接待处领取“工程质量修理通知书”表格,并如实填写一式两份,一份交接待处据此安排保修工作,另一份由使用人(用户)自留备查。

原承包人在约定的时间和地点不派人修理的,使用人(用户)可委托其他单位修理,因修理发生的费用,应由原承包人承担赔偿责任。

2) 工程质量保修业务

承包人应按“工程质量保修书”的承诺向发包人或使用人提供服务。保修业务应列入施工生产计划,并按约定的内容承担保修责任。

《建设工程质量管理条例》第四十一条规定:“建设工程在保修范围和保修期限内发生质量问题的,施工单位应当履行保修义务,并对造成的损失承担赔偿责任。”

按照国家有关规定,承包人自收到使用人(用户)提交的“工程质量修理通知书”后,应按工程质量保修的承诺,在规定的期限内,为使用人及时提供保修服务,对执行修理任务的单位和人员,实行严格的修理责任制,使保修业务工作落到实处。

修理任务完成,执行项目经理部应安排专职质量人员到现场对修理结果进行自检评定,并签署评定结论。使用人(用户)对修理结果认可,应在“工程质量修理通知书”上签署验收意见,将自留的一份一并移交承包人归档,建立保修业务档案。

4. 工程质量保修责任

工程质量缺陷,是产生工程质量保修的根源。进行质量保修,必须划清经济责任。所谓质量缺陷,是指建设质量不符合工程建设强制性标准以及合同的约定。但是,工程发生质量缺陷问题的情况比较复杂,不能“一刀切”。由于设计、施工、供应、建设、使用等多方原因影响,都有可能产生质量缺陷问题。

1）质量管理的法律依据。《建筑法》对建筑市场主体各方的质量管理行为作了具体规定：

（1）建筑工程勘察、设计、施工的质量必须符合国家有关建筑工程安全标准的要求。

（2）建设单位不得以任何理由，要求建筑设计单位或者建筑施工企业在工程设计或者施工作业中，违反法律、行政法律和建筑工程质量、安全标准，降低工程质量。

（3）建筑工程实行总承包的，工程质量由工程总承包单位负责，总承包单位将建筑工程分包给其他单位的，应当对分包工程的质量与分包单位承担连带责任。分包单位应当接受总承包单位的质量管理。

（4）建筑工程的勘察、设计单位必须对其勘察、设计的质量负责。勘察设计文件应当符合有关法律、行政法规的规定和建筑工程质量、安全标准、建筑工程勘察、设计技术规范以及合同的约定。设计文件选用的建筑材料、建筑构配件和设备，应当注明其规格、型号、性能等技术指标，其质量要求必须符合国家规定的标准。

（5）建筑施工企业对工程的施工质量负责。

（6）建筑施工企业必须按照工程设计要求，施工技术标准和合同的约定，对建筑材料、建筑构配件和设备进行检验，不合格的不得使用。

（7）建筑物在合理使用寿命内，必须确保地基基础工程和主体结构的质量。建筑工程竣工时，屋顶、墙面不得留有渗漏、开裂等质量缺陷；对已发现的质量缺陷，建筑施工企业应当修复。

（8）交付竣工验收的建筑工程，必须符合规定的建筑工程质量标准，有完整的工程技术经济资料和经签署的工程保修书，并具备国家规定的其他竣工条件。建筑工程竣工验收合格后，方可交付使用；未经验收或验收不合格的，不得交付使用。

2）质量管理的行政法规。《建设工程质量管理条例》对建设工程质量管理各方面的质量责任和义务作了明确的规定：

（1）按照合同约定，由建设单位采购建筑材料、建筑构配件和设备的，建设单位应当保证建筑材料、建筑构配件和设备符合设计文件和合同的要求。

（2）建设单位不得明示或者暗示施工单位使用不合格的建筑材料、建筑构配件和设备。

（3）设计单位在设计文件中选用的建筑材料、建筑构配件和设备，应当注明规格、型号、性能等技术指标，其质量要求必须符合国家规定的标准。

（4）除了特殊要求的建筑材料、专用设备、工艺生产线等外，设计单位不得指定生产厂、供应商。

（5）施工单位对建筑工程的施工质量负责。

3）经济责任的划分。根据有关法律、行政法规的规定，由不同原因造成的质量问题，应由责任方负责修理并承担由此而产生的经济责任。

（1）属于承包人的原因

承包人未严格按照国家现行施工及验收规范、工程质量验收标准、设计文件要求和施工合同约定组织施工，由此而造成的工程质量缺陷，所产生的工程质量保修，应当由承包人负责修理并承担经济损失。

由承包人采购的建筑材料、建筑构配件、设备等不符合质量要求或承包人应进行而没有进行实验或检验，进入施工现场并且使用造成工程质量问题的，应由承包人负责修理并承担经济责任。

(2) 属于设计人的原因

因设计原因造成的工程质量缺陷,应由设计人承担经济责任,当由承包人进行修理时,其费用可按合同约定,通过发包人向设计人索赔,不足部分由发包人补偿。

(3) 属于发包人的原因

因发包人供应的建筑材料、构配件、设备不合格造成工程质量缺陷的,或发包人竣工验收后自行改建造成的工程质量问题,应由发包人或使用人自行承担经济责任。

因发包人指定分包人或不能肢解而肢解发包的工程,致使施工中接口处理不好,造成工程质量缺陷的,或因发包人或使用人竣工验收后使用不当造成的损坏,应由发包人或使用人自行承担经济责任。

(4) 其他原因

建设部第80号令《房屋建筑工程质量保修办法》规定,不可抗力造成的质量缺陷不属于规定的保修范围。所以,因地震、洪水、台风等不可抗力造成损坏或非施工原因造成的事故,承包人不承担经济责任。

不属于承包人保修范围的工程,但发包人或使用人有意委托承包人修理、维护时,承包人应本着"为用户服务"的精神,为发包人或使用人提供修理、维护等服务,但应签订协议约定。所发生的费用,应由委托人按协议约定的结算方式支付。

(5) 保修保险

推行工程风险管理可以有效地转移、分解和规避风险,对承发包人双方都是非常有利的,这种做法符合国际惯例。有的建设工程项目经发包人与承包人协商,根据工程合理使用年限,采用保修保险方式投保的项目,保险费用由发包人支付,承包人应按约定的保修承诺,履行其保修职责和义务。保修保险,解决了费用立项和来源问题,合情合理,最终受益还是发包人或投资人。

8.3 施工项目管理考核评价

8.3.1 施工项目管理考核评价概述

1. 施工项目管理考核评价的概念

施工项目管理考核评价是指建筑业企业对项目经理部的项目管理行为、项目管理效果以及项目管理目标实现的程度进行客观、公正、公平的检验和评定的过程。项目结束后对施工项目进行考核评价,其目的就是为了规范项目管理行为,鉴定项目管理水平,确认项目管理成果,对项目管理进行全面考核和评价。

由此可见,施工项目考核评价的主体应是派出项目经理的单位,即建筑业企业或事业部,但同时并不排除派出项目经理单位的上级企业对该单位项目管理进行统一的考核评价。项目考核评价的对象应是项目经理部,其中应突出对项目经理的管理工作进行考核评价;小型项目只能考核评价项目经理,大型项目除对项目经理进行考核评价外,还应对项目经理部的各专业管理部门进行考核评价。施工项目考核评价只进行全面考核,不进行单项考核。

2. 施工项目管理考核评价的依据

根据有关规定:"施工项目管理考核评价的依据应是施工项目经理与承包人签订的'项目管理目标责任书',内容应包括完成工程施工合同、经济效益、回收工程款、执行承包人各项管理制度、各种资料归档等情况,以及'项目管理目标责任书'中其他要求内容的完成情况。"也就是说,"项目管理目标责任书"中的各项目标指标和目标规定即为考核评价工作的依据和标准,同时还必须得出项目的全面考核评价结论。

此外,考核评价工作的依据还应包括工程合同的责任条款、有关工程管理惯例等。考核评价工作的依据应具体、明确,能够准确反映客观实际,能够代表当前项目管理水平的发展,具有明显的可比性和可操作性。

3. 施工项目管理考核评价的方式

施工项目管理考核评价的方式很多,具体应根据项目的规模、具体特征、项目管理的方式、项目实施的时间等综合确定。

项目考核评价可按年度进行,也可按工程进度计划划分阶段进行,还可综合以上两种方式,在按工程部位划分阶段进行考核中插入按自然时间划分阶段进行考核。工程完工后,必须对项目管理进行全面的终结性考核。

对项目管理的考核,不能只是项目全部结束以后进行一次总的考核。为了加强对项目管理的过程控制,应当实行阶段考核。考核阶段的划分,可以根据工程的规模和企业对项目管理的方式确定。使用网络计划时,尽量实行按网络计划关键节点进行考核的方法。工期超过 2 年以上的大型项目,可以实行年度考核;但为了加强过程控制,避免考核期过长,应当在年度考核之中加入按网络计划关键节点进行的阶段考核;同样,为使项目管理的考核与企业管理按自然时间划分阶段的考核接轨,按网络计划关键节点进行考核的项目,也应当同时按自然时间划分阶段进行季度、年度考核。工程完工后,必须对项目管理进行全面的一次性考核,而不能以其他考核方式代替。

工程竣工验收合格后,应预留一段时间整理资料、疏散人员、退还机械、清理场地、结清账目等,再进行终结性考核。

项目终结性考核的内容应包括确认阶段性考核的结果,确认项目管理的最终结果,确认该项目经理部是否具备"解体"的条件。经考核评价后,兑现"项目管理目标责任书"确定的奖励和处罚。考核评价工作的目的不在于考核或评价,其最根本之处在于根据评价来兑现奖励和处罚,给予项目管理者以及相关成员和组织以激励。

8.3.2 施工项目管理考核评价实务

1. 建立施工项目管理考核评价的组织

施工项目完成以后,企业应组织项目考核评价委员会。项目考核评价委员会应由企业主管领导和企业有关业务部门从事项目管理工作的人员组成,必要时也可聘请社团组织或大专院校的专家、学者参加。

"项目考核评价委员会"可以是常设机构,也可以是临时组织,主任应由企业法定代表人或主管经营工作的领导担任;委员5~7名,由企业机关中与项目管理有密切的业务关系并对项目管理有具体要求的业务部门选派人员组成。在新开发的地区承担的第一个工程或承担技术先进、结构新颖的工程,由于总结其经验教训对企业今后的发展有好处,如企业认为有必要时,可以聘请与此项目有关的其他企业(单位)人员参加。

2. 施工项目管理考核评价的程序

项目考核评价应遵循科学的程序,对已完工程的硬件(工程实体)与软件(相关资料)进行综合的考核与评价。一般来讲,项目考核评价可按下列程序进行:

(1) 制订考核评价办法。

(2) 建立考核评价组织。

(3) 确定考核评价方案。

(4) 实施考核评价工作。

(5) 提出考核评价报告。

3. 施工项目管理考核评价的资料

1) 项目经理部向考核评价委员会提供的资料

项目经理部应向考核评价委员会提供下列资料:

(1) "项目管理实施规划"、各种计划、方案及其完成情况。

(2) 项目所发生的全部来往文件、函件、签证、记录、鉴定、证明。

(3) 各项技术经济指标的完成情况及分析资料。

(4) 项目管理的总结报告,包括技术、质量、成本、安全、分配、物资、设备、合同履约及思想工作等各项管理的总结。

(5) 使用的各种合同、管理制度、工资发放标准。

由此可见,项目经理部应积极主动地、真实客观地向考核评价委员会提供以上所需资料,其中最主要的资料是"项目管理实施规划"及其完成情况。

2) 项目考核评价委员会向项目经理部提供的资料

项目考核评价委员会应向项目经理部提供下列项目考核评价资料:

(1) 考核评价方案与程序。

(2) 考核评价指标、计分办法及有关说明。

(3) 考核评价依据。

(4) 考核评价结果。

8.3.3 施工项目管理考核评价指标

施工项目管理考核评价，一般通过一系列定性与定量指标进行综合评价，具体如下：

(1) 考核评价定量指标。考核评价指标中的定量指标包括工期、质量、成本、职业健康安全、环境保护等。如工程质量是否达到了国家现行标准，是否达到了国家或地方优质工程奖的标准；工程成本降低额（绝对评价指标）与工程成本降低率（相对评价指标）是否满足预期的目标；实际工期比计划工期提前或拖后的天数是多少；提前工期率（工期提前量与计划工期的比率）如何；安全标准达到了优良、合格与不合格哪个等级等。

考核评价定量指标的具体计算应按有关统计指标的计算方法由“项目考核委员会”选择。需要注意的是：对比的标准应主要是“项目管理目标责任书”中所要求的指标。

(2) 考核评价定性指标。一般来讲，考核评价的定性指标包括经营管理理念、项目管理策划、管理制度及方法、新工艺和新技术推广、社会效益及其社会评价等。

定性指标反映了项目管理的全面水平，虽无指标定量，但却应该比定量指标占有较大权数，且必须有可靠的根据，有合理可行的办法并形成分数值，以便用数据说话。

8.3.4 施工项目管理总结

在施工项目管理结束后，应按照下列内容编制施工项目管理总结：

(1) 项目概况。

(2) 组织机构、管理体系、管理控制程序。

(3) 各项经济技术指标完成情况及考核评价。

(4) 主要经验及问题处理。

(5) 其他需要提供的资料。

施工项目管理总结编制完成后，应及时归档和保存。

思 考 题

1. 何谓施工项目竣工验收？它有什么特点？
2. 施工项目竣工验收的条件是什么？
3. 简述施工项目竣工验收的程序。
4. 施工项目竣工收尾计划的内容有哪些？
5. 企业组织工程竣工预验的步骤是什么？
6. 整理施工项目竣工资料的工作流程是怎样的？
7. 施工项目竣工资料的内容应包括哪些？
8. 简述整理施工项目竣工资料的要求。

9. 施工项目竣工验收的依据是什么?
10. 施工项目竣工验收的要求是什么?
11. 工程竣工报验的方法和要求有哪些?
12. 简述竣工验收报告的内容。
13. 简述施工项目竣工结算程序。
14. 简述施工项目竣工结算依据。
15. 简述施工项目竣工结算编制的原则。
16. 竣工决算应包括哪些内容?
17. 简述竣工决算的编制依据。
18. 简述编制竣工决算应遵循的程序。
19. 何谓施工项目回访保修? 有何意义?
20. 施工项目回访保修的依据有哪些?
21. 简述回访工作计划的内容。
22. 简述回访工作的方式。
23. 工程质量保修制度的含义是什么?
24. 国家对工程质量保修的期限是怎样规定的?
25. 工程质量修理通知书的内容有哪些?
26.《建筑法》对工程质量管理有哪些具体规定?
27. 工程质量保修的经济责任如何划分?
28. 何谓施工项目考核评价? 其目的何在?
29. 施工项目考核评价的依据与方式如何?
30. 施工项目考核评价的程序如何?
31. 施工项目考核评价的资料有哪些规定?
32. 施工项目考核评价定量与定性的指标有哪些?

参考文献

1. 何万金,田元福.建设工程项目管理基础.兰州：兰州大学出版社,2002.
2. 田金信.建设项目管理.北京：高等教育出版社,2002.
3. 全国建筑业企业项目经理继续教育培训教材编写委员会.全国建筑业企业项目经理继续教育培训教材.北京：人民日报出版社,2003.
4. 注册咨询工程师(投资)考试教材编写委员会.工程项目组织与管理.北京：中国计划出版社,2003.
5. 中国建筑学会建筑统筹管理分会.工程网络计划技术规程教程.北京：中国建筑工业出版社,2000.
6. 丁士昭.工程项目管理.北京：中国建筑工业出版社,2006.
7. 白思俊,现代项目管理(下册).北京：机械工业出版社,2003.
8. 丛培经,和宏明.施工项目管理工作手册.北京：中国物价出版社,2002.
9. 建筑工程施工项目管理丛书编审委员会.建筑工程施工项目质量与安全管理.北京：机械工业出版社,2003.
10. 刘嘉福,姜敏,刘诚.建筑施工安全生产百问.北京：中国建筑工业出版社,2001.
11. 林知炎,曹吉鸣.工程施工组织与管理.上海：同济大学出版社,2002.
12. 陆荣根.施工现场分部分项工程安全技术.上海：同济大学出版社,2002.
13. 吴涛,丛培经.建设工程项目管理规范实施手册.北京：中国建筑工业出版社,2002.
14. 吴涛,丛培经.中国工程项目管理知识体系(下册).北京：中国建筑工业出版社,2003.
15. 毛鹤琴,张远林.施工项目质量与安全管理(修订版).北京：中国建筑工业出版社,2002.
16. 李晓东,张德群,孙立新等.工程管理信息系统.北京：机械工业出版社,2004.
17. 席相霖等.项目管理软件 Project 软件使用大全.北京：中国建筑工业出版社,2001.
18. 施工项目信息管理(修订版).北京：中国建筑工业出版社,2001.
19. 全国造价工程师职业资格考试培训教材编审委员会.工程造价案例分析.北京：中国城市出版社,2006.
20. 李洁.建筑工程承包商的投标策略.北京：中国物价出版社,2000.
21. 全国造价工程师执业资格考试培训教材编审委员会.工程造价计价与控制.北京：中国计划出版社,2006.
22. 国际咨询工程师联合会,中国工程咨询协会编译.FIDIC 施工合同条件.北京：机械工业出版社,1999.
23. 丁士昭,马继伟,陈建国.建设工程信息化导论.北京：中国建筑工业出版社,2005
24. 全国一级建造师执业资格考试用书编写委员会.建设工程项目管理.北京：中国建筑工业出版社,2007.